煤矿瓦斯灾害防治实用新技术及应用实例

主　编　孙东玲
副主编　赵旭生　孙海涛

U0214091

煤炭工业出版社

·北　京·

内 容 提 要

本书在系统总结我国"十一五""十二五"以来瓦斯治理实用技术研究成果的基础上，系统阐述了煤矿瓦斯灾害防治技术体系及其新认识，重点介绍了瓦斯抽采、煤与瓦斯突出防治、瓦斯爆炸防治、通风瓦斯治理和瓦斯监测监控五个方面的实用新技术，并选取六项典型矿井案例对重点新技术体系的应用进行介绍。书中的大量技术、装备的改进和完善定会为我国瓦斯治理技术水平的提高和发展奠定基础。

本书可供从事煤矿安全生产工作的科技及管理人员参阅，也可作为矿山安全技术培训及高等院校师生的参阅材料。

编写人员名单

主　编　孙东玲

副主编　赵旭生　孙海涛

编　委（按姓氏笔画排序）

　　　　王清峰　吕贵春　刘延保　刘志伟

　　　　孙东玲　孙海涛　李日富　李润之

　　　　张庆华　林府进　孟贤正　赵旭生

　　　　胡运兵　莫志刚　程建圣　霍春秀

前　　言

近年来，煤炭在全国能源消费中的比重虽然呈下降趋势，但仍保持在 35×10^8 t/a 以上，2030 年全国用电量将达到 10×10^{12} kW·h，其中一半将来自于煤炭火电发电，煤炭在未来相当长的一段时间内仍将是我国的主体能源。随着煤矿科技和管理水平的提高，煤矿安全生产形势持续稳定好转，从 2000 年到 2017 年，煤矿事故死亡总人数由 5798 人减少到 375 人，煤炭百万吨死亡率由 5.77 下降到了 0.106，但重大事故仍时有发生。美、澳等国的煤矿百万吨死亡率长期以来保持在 0.02 以下，与其相比，我国煤矿安全生产水平仍然存在较大差距。

我国煤炭资源分布广泛，晋、陕、蒙、新、鲁、皖、黔、滇、川等省煤矿数量众多，但各煤矿的煤层赋存环境、开采条件、开采工艺、技术装备水平及需求千差万别。针对不同类型煤矿安全生产的技术及装备需求，国家从2010 年起先后设立国家科技支撑计划项目"深部及中小煤矿灾害防治关键技术研究与示范"（2012BAK04B00）、国家科技重大专项项目"煤矿区煤层气高效抽采、集输技术与装备研制"（2008ZX05041）及多项国家自然科学基金项目等，对煤矿亟需的实用技术及装备进行重点研究。经过"十一五""十二五"的连续攻关，一系列实用的新技术、新装备获得了突破，典型矿井在瓦斯灾害防治方面也形成了较完善的技术体系。

为了更好地促进各新技术、新装备的应用，也为了给广大科技工作者和煤矿瓦斯工程技术人员提供一本系统的学习教材，本书认真总结了近年来煤矿瓦斯灾害防治的新理念和新思路，系统梳理了十年来我国在煤矿瓦斯抽采、煤与瓦斯突出防治、瓦斯爆炸防治、矿井智能通风和瓦斯监测监控等方面的实用新技术，并对各项新技术在典型矿井的应用效果进行了重点介绍。书中阐述的"瓦斯治理区域化、精细化和瓦斯治理自动化、信息化、智能化、无人化"等瓦斯治理思路、"煤层瓦斯含量快速测定技术""煤与瓦斯突出灾害预警技术""主动式隔抑爆技术""风网在线监测与智能控制技术""瓦斯抽采监测控制系统"等代表了现阶段我国煤矿瓦斯灾害防治的技术水平。

全书的整体构思、统稿和审定由孙东玲、赵旭生、孙海涛负责。各章编写分工：第一章由孙东玲、孙海涛、赵旭生、曹偈编写；第二章由孙东玲、赵旭生、孙海涛、曹偈编写；第三章由王清峰、胡运兵、孙海涛、吕贵春、霍春秀、张睿、刘延保、申凯、李日富、武文宾、鲜鹏辉、黄克海、仇念广编写；第四章由孟贤正、林府进、张庆华、宁小亮、蒲阳、康跃明、段天柱编写；第五章由李润之、王磊编写；第六章由张庆华、姚亚虎编写；第七章由莫志刚、李军、吴银成、柏思忠编写；第八章由刘延保、熊伟、李日富、付军辉编写；第九章由林府进、武文宾、江万刚编写；第十章由孟贤正、曹建军编写；第十一章由李明建、谈国文编写；第十二章由吕贵春、刘志伟、张睿编写；第十三章由程建圣、黄光利编写。

本书编写过程中引用了众多国内专家、学者的研究成果，所涉及的很多研究成果是与煤炭企业合作完成的，在此一并表示衷心的感谢。

由于作者水平有限，书中难免会出现错误或不当之处，敬请读者批评指正。

编　者

2019 年 8 月 18 日

目　　录

第一章 煤矿瓦斯灾害现状

第一节 瓦斯事故现状及趋势

近年来，全国煤矿安全形势持续稳定好转，事故总量及百万吨死亡率大幅下降，重特大事故初步得到有效遏制，全面完成煤矿安全生产"十二五"规划目标。其中，煤矿瓦斯防治效果明显，"十二五"期间瓦斯事故起数同比下降69.0%，瓦斯事故死亡人数下降72.6%。但瓦斯事故，尤其是重特大瓦斯事故起数、死亡人数占总煤矿事故的比例依旧较高。而且，随着煤矿生产集约化程度和采深的不断加大，瓦斯灾害呈现出一些新的特点，事故预防难度不断增加，今后很长一段时间，瓦斯事故仍将是煤矿事故预防和控制的重点与难点。

"十二五"以来，瓦斯灾害治理取得明显成效，但瓦斯事故仍是较大以上煤矿事故的主要类型。

2011年以来，瓦斯事故起数及死亡人数逐年下降（图1-1），但占煤矿事故的比例变化不大（图1-2），瓦斯事故在煤矿较大事故中的起数及死亡人数平均分别占47.9%和55.1%，在重、特大事故中平均分别占60.7%和63.2%；由于瓦斯事故具有群死群伤的特点，极易造成重特大安全事故，导致大量人员伤亡和经济损失，产生恶劣的社会影响。如2011年3月12日贵州六盘水新成煤矿发生瓦斯爆炸事故，造成19人死亡；2011年11月10日云南省曲靖市师宗县私庄煤矿1747集中运输石门工作面发生煤与瓦斯突出事故，共有43人遇难；2012年8月29日四川省攀枝花市肖家湾煤矿发生瓦斯爆炸事故，造成48人死亡，54人受伤；2012年11月24日贵州省六盘水市响水煤矿掘进工作面发生煤与瓦斯突出事故，造成23人死亡。这些事故都充分说明瓦斯依然是煤矿安全生产第一杀手，是灾害预防控制的重点。

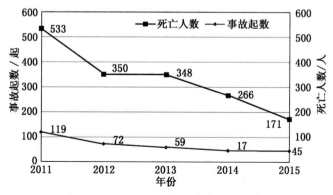

图1-1 2011—2015年瓦斯事故总体情况

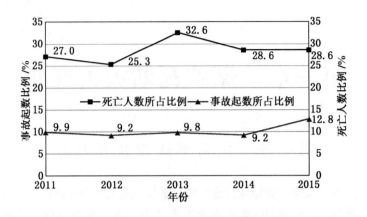

图 1-2　2011—2015 年瓦斯事故占煤矿总事故比例

随着煤矿生产集约化程度的提高和采深的不断加大，瓦斯灾害呈现出一些新的特点和发展趋势。

（1）随着开采深度的增加和开采强度的增大，煤与瓦斯突出事故的致灾因素更为复杂，复合型突出尤其是应力主导型突出灾害发生的比率增高。

我国煤矿开采深度逐年增加（每年平均增加 10～30 m），突出矿井数量不断增多，已达到 1141 对，目前全国有 47 座超千米深井，最深井已达 1501 米。随着开采深度增加，瓦斯事故致因更加复杂。2009—2014 年，应力主导型煤与瓦斯突出事故发生 46 起，约占同期煤与瓦斯突出事故总数的 42.6%；死亡人数 328 人，约占同期煤与瓦斯突出事故死亡总人数的 29.8%。

2009 年 4 月 19 日淮南矿业集团丁集煤矿发生煤与瓦斯突出事故，突出煤量 35 t，涌出瓦斯量 235.4 m³，吨煤瓦斯涌出量为 6.7 m³/t，造成 3 人死亡，11 人受伤。事故点埋深870 m，采用顺层长钻孔区域预抽瓦斯防突措施，突出前工作面钻孔瓦斯涌出初速度指标均小于 2 L/min，回风瓦斯浓度没有异常变化。经事故调查组认定该起事故为"以地应力为主导的煤与瓦斯突出"，应力占主导作用、瓦斯作用较小，部分表征也同时符合冲击地压事故特征。

（2）随着企业的兼并重组，技术力量参差不齐，因防突措施落实不到位发生的突出事故占有相当大的比例。

近年来，从突出事故发生的直接原因统计发现，大多数突出事故的直接原因包括防突措施落实不到位或根本没有防突措施，二者分别占 54.5% 和 22.2%。其中，2013 年发生的 8 起较大突出事故中有 4 起是因为未采取任何防突措施、4 起是因为措施不到位。

贵州盘江精煤股份有限公司金佳煤矿 2013 年 1 月 18 日发生突出事故，造成 13 人死亡，3 人受伤，直接经济损失约 1705 万元。事故发生区域的 18-1 号煤层具有较强的突出危险性，事故原因为巷道下部区域预抽瓦斯钻孔未施工到位，导致钻孔控制范围不足。该起事故最后认定为"因措施不到位导致的煤与瓦斯突出事故"。

河南长虹矿业有限公司 2014 年 3 月 21 日发生一起重大煤与瓦斯突出事故，突出煤岩量 970 t、瓦斯量 31381 m³，造成 13 人死亡，直接经济损失 1555.46 万元。事故发生在二₁ -21010 机巷掘进工作面，事故地点前方接近构造异常区（可能系煤层变薄区或煤岩层断裂破碎区、瓦斯集聚区），地质条件复杂；事故发生时机巷共掘进 482 m，掘进期间出现喷孔，多次顶钻、卡钻、响煤炮、瓦斯增大现象、局部措施检验指标超限等瓦斯异常问题。该起事故最后认定为"进入突出危险区，未采取区域综合防突措施，没有消除突出危险性，继续掘进作业，工人修棚打穿杆作业扰动煤体，诱发煤与瓦斯突出"。

（3）基建矿井防突力度不足，造成灾害事故时有发生。

基建矿井在进行巷道开拓、石门（立井或斜井）揭煤过程中，掘进时间紧、工程进度要求高，往往造成防突措施实施不充分、不全面，甚至存在部分违规作业，造成灾害事故时有发生。2006 年以来，发生 5 起较大以上的基建矿井突出事故，一般事故数量更占有较大的比例。

2006 年 1 月 5 日 13 时 48 分，淮南望峰岗立井穿过煤层时发生我国立井最大突出事故，突出煤量 2831 t、涌出瓦斯 2.927×10⁵ m³，12 名井下作业人员全部遇难。发生突出前，主井工作面正在用中心回转抓岩机进行抓挖出煤作业，事故发生后，井筒煤（岩）堆积高度 48 m 左右，顶部可见块度较大的岩块，井筒内设备严重破坏。被揭煤层埋藏深度大，瓦斯压力高，煤质松软，具有严重的瓦斯突出危险性（瓦斯原始压力 6.2 MPa，瓦斯放散初速度 $\Delta P=10$，坚固性系数 $f=0.29$，$D=25.14$、$K=34.48$）；煤层透气性差，排放时间短，被揭煤层瓦斯没有充分卸压排放，据推算主井揭 C13 煤层地点煤层原始瓦斯含量为 19.46 m³/t。瓦斯排放率为 35.57%，卸压排放钻孔有效影响范围内的煤层残存瓦斯含量仍然高达 12.73 m³/t，计算得出的煤层残余瓦斯压力约为 2.5 MPa，未能有效消除被揭煤层的瓦斯突出危险性；揭煤前煤层瓦斯压力测值不可信，测压孔位于卸压区测值不是原始值；防突措施效果检验工作不规范，效检结果不可靠；掘进施工对煤层进行了抓挖作业，未按设计进行远距离爆破。

（4）随着煤矿掘进速度的加快和开采强度增加，瓦斯煤尘爆炸特别是低瓦斯矿井的爆炸事故呈多发趋势。

我国煤矿机械化水平不断升级，目前已建成的千万吨大型现代化煤矿达到 60 处，生产能力 8×10⁸ t/a，具有世界先进技术的千万吨综采工作面有 20 多个，综采工作面采煤机装机功率达到 2550 kW。如红柳林煤矿最高日产 43522 t，满足年产 1.2×10⁷ t 需要；神华三道沟煤矿，月产达到 1×10⁶ t。随着采掘强度的增加，工作面绝对瓦斯涌出量变大、产尘量急剧增加（据统计，相同条件下产量增加 1 倍，绝对瓦斯涌出量增加约 1.5 倍、产尘量增加约 1.5 ~ 2 倍），造成低瓦斯矿井瓦斯煤尘爆炸事故多发。

2013 年 12 月 13 日新疆昌吉州白杨沟煤矿（低瓦斯矿井）发生瓦斯煤尘爆炸事故，造成 22 人死亡。矿井瓦斯绝对涌出量 1.48 m³/min，相对涌出量 0.95 m³/t，属低瓦斯矿井。煤层为自燃煤层，自然发火期为 6 ~ 12 个月，煤尘具有爆炸危险性。事故调查认为：该矿采用综采放顶煤开采，开采强度大，产尘量高；煤矿违规实施架间爆破引燃综放工作面采空区积聚的瓦斯，并引起瓦斯爆炸；冲击波沿工作面运输巷、+1561 m 运输平巷传播途中，联络巷、探巷内积聚的瓦斯以及工作面运输巷、+1561 m 运输平巷扬起的煤尘参与爆炸，导致事故扩大，发生瓦斯煤尘爆炸事故。

2007 年 12 月 5 日 23 时 15 分左右，山西省临汾市洪洞县瑞之源煤业有限公司井下发生一起特别重大瓦斯爆炸事故，105 人遇难。瑞之源煤业有限公司核定生产能力 2.1 × 10⁵ t/a。煤层瓦斯绝对涌出量 0.49 m³/min，相对涌出量 1.37 m³/t，为低瓦斯矿井，煤尘有爆炸性，为自燃倾向煤层。该起事故鉴定为瓦斯爆炸事故，但煤层巷道上部有煤尘参与爆炸形成的过火结焦现象，说明煤尘也参与了爆炸过程。瓦斯煤尘共存时二者相互促进，煤尘的存在会降低瓦斯的爆炸下限，这是爆炸极限浓度以下瓦斯发生爆炸的重要原因之一。

（5）通风系统日趋复杂，其稳定性、抗灾能力差，由通风保障能力不足导致的瓦斯事故增多。

随着矿井产量增加，一些矿井特别是煤层群开采矿井的开采范围不断扩大、采掘工作面数量增多，矿井通风系统趋于复杂，通风系统稳定性和抗灾能力减弱，容易导致因为通风系统抗灾能力不足引起的瓦斯事故扩大。

西山煤电屯兰矿"2·22"特别重大瓦斯爆炸事故，造成 78 人死亡、114 人受伤，直接经济损失 2386 万元。该矿在一个盘区布置 6 个采掘工作面，12405 工作面风流进入 12403 工作面专用排瓦斯巷，通风系统不独立；同时缺乏环境变化的细节分析，联络巷与轨道巷垂直改为锐角交叉，从通风的角度分析属于背风区域，容易引起瓦斯积聚，加之受风机吸风影响，联络巷道处于微风或无风状态，最终导致瓦斯爆炸事故的发生。

郑煤集团大平煤矿"10·20"特大瓦斯爆炸事故，造成 148 人死亡，32 人受伤。该事故是一起特大型煤与瓦斯突出引发的特别重大瓦斯爆炸事故，调查组认为由于矿井局部通风设施管理混乱，加大了煤与瓦斯突出后的瓦斯逆流，高浓度瓦斯进入西大巷新鲜气流，达到爆炸界限，遇到架线式电机车产生的火花而发生瓦斯爆炸。

湖南秋湖煤矿"9·3"特大煤与瓦斯突出事故造成 39 人死亡，但只有 6 人死于突出煤直接掩埋或回风高瓦斯窒息，而其他 33 人皆为突出瓦斯逆流进入邻近采、掘工作面窒息死亡。

第二节　煤矿瓦斯灾害的危害及其分类

根据我国煤矿伤亡事故性质分类，瓦斯事故指瓦斯（煤尘）爆炸（燃烧），煤（岩）与瓦斯突出，瓦斯中毒、窒息。其中煤与瓦斯突出、瓦斯爆炸是危害煤矿安全生产最为主要的事故。

一、煤与瓦斯突出的分类、定义和危害

煤与瓦斯突出是煤矿中一种极其复杂的动力现象，它能在很短的时间内，由煤体向巷道或采场突然喷出大量的瓦斯及碎煤，在煤体中形成特殊形状的空洞，并形成一定的动力效应，如推倒矿车、破坏支架等；喷出的粉煤可以充填数百米长的巷道，喷出的瓦斯—粉煤流有时具有暴风般的性质，瓦斯可以逆风流运行，充满数千米长的巷道。煤与瓦斯突出是威胁煤矿安全生产的严重的自然灾害之一[1]。

（一）煤与瓦斯突出分类

目前，根据煤与瓦斯突出的瓦斯动力现象的成因及突出煤岩量可进行分类，如图1-3所示。

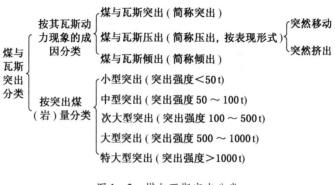

图1-3 煤与瓦斯突出分类

（二）煤与瓦斯突出的基本特征及危害

正确掌握各类煤与瓦斯突出定义，区分其基本特征，在进行突出鉴定及制定防突技术措施时具有重要的指导意义。

1. 突出的基本特征及危害

突出是在地应力与瓦斯的共同作用下发生的，其基本特征如下：

（1）突出的煤向外抛出距离较远，具有分选现象。

（2）抛出的煤堆积角小于煤的自然安息角。

（3）抛出的煤破碎程度较高，含有大量的煤块和手捻无粒感的煤粉。

（4）有明显的动力效应，如破坏支架、推倒矿车、破坏和抛出安装在巷道内的设施。

（5）有大量的瓦斯（二氧化碳）涌出，瓦斯（二氧化碳）涌出量远超过突出煤的瓦斯（二氧化碳）含量，有时会导致风流逆转。

（6）突出孔洞呈口小腔大的梨形、舌形、倒瓶形以及其他分岔形等。

突出的预兆可分为有声预兆和无声预兆。有声预兆：俗称响煤炮，如通常在煤体深处的闷雷声（爆破声）、噼啪声（枪声）、劈裂声、嘈杂声、沙沙声等。无声预兆：煤变软，光泽变暗，掉渣和小块剥落，煤面轻微颤动，支架压力增加，瓦斯涌出量增高或忽大忽小，煤面温度或气温降低等。

2013年1月18日贵州盘江精煤股份有限公司金佳煤矿发生突出事故，造成13人死亡，3人受伤，直接经济损失约1705万元。事故发生前瓦斯浓度升高，事故发生后具有以下突出特征，如图1-4所示。

① 突出孔洞位于工作面右下方，呈口小腔大的梨形。

② 抛出物堆积具有明显的分选现象：据测算，211运输石门巷道内粉煤堆积坡度为3°~5°，远小于煤的自然安息角；堆积的粉煤破碎程度高，堆积煤粉呈上细下粗或粗细颗粒、块煤混乱堆积，具有明显分选现象。

③ 抛出煤炭约1571 t，涌出瓦斯约3.312×10^5 m³，吨煤瓦斯涌出量210 m³/t。

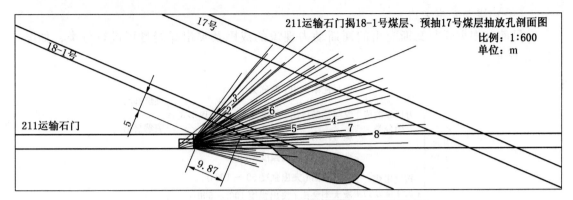

(a) 211运输石门揭18-1号煤层实施抽放钻孔剖面图

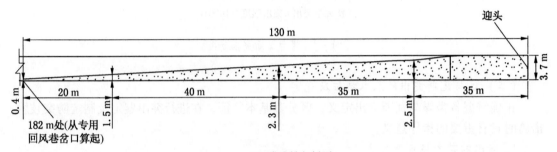

(b) 突出堆积剖面

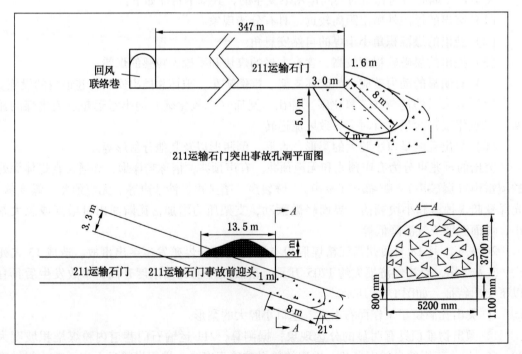

(c) 突出孔洞

图1-4　突出孔洞示意图

④ 具有明显动力效应：根据现场实际勘查，原位于工作面后 15 m 处的装岩机被推至距工作面 40 m 处；工作面后方架棚段的"U"字钢棚发生不同程度向外倾斜。

2. 压出的基本特征及危害

压出是由构造应力或开采集中应力引起的，瓦斯只起次要作用；伴随着突然压出，回风流中瓦斯浓度增高。其基本特征为：

（1）压出有两种形式，即煤的整体位移和煤有一定距离地抛出，但位移和抛出的距离都较小。

（2）压出后，在煤层与顶板的裂隙中，常留有细煤粉，整体位移的煤体上有大量的裂隙。

（3）压出的煤呈块状，无分选现象。

（4）巷道瓦斯（二氧化碳）涌出量增大。

（5）压出可能无孔洞或呈口大腔小的楔形孔洞。

（6）压出时常伴有巷道底鼓。

其中，煤的整体位移，即突然移动，常见于准备巷道，表现为煤体的整体移动，煤体虽保持某种程度的完整外形，但实际已被压坏并布满裂隙，甚至还有部分煤体被压碎成块状；煤的整体位移有时也表现为巷道底板整体向上鼓起，是构造应力的水平挤压作用造成。此类压出前的预兆：支柱压力增加，掉煤渣，煤体内出现劈裂声、雷声等。

煤有一定距离地抛出，即突然挤出，多发生在倾斜和缓倾斜煤层的回采工作面，是在构造应力大、煤层中有软分层、有平行工作面的节理裂缝、直接顶板上有弹性岩石和放顶不好、悬顶过大等条件下，煤层受到采动应力作用使工作面边缘煤体被压碎而发生的，瓦斯随煤的突然挤出而加剧涌出。此类压出前的预兆：软分层厚度增加，支架压力增加，工作面掉煤渣，煤体中出现劈裂声、闷雷声等。

原焦作矿务局焦西煤矿 42081 回风巷掘进工作面于 1992 年 8 月 9 日和 9 月 4 日发生两起由爆破诱导的煤与瓦斯压出事故[2]。该巷道标高 −124 ~ −109 m，总长 560 m。煤层厚度变化较大，约 2.2 ~ 6 m，倾角 8° ~ 12°，煤质中硬，上有 0.3 ~ 0.8 m 软分层，下有 0.6 m以上软分层。事故前有瓦斯浓度超标，打钻期间有响煤炮与钻孔喷孔现象。8 月 9 日压出煤量 148 t，瓦斯涌出量 13713 m³，推倒支架 34 棚；9 月 4 日压出煤量 91 t，瓦斯涌出量13035 m³，推倒支架 31 棚。两次压出造成上帮煤体整体外移，最大水平移动距离达 1.6 m，巷道右上隅角出现局部空洞，呈外宽内窄的楔形。压出煤无明显的抛渣和分选现象；压出后造成巷道底鼓，道轨支架严重变形破坏。

3. 倾出的基本特征及危害

倾出主要是重力引起的，而瓦斯在一定程度上也参与了倾出过程。这是由于瓦斯的存在进一步降低了煤的力学强度，瓦斯压力促进了重力作用的显现，由于这种关系，煤的倾出能引起或转化为煤与瓦斯突出。其主要特征如下：

（1）倾出的煤就地按照自然安息角堆积。

（2）倾出的孔洞呈口大腔小，孔洞轴线沿煤层倾斜或铅垂（厚煤层）方向发展。

（3）无明显动力效应。

（4）倾出常发生在煤质松软的急倾斜煤层中。

（5）巷道瓦斯（二氧化碳）涌出量明显增加。

倾出前的预兆：煤硬度降低，煤开裂，工作面掉渣，支架压力增加等，有时煤体中也出现劈裂声、闷雷声等。

原南桐矿务局东林井 +220 m 水平南 5 石门，1958 年 10 月 21 日在揭开 4 号煤层时发生了倾出[3]。该地点距地表垂深 200 m，距采空区 80 m。该处煤层变薄（石门上方厚 1.2 ~ 1.4 m，下方厚 2.0 m，正常厚度 2.5 m 左右），倾角 86°。采用震动性爆破揭开煤层。早班用风镐挖脚窝，1 h 后发生倾出。倾出前一天夜班就开始出现无声预兆。煤特别松软，工作面掉煤渣。倾出前 1 h，工作面瓦斯忽小忽大。倾出前半小时，支架压力增加，棚顶背板受压发响，然后压断，同时煤中有轰隆声，随即发生倾出。倾出过程发展速度较慢，当工人发现从工作面垮落下 2 ~ 3 t 煤时，即迅速撤出，碎煤流也向外流动，当工人跑出石门后，碎煤流才达到石门口。倾出后瓦斯不大，清理过程中瓦斯浓度正常。倾出 250 t 碎煤，分选现象不明显。动力效应不大，只有几架棚子发生了垮塌与移动。

二、瓦斯爆炸的分类、定义和危害

瓦斯爆炸是一种热—链式反应（也叫链锁反应）。当爆炸混合物吸收一定能量（通常是引火源给予的热能）后，反应分子的链断裂，离解成两个或两个以上的游离基（也叫自由基）。这类游离基具有很大的化学活性，成为反应连续进行的活化中心。在适合的条件下，每一个游离基又可以进一步分解，再产生两个或两个以上的游离基。这样循环不已，游离基越来越多，化学反应速度也越来越快，最后就可以发展为燃烧或爆炸式的氧化反应。所以，瓦斯爆炸就其本质来说，是一定浓度的甲烷和空气中氧气作用下产生的激烈氧化反应。

（一）瓦斯爆炸事故分类

瓦斯爆炸事故，根据其爆炸特点和波及范围，一般可分为局部瓦斯爆炸、大型瓦斯爆炸和瓦斯连续爆炸。

1. 局部瓦斯爆炸事故

仅发生在局部地点，如一个工作面或一条巷道的局部瓦斯积聚点。由于参与爆炸的瓦斯较少，爆炸后产生的冲击波、爆炸火焰以及有毒有害气体对矿井的影响也较小。

2. 大型瓦斯爆炸事故

一般发生在瓦斯大量积聚的工作面、巷道或区域。由于参与爆炸的瓦斯量大，爆炸产生的冲击波、爆炸火焰及有毒有害气体可影响一个采区、一个阶段、一个翼甚至整个矿井。

3. 瓦斯连续爆炸事故

矿井发生瓦斯爆炸事故后，紧接着又发生第二次、第三次甚至若干次瓦斯爆炸，这种事故称为瓦斯的连续爆炸事故。

（二）瓦斯爆炸的基本特征及危害

瓦斯爆炸产生的灾害包括爆炸冲击波、爆炸火焰、高温气流以及有毒有害气体等，这些灾害严重威胁井下人员及矿井设施的安全，因此，我们需要了解这些灾害的特征及其危害。

1. 爆炸冲击波

瓦斯爆炸过程中，能量突然释放即会产生冲击波，它是由压力波发展而成的。正向冲击波传播时，其压力一般为 0.01~2 MPa，但其遇叠加或反射时，常常可形成高达 10 MPa 的压力。冲击波的传播速度高于声速（340 m/s），甚至可以达到每秒数千米。

冲击波前沿剩余压力对人的作用特点见表 1-1。冲击波致使人员死亡的表征现象：人体多为残缺或有明显受外力冲击迹象。冲击波前沿剩余压力对物体和巷道的作用特点见表 1-2。冲击波对设备设施破坏的表征现象：引起设备设施的变形，巷道垮塌，风门、风桥破坏。

表1-1 冲击波前沿剩余压力对人的作用特点

冲击波压力/MPa	压力对人体作用特点（创伤严重程度）
0.003~0.01	无创伤
0.011~0.02	头昏轻伤（打伤）
0.021~0.06	压力达 0.04 MPa 时为中伤：震伤、失去知觉、四肢脱臼、骨折； 压力达 0.06 MPa 时为重伤：内脏器官受伤，严重脑震荡、脱臼和骨折
0.061~0.3	当压力达 0.15 MPa 时，极重伤，直至人体的完整性遭破坏； 压力达 0.3 MPa 时有较大的死亡可能性（75%）
0.31~0.65	压力达 0.4 MPa 时人的死亡率为 100%

表1-2 冲击波前沿剩余压力对物体或巷道的作用特点

冲击波压力/MPa	压力对物体或设施的作用	
	品　　名	压力对物体或设施的作用特点
0.003~0.01	支架和设备	无明显的机械损伤
0.011~0.02	木支架	部分破坏（木梁倾斜，某些支柱或顶梁被崩掉）， 特别是支架楔得不紧时
0.021~0.06	通风设施（密闭）木支架	密封性破坏（当密闭筑得不稳固时），相当程度的破坏 （圆木梁被崩出几米远）形成圆形冒落拱
	通风设施	完全破坏
	风筒	从支架上脱落，整体性破坏和变形
	电缆和电线	从支架上脱落并部分地破坏绝缘性
0.061~0.3	金属支架、混凝土支架、 钢筋混凝土整体浇注支架	不大的损坏（架设不好的金属构件损坏和移动）， 出现裂缝和混凝土的片状脱落
	质量小于 1 t 的设备（绞车、 局部通风机启动器等）	从基础上出现位移、翻倒、断裂、框架变形
	空矿车	车身变形
	木支架	完全破坏，形成密实的堆积物
	装配式钢筋混凝土支架	相当大的破坏并形成冒落拱
	金属支架、混凝土支架	部分破坏并形成裂缝，支架崩离原位变形

表 1-2（续）

冲击波压力/MPa	压力对物体或设施的作用	
	品　名	压力对物体或设施的作用特点
0.31~0.65	整体浇注钢筋混凝土支架	不大的损伤（出现裂缝）和片状脱落
	井下铁道	钢轨从枕木脱开，钢轨变形
	质量小于 1 t 的设备	整体性遭破坏、变形、位移
	重矿车	脱离钢轨，车身和车架全面变形
0.66~1.7	质量大于 1 t 的设备 （机组、电机车）	翻倒，位移，部分和零件变形
	装配式钢筋混凝土支架、 金属支架	巷道全长的全面破坏并形成密实的堆积物
	混凝土支架	相当大的破坏，形成冒落
	整体性的钢筋混凝土支架	部分破坏并形成深裂缝、混凝土的整体性遭破坏
	设备和设施	完全破坏
	混凝土支架	完全破坏并形成密实的堆积物
	整体钢筋混凝土支架	相当大的破坏，损坏配件、形成冒落拱
>1.7	整体钢筋混凝土支架	完全破坏并形成密实的堆积物

2. 爆炸火焰

火焰是瓦斯爆炸中剧烈氧化的产物。瓦斯爆炸火焰的传播速度为 1~2.5 m/s（正常燃烧）至 2500 m/s（爆轰速度），一般为 500~700 m/s。火焰阵面是燃烧产物与未燃产物之间的分界面。火焰阵面像"活塞"那样沿巷道运动，带进越来越多的空气和可燃成分，"活塞"长度为 0 至几十米。

火焰阵面通过时，不但人的皮肤会被烧伤，就连呼吸器官和消化器官的黏膜也会烧伤。电气设备遭到毁坏，尤其是电缆、通信线、监测监控线缆等，这时能形成危险的第二次火源，还会引起火灾。

火焰破坏的表征现象：井下支架、坑木、机电设备等有明显过火痕迹；伤亡人员头发、工作服等有明显过火痕迹，呼吸系统和消化系统有明显的被灼伤痕迹；井下易燃物部分被引燃。

3. 高温气流

在瓦斯浓度为 9.5% 条件下，瓦斯爆炸时形成的高温气流瞬时温度在自由空间内可达 1850 ℃，在封闭空间内最高可达 2650 ℃。井下巷道呈半封闭状态下，其温度将达到 1850~2650 ℃。

爆炸产生的高温气流对井下设施和各种材料产生巨大破坏，破坏的程度取决于作用于井下设施和材料的热负荷及其自身特性，如可熔性、可燃性、块度和细度。各种纤维化合物材料的温度破坏限见表 1-3。各种金属、非金属化合物材料的温度破坏限见表 1-4。

科学家们对人体在干燥空气环境中能忍受的最高温度作过试验：人体在 71 ℃ 环境中，

表1-3 各种纤维化合物材料的温度破坏限

纤 维	温度/℃	影 响
醋酸纤维素	260	熔化
石棉	810	
棉花	150	分解
亚麻（麻布）	135	
玻璃	730	变软
黄麻	135	
尼龙	215～260	熔化
聚酯	250	熔化
聚乙烯	110～120	熔化
聚丙烯	160～170	熔化
丝绸	150	分解
人造纤维	175～205	分解
毛料	135	分解

表1-4 各种金属、非金属化合物材料的温度破坏限

物 质	熔点/℃	物 质	熔点/℃
金 属		金 属	
铝合金38	565	铝合金303	650
含碳钢	1515	铸铁，灰色，ASTM A48	1175
铸铁，柔性，ASTM A339	1150	黄铜，红色，ASTM B30	995
黄铜，黄色，ASTM B36	930	白铜，铜镍合金	1260
镁合金，AZ3113	625	蒙乃尔铜镍合金K	1330
镍银合金	1110	不锈钢，304号	1425
锡焊料	135～175	钛	1815
非 金 属		非 金 属	
硼砂	560	玻璃，硼硅酸盐	820（变软）
石墨	3700	天然橡胶	125
石蜡	55	陶瓷	1550
石英（纯）	1660	鲸油	50
硬脂酸（蜡烛）	50		

能坚持整整1 h；在82 ℃时，能坚持49 min；在93 ℃时，能坚持33 min，在104 ℃时，则仅能坚持26 min。此外，人置身其间尚能呼吸的极限温度约为116 ℃。而人体皮肤对温度很敏感，皮肤耐温时间长短取决于空气温度和衣着的数量。一般超过95 ℃时，皮肤忍受

时间便急剧下降，在120℃时可忍受15 min，145℃时5 min就无法忍受，在175℃时不到1 min皮肤便会出现不可逆的灼伤。在中煤科工集团重庆研究院爆炸实验基地进行的瓦斯爆炸损伤试验研究表明，瓦斯爆炸的高温气流严重损伤呼吸系统，可造成10%的试验大白鼠死亡（48 h内）。

高温气流破坏的表征现象：人的皮肤和肌肉会出现灼伤痕迹；器官受高温影响损伤等。

4. 有毒有害气体

由瓦斯爆炸反应可知，由于瓦斯浓度和氧气浓度的不同，使得爆炸产生的 CO 和 CO_2 的浓度差异很大，特别是由于爆炸破坏了通风系统，使爆炸后的 CO 和 CO_2 不易扩散和稀释。从以往事故分析来看，爆炸后的有毒有害气体中毒是造成人死亡的主要原因之一。瓦斯爆炸最终气体产物见表1-5。

表1-5 瓦斯爆炸最终气体产物

矿井空气成分变化	爆炸下限时	最佳爆炸浓度时	爆炸上限时
O_2	16% ~18%	6%	2%
CO		微量	12%
CO_2	微量	9%	微量
水蒸气	小于10%	小于10%	小于4%
H_2		微量	12%

从人身安全考虑，各国对工作场所的 CO 允许浓度都有明确的规定，见表1-6。CO 对人的危害是由于人体内的血红蛋白（Hb）通过肺与 CO 结合生成碳氧血红蛋白（CO—Hb），妨碍了 Hb 向体内运送氧的功能，因而使人的体内缺氧。CO 与 Hb 的结合力比 O_2 与 Hb 的结合力强 210~300 倍。CO-Hb 的浓度达到 50% ~60% 时，人就会产生痉挛、昏睡、假死。

表1-6 各国 CO 允许浓度值

国　别	CO 允许浓度值	国　别	CO 允许浓度值
中国（煤矿安全规程）	2.4×10^{-5}（0.03 mg/L）	日本	5×10^{-5}
中国（工业厂房）	2.4×10^{-5}	德国	5×10^{-5}
苏联	1.8×10^{-5}（0.02 mg/L）	美国	5×10^{-5}
英国	5×10^{-5}		

人对 CO 的耐受程度是随浓度增加和随时间的延长而减弱，具体见表1-7。

表1-7 人对 CO 的耐受程度

CO 浓度		耐 受 程 度
百分比/%	mg/L	
0.01	0.11	可耐受 2~3 h
0.04~0.05	0.46~0.6	在 1 h 内无明显作用
0.06~0.07	0.7~0.8	1 h 后才有作用
0.1~0.12	1.1~1.4	1 h 内有不快感
0.15~0.22	1.7~2.3	1 h 内有生命危险
>0.4	4.0	1 h 内致死

同样，各国对工作场所的 CO_2 允许浓度都有明确的规定，见表1-8。CO_2 对人的伤害机理与 CO 相仿。人对 CO_2 的耐受程度：当 CO_2 浓度达 2.5%（45 mg/L）时，在 1 h 内不呈现任何中毒症状；达到 3% 时才加深呼吸；达到 4%（72 mg/L）时，才略呈局部刺激，有头痛感、耳鸣、心悸、血压升高、眩晕等；达到 6% 时，症状更加明显；达到 8% 时，呼吸变得十分困难；达到 8%~10% 时，立即发生意志昏沉、痉挛、虚脱，进而停止呼吸，以致死亡；达到 20% 时，数秒内立即引起中枢神经障碍，生命陷于危险状态。

表1-8 各国 CO_2 允许浓度值

国 别	CO_2 允许浓度值	国 别	CO_2 允许浓度值
中国	0.5%	德国	0.5%
英国	0.5%	美国	0.5%
日本	1%		

5. 其他破坏特征

由于煤矿井下特殊的工作环境和生产特点，煤矿瓦斯爆炸除了具有一般爆炸性气体爆炸所具有的破坏特点外，它还具有其他的特点。

一方面当火焰消失后，空气冲击波向外传播，即使在没有其他能量损耗的情况下，由于体积增大，通过冲击波波阵面单位面积上的能量也不断减少。另一方面由于冲击波的传播过程是不等熵过程，空气受冲击压缩后要将部分机械能转变成热能而消耗掉，使维持冲击波运动的能量减少。由于上述两种原因，空气冲击波在传播过程中，压力必然要迅速衰减。随后，爆源附近的气体向外冲出，加之反应产物的水蒸气凝结成液态，体积缩小，在爆源附近形成负压区。高压气体向外运动的速度减小，这相当于在冲击波后面跟随着一系列的膨胀波，使冲击波压力不断衰减，以致超压降到零后又出现了低于周围气体的压力，当压力的降低与惯性平衡后，这又相当于产生了一系列的压缩波，此压力会来回波动，但最终趋于大气压值。因此，在实际防爆设计时，不仅要注意瓦斯爆炸的第一次冲击，还要注意爆炸又从外围反向冲回爆源，形成二次反冲。虽然这种二次冲击比正向冲击压力要小，但是，它是在已遭破坏巷道的基础上进行的，所以其破坏后果更为严重，二次反冲时，如巷道中含有处于爆炸危险区的瓦斯与煤尘，则可能造成二次爆炸，形成更大的危害。

第三节　煤矿瓦斯灾害发生机理

正确认识瓦斯灾害的发生机理，对灾害发生的原因、条件、能量来源进行定性分析及定量计算等，可为灾害的预防与控制提供有效的指导。

一、煤与瓦斯机理研究及新认识

煤与瓦斯的突出机理是指煤与瓦斯突出发动、发展和终止的原因、条件及过程。自1834 年发生第一次有记载的突出以来，人们针对这种煤岩瓦斯动力现象就开始了研究，提出了众多突出机理与假说。1976 年，四川矿业学院学者对各国煤与瓦斯突出机理研究成果分别进行了总结[4]，主要有：①苏联学者提出的瓦斯为主导作用的假说、地压为主导的假说、霍多特的假说、巴甫洛夫的假说；②日本学者提出的火山活动瓦斯说、爆破突出说、顶底板位移不均匀与应力不连续说、地压瓦斯综合说、应力变形说、瓦斯粉煤说；③比利时国立煤炭工业研究院提出突出的发生和发展是由瓦斯、地应力和煤的结构参与的结果；④法国煤炭科研中心提出突出的发生和发展是由瓦斯、地应力和煤的结构参与的结果，但更强调瓦斯的作用；⑤英国学者提出了动力效应说（1967 年，鲍莱）、瓦斯包（1959 年，郭耶）。1985 年，于不凡等人根据各种理论对突出影响因素描述侧重点的不同，将突出机理理论分为四类[5]：①以瓦斯为主导作用的理论；②以地应力为主导作用的理论；③化学本质理论；④综合作用理论。

目前，突出机理已统一到综合假说上来，认为突出是由地应力、瓦斯和煤的物理力学性质三者综合作用的结果，认识到突出本身就是一个释放能量、破坏煤体的力学过程[6]。综合假说最早于 20 世纪 50 年代由苏联的 Я. Э. 聂克拉夫斯基提出，认为煤与瓦斯突出是由于地压和瓦斯共同起作用引起的。20 世纪 50 年代中期，苏联的 A. A. 斯科钦斯基院士提出：煤与瓦斯突出是由地压、瓦斯、煤的物理力学性质、煤的重力等因素综合作用的结果。比利时国立煤炭工业研究院学者提出煤与瓦斯突出是瓦斯、地应力和煤的结构三因素同时参与了突出发生与发展过程。20 世纪 60 年代法国煤炭科研中心的 J. 铂兰和 J. 耿代尔等人认为突出是煤的性质、地应力、瓦斯压力综合作用的结果，但是瓦斯是主要因素。20 世纪 70 年代中后期，苏联斯柯钦斯基矿业研究所的 B. B. 霍多特以实验室煤的物理力学性质研究和瓦斯突出模拟实验研究为基础，用弹性力学的观点提出了"能量假说"。此后以综合作用假说为基础的研究方法、研究手段得到了快速发展，提出了更多综合假说范畴内的煤与瓦斯突出机理及假说。综合作用假说早期有代表性的理论主要有：能量假说、应力分布不均匀说、破坏区说、粉碎波理论、动力效应说、游离瓦斯压力说。

我国从 20 世纪 60 年代起就对煤与瓦斯突出煤层的应力状态、瓦斯赋存状态、煤的物理力学性能等开展了研究，并根据现场统计资料和实验研究对突出机理进行了探讨，随着研究的深入及新手段的应用，产生了许多新的认识。目前已认识到煤与瓦斯突出过程分为准备、发动、发展和终止四个阶段[7]，在某些条件下，突出的发展阶段又会经历多次的暂停和再次激发过程，煤与瓦斯突出的演化流程如图1-5所示，图中粗实线为煤与瓦斯突出过程所必然出现的现象，而粗虚线则为可能出现的现象。国内周世宁、于不凡、蒋承林、何学秋、胡千庭等学者从不同角度提出了流变孕灾机理、球壳失稳孕灾机理、中心失稳扩张孕灾机理、构造孕灾机理、构造与扰动孕灾机理等[8-10]研究成果，并基于能量耗散、煤岩失稳、应力突变等理论探讨了引发煤与瓦斯突出的力学条件，为防治措施的选择及效果检验提供了理论依据。

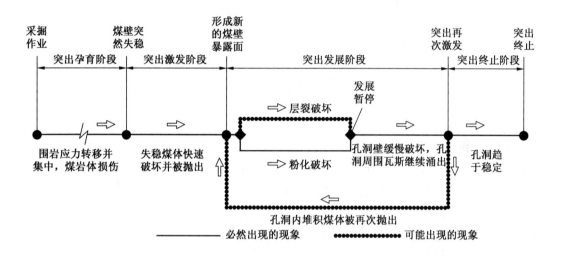

图1-5　煤与瓦斯突出的演化过程流程图

目前针对煤与瓦斯突出机理研究已久，且进行了大量的工作，在"综合假说"的基础上突出机理的研究得到了快速发展，对煤与瓦斯突出现象的解释更具合理，但各种理论或假说都仅是针对现场或实验室的突出现象进行归纳、分析研究后提出的对应解释理论或假说，存在一定的片面性，且不能对深部矿井突出显现的新特征做出合理解释。

一方面，由于突出的巨大破坏性，在煤矿现场人为诱发煤与瓦斯突出一般不具有可行性，因而，实验室开展煤与瓦斯突出相似材料模拟试验研究其发生条件对煤与瓦斯突出防治具有重要意义。借助整体密封性好、测试仪器精度高的三维突出模拟试验装置开展煤与瓦斯突出相似模拟试验，通过仿真反演揭示多场耦合条件煤与瓦斯突出过程的能量转化机制、煤与瓦斯突出发生主控影响因素及其量化关系。

另一方面，目前，对深部矿井应力主导型突出、复合型突出灾害演化机理的研究尚处于初步阶段，不能对深部矿井低瓦斯指标突出等现象产生的原因进行科学解释，制约了灾害防治技术的进一步发展。因而，基于深部高应力、富含瓦斯的特征，系统分析深部突出灾害发生条件、持续发展规律及致灾机理是煤与瓦斯突出机理的重要研究方向。

二、瓦斯爆炸演化机制及新认识

煤矿瓦斯爆炸事故从工业革命开始即一直时有发生。早期大多数工业国家如美国、俄罗斯、波兰、德国等对瓦斯爆炸事故进行过实验研究，近年来南非、日本等国家也开展了很多工作。早在 20 世纪 70 年代，国外学者已经通过试验管道对瓦斯爆炸传播规律开展了研究工作，包括以下几个部分：①初步揭示了火焰、冲击波在管道内的传播过程；②研究了在有障碍物情况下火焰的加速过程；③研究了障碍物的几何形状、尺寸对爆炸超压和火焰的影响；④近年来，国外学者也开展了数值仿真研究，分析了瓦斯爆炸的机理及传播规律。

我国在这方面的研究起步较晚，但通过国家相关科研项目的资助，我国科研机构和高校在煤矿瓦斯爆炸过程中火焰和冲击波传播规律的基础研究方面取得了显著的进展，包括以下几个部分：①研究了管道分岔、转弯、变截面、障碍物、壁面粗糙度、点火能量、瓦斯浓度等因素对瓦斯爆炸传播的影响规律；②研究了不同管径管道内瓦斯爆炸传播规律、火焰加速机理，火焰和冲击波的伴生关系等；③研究了大型试验巷道内不同体积瓦斯爆炸的传播规律；④开展了瓦斯爆炸过程的数值仿真研究工作，并分析了冲击波阵面和火焰的交互式影响。

目前，已经认识到矿井巷道中瓦斯爆炸传播是以冲击波方式传播的，随着传播时间和空间的推移，冲击波结构发生变化。在起始阶段，以爆燃波（爆轰波）方式传播，随着甲烷气体燃烧完毕，则演变为单纯空气波传播。瓦斯爆炸传播实际上是冲击波和燃烧过程的耦合。为了更好地研究瓦斯爆炸发生、演化规律，中煤科工集团重庆研究院在钢制管道（图 1-6）和大型试验巷道（图 1-7）内进行了瓦斯爆炸传播实验，通过研究 100 m³、200 m³ 瓦斯空气混合气体爆炸后冲击波最大压力沿巷道变化情况，得到了随着瓦斯量的增大，最大压力峰值绝对值增加。200 m³ 瓦斯空气混合气爆炸的最大压力峰值是 100 m³ 的 1.95 倍，平均值为 2 倍；随着瓦斯量的增大，最大压力点的位置距离爆源位置更近等结论。证实了井下瓦斯爆炸事故常见的一个现象，即积聚的瓦斯量越多，爆炸的威力越大，破坏强度随之增大。对于大范围的瓦斯积聚，由于爆炸压力峰值大，且出现最大压力峰值的位置距爆源点更近，因此在爆源点附近更大的空间处于破坏范围之内，从而造成更多设备损害和人员伤亡。

(a) 直径700 mm (全长93.1 m，设计压力2.5 MPa)　(b) 直径500 mm (全长66.5 m，设计压力4 MPa)

图 1-6　钢制管道

现今，国内外学者对瓦斯爆炸机理、传播特性等方面开展了大量的实验研究和数值仿真计算工作，取得了很多的成果。例如，不同管径管道、巷道内瓦斯爆炸火焰和冲击波的传播演化规律；单一管道特征因素（转弯、分叉、变截面等）对瓦斯爆炸传播特性的影响。这些工作在一定程度上为煤矿瓦斯爆炸的防治工作提供了理论依据。

图1-7 大型试验巷道

但随着煤矿规模的扩大，新技术的应用，很多新的问题与挑战出现在我们面前。例如，①煤矿井下的巷道网络化、复杂化，现有的研究仅仅依托直管道或小尺度的管网系统开展工作，并且各研究机构采取的实验管道管径和长度均有差异，其研究成果缺少对比及参考，与实际巷道的相似程度难以量化。②随着煤矿机械化程度提高，采深大幅度增加，巷道内的环境条件发生改变，其对瓦斯爆炸发生、演化规律的影响还需要进一步研究。③瓦斯爆炸产生的火焰灼烧和冲击波超压对矿井设备设施和人员造成巨大伤害，当前的很多研究仅仅针对爆炸火焰的传播规律、冲击波的传播规律开展工作，但对于二者之间的相互作用机制，即火焰对冲击波的影响程度、冲击波对火焰的影响程度却研究甚少。④爆炸火焰"有形有色"，目前针对火焰开展了大量研究工作；爆炸冲击波难以捕捉，如何对冲击波进行量化，使其"现形"，会对冲击波抑制研究提供帮助。⑤瓦斯爆炸事故发生后，事故爆源点的认定是一大难点，如何利用研究工作来推断爆源点、为事故调查分析提供支撑，也是亟待解决的问题。

总之，在瓦斯爆炸发生、演化规律方面，还有大量的未知需要我们去解答、去探索。需要从以下几个方面入手，才能深入开展研究，为瓦斯爆炸事故的预防控制提供技术支撑。

（1）研发新式实验设备，提升实验能力。

（2）在宏观研究的基础上，开展瓦斯爆炸流场的微观监测及分析。

（3）强化数值仿真计算能力，形成实验研究的良好补充。

第二章　煤矿瓦斯灾害防治技术体系及其新认识

第一节　煤矿瓦斯灾害防治技术体系及新理念

一、煤矿瓦斯灾害防治技术体系

（一）煤与瓦斯突出防治技术体系

在我国，煤矿企业（矿井）、有关单位的煤（岩）与瓦斯（二氧化碳）突出的防治工作，需依照《煤矿安全规程》《防治煤与瓦斯突出细则》执行，防治煤与瓦斯突出基本流程如图 2 - 1 所示。明确了"防突工作坚持区域防突措施先行、局部防突措施补充的原则"以及"区域防突工作应当做到多措并举、可保必保、应抽尽抽、效果达标"的规定[2]。

1. 突出煤层和突出矿井鉴定

新建矿井在可行性研究阶段，应当对矿井内采掘工程可能揭露的所有平均厚度在 0.3 m 以上的煤层进行突出危险性评估。经评估认为有突出危险的新建矿井，建井期间应当对开采煤层及其他可能对采掘活动造成威胁的煤层进行突出危险性鉴定。

突出煤层和突出矿井的鉴定由煤矿企业委托具有突出危险性鉴定资质的单位进行。

突出煤层鉴定应当首先根据实际发生的瓦斯动力现象进行。当动力现象特征不明显或者没有动力现象是，应当根据实际测定的煤层最大瓦斯压力 P、软分层煤的破坏类型、煤的瓦斯放散初速度 Δp 和煤的坚固性系数 f 等指标进行鉴定。突出煤层鉴定的单项指标临界值见表 2 - 1。全部指标达到或者超过表 2 - 1 所列的临界值的或有喷孔、卡钻等突出预兆的，确定为突出煤层。

表 2 - 1　突出煤层鉴定的单项指标临界值

煤　层	破坏类型	瓦斯放散初速度 Δp	坚固性系数 f	瓦斯压力（相对压力） P/MPa
临界值	Ⅲ、Ⅳ、Ⅴ	≥10	≤0.5	≥0.74

突出矿井必须建立满足防突工作要求的地面永久瓦斯抽采系统。有突出矿井的煤矿企业、突出矿井应当根据突出矿井的实际状况和条件，制定区域综合防突措施和局部综合防突措施。

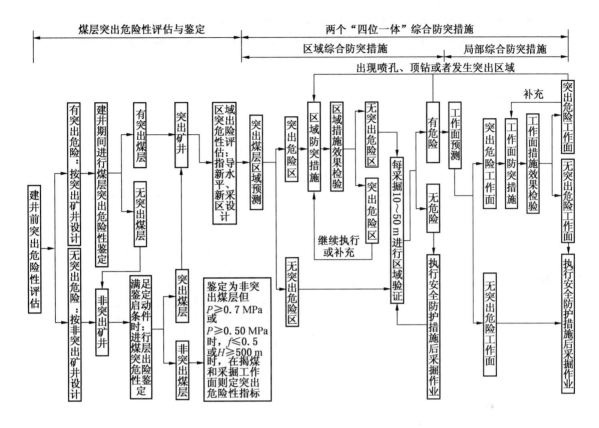

图2-1 防治煤与瓦斯突出基本流程

2. 区域综合防突措施

区域综合防突措施包括区域突出危险性预测、区域防突措施、区域措施效果检验、区域验证。

1）区域突出危险性预测

突出矿井应当对突出煤层进行区域突出危险性预测（简称区域预测）。经区域预测后，突出煤层划分为危险区和无突出危险区。

区域预测一般根据煤层瓦斯参数结合瓦斯地质分析的方法进行，也可采用其他经试验证实有效的方法。按照瓦斯压力或瓦斯含量预测所依据的临界值根据试验考察确定，在确定前可暂按表2-2进行。

表2-2 根据煤层瓦斯压力和瓦斯含量进行区域预测的临界值

瓦斯压力 P/MPa	瓦斯含量 W/(m³·t⁻¹)	区 域 类 别
<0.74	<8（构造带，<6）	无突出危险区
除上述情况以外的其他情况		突出危险区

2）区域防突措施

区域防突措施分为开采保护层与预抽煤层瓦斯，区域防突措施分类如图2－2所示。实施时应当优先采用开采保护层，而预抽煤层瓦斯区域防突措施可按图2－2中所列方式从左至右的优先顺序选取，或一并采用多种方式的预抽煤层瓦斯措施。

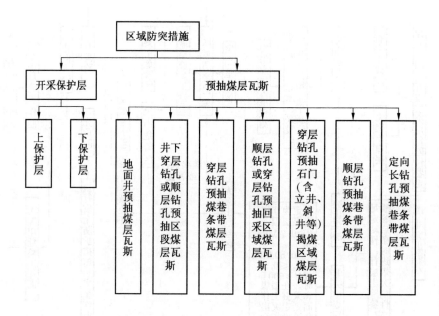

图2－2　区域防突措施分类

3）区域措施效果检验

开采保护层的保护效果检验主要采用残余瓦斯压力、残余瓦斯含量、顶底板位移量及其他经试验证实有效的指标和方法，也可以结合煤层的透气性系数变化率等辅助指标。

采用预抽煤层瓦斯区域防突措施时，应当以预抽区域的煤层残余瓦斯压力或残余瓦斯含量为主要指标或经试验证实有效的指标和方法进行措施效果检验。对穿层钻孔预抽石门（含立井、斜井等）揭煤区域煤层瓦斯区域防突措施也可以采用钻屑瓦斯解吸指标进行措施效果检验，其临界值见表2－3。

表2－3　钻屑瓦斯解吸指标法预测石门揭煤工作面突出危险性的参考临界值

煤　样	Δh_2 指标临界值/Pa	K_1 指标临界值/$(mL \cdot g^{-1} \cdot min^{-1/2})$
干煤样	200	0.5
湿煤样	160	0.4

检验期间还应当观察、记录在煤层中进行钻孔等作业时发生的喷孔、顶钻及其他突出预兆。作为措施效果检验的参考。

4）区域验证

对无突出危险区进行的区域验证，应当采用相应的工作面突出危险性预测方法，同时应当在工作面进入该区域时，立即连续进行至少两次区域验证；工作面每推进 10～50 m 至少进行 2 次区域验证；在构造破坏带连续进行区域验证；在煤巷掘进工作面还应当至少打 1 个超前距不小于 10 m 的超前钻孔或者采取超前物探措施，探测地质构造和观察突出预兆。

3. 局部综合防突措施

1）工作面突出危险性预测

工作面突出危险性预测是指预测工作面煤体的突出危险性，包括石门和立井、斜井揭煤工作面、煤巷掘进工作面和采煤工作面的突出危险性预测等，应当在工作面的推进过程中进行。采掘工作面经工作面预测后划分为突出危险工作面和无突出危险工作面。

应针对各煤层发生煤与瓦斯突出的特点和条件确定工作面预测的敏感指标和临界值，并作为判定工作面突出危险性的主要依据。石门揭煤工作面的突出危险性预测应当选用综合指标法（参考临界值见表 2-4）、钻屑瓦斯解吸指标法（参考临界值见表 2-5）或其他经试验证实有效的方法进行；立井、斜井揭煤工作面的突出危险性预测按照石门揭煤工作面的各项要求和方法执行。煤巷掘进工作面的突出危险性预测可采用钻屑指标法（参考临界值见表 2-5）、复合指标法（参考临界值见表 2-6）、R 值指标法（$R_{临}=6$）及其他经试验证实有效的方法。采煤工作面的突出危险性预测可参照煤巷掘进工作面预测方法进行。但应沿采煤工作面每隔 10～15 m 布置一个预测钻孔，深度 5～10 m。

表 2-4　石门揭煤工作面突出危险性预测综合指标 D、K 参考临界值

综合指标 D	综合指标 K	
	无烟煤	其他煤种
0.25	20	15

表 2-5　钻屑指标法预测煤巷掘进工作面突出危险性的参考临界值

钻屑瓦斯解吸指标 Δh_2/Pa	钻屑瓦斯解吸指标 K_1/ $(mL \cdot g^{-1} \cdot min^{-1/2})$	钻屑量 S	
		kg/m	L/m
200	0.5	6	5.4

表 2-6　复合指标法预测煤巷掘进工作面突出危险性的参考临界值

钻孔瓦斯涌出初速度 q/ $(L \cdot min^{-1})$	钻屑量 S	
	kg/m	L/m
5	6	5.4

在采用以上敏感指标进行工作面预测的同时，可以根据实际条件测定一些辅助指标（如瓦斯含量、工作面瓦斯涌出量动态变化、声发射、电磁辐射、钻屑温度、煤体温度等），采用物探、钻探等手段探测前方地质构造，观察分析工作面揭露的地质构造、采掘作业及钻孔等发生的各种现象，实现工作面突出危险性的多元信息综合预测与判断。

2）工作面防突措施

工作面防突措施是针对经工作面预测尚有突出危险的局部煤层实施的防突措施。其有效范围一般仅限于当前工作面周围的较小区域。石门揭开（穿）煤层是突出矿井中最容易发生突出、最危险的一项作业，平均突出强度远大于其他类型工作面的突出，对矿井安全生产危害极大。所以《防治煤与瓦斯突出规定》要求石门和立井、斜井揭穿煤层必须制定专项防突设计。

由于工作面作业方式与性质的不同，工作面防突措施大致划分为石门揭煤工作面的防突措施、煤巷掘进工作面和采煤工作面的防突措施。目前使用的工作面防突措施如图 2-3 所示。

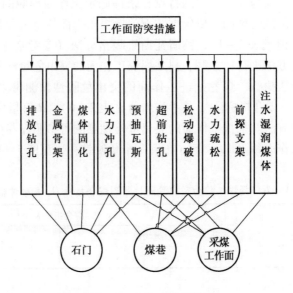

图 2-3　工作面防突措施

3）工作面防突措施效果检验

工作面防突措施效果检验包括检查工作面所实施的防突措施是否达到了设计要求和满足有关规章、标准等，并了解、收集工作面防突措施的实施相关情况、突出预兆等（包括喷孔、卡钻等），用于综合分析、判断；效果检验还包括各检验指标的测定情况及主要数据。

对石门和其他揭煤工作面进行防突措施效果检验时，应当选取钻屑瓦斯解吸指标法或其他经试验证实有效的方法；煤巷掘进工作面和采煤工作面的检验方法分别参照相应的危险性预测的方法进行。经检验后判定为措施有效时，可在采取安全防护措施后实施掘进或回采作业。

4）安全防护措施

安全防护措施的目的在于突出预测失误或防突措施失效发生突出时，避免人员伤亡事故。主要的措施有设置避难所、反向风门、压风自救系统、隔离式自救系统和远距离爆破等。

（二）瓦斯爆炸防治技术体系

瓦斯爆炸防治技术体系可分为预防技术体系和控制技术体系。

预防技术体系主要包括两个方面：一是从控制瓦斯爆炸三要素入手（即控制瓦斯浓度、点火源及氧浓度），具体的措施为瓦斯积聚防治和引火源防治，从根源上消除隐患，起到预防瓦斯爆炸的作用；二是从控制影响因素入手，温度、压力、煤尘等的存在会对瓦斯爆炸产生影响，针对煤尘，可应用防尘技术措施，阻止煤尘飞扬形成煤尘云，消除外部因素的影响。

控制技术体系主要包括两个方面：一是控制爆炸火焰，通过被动式隔爆技术及主动式抑隔爆技术措施，抑制爆炸火焰，阻止爆炸继续传播，起到将瓦斯爆炸限制在一定区域的目的；二是控制影响因素，通过对煤尘进行惰化处理，使煤尘失去爆炸性，消除了外部因素对瓦斯爆炸的影响。

瓦斯爆炸防治技术体系如图2-4所示。

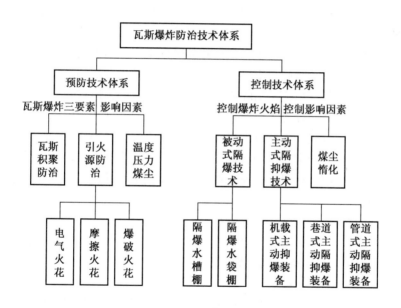

图2-4　瓦斯爆炸防治技术体系

二、煤矿瓦斯灾害防治新理念

我国煤矿地质条件复杂，煤层处于应力场、瓦斯场、温度场等多物理场中，瓦斯灾害的产生与这些自然因素有关，同时也与技术、管理等人为因素有关，现有瓦斯灾害防治体系即是从这两方面综合考虑的。同时，由于开采深度增大、集约化生产等客观因素，近年来由于预防措施不到位、管理失误、违章作业、构造影响等导致的瓦斯灾害时有发生。

"瓦斯不治矿无宁日""突出就是事故、超限就是事故""没有抽不出来的瓦斯、只有打不进去的钻孔""提高安全系数，依靠大数据多元信息，预警智能化，提高监管自动化"等防灾新理念、新思路也逐渐形成。具体可以概括为以下几个方面。

（一）瓦斯治理超前防范深入化

"突出就是事故""超限就是事故"的理念逐渐普及，很多瓦斯灾害防治措施更强调超前性。如矿井设计方面，以前不少矿井先按低瓦斯矿井设计，建设时遇到瓦斯实际情况增大再变更设计或勉强投产，结果造成煤矿瓦斯灾害防治能力先天不足；现在则在矿井可研时即开始测定瓦斯基础参数、论证瓦斯等级、评估突出危险性，矿井的瓦斯抽采系统、抽采方法等按部就班的建立、完善，而且矿井"先抽后建"也写入了新《煤矿安全规程》。如突出鉴定方面，以前矿井发生了突出后煤层才升级为突出煤层、矿井才升级为突出矿井，现在有关瓦斯参数达到了临界指标则鉴定为突出煤层，大大提高了瓦斯灾害防范技术措施的超前性。

为了实现超前防范，一批技术不断发展，例如煤层瓦斯参数测定技术，预测、预警技术等。

（二）瓦斯治理区域化、精细化

瓦斯治理已经一改过去遭遇战、肉搏战、被动应对的治理模式，转变为大面积、区域化治理的新模式。从通风安全的角度，要在采掘前即采用大面积预抽瓦斯、采动卸压抽采瓦斯等手段大幅降低煤层的瓦斯含量，大幅降低采掘工作面的瓦斯涌出量。从防治煤与瓦斯突出的角度，由以前局部措施为主转变为区域防突措施先行、局部防突措施补充的新模式。用大范围的区域措施，大范围消除或大幅度降低煤层的突出危险性，既改善了防突的有效性，也加强了安全性、提高了生产效率。而且，瓦斯治理技术由原来的粗放式为主的治理方式向精细化方向发展，如通过多级瓦斯地质动态分析掌握瓦斯风险；通过跟踪、监测、分析工作面瓦斯地质异常，预测指标变化、采掘巷道影响、瓦斯涌出异常、防突措施缺陷等，综合判识工作面突出风险；通过对每个瓦斯抽采钻孔施工参数的测定或验收，确保防突措施的落实等。

随着抽采瓦斯技术的不断发展，松软煤层钻孔施工技术、提高抽采效果技术、钻孔轨迹测控技术等将获得更广泛的应用和提高；局部防突措施的作用将逐渐降低，代之以主要用区域综合防突措施来解决防突的技术问题。

（三）瓦斯治理系统化、本质安全化

煤矿安全保障逐渐放弃了过去游走于安全边缘、临界状态的策略，代之以高可靠的安全状态和矿井各生产环节全面安全可靠的系统化安全策略。如瓦斯含量高的煤层以前可以不进行预抽，而是在采掘期间边掘边抽、边采边抽、采空区抽采等，这样的治理方式把瓦斯的安全隐患推到了生产环节，往往造成生产与抽采的矛盾，甚至导致抽采让位于生产，瓦斯灾害事故惊险不断；现在则强调先抽后采、抽采达标，瓦斯含量高的煤层必须先预抽，这样的治理方式大大减轻了生产过程中瓦斯治理的压力，给安全生产保留更从容的空间和时间。再如通风方面，以前由于煤层瓦斯含量高、工作面瓦斯涌出量大，可以用"尾巷"排放瓦斯，尾巷内风流瓦斯浓度高，爆炸风险大，但仅仅通过严格控制火花来防止爆炸事故，让煤矿的安全陷于危险的边缘，事故防不胜防，新《煤矿安全规程》对专用"尾巷"已经进行了明确禁止；而且部分瓦斯涌出量大的矿井虽然看似瓦斯浓度没有超限，但往往是依赖高强度的通风来稀释瓦斯涌出量，而实现高强度通风的手段却是"多进多回"等复杂而脆弱的通风系统，这种情况虽然没有被明令禁止，但不符合本质安全、系统安全的理念，事实上也是问题、事故不断，将是逐渐淘汰的安全措施。另外在矿井系统安全方面，现在强调煤矿瓦斯灾害防治的"先抽后采、监测监控、以风定产"的十二字方针和"通风可靠、抽采达标、监控有效、管理到位"十六字工作体系，在防突方面要求实施两个"四位一体"的综合防突措施，这是对煤矿瓦斯灾害进行系统化治理的集中体现。

为实现煤矿生产的本质安全、系统安全，煤层钻孔施工技术、低透气性煤层瓦斯抽采增效技术、矿井瓦斯动态监测监控技术、被保护层或采动卸压层高效抽采技术等将不断发展。

（四）瓦斯治理自动化、信息化、智能化和无人化

自动化技术的实施能够有效减少人为因素的影响，信息化、智能化技术能够充分利用煤矿各种数据、信息，实现全面、科学、准确判断瓦斯灾害的发生发展状态，同时大量减少煤矿井下作业人员，大大降低潜在事故的危害程度。

煤矿瓦斯治理方面的这一趋势将进一步促进自动化技术装备、矿山数字化、信息化集成、大数据云计算等技术在煤矿的发展和应用。

三、煤矿瓦斯防治工作体系

瓦斯治理，通风是基础，抽采是根本，防突是重点，监控是保障，管理是关键。"十二五"以来，煤矿瓦斯防治工作紧紧围绕构建"通风可靠、抽采达标、监控有效、管理到位的""十六字"工作体系展开。

（一）通风系统方面

"通风可靠"必须要做到"系统合理、设施完好、风量充足、风流稳定"。通风系统是煤矿井下的"输血"通道，根据矿井生产部署情况和安全情况的变化进行动态调整和智能控制是实现优化通风的重要目标。为实现通风系统的合理布置，保障通风能力，需发展通风系统可靠性的评价与优化方法，实现通风系统动态解算，在智能监控的基础上实现远程智能管控。

（二）瓦斯抽采方面

"抽采达标"就必须要做到"多措并举、应抽尽抽、抽采平衡、效果达标"。充分利用采掘扰动引起的煤岩层应力重新分布的规律进行煤层区域化卸压抽采；合理使用水力压裂、深孔预裂爆破、CO_2 预裂爆破、高压水射流增透等技术有效提高煤层透气性，解决松软低渗煤层瓦斯抽采难度大的问题；为缓解矿井抽、掘、采接替紧张的局面，增加有效抽采时间，提高抽采浓度，积极发展长钻孔瓦斯抽采、井上下联合抽采等技术；研究高效钻孔封孔技术与工艺以确保瓦斯封孔质量、钻孔有效性，进一步提高抽采效率；发展抽采达标智能评判系统，实时、有效、快速判定瓦斯抽采效果，对抽采工艺进行全过程控制。

（三）突出防治方面

突出防治是瓦斯治理的关键，合理采掘部署是防突的前提，而地质条件是采掘部署的基础。从突出防治全局考虑，需制定合理的采掘部署方案，包括合理选择保护层，实现先采气后采煤，合理开拓部署，合理采、抽、掘接替，合理的通风系统等。从突出防治

"两个四位一体"防突措施的具体实施出发，针对深部矿井灾害环境，发展考虑应力条件的区域化卸压防突措施以及瓦斯基础参数（瓦斯含量、瓦斯压力等）快速准确测量方法来预测及防治突出。

（四）瓦斯爆炸方面

瓦斯爆炸基础理论研究是瓦斯爆炸防治的基础和核心。从微观角度，利用高速摄像机、纹影仪、PIV 粒子图像测速系统等测试手段以及 Auto Reagas、FLACS 等流体仿真软件深入研究瓦斯爆炸机理、发展演化规律、影响因素，尤其是深部矿井特殊环境下的瓦斯爆炸影响因素等，为研究防治技术及装备奠定基础。针对现有被动式隔爆水槽水袋对瓦斯爆炸初期的作用效果不明显问题，探索研发主动式隔抑爆技术与装备，利用探测器接收到爆炸信号后传递给控制器，控制器输出信号控制抑爆器喷洒抑爆剂扑灭爆炸火焰，阻止爆炸传播。

（五）监控预警方面

"监控有效"就必须要做到"装备齐全、数据准确、断电可靠、处置迅速"。基于大数据发展矿井安全生产状态的动态监控和智能预警技术，实时获取动态信息、智能分析信息修正模型进行预报预警，确保各生产环节安全有效运行、消除事故隐患，避免人工测定参数、建立判定模型等造成的判定危险滞后等问题，实现安全生产状态的科学有效监控。

（六）安全管理方面

"管理到位"就必须要做到"责任明确、制度完善、执行有力、监督严格"。研究适宜的事故致因理论，服务与引导安全管理；进而建立完善的制度体系和监管监察机构，实现矿井安全生产的制度保障。

第二节　煤矿瓦斯防治技术发展趋势

我国煤层地质构造复杂，多数煤田煤体破坏程度高，Ⅲ、Ⅳ类煤所占比例较大，煤质松软、坚固性系数偏小，煤层透气性低，渗透率一般在 $1 \sim 100~\mu m$，同时随着采掘活动向深部延伸，煤层瓦斯赋存以"三高一低"（高应力、高瓦斯压力、高瓦斯含量及低渗透性）为主要特征，常规的瓦斯抽采技术难以发挥作用，抽采率低下，抽采效果不明显，瓦斯事故仍时有发生。

为了更加有效的解决瓦斯灾害防治面临的新问题，提高瓦斯灾害防治的技术水平，围绕区域化、信息化、智能化、无人化目标，和"隐蔽致灾因素超前和动态地查出来、钻孔打进去、瓦斯抽出来、智能通风技术铺起来、监测预警技术用起来、预警机制建起来、规范化标准化管理体系展开来、信息化手段用起来、安全防护装备普及起来、应急救援体系建起来，安全培训手段新起来"的整体思路，进行新技术、新工艺、新装备的研发和应用是未来煤矿瓦斯防治技术的主要发展趋势。具体可以分为以下几个方面。

一、煤岩地质构造超前探测

煤与瓦斯突出灾害与地质构造密切相关，发生伤亡的突出事故大都与断层、褶曲等地质构造等有关，明确的地质条件是合理采掘部署的基础与前提。然而，目前突出与构造的关系尚缺乏规律性、结论性认识，许多物探仪器探测结果准确率较低，平均在45%，有的甚至不到20%[11]。因此，需要研究与发展地震波、电磁波探测地质构造的探测装备和解释技术，提高煤矿井下地质构造超前探测的准确性、可靠性。

二、煤与瓦斯突出预测方法及工艺

煤层瓦斯含量是矿井进行瓦斯涌出量预测和煤与瓦斯突出预测的重要依据参数，深部开采的强突出煤层煤与瓦斯突出机理有所不同，这就要求在预测手段上、敏感指标及临界值方面研究适用于深部强突出开采煤层突出危险性预测技术。同时，随着国内煤矿机械化水平的提高和采掘强度的加大，高效集约化矿井越来越多（大部分矿井为突出矿井），原有的工作面突出预测方法已不能适应煤矿现代化高效开采的需要。因此，针对深井开采、采掘机械化程度较高的实际，需要研究和探索新的更为高效准确地突出预测方法及工艺。

三、瓦斯灾害的智能监测预警

现有瓦斯灾害监测预警方法主要通过人工测定参数、建立判定模型来进行灾害的监测预警，存在掌握信息量少、信息准确性和及时性低，预警模型不够完善，判定危险滞后、判定可靠性对判定者技术管理水平依赖性强等缺点，出现险情依赖人工应急处置，处置不当极易引发大的事故，主要依赖人工粗放式监测预警，在程序上、方法上、效果上都难以达到预期目的。因此，需要发展基于物联网、大数据的智能监测预警技术，通过监测及时获得海量最新动态信息，自学习及时修正判定模型，系统自动判定并及时向预定职权人员发出预警，超期不处理自动启动应急预案，自动监管设备设施状态和人员行为、决策流程，确保各环节有效运行、消除事故隐患。

四、瓦斯抽采技术

目前，煤与瓦斯突出防治主要采用的技术措施有开采保护层和钻孔抽采。根据规定，对具有保护层开采条件的煤层应优先开采保护层使煤层卸压、消突；但对于不具备保护层开采条件的、单一低透气性煤层，在实施防突措施时，常采用水力压裂、气体压裂与井下常规瓦斯抽采技术相结合的方法。然而，因井下瓦斯抽采须与煤炭开采工序相协调，很难保证在抽采瓦斯、降低工作面瓦斯超限压力的同时还达到煤炭高效开采的要求，常造成抽、掘、采接替紧张，而且各种井下抽采方法或多或少均存在一定的局限性。如煤矿井下顺煤层长钻孔抽采效率高、成本较低，但顺层钻孔施工经常遇到卡钻、喷孔等工程技术难题，尤其是在突出松软煤层，钻孔成孔率很低；穿层钻孔抽采方法抽采效率高，但必须辅助开挖顶板或底板岩巷进行抽采设备布置和钻孔施工，工期长、工程成本高；保护层卸压抽采面临着卸压效果和工程施工风险的难题等。因此，若仅通过增强井下瓦斯抽采技术和规模来解决突出和瓦斯超限的问题，不仅影响企业煤炭产量，瓦斯治理成本也将大大增加，抽采效果也受到限制。而地面采动井抽采则是一种抽采瓦斯、解决煤矿井下瓦斯超限难题的有效方法，其施工在地面进行，不影响煤炭回采，同时可以连续进行采前预抽、采动抽采和采空区抽采，从而可实现对煤层瓦斯的全过程抽采和控制。因此，研究井上下联合抽采技术是瓦斯治理重要的发展方向。

五、高效钻孔工艺与装备

我国松软煤层在所采煤层中占比较大，松软突出煤层的钻进成孔问题一直是个亟待解决的难题；复杂地层深孔钻进钻孔轨迹的方向难以控制，是制约我国瓦斯抽采技术进一步发展的关键性难题，也是影响防突技术发展的问题之一。根据煤矿瓦斯综合治理的需要，我国煤矿井下钻机的技术将主要向三个主要方向发展：一是满足大口径、长钻孔、定向水平孔需要的钻进关键技术与高端钻机装备，其中的关键技术是长寿命孔底马达和性能可靠的随钻测量系统等；二是适宜松软突出煤层的瓦斯抽采关键技术及其钻机装备，突破松软突出煤层的瓦斯抽采难关；三是安全、可靠、有效的远距离防突关键技术及其性能优良的防突远程控制钻机装备。

六、主动式隔抑爆技术及装备

目前在煤矿井下采用较多的爆炸防治措施为隔爆水槽棚、水袋棚，这些都属于被动式隔爆技术，其原理是利用爆炸发展初期冲击波在前、火焰滞后的特点，通过冲击波动力来抛撒消焰剂形成抑制带，扑灭滞后于冲击波传播的火焰，阻止爆炸传播。被动式隔爆措施虽然得到广泛应用，但仍然存在一定的缺点：一是由于具体爆源位置的不确定性，不能超前探测爆炸信息；二是动作条件要求苛刻，动作时雾化不充分、动作不及时，影响了隔抑爆效果。主动式隔抑爆装备克服了这些缺点，具有动作时的主动性、准确性。不同类型的主动式隔抑爆技术装备，能够根据使用地点的不同要求，在毫秒级的短时间内以特定介质生成抑爆屏障，对特定点或煤矿井下受保护部分爆炸产生的火焰、冲击波进行阻隔、抵消、压制，从而控制爆炸的发展。因此，主动式隔抑爆技术及装备的应用与发展势在必行。同时，还应该结合应用区域的特点及经济成本等，研究系统的应用技术，如仅使用主动式隔抑爆技术、仅使用被动式隔爆技术、被动和主动组合式隔抑爆技术等，真正做到因地制宜，采用最优化的方案解决问题。

七、通风系统可靠性评价及优化

通风系统日趋复杂，由通风保障能力不足导致的瓦斯事故增多。瓦斯治理"十六字"工作体系中提出"通风可靠"，但是相关标准对通风系统的监控要求还不够细化，如风速传感器如何安装，监测的参数如何修正，通风网络无盲区监测传感器的布置工艺等都没有明确规定，不能指导矿井通风系统合理布置；为了矿井瓦斯治理的需要，很多矿井采面采用不同的通风方式排放瓦斯，但是很多技术存在争议和技术风险；许多老矿井通风线路长度上万米，通风负压高达 5000 Pa，通风方式不合理，易导致事故发生；煤矿井下钻场等各种类型的硐室众多，大多采用扩散通风，很多巷道冒顶区容易引起瓦斯积聚等问题，这些都对矿井安全生产造成威胁。因此，需要积极探索通风系统可靠性的评价方法与指标，为通风系统优化布置提出科学、合理的指导建议。

综上所述，完善瓦斯灾害防治的技术体系，从煤岩地质构造超前探测、瓦斯抽采、钻孔技术及装备、突出预测、矿井通风、灾害监测预警等方面对瓦斯灾害防治技术进行完善和探索，实现瓦斯灾害的全方位、全过程监测、智能预警和联动控制是瓦斯灾害治理技术的重要发展方向。

第三章　瓦斯抽采实用新技术

第一节　概　　述

瓦斯抽采是瓦斯灾害治理的主要手段，是煤矿安全的治本之策。近年来，国家对煤矿瓦斯抽采工作高度重视，先后提出"先抽后采""应抽尽抽"和"先抽后建"的瓦斯治理方针，把瓦斯抽采技术作为瓦斯灾害治理的核心。对一些常用的技术进行了不断完善提高，同时也研究了一批新技术、新工艺和新装备，在煤矿安全生产中发挥了重要支撑作用，使瓦斯抽采技术得到了蓬勃发展。主要有煤层瓦斯富集区探测技术、煤层瓦斯含量直接快速测定技术、抽采钻孔高效钻进与控制技术、抽采钻孔封孔新技术、低透气性煤层增透技术、采动区瓦斯地面井抽采技术、井下瓦斯抽采管网智能调控技术、瓦斯抽采达标评价技术、低浓度瓦斯安全输送安全保障技术等。

第二节　煤层瓦斯富集区探测技术

一、探测技术

瓦斯富集区的判断是进行瓦斯抽采钻孔的布置、抽采效果预测的重要基础，在进行煤层瓦斯抽采前对煤层瓦斯的赋存、富集及动态变化情况进行预测、判识是提高瓦斯抽采效果的重要方面。煤矿井下瓦斯的赋存受煤质、煤体构造、成煤历史等因素影响，通常煤与瓦斯突出高危险区域与瓦斯富集区具有较高的重合度。不同突出危险性煤的电阻率和介电常数等电性参数有较大的差异，声发射和电磁辐射法可以对这一动态差异进行有效的判识，这种规律及技术方法正逐步发展成为间接进行瓦斯富集区判识的有效手段。

电磁波传播理论在地质上的应用最早是在20世纪初期国外就进行了理论探索和野外试验工作。苏联在1923年就开始进行这方面的研究工作。1928年在外高加索硫化矿床上进行试验，证明了电磁波在地下能够传播一定的距离，同时发现黄铁矿体在电磁波传播途径上形成"阴影"现象。从20世纪70年代中期开始，苏联在吉尔吉斯的科克一扬加克矿区先后进行了电磁波在煤层中的传播规律、岩层电性参数与频率和层厚的关系、电磁波在井下传播时巷道和设备对其干扰等方面的研究。这些都为实际探测方法的确定和探测资料的准确解释奠定了坚实的理论基础，并在东顿涅茨无烟煤矿区和吉尔吉斯的科克一扬加克矿区分别进行了电磁波探测地质异常体和煤层破坏程度的试验研究。我国地矿部物探研究所于1959年首先开始了电磁波透视技术在矿井中的应用研究，他们研制了电子管电磁波坑道透视仪，用以寻找金属盲矿体的探测试验。随着我国煤矿生产技术的发展，尤其是煤矿开采机械化程度的提高，在开采前预先探明地质构造及其他地质现象的要求越来越高。从1974年开始，煤炭科学研究总院重庆研究院把电磁波透视法用于探测煤矿井下陷落柱、断层及其他地质构造的试验，取得了良好的效果；1990年至今，先后研制成功 WKT-F3 型防爆抗干扰大距离透视仪和 WKT-D 型大距离智能电磁波透视仪。电磁波透视技术在近30年已经得到比较好的推广应用，多种型号透视仪500余台在全国200余个局矿应用，通过在西山、阳泉、大同、潞安、晋城、开滦、峰峰、邯郸、平顶山、义马、鹤壁、徐州、淮北、南桐、资兴等数千个工作面的探测的应用，充分证明了电磁波透视法能够区分出工作面内的瓦斯赋存正常区和异常区，能够发现和探测出能引起电性参数变化的各种地质构造，为煤矿安全生产提供比较准确的地质预测预报。

同时，作为电磁波探测的另一种方法，地质雷达探测也对瓦斯富集区存在一定的反映。地质雷达具有高探测分辨率和高工作效率的特点，目前已经逐渐成为浅部地球物理勘探的一种重要手段。与一般的电法探测技术相比较，地质雷达方法的优势在于它能直接识别地下目的体，不需要特别复杂的理论推演。近年来，中煤科工集团重庆研究院有限公司生产的 KJH-D 型防爆地质雷达开始在多个矿业集团进行推广应用，尤其是利用新型地质雷达探测瓦斯富集区方面，是一个较大的突破。

目前，探测瓦斯富集区主要采用无线电磁波透视法和地质雷达法，其他方法（比如井下超前地震、瑞利波等）也有一些零星应用，但是未见大面积的推广使用。

二、电磁波透视法

电磁波透视法是利用煤层内部地质异常体（如断层、陷落柱等）对电磁波吸收、反射、二次辐射等作用造成的能量衰减特性，经过多次测量进而反演地质异常体位置的一种物探方法。根据电磁波的透视原理，煤层中断裂构造的界面和构造引起的煤层破碎带、煤层软分层以及瓦斯富集区域等都能对电磁波产生折射、反射和吸收，从而造成电磁波能量的损耗，接收到的电磁波能量就会明显减弱，这就会形成透视阴影，从而来探测瓦斯富集区。

（一）技术原理

电磁波在煤层中的传播可分解为垂直层面和平行层面方向（在垂直层面方向上含煤地层是非均匀介质，而在同一煤层一定范围内的平行层面方向上煤层可近似认为是均匀的）。电磁波透视是在顺煤层的两巷道或两钻孔中进行，假设辐射源（天线轴）中点 O 为原点，在近似均匀、各向同性煤层中，观测点 P 到 O 点的距离为 r，P 点的电磁波场强度 H_P 由式（3-1）表示（吴燕清，2002年）：

$$H_P = H_O \frac{e^{-\beta r}}{r} f(\theta) \tag{3-1}$$

式中　H_O——在一定的发射功率下，天线周围煤层的初始场强，A/m；

　　　　β——煤层对电磁波的吸收系数；

　　　　r——P 点到 O 点的直线距离，m；

$f(\theta)$——方向性因子，θ 是偶极子轴与观测点方向的夹角，一般采用 $f(\theta)=\sin\theta$ 来计算。

由于 θ 变化在 90°附近，可以认为 $f(\theta)\approx1$。对式（3 - 1）式两边取对数，则有：

$$\ln H_P = \ln H_O - \beta r - \ln r \qquad (3-2)$$

取 $\ln H_P = H'_P$，$\ln H_O = H'_O$，则有：

$$H'_P = H'_O - \beta r - \ln r \qquad (3-3)$$

在 r 处于 $150\sim300$ m 之间变化时，$\ln r$ 的对应变化在 $5.01\sim5.70$ 之间，因此可以近似认为式（3 - 3）是斜率为 $-\beta$ 的直线，H'_P 与 r 近似认为是线性关系。

在辐射条件不随时间变化时，H'_O 是一常数，吸收系数 β 是影响场强幅值的主要参数，它的值越大，场强变化就越大。吸收系数与电磁波频率、煤层的电阻率等电性参数有直接关系：在同一均匀煤层中，频率越高吸收系数就越大，电磁波穿透煤层距离就近；煤层电阻率越低，吸收系数也越大。

根据电磁波的透视原理，煤层中断裂构造的界面、构造引起的煤层破碎带、煤层软分层以及瓦斯富集区域等都能对电磁波产生折射、反射和吸收，从而造成电磁波能量的损耗，接收到的电磁波能量就会明显减弱，这就会形成透视阴影（异常区），如图 3 - 1 所示。

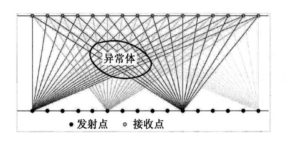

图 3 - 1 电磁波透视原理图

（二）仪器装备

自 1970 年电磁波透视技术应用于煤矿井下物探以来，该方法在探测采煤工作面内的陷落柱、断层及其他地质异常体等方面发挥了积极的作用。中煤科工集团重庆研究院有限公司研发的 WKT - F₃ 和 WKT - E 型仪器，在抗干扰、透视距离、资料处理等方面进行了较大改进。

该仪器主要由以下几个部分组成：天线、发射机、接收机、资料处理机、数据处理软件包和充电机等组成。电磁波透视仪如图 3 - 2 所示。

主要技术指标：

（1）防爆型式：Exib I Mb 本质安全型。

（2）工作频率：0.3 MHz、0.5 MHz、1.5 MHz。

（3）探测距离：巷道间距离 $150\sim350$ m；钻孔间 <100 m。

图 3 - 2　电磁波透视仪

（三）适用条件

煤矿井下电磁波透视仪可以探测煤矿回采工作面及钻孔之间的小构造，如断层（大于煤层厚度 1/2 ~ 1/3）、陷落柱、煤层厚度变化、瓦斯富集区和突水构造等。

具体适用的探测内容有：

（1）地质构造破坏软分层带、瓦斯富集带等来预测瓦斯灾害区。

（2）直径 10 m 以上的陷落柱。

（3）断距大于 1/2 煤厚的断层。

（4）富含水带范围。

（5）顶板垮塌或富集水的采空区。

（6）煤层厚度及产状变化带。

（7）夹矸厚度变化带。

（8）火成岩侵入体等。

（四）电磁波探测工艺和瓦斯富集区划分方法

电磁波透视探测主要分为巷道之间、钻孔之间、钻孔与巷道之间三种模式，三种模式的探测工艺基本一致，只是受限于空间与装备的差异，在具体工艺方法中有所不同。在实际应用中，根据实际情况选择不同工艺方案。

1. 巷道间电磁波探测工艺

巷道之间的电磁波探测方法主要为同步法和定点扫描法，如图 3 - 3 所示。同步法是发射机与接收机同时逐点移动，并在各测点分别发射和接收场强值，不存在距离偏移，不受发接距离差异影响，但是工作量较大，尤其是需要频繁调试发射机，增加了施工难度与发射不稳定性。定点扫描法，施工难度系数相对较小，发射机相对固定，接收机在一定范围内逐点观测其场强值。

2. 钻孔间电磁波探测工艺

钻孔间的电磁波探测工艺与巷道间的探测工艺基本一致，也分为同步法与定点扫描法（图 3 - 4），不同的是钻孔探测的精度相对更高。对于钻孔而言，同步法反而比定点扫描法更具优势，发射接收稳定，因此钻孔间探测时同步法应用较为广泛。

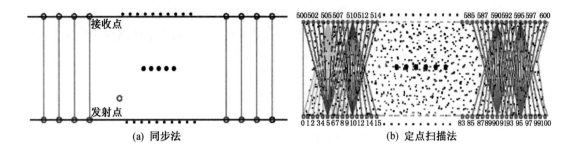

图 3-3　电磁波巷道间探测同步法和定点扫描法

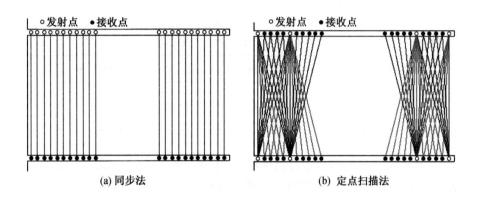

图 3-4　电磁波钻孔间探测同步法和定点扫描法

3. 钻孔与巷道之间电磁波探测工艺

钻孔与巷道之间的探测应用较少，但也具有一定的应用价值，应用效果较好的主要是钻孔中发射、巷道中接收，具体工艺方案如图 3-5 所示。

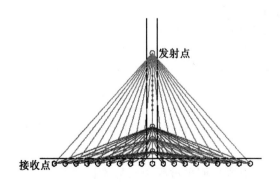

图 3-5　电磁波钻孔与巷道之间探测发射和接收示意图

4. 瓦斯富集区划分方法

地质构造破碎带、软煤带、瓦斯富集区等对电磁波有强烈的吸收作用，电磁波在这些区域传播时被折射、反射、吸收和屏蔽，使信号减弱或消失，从而形成透视阴影区，可以据此来判定瓦斯富集区。

（五）典型应用成果

坑道电磁波透视法作为一种矿井物探手段，在我国已经得到了比较好的推广和应用。实践证明，在条件适宜地区，坑透法能够发现和确定引起电性变化的一些地质构造，如陷落柱、断层、煤层厚度变化以及火成岩体等。

应用 WKT-E 型电磁波透视仪对演马庄煤矿 27131 工作面（上段）进行了透视。为了提高探测精度采用定点扫描法，发射点间距为 50 m，接收点间距为 5 m，每个发射点对应 21 个接收点。27131 工作面（上段）由于正在回采，受巷道支护及设备影响，只采用了分辨率较高的 1.5 MHz 频率进行探测。工作面的探测数据采集情况见表 3-1。

表 3-1　工作面的探测数据采集情况

工作面	频率/MHz	背景场强/dB	最小场强/dB	场强差值/dB	平均值/dB	最大衰减值/dB
27131 工作面（上段）	1.5	<5	47	>40	64.9	-15

27131 工作面（上段）的电磁波透视探测 CT 成果如图 3-6 所示，共存在 2 处衰减异常区，结合工作面已掌握的地质资料，推测一号异常区为瓦斯富集区，二号异常区为回采巷道内金属设备大量堆放干扰所引起的假异常。

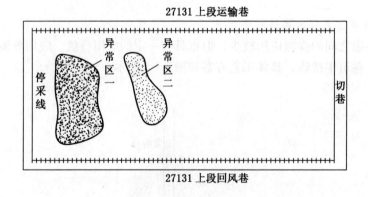

图 3-6　27131 工作面（上段）电磁波透视探测 CT 成果

后期 27131 工作面（上段）回采过程中对异常区进行了考察验证。工作面在一号异常区回采时，煤层赋存未发现明显异常，排除了地质构造因素，但工作面煤层瓦斯含量有明显升高，正常煤层段瓦斯含量为 3~5 m³/t，一号异常区瓦斯含量为 13.27 m³/t，说明煤层瓦斯含量变大，证实了一号异常区为瓦斯富集区的推测。工作面在二号异常区回采时，未见明显的地质异常，瓦斯涌出也无明显变化，因此之前的金属设备引起的假异常的分析结果是正确的。

三、地质雷达法

（一）方法原理

地质雷达是利用超高频短脉冲电磁波在介质中的传播，实现对被探测体内部不可见的目标体或分界面进行定位或判别的电磁波探测技术。它利用发射天线发射高频宽带电磁波脉冲，电磁波在介质中传播时，其路径、电磁场强度与波形将随所通过的介质的电性性质及几何形态而变化。因此，根据接收到波的旅行时间（双程走时）、幅度与波形资料，可推断介质的结构和形态大小。矿井地质雷达探测技术是指将脉冲雷达系统用于井下掘进或者回采工作面探测的一种矿井物探方法。矿井地质雷达探测技术具有波长短、指向性好、分辨率高、效率高、结果直观等优势；利用电磁波传播时间延迟，可准确地确定目标的距离。但是，高频电磁波在介质中衰减较快，其探测距离受到限制。

目前，该技术已被广泛应用于工程地质调查、工程质量检测、矿产资源勘查、水文与生态环境调查、地质灾害探测、矿井地质探测、考古和地下掩埋物的探测等众多领域。

近年来，中煤科工集团重庆研究院有限公司生产的 KJH－D 型防爆地质雷达开始在多个矿业集团进行推广应用，尤其是利用新型地质雷达探测瓦斯富集区方面，更是一个较大的突破。

（二）仪器装备

在国外有美国 SIR 型地质雷达系统、加拿大 EKKO 型探地雷达系统；国内有中煤科工集团重庆研究院有限公司研制的 KJH－D 型防爆地质雷达、中国电波传播研究所 LTD 型探地雷达系统等。其中，能够在煤矿井下使用的且应用较广的为 KJH－D 防爆探地雷达。该雷达集控制、显示和记录于一体，具有防水、防尘功能，能进行数据采集、显示、储存，并能通过 CF 卡上传电脑进行处理。

主要技术指标有：

（1）探测落差大于 2/3 煤厚断层。

（2）陷落柱、煤层顶底板变化带。

（3）超前探测距离 30~50 m。

（4）分辨率 1 m 左右（100 MHz）。

（三）适用条件

地质雷达井下探测时无需对管路、电缆和轨道等导体作任何处理，测线布置在掘进工作面或巷道侧帮上，通常沿水平或垂直方向布置多条相互垂直的测线。探测时发射天线沿水平方向或垂直方向进行定点扫描。在煤矿井下，适用于以下几方面：

（1）巷道掘进工作面前方短距离超前探测地质构造、陷落柱、煤层变化带等探测。

（2）顶底板及侧帮前方地层岩性预测。

（3）煤层中短距离金属体探测（钻杆、锚杆）。

（4）井下混凝土结构体、锚杆等质量检测。

（四）典型应用成果

近年来，在国内外全面开展了雷达技术用于矿区井下探测顶、底板及回采工作面前方小断层、老窑、空巷、岩溶分布及陷落柱等地质问题的研究工作，取得了较好的地质效果。防爆地质雷达技术作为一种新型的近距离矿井物探技术，井下施工快速，基本不影响生产，是较好的探测掘进巷道掘进工作面前方瓦斯富集区探测的一种方法。

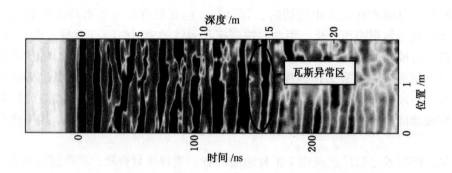

图 3 – 7　阳泉某矿 15201 掘进面超前雷达探测成果图（16 m 处瓦斯涌出异常）

经过大量的实践经验总结，井下雷达波形的分析主要看波形明显的回波异常区域和明显的波形分界线。基于此，井下雷达分析方法可以分为波形明显的回波异常分析法和波形明显的分界线法。岩体物性的差异造成的波形明显的异常回波是雷达波分析的基础，几乎大部分的探测异常都是通过这种方法分析得出的。这种方法在矿井雷达数据分析中也经常采用，但是要注意一些干扰因素的影响。下面为探测实例，仪器采用 KJH – D 防爆型地质雷达，天线频率 100 MHz，采样时窗 800 ns，天线间距 1 m，采集方式为反射法，电磁波在煤层中的波速设为 0.18 m/ns，在岩石中的波速设为 0.12 m/ns。图 3 – 7 所示为阳泉某矿 15201 掘进工作面超前地质雷达探测成果图，在前方 16 m 处，打钻测得瓦斯含量明显增大，达到 13 m^3/t，存在瓦斯异常区域。

地质雷达的瓦斯富集区回波特征主要是波形变宽、能量变弱，试验资料显示全部为回波异常法产生，不存在分界线的地质雷达回波异常。因此，若存在明显的回波分界线，一般是构造产生的异常；若在传播距离范围内存在明显的回波异常，则有可能存在瓦斯富集区。

第三节　煤层瓦斯含量直接快速测定技术

瓦斯含量是表征煤层瓦斯赋存特征的主要参数，是瓦斯储量评价、抽采设计、矿井瓦斯涌出量预测、煤层突出危险性预测及瓦斯治理效果评价的主要指标。因此，煤层瓦斯含量准确测定一直是国内外煤矿安全领域的重要研究方向。我国在煤层瓦斯含量直接测定方面曾先后研究过密闭式、集气式煤芯瓦斯采取法和解吸法。解吸法直接测定煤层瓦斯含量当前在我国得到普遍推广应用，并已制定了 GB/T 23250—2009《煤层瓦斯含量井下直接测定方法》。目前，国内符合 GB/T 23250—2009 标准的煤层瓦斯含量直接测定装置主要有中煤科工集团重庆研究院有限公司研发的 DGC 型瓦斯含量直接测定装置以及煤科集团沈阳研究院有限公司生产的 FH - 5 型瓦斯含量测定仪。此外，煤层瓦斯含量的快速测定技术是也是目前发展的主流方向，该技术的代表性仪器有中煤科工集团重庆研究院生产的 CWY50 型瓦斯含量快速测定仪。

一、基于解吸法的煤层瓦斯含量直接测定技术原理

基于解吸法进行煤层瓦斯含量直接测定时，煤层瓦斯含量由井下测定瓦斯含量和实验室测定瓦斯含量两部分组成。根据 GB/T 23250—2009《煤层瓦斯含量井下直接测定方法》，实验室测定瓦斯含量分为两种方法，分别是常压自然解吸法和脱气法，这两种方法分别对应 DGC 型瓦斯含量直接测定技术和 FH - 5 型瓦斯含量直接测定技术。

采用常压自然解吸法测定时，瓦斯含量按式（3 - 4）进行计算：

$$Q = Q_1 + Q_2 + Q_3 + Q_4 + Q_b \qquad (3-4)$$

式中　Q_1——煤样在井下解吸瓦斯量，cm^3/g；

Q_2——煤样的瓦斯损失量，cm^3/g；

Q_3——煤样粉碎前解吸瓦斯量，cm^3/g；

Q_4——煤样粉碎后解吸瓦斯量，cm^3/g；

Q_b——不可解吸瓦斯量，cm^3/g。

采用脱气法测定时，瓦斯含量按式（3 - 5）进行计算：

$$Q = Q_1 + Q_2 + Q_3 + Q_4 \qquad (3-5)$$

式中　Q_1——煤样在井下解吸瓦斯量，cm^3/g；

Q_2——煤样的瓦斯损失量，cm^3/g；

Q_3——煤样粉碎前脱气瓦斯量，cm^3/g；

Q_4——煤样粉碎后脱气瓦斯量，cm^3/g。

煤样的井下自然解吸量和实验室测定量可以直接准确测定，因此，煤层瓦斯含量直接测定准确与否决定于取样过程中的损失量，损失量推算准确与否又取决于取样过程中损失的瓦斯量推算模型和取样的质量，即保证所取煤样完整性、保质性和快速性。取样质量好与坏直接关系到煤层瓦斯含量测定的成功与否和准确程度。但是取样环节也是煤层钻孔取样直接测定煤层瓦斯含量所有环节中最困难的环节，取样成为我国煤层瓦斯含量直接测定方法的技术瓶颈。

二、直接法测定煤层瓦斯含量的工艺流程

直接法测定煤层瓦斯含量包括煤层取样、井下测定和实验室测定。其中取样环节是关系到瓦斯含量最终测定结果准确性的重要环节。

（一）取样

GB/T 23250—2009《煤层瓦斯含量井下直接测定方法》中规定，在石门或岩石巷道可打穿层钻孔采取煤样，在新暴露的煤巷中应首选煤芯采取器（简称煤芯管）或其他定点取样装置定点采集煤样，且煤样从暴露到装入煤样罐内密封所用的实际时间不能超过 5 min。目前由中煤科工集团重庆研究院有限公司研发的 SDQ 型深孔定点取样装置（图 3-8）是国内唯一满足 GB/T 23250—2009《煤层瓦斯含量井下直接测定方法》要求的取样装置，该装置可实现本煤层 120 m 或更大范围的快速定点取样，取样速度大于 500 g/min，取样时间 2 min 以内。

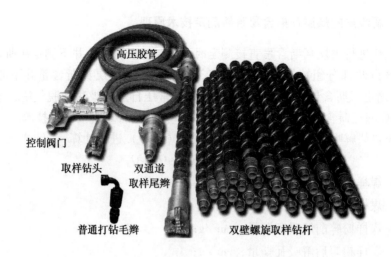

图 3-8 SDQ 型深孔定点取样装置

SDQ 型深孔定点取样装置将地勘双壁钻杆反循环钻井技术引入煤矿井下，采用喷射技术和多级引射技术，以矿井压风为输送动力，实现不撤钻杆取样，随钻随取，技术原理如图 3-9、图 3-10 所示。目前已在安徽淮南矿业集团、黑龙江龙煤集团、河南平煤集团、新疆焦煤集团、山西潞安集团、山西晋煤集团、贵州水矿集团、重庆松藻集团等国内大中小型煤炭生产基地成功进行了推广应用，SDQ 型深孔定点取样效果见表 3-2。

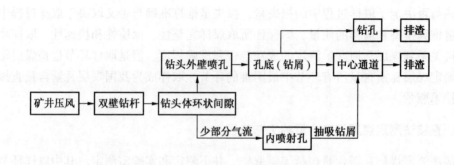

图 3-9 SDQ 型深孔定点取样技术原理

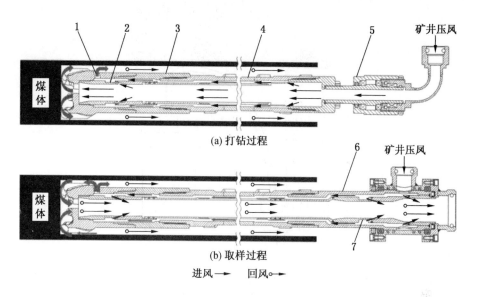

(a) 打钻过程

(b) 取样过程

进风 ——→　回风 ○→

1—钻头外喷孔；2—钻头内嵌环形喷射器；3—取样钻头；4—双壁钻杆；5—打钻尾辫；
6—双通道取样尾辫；7—多级环形喷射器

图 3 – 10　SDQ 型深孔定点取样过程示意图

表 3 – 2　SDQ 型深孔定点取样效果

应用矿井	最大取样深度/m	取样速度/$(g \cdot min^{-1})$	取样时间/min
顾桥煤矿	120	≥500	≤2
潘二煤矿	103	≥500	≤2
潘一东煤矿	126	≥500	≤2
平煤十矿	100	≥500	≤2
大湾煤矿	123	≥500	≤2

（二）井下自然解吸瓦斯量测定

GB/T 23250—2009《煤层瓦斯含量井下直接测定方法》中规定，井下自然解吸瓦斯量测定采用排水集气法，将井下瓦斯解吸速度测定仪与煤样罐进行连接，如图 3 – 11 所示，每间隔一定时间记录量管读数及测定时间，连续观测 60 ~ 120 min 或解吸量小于 2 mL/min 为止（DGC 型瓦斯含量直接测定装置仅需观测 30 min 即可）。开始观测前 30 min 内，间隔 1 min 读一次数，以后每隔 2 ~ 5 min 读一次数，将观测结果填写到测定记录表中，同时记录环境温度、水温及大气压力。测定结束后，密封煤样罐，并将煤样罐沉入清水中，仔细观察 10 min，如果发现有气泡冒出，则该试样作废应重新取样测试；如不漏气，送实验室继续测定。

近年来，由中煤科工集团重庆研究院有限公司研发了自动化井下解吸速度测定仪（图 3 – 12、图 3 – 13），以排水称重为基本原理，实现井下瓦斯解吸速度的自动测定，减少了人员参与环节，避免了读数误差，有助于瓦斯含量测定结果准确性的提高。

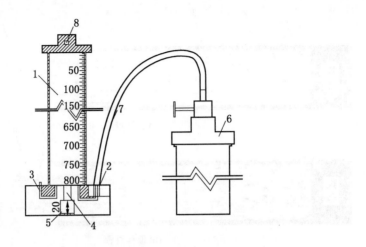

1—管体；2—进气嘴；3—出液嘴；4—灌水通道；5—底塞；6—煤样筒；7—连接胶管；8—吊耳

图 3-11　井下解吸速度测定仪连接图

图 3-12　自动化井下瓦斯解吸速度测定仪　　　图 3-13　测定过程示意图

（三）实验室瓦斯含量测定

根据测定方法的不同，实验室瓦斯含量测定分为常压自然解吸法和脱气法，这两种方法分别对应 DGC 型瓦斯含量直接测定技术和 FH-5 型瓦斯含量直接测定技术。

1. 基于 DGC 的实验室瓦斯含量测定

1）DGC 型瓦斯含量直接测定装置

DGC 型瓦斯含量直接测定装置如图 3-14 所示，该装置为本质安全型，具有测定工程量小、准确性高、操作简单、维护量小、使用安全等特点，可在 8 h 以内测得煤层瓦斯含量。装置主要由井下取样装置、井下解吸装置、地面解吸装置、称重装置、煤样粉碎装置、水分测定装置、数据处理系统等几部分构成。近年来中煤科工集团重庆研究院有限公司在原有 DGC 产品的基础上研发了自动化 DGC 型瓦斯含量直接测定装置，如图 3-15 所示，该装置采用工业控制技术，可实现实验室瓦斯含量的自动测定和输出，避免人为误差，可大大提高瓦斯含量测定结果的准确性。

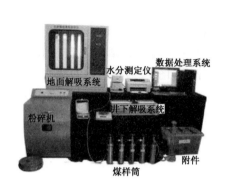
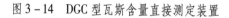

图 3 – 14　DGC 型瓦斯含量直接测定装置　　　　图 3 – 15　自动化 DGC 装置

2）实验室测定流程

实验室常压自然解吸法过程分为煤样粉碎前自然解吸瓦斯量测定和粉碎后自然解吸瓦斯量测定，常压自然解吸装置连接如图 3 – 16 所示。

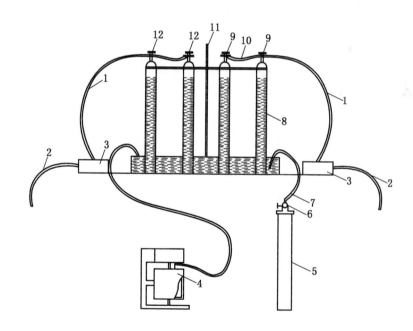

1—抽气管；2—排气管；3—微型真空泵；4—粉碎机料钵；5—煤样罐；6—阀门；7—进气管；
8—量管；9—大量管阀门；10—连接胶管；11—实验架；12—小量管阀门

图 3 – 16　实验室常压自然解吸装置连接

（1）煤样粉碎前自然解吸。将与煤样罐相连接的量管充水至一定刻度，读取并记录量管液面初始读数，缓慢打开煤样罐阀门，观察量管内瓦斯解吸情况，当解吸一段时间后，在 5 min 内量管内不再有气泡冒出时解吸完毕，读取并记录解吸量管最终液面读数，同时记录实验室温度和压力。打开煤样罐，将煤样倒入容器中，进一步除去矸石等非煤物质后，放置在天平上进行煤样总质量称量。

（2）煤样粉碎后自然解吸。将与粉碎机料钵相连的量管充水至一定刻度，读取并记录量管液面初始读数。从称取煤样的容器中选取两份相等质量的煤样，煤样的质量一般取 100 ~ 300 g，选择整芯或较大块的煤样，确保二次煤样和全煤样有相同的特性。若两份二次煤样测试结果相差 30% 以上，则再取第三份二次煤样。将二次煤样逐份放入粉碎机料钵内，密封严实后启动粉碎机进行煤样粉碎，观测量管内瓦斯解吸情况，粉碎结束时记录量管最终读数，同时记录实验室温度和压力。煤样粉碎到 95% 煤样通过 60 目（0.25 mm）的分样筛时为合格。

3）瓦斯含量测定结果

使用 DGC 型煤层瓦斯含量直接测定装置进行煤层瓦斯含量直接测定时，将煤层瓦斯含量划分为 4 个部分：

$$Q = Q_1 + Q_2 + Q_3 + Q_c \tag{3-6}$$

式中　　Q——煤样瓦斯含量，cm^3/g；

$\quad\quad Q_1$——煤样损失瓦斯量，cm^3/g；

$\quad\quad Q_2$——煤样自然解吸瓦斯量，cm^3/g；

$\quad\quad Q_3$——煤样粉碎解吸瓦斯量，cm^3/g；

$\quad\quad Q_c$——煤样常压吸附瓦斯量，cm^3/g。

（1）煤样损失瓦斯量 Q_1 是指煤样从暴露到开始测定解吸量期间所遗失的瓦斯量。煤样损失瓦斯量需要通过井下测定煤样瓦斯解吸规律反推其大小。

（2）煤样自然解吸瓦斯量 Q_2 是指煤样在常压状态下，煤样井下解吸后运送到实验室粉碎前所解吸的瓦斯量。即井下推算煤样损失瓦斯量时所解吸的瓦斯量及地面煤样粉碎前所解吸的瓦斯量之和。

（3）煤样粉碎解吸瓦斯量 Q_3 是指煤样在常压状态下，煤样在粉碎机中粉碎到 95% 以上煤样粒度小于 0.25 mm 时所解吸的瓦斯量。

（4）煤样常压吸附瓦斯量 Q_c 是指煤样在常压状态下，粉碎解吸后仍残存在煤样中不可解吸的瓦斯量。大气压力作用下，煤样对瓦斯存在吸附作用，这部分瓦斯在常压下是不可解吸的。其计算公式为

$$Q_c = \frac{0.1ab}{1+0.1b} \times \frac{100 - A_d - M_{ad}}{100} \times \frac{1}{1+0.31M_{ad}} + \frac{\pi}{\gamma} \tag{3-7}$$

式中　　Q_c——煤样常压吸附瓦斯量，mL/g；

$\quad\quad a$、b——瓦斯吸附常数；

$\quad\quad A_d$——煤样灰分，%；

$\quad\quad M_{ad}$——煤样水分，%；

$\quad\quad \pi$——煤的孔隙率，m^3/m^3；

$\quad\quad \gamma$——煤的视密度（假比重），t/m^3。

将井下和实验室瓦斯含量测定过程中记录的数据输入"DGC 型瓦斯含量直接测定装置计算软件"进行处理，如图 3 – 17 所示，得到最终的煤样瓦斯含量。

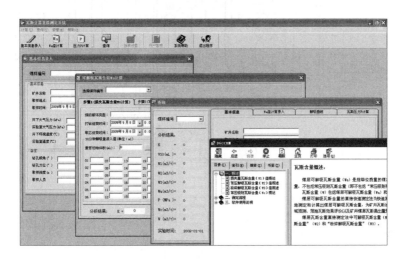

图 3 – 17　DGC 型瓦斯含量直接测定装置计算软件

2. 基于 FH – 5 的实验室瓦斯含量测定

1）FH – 5 型瓦斯含量测定仪

FH – 5 型瓦斯含量测定仪如图 3 – 18 所示，该装置为本质安全型，包括脱气仪（在最大真空度下静置 30 min，真空计水银液面上升不超过 5 mm）、超级恒温水浴（控温范围 0 ~ 95 ℃，温控 1 ℃）、真空泵（抽气速率 4 L/min，极限真空 7×10^{-2} Pa）、球磨机（粉碎粒度 < 0.25 mm）。瓦斯含量测定时间视脱气时间而定。

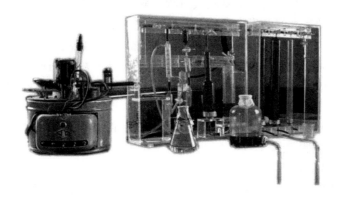

图 3 – 18　FH – 5 型瓦斯含量测定仪

2）实验室测定流程

实验室脱气法过程分为煤样粉碎前脱气和粉碎后脱气，实验室脱气法装置连接如图 3 – 19 所示。

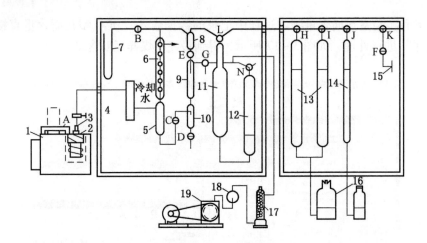

1—超级恒温器；2—密封罐；3—穿刺针头；4—滤尘管；5—集水瓶；6—冷却管；7—水银真空计；8—隔水瓶；
9—吸水管；10—排水瓶；11—吸气瓶；12—真空瓶；13—大量管；14—小量管；15—取气支管；16—水准瓶；
17—干燥管；18—分隔球；19—真空泵；A—螺旋夹；B、C、D、E、F—单向活塞；
G、H、I、J、K—三通活塞；L、N—120°三通活塞

图 3 – 19　实验室脱气法装置连接

（1）煤样粉碎前脱气。脱气前，先将装置抽真空，通过观察水银真空计的液面进行装置气密性检查。

煤样与脱气仪连接前，对仪器左侧真空系统抽气，达到最大真空度时停泵，观察真空计水银液面，在 10 min 内保持不下降为合格。关闭脱气仪的真空计，通过穿刺针头及真空胶管将煤样罐与脱气仪连接。煤样首先在常温下脱气，直至真空计水银液面不动为止；每隔 30 min 重新抽气，一直进行到每 30 min 内泄出瓦斯量小于 10 cm³；常温脱气后，再将煤样加热至 95 ~ 100 ℃恒温，重复脱气过程；脱气终了后，关闭真空计，取下煤样罐，迅速的取出煤样立即装入球磨罐中密封。

（2）煤样粉碎后脱气。球磨罐使用前，先进行气密性检测。煤样粉碎到粒度小于 0.25 mm 的组分重量超过 80% 为合格，粉碎后脱气操作与粉碎前脱气相同，本阶段脱气要一直进行到真空计水银柱稳定为止；然后关闭真空计，取下球磨罐，待罐体冷却至常温后，打开球磨罐，称量煤样质量并制成分析煤样。

脱气过程读取量管读数时，应提高水准瓶，使量管内外液面齐平；同时记录大气压力、气压表温度及室温。

3）瓦斯含量测定结果

使用 FH – 5 型煤层瓦斯含量测定仪进行煤层瓦斯含量直接测定时，将煤层瓦斯含量划分为四个部分，并按照式（3 – 5）进行计算。

其中，煤样损失瓦斯量定义及计算方法与 DGC 瓦斯含量直接测定技术相同。其余各阶段瓦斯量按式（3 – 8）计算

$$Q_i = \frac{\sum_{j=1}^{3} V_i^j}{m} \tag{3-8}$$

式中　Q_i——各阶段煤样瓦斯量，cm^3/g；

　　　m——煤样质量，g；

　　　V_i^j——各阶段气体体积，cm^3/g。

将井下和实验室瓦斯含量测定过程中记录的数据输入 FH – 5 专用瓦斯含量直接测定计算软件进行处理，得到最终的煤样瓦斯含量。

三、直接法测定煤层瓦斯含量的应用情况

以 DGC 型瓦斯含量直接测定装置为例，该装置在山西晋城、山西西山、山西潞安、江西丰城、贵州水城、重庆松藻、贵州盘江等局矿进行推广应用，成功用于煤层预抽效果评价、区域突出危险性评价及划分、原始煤层瓦斯含量测定以及突出危险性鉴定辅助验证等项目，取得了非常好的应用效果，间接法与直接法煤层瓦斯含量测定结果见表 3 – 3。

表 3 – 3　间接法与直接法煤层瓦斯含量测定结果

矿井名称	煤层编号	测压气室埋深/m	间接法煤层瓦斯含量/($m^3 \cdot t^{-1}$)	取样点埋深/m	直接法煤层瓦斯含量/($m^3 \cdot t^{-1}$)
水城中岭	1 号	302	17.92	320	19.08
大转湾矿	M8	124	8.47	140	8.82
海坝煤矿	M51	119	7.64	99	7.12
宏福煤矿	M26	167	7.01	201	7.36
兴达煤矿	M33	162	8.97	144	9.53
补者煤矿	C18	145	8.21	164	7.96
岩脚煤矿	M23	191	13	194	12.42
小龙井	31 号	115	14.18	126	13.79
劳武煤矿	M12	53	5.57	48	5.62
中心煤矿	9 号	100	9.42	无数据	9.00
新华煤矿	9 号	202	12.61	无数据	12.58
打通一矿	M7	450	19.1	无数据	17.9
松藻煤矿	K1	610	22.69	无数据	21.65

四、其他瓦斯含量快速测定方法

国内外快速测定瓦斯含量的主要有中煤科工集团重庆研究院有限公司的 QCP – 1 型煤层瓦斯压力（含量）快速测定仪、煤科集团沈阳研究院有限公司的 WP – 1 型煤层瓦斯压力（含量）快速测定仪和德国的 EL. KD 解吸仪，以上仪器由于开发时间久远、我国煤层条件复杂等原因，误差约在 50%。

目前，中煤科工集团重庆研究院研制了 CW50 煤层瓦斯含量快速测定仪，该仪器具有体积小、操作简单、测定速度快的特点、测定时间为 20 min、测定精度与间接法对比误差约在 5%。

（一）测定原理

国内外研究表明粒度 1~3 mm 的煤样瓦斯解吸特征符合幂指数关系，如式（3-9）

$$Q = at^i \qquad\qquad (3-9)$$

式中　Q——t 时刻的累积瓦斯解吸量；

　　　a——瓦斯含量系数；

　　　i——煤的结构系数。

实验及相关的理论表明 a 值与瓦斯含量的大小有良好的拟线性关系，i 值对于不同的煤层、煤种差别明显。所以测定煤屑的瓦斯解吸规律，建立 a、i 值与瓦斯含量 W 间的关系模型便可快速测定煤层的瓦斯含量。通过大量实验分析后获得的瓦斯含量 W 与 a、i 值关系如图 3-20、图 3-21 所示。

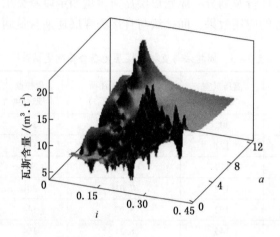

图 3-20　瓦斯含量 W 与 a、i 值三维曲面关系

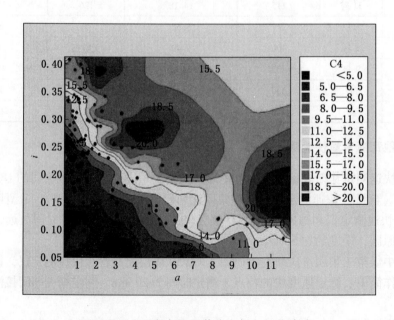

图 3-21　瓦斯含量 W 等值线与 a、i 值关系

通过理论分析和图形比对的方法建立了瓦斯含量快速测定非线性曲面模型公式。

$$W = f(a,i) + \delta q_0 \qquad (3-10)$$

式中　W——瓦斯含量，m^3/t；

　　　q_0——含量修正参数；

　　　δ——煤样密度修正系数。

根据以上 180 次实验数据分别应用国内外瓦斯含量快速测定模型计算瓦斯含量结果如图 3-22 所示，误差如图 3-23 所示。

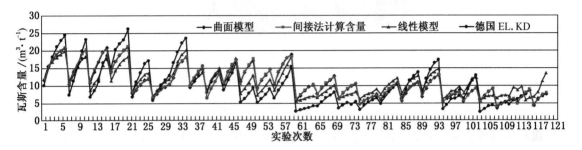

图 3-22　瓦斯含量快速测定模型比较图

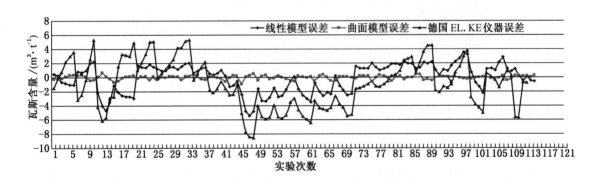

图 3-23　瓦斯含量快速测定模型误差比较图

由图 3-22、图 3-23 可以看出瓦斯含量快速测定非线性曲面模型计算出的瓦斯含量与间接法测定的瓦斯含量 W 吻合性良好，误差较小，最大误差 $0.9\ m^3/t$。线性模型与德国 EL. KE 解吸测定仪测量的瓦斯含量误差较大。

（二）　瓦斯含量快速测定装备

在瓦斯含量快速测定模型的基础上研发了瓦斯含量快速测定仪如图 3-24 所示。

待测煤层修正含量修正参数 q_0 和煤样密度修正系数 δ，可利用 DGC 型瓦斯含量直接测定装置测定结果与瓦斯含量快速测定仪对比修正。未修正前可使用模型本身推荐的参数。瓦斯含量快速测定仪 20 min 可测得煤层瓦斯含量，根据需要也可测定煤层可解吸瓦斯含量。

（三）　测定步骤

图 3 - 24 瓦斯含量快速测定仪

瓦斯含量快速测定工艺流程如图 3 - 25 所示。针对待测煤层如果不进行含量修正参数和煤样密度修正系数修正，测定的瓦斯含量误差在 15% 以内，修正后误差在 5% 以内。

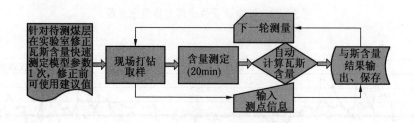

图 3 - 25 瓦斯含量快速测定工艺流程

（四）应用实例

利用瓦斯含量快速测定仪对云南恩洪煤矿、水城大河边煤矿煤样进行了瓦斯含量测定，同时利用间接法进行了含量测定比较，测量数据见表 3 - 4。

从表 3 - 4 可以看出最大相对误差 9.17%，对应绝对误差 0.83 m³，平均绝对误差 0.0871，平均相对误差 2.29%。说明瓦斯含量快速测定仪，测定结果较为准确，满足工程应用的需要。

表 3 - 4 瓦斯含量快速测定结果表

矿井名称	瓦斯压力/MPa	间接法瓦斯含量/($m^3 \cdot t^{-1}$)	快速测定法瓦斯含量/($m^3 \cdot t^{-1}$)	绝对误差/m^3	相对误差/%
云南恩洪煤矿	3.34	14.85	14.42	-0.43	-2.89
	2.02	11.83	11.93	0.1	0.85
	1.16	9.05	9.88	0.83	9.17
	0.43	5.18	5.21	0.03	0.58

表3-4（续）

矿井名称	瓦斯压力/MPa	间接法瓦斯含量/(m³·t⁻¹)	快速测定法瓦斯含量/(m³·t⁻¹)	绝对误差/m³	相对误差/%
	0.53	3.3257	3.35	0.0242	0.73
	0.55	3.4178	3.67	0.2522	7.33
水城大河边煤矿	0.94	4.9381	5.16	0.2219	4.46
	1.03	5.2312	4.95	-0.2812	-5.38
	3.2	8.190	7.53	-0.66	8.06

第四节　抽采钻孔施工高效钻进与控制技术

顺利施工瓦斯抽采钻孔是进行有效瓦斯抽采的前提，煤矿井下瓦斯抽采常见方法有顺层施工钻孔抽采本煤层瓦斯、穿层施工钻孔抽采邻近层瓦斯、采煤工作面或煤层顶板施工定向长钻孔抽采本煤层和邻近层瓦斯等。随着煤矿井下定向钻孔技术的发展，以先进的随钻测量定向钻进技术为重要手段，通过在成孔性好的煤层顶板或底板岩层先施工定向长钻孔，再利用定向分支技术，每间隔一定距离，从岩层长钻孔向煤层中分段施工梳状瓦斯抽采分支孔，实现松软煤层远距离预抽与卸压抽采等目的。

研究煤矿井下高效施工瓦斯抽采钻孔技术与装备是煤矿安全生产的一项重要工作，受煤矿井下作业条件限制，进入煤矿井下的设备、仪器必须经过国家安全生产监督管理总局授权的"安标国家矿用产品安全标志中心"的认证，且取得安标证书。伴随煤炭开采向纵深发展，钻孔施工更为困难，瓦斯抽采钻孔施工效率、深孔钻进方法、钻孔成孔方法、钻孔施工安全一直是煤矿安全开采领域研究的课题，"远距离自动控制钻进技术""高低全方位高效开孔钻进技术""近水平定向钻进技术""全孔段下放筛管工艺技术"等为煤矿企业安全高效施工瓦斯抽采钻孔提供了性能可靠的新技术与新装备。

一、远距离自动控制钻进技术

远距离自动控制技术是一种自动化程度高、安全性高的新型煤矿钻孔施工技术，按照控制距离的不同，远距离自动控制技术可分为井下远距离自动控制技术和地面远距离自动控制技术两种。

（一）井下远距离自动控制钻机

井下远距离自动控制技术是指在离钻孔设备50 m范围内远距离控制钻机自动钻孔施工的技术，应用该技术的钻机主要由远距离操作台、钻机主机、自动控制电液系统、自动上下钻杆系统、动力系统、行走系统等组成。井下远距离自动控制钻机三维模型如图3-26所示，ZYWL-4000SY双履带式全自动钻机如图3-27所示。

井下远距离自动控制钻机是一种集机、电、液技术为一体的新型煤矿钻机，该钻机通过自动控制程序、电液联合驱动系统、自动上下钻杆系统等的有机结合，实现了一键自动钻孔功能，即只需按下控制键，钻机整个钻孔施工过程中再无需其他人工操作。该钻机的

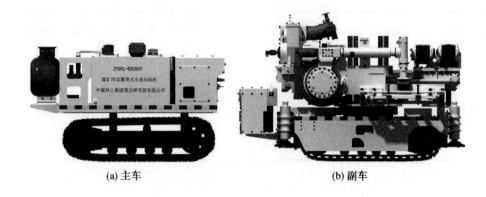

(a) 主车　　　　　　　　　　　　(b) 副车

图 3 - 26　井下远距离自动控制钻机三维模型

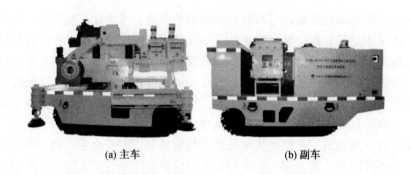

(a) 主车　　　　　　　　　　　　(b) 副车

图 3 - 27　ZYWL - 4000SY 双履带式全自动钻机

主要特点有：

（1）自动上下钻杆功能：由机械手和钻杆存储箱组成的自动上下钻杆系统在自动控制程序的驱动下，可代替人工实现钻杆的自动加接和拆卸。相比常规井下钻机，该功能有效降低了钻机操作者的劳动强度。

（2）全自动钻孔功能：采用自动控制程序驱动电液控制系统来控制执行元件的动作顺序，最终实现钻孔过程的全自动化。

（3）钻孔数据自动记录功能：在钻孔过程中，可记录钻孔编号、钻孔倾角、钻孔深度、钻孔时间等数据。

（4）无线（或有线）远距离控制功能：配置小型远控操作台，操作时远离钻孔现场，有效的保证操作人员的安全。

（5）自动升降调斜功能：相比常规井下钻机，开孔时的倾角、方位角、水平高度均采用液压控制方式，调节方便迅速。

（6）钻机自行走功能：钻机整体采用履带底盘搭载，搬迁钻场时可实现自行走，无需其他搬运工作，该功能大大缩短了钻机搬迁时间并降低了工人劳动强度。

井下远距离自动控制钻机可取代常规井下钻机施工各种瓦斯抽采孔，而且相比常规井下钻机，井下远距离自动控制钻机还具有操作人员少、综合钻孔效率高、安全性高等优点。

（二）地面远距离自动控制钻机

地面远距离自动控制技术是指在地面（如地面监控室等位置）远距离自动控制井下钻机自动钻孔施工的技术，应用该技术的钻机主要由地面远控站、钻机主机、自动控制电液系统、远程视频监控系统、通信环网、自动上下钻杆系统、动力系统、行走系统等组成。地面远距离自动控制原理如图 3 - 28 所示。

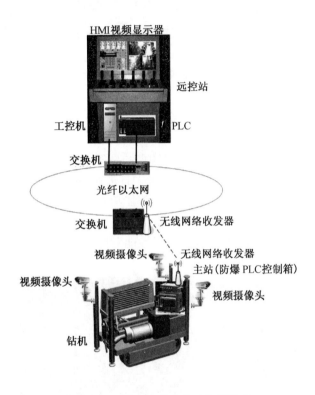

图 3 - 28　地面远距离自动控制原理

地面远距离自动控制钻机（图 3 - 29）在井下远距离自动控制钻机的基础上增加了地面远控站、通信环网、远程视频监控系统等部件，这使得地面远距离自动控制钻机可在矿井地面通过远控站控制和监视井下钻机自动钻孔施工。地面远距离自动控制钻机除了具有井下远距离自动控制钻机的自动上下钻杆、全自动钻孔、钻孔数据自动记录、自动升降调斜、钻机自行走等功能外，还具有以下特点：

（1）控制距离远：钻机可以与煤矿工业环网连接，井下任何有环网的地方，都可实现在地面控制。

（2）实时视频声音监控：通过远程视频监控系统，可在远控站实时接收井下钻机的工作画面和现场声音。

地面远距离自动控制钻机特别适合在瓦斯突出风险大的场所施工钻孔，该钻机的控制

图 3 - 29   ZKY - 2000 地面远距离自动控制钻机

方式有效地保证了其在危险场所施工的安全性。

（三）应用效果

井下远距离自动控制钻机在淮南矿业集团谢桥煤矿进行了应用，该钻机总共施工 50 天，累计钻孔进尺 5200 m，月进尺 3100 m，最大日进尺 167 m，该钻机施工过程中只需一人操控，全程采用全自动钻孔模式，该钻机的整体功效与该集团常规钻机持平，但该钻机在劳动强度、安全性能、操作便利性能等方面大大优于常规钻机，可替代普通钻机。应用情况如图 3 - 30 所示。普通钻机与自动化钻机性能对比见表 3 - 5。

图 3 - 30   井下远距离自动控制钻机应用

地面远距离自动控制钻机在松藻矿业集团进行了应用，该钻机工作时远控站布置在地面调度室，远控站通过矿方工业环网与井下钻机连接，操作人员通过远控站控制井下钻机钻孔施工。该钻机在松藻矿业集团累计钻孔 3192 m，钻机的先进性得到矿方一致好评。应用情况如图 3 - 31 所示。

表 3 - 5 自动钻机和普通钻机性能对比

钻 机 类 型	普 通 钻 机	自 动 钻 机
工人数量（每台）	2 ~ 3	1
钻孔过程	人工操作、加接钻杆	自动控制
效率（以 60 m 孔深时间计算）	4.5 h	4 ~ 5 h
安全性	一般	高

图 3 - 31 ZKY - 2000 地面远距离自动控制钻机应用

二、高低全方位高效开孔钻进技术

高低全方位高效开孔钻机主要用于煤矿井下钻进瓦斯抽（排）放孔、注浆灭火孔、煤层注水孔、防突卸压孔、地质勘探孔及其他工程孔，特别适合于顶底板扇形抽放钻孔，也可用于高瓦斯复杂地质条件中钻进。目前，该系列钻机主要在焦作煤业集团、义马煤业煤集团、沈焦煤集团等使用，得到了各矿的一致认可。

该系列钻机主要由履带车、电机组件、操作台组件、油箱组件、冷却器组件、多路阀组件、动力头、机架、夹持器、机架提升油缸、方位角转盘、钻孔倾角转盘等组成，如图 3 - 32 所示。

（一）钻机特点

高低全方位高效开孔钻机与常规履带式钻机相比，具有以下特点：

（1）钻机采用整体布局方式，窄机身设计，便于搬运工作。

（2）钻孔倾角依靠机架后部的液压转盘控制，可实现 -90°~ +90°调节，方位角也可以靠机架底部转盘调节，实现工作面开孔等施工。水平开孔高度依靠油缸驱动，可在 1070 ~ 2070 mm 调节。

（3）钻机采用主立柱锚固与机架前、后锚固相结合的双锚固方式，整机锚固稳定性好。

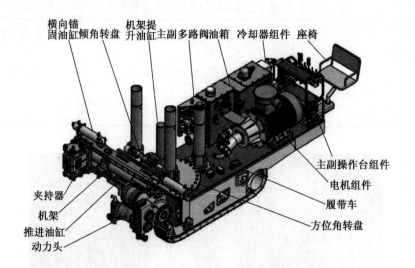

图 3-32 ZYWL-4000 型（全方位、胶套式）煤矿用履带式全液压钻机示意图

（4）钻机机架可根据施工现场需要左右调节，调节范围为 400 mm。

（5）钻机主多路阀采用进口液控多路阀，性能稳定、可靠，使用寿命长；钻机液压系统相对简单，维修方便，可靠性更高。

（6）钻机卡盘为胶套式液压卡盘，夹持器为液压夹持器，自动化程度高，操作简便，工人劳动强度小，安全可靠。

（7）该钻机既可使用光钻杆钻进，也可使用三棱钻杆和螺旋钻杆钻进，在岩层或煤层中施工都适用（选择合适的钻具）。

（8）该履带式钻机设计有操作人员座椅，人体工学设计，降低劳动强度。

（二）应用效果

高低全方位高效开孔钻机可大幅提升开孔效率，钻机已在沈阳焦煤集团、贵州盘江精煤、山西金晖、鹤壁煤电、义马煤业集团等大量推广应用，并得到用户的一致好评。

三、近水平定向钻进技术

目前在国内拥有定向钻机技术及其装备主要有中煤科工集团重庆研究院、中煤科工集团西安研究院、北方交通等研究机构和企业。研制了 4000 型、6000 型和 13000 型等一系列的定向钻机，钻进深度范围在 500~1500 m，适合大、中、小型煤矿各类钻孔施工。定向钻进技术主要是以高压冲洗液作为传递动力介质的一种孔底动力钻具，孔底马达上带有造斜装置，并配上孔底测斜仪器，可方便地对钻进过程进行随钻测量。利用孔底马达进行定向钻进时，钻杆及孔底马达外壳是不转动的，造斜件的弯曲方向即是钻孔将要弯曲的方向，其纠偏能力要远强于传统的组合钻具，使用方便灵活。定向钻进技术主要用于煤矿井下顺煤层长钻孔及煤层顶、底板高低位钻孔施工，通过高精度孔底随钻测量系统反馈的数据进行精确定位，显示钻孔轨迹并纠偏，也能实现分支钻孔施工。定向钻进技术装备组成如图 3 - 33 所示，定向钻进工作原理如图 3 - 34 所示。

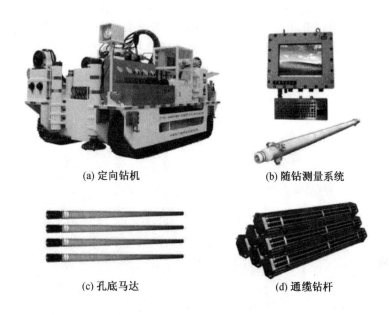

(a) 定向钻机　　　　　　　(b) 随钻测量系统

(c) 孔底马达　　　　　　　(d) 通缆钻杆

图 3 - 33　定向钻进技术装备组成

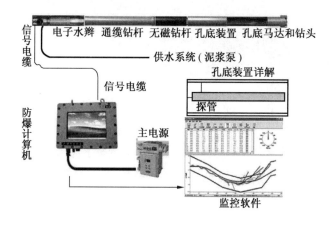

图 3 - 34　定向钻进工作原理

自水平定向钻机在全国各地推广以来，在晋城无烟煤矿业集团寺河煤矿、成庄煤矿、岳城煤矿、坪上煤矿、长平煤矿，阳煤新大地煤矿、五矿，潞安集团高河煤矿、一缘煤矿，沈阳焦煤红阳二矿、三矿以及白羊岭煤矿、盘城岭煤矿，山西金辉集团万峰煤矿等地获得了成功应用。近水平定向钻进技术与装备为我国煤矿中硬煤层顺层长钻孔及煤层顶、底板高低位定向钻孔施工提供了先进的技术和装备，其推广应用对增加全国的瓦斯抽放量、提高抽放效果及井下煤层气的开发利用具有积极促进作用。

（一）定向钻进技术主要装备简介

1. 钻机主机

钻机主机具备定向钻进和回转钻进两种功能，为整套设备中的关键部件。液压系统、推进机构、动力头（包括新型胶套式卡盘）和夹持器技术等为井下孔底马达钻进提供了性能稳定可靠的钻机主机装备。主机结构如图3-35所示。

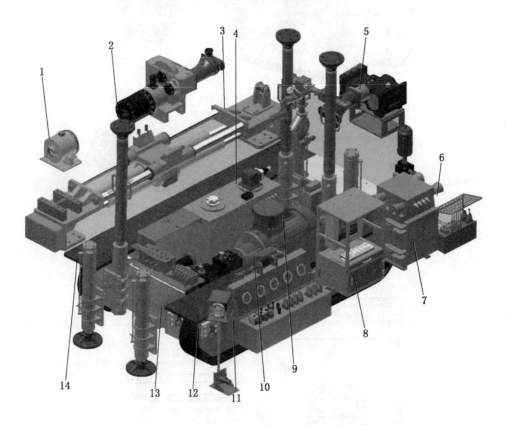

1—夹持器；2—动力头；3—机架；4—油箱；5—泥浆泵组件；6—支撑行走操作台；7—电控柜；8—电脑柜；
9—电机组件；10—水路系统；11—钻机操作台；12—照明灯；13—履带车；14—支撑油缸

图3-35　主机结构图

钻机主机在钻孔施工过程中用来完成通缆钻杆的拆装，钻进过程中的给进，钻孔方位角的控制和调整，并且在遇到塌孔、抱钻等孔内事故时，具备较强的处理能力。钻机整体结构要由油箱、操作台、动力头、机架、夹持器、电机组件、电脑柜、履带车、电控柜、水路系统和锚固立柱等部分组成。该钻机具有回转钻进（动力头主轴和卡盘夹紧钻杆一起回转）和定向钻进（动力头主轴和卡盘夹紧钻杆且不旋转）两种功能。配上定向钻杆、定向水辫、孔底马达、随钻测斜系统，钻机即可实现定向钻进。

2. 定向钻具

定向钻孔的钻具包括通缆钻杆、螺杆马达、钻头及配套水辫等，由于定向钻进的技术要求较高，需钻进千米以上，这要求钻杆具有较高的机械强度，同时要求钻杆具备密封和信号传输的性能。

通缆钻杆：在定向钻进过程中，通缆钻杆的功能主要是推进和支持孔底马达运转及传递钻机动力、输送高压水、传输孔底信号。因此，通缆钻杆在外管抗拉刚度、抗扭强度、密封性及中心电缆的绝缘性等方面必须具备较高的性能要求。通缆钻杆采用双层结构，以传递信号和输送高压水。外管采用地质钻杆常用的锥面密封，而中心电缆组件采用塑料接头、护心管等绝缘材料将电缆包裹在其中，同时塑料接头与护心管间、接头之间均采用 O 形橡胶圈密封，以保证中心电缆信号传输的可靠性和与外管的绝缘性能。通缆钻杆结构如图 3 - 36 所示。

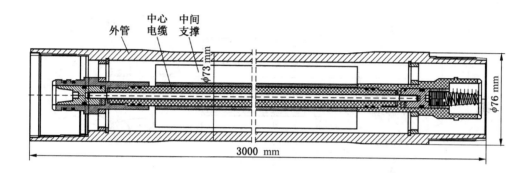

图 3 - 36　通缆钻杆结构

螺杆马达：是一种把液体的压力能转换为机械能的容积式正排量动力转换装置。其工作原理是当泥浆泵输出的冲洗液流经旁通阀进入马达，在马达的进出口形成一定的压力差，推动转子绕定子的轴线旋转，并将转速和扭矩通过万向轴和传动轴传递给钻头，从而实现连续钻进。其结构主要由旁通阀总成、防掉总成、马达总成、万向轴总成和传动轴总成五大部分组成，如图 3 - 37 所示。

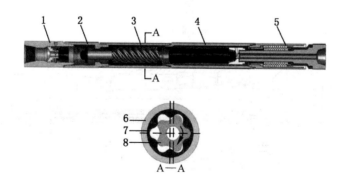

1—旁通阀总成；2—防掉总成；3—马达总成；4—万向轴总成；5—传动轴总成；
6—马达外壳；7—定子（橡胶衬套）；8—转子
图 3 - 37　螺杆马达部件结构示意图

钻头：定向钻进主要用于长距离瓦斯抽放孔的施工，钻进深度超过 1000 m，为了保证钻进的可靠性，减少钻头的更换次数，要求钻头的使用寿命长。采用抗冲击性能较好、耐磨的胎体式 PDC 复合片钻头进行施工。钻头冠部采用平底结构形式，这将更利于适合定向钻进的要求。钻头冠部镶焊了 7 片加强型复合片，使其具有足够的强度和使用寿命；胎体四周布置有聚晶体以保持钻头体的外径；钻头顶部中心布置了一个较大的水口，以利于润滑复合片和排除钻渣；钻头结构为平底型，这样更利于定向钻进时实现实时纠偏，钻头外形如图 3-38 所示。

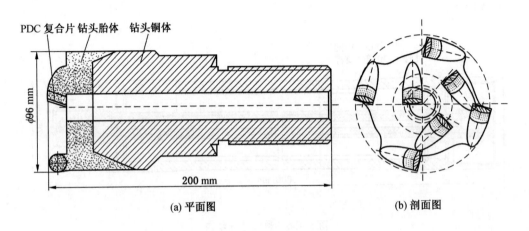

(a) 平面图 (b) 剖面图

图 3-38　钻头外形

水辫：是定向钻进过程中必需的装备，它通过高压水进入通缆钻杆直到孔底，而孔底信号通过它输送至孔口计算机，确保信号传输的可靠性和准确性。与钻杆不同的是，水辫无需传递扭矩，仅需作好密封即可，这与通缆钻杆的密封大同小异，只需增加一个旋转环节，保证水辫壳体随钻杆旋转的同时，信号输出端不旋转，水辫结构如图 3-39 所示。

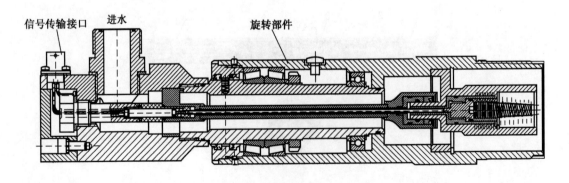

图 3-39　水辫结构

3. 轨迹测量系统

为了便于施工近水平瓦斯抽放定向长钻孔，中煤科工集团重庆研究院开发了 ZSZ1500

型随钻测量系统，主要用于近水平定向钻孔施工过程中的随钻监测，可随钻测量钻孔倾角、方位角、工具面向角等主要参数，实现钻孔参数与轨迹的即时孔口显示。同时施工人员可根据该系统绘制出的钻孔轨迹曲线与钻孔原设计轨迹进行比较，以便及时调整钻孔的方向，实现定向钻进的功能。钻进过程中，每两根钻杆进行一次测量，并记录一次，能准确地反映钻头在煤层的轨迹，其主要参数如下：

1）探管

工作时间：≥40 h；

倾角：-90°~+90°（误差±0.2°）；

方位角：0°~360°（误差±1.5°）；

工具面角：0°~360°（误差±1.5°）；

耐压：12 MPa。

2）防爆计算机

工作时间：≥8 h（配外接电源）；

CPU 标称主频：≥1.5 GHz；

硬盘容量：≥20 G；

操作系统：WindowsXP。

测量系统原理如图3-40所示。

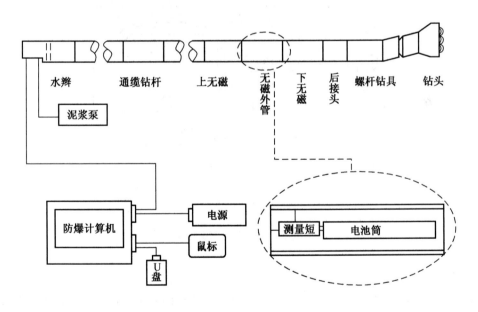

图3-40 测量系统原理

（二）定向钻进工作流程

1. 钻场布置

钻场布置需充分考虑到钻孔布置、钻机大小、回水沉淀池、钻具、设备堆放空间等因素，以利于施工。进行开孔、扩孔和封孔等工序，然后连接好孔口设备。钻场布置如图3-41所示，孔口设备安装如图3-42所示。

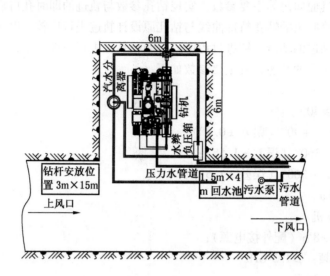

图3-41 钻场布置

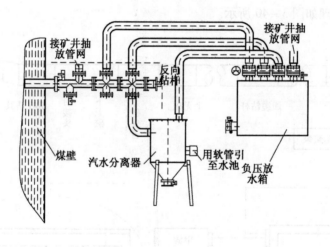

图3-42 孔口设备安装

2. 钻孔轨迹设计

（1）根据煤层厚度、地质构造、煤层顶底板等高线图确定煤层顶、底板走势曲线。

（2）通过设计软件修改设计轨迹各点的倾角、方位角等数值，保证设计轨迹在顶、底板之间为一条平滑的曲线即可，设计轨迹应尽量避开软煤、破碎煤等构造带。钻孔轨迹垂直投影如图3-43所示。

3. 开孔设置

完成上述准备工作后，方可进行正常钻孔施工。将电子水辫信号线与钻机配套电脑连接，打开电控箱开关，启动ZSZ1500随钻测量软件。测量软件界面如图3-44所示。

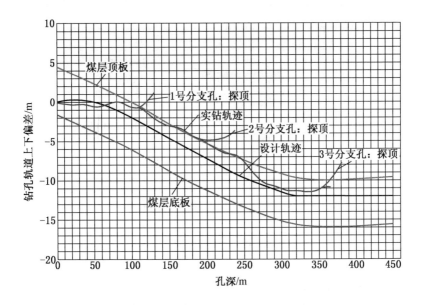

图 3-43 钻孔轨迹垂直投影图

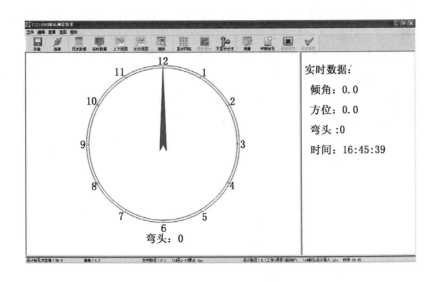

图 3-44 ZSZ1500 测量软件界面

开始新孔：点击"连接"，观察弯头指针及实时数据是否发生变化，确认 DGS 测量数据传递到电脑。点击【文件】→【开始新孔】，在新孔设置界面进行新孔参数设定，依次输入钻孔名及磁偏角，如图 3-45 所示。

复位操作：旋转钻机上的钻具组合，并使用水平仪确认螺杆钻具上的凹槽标志垂直向上，点击图中的【复位】，按提示输入密码并确认，此时即规定了马达弯头垂直朝上为 0°。按设计文件输入设计钻孔方位角及倾角，点击【读数】并确认，完成新孔参数设定。

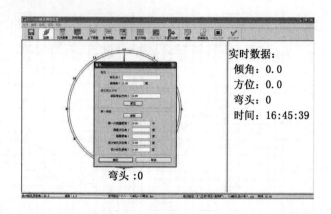

图3-45　新孔参数设定界面

4. 钻孔轨迹纠偏及开分支孔工艺

钻孔轨迹纠偏：钻孔轨迹的纠偏是采用连续调整工具面向角进行控制的，通过工具面向角的调整从而改变钻孔轨迹各点的倾角及方位角。当工具面位于Ⅰ、Ⅳ象限时，其效应是增斜的；当工具面位于Ⅱ、Ⅲ象限时，其效应为降斜的。若工具面向角 $\Omega = 0°$ 或180°，则其效应是全力造斜上仰或全力降斜。弯接头螺杆钻具组合的工具面向角对钻孔的方位也有着显著影响，当工具面位于Ⅰ、Ⅱ象限时，其效应是增方位的；当工具面位于Ⅲ、Ⅳ象限时，其效应为降方位的。若工具面向角 $\Omega = 90°$，则为全力增方位；若 $\Omega = -90°$（即270°），则为全力减方位。当然要准确地控制方位，重要的一点是定量控制工具面向角，但由于停泵才能对工具面向角进行测量，造成反扭角改变，使测量值与实际值出入较大。所以在施钻过程中，每次调节完工具面向角后，反复拉动钻具以释放反扭力，使工具面调节值尽量接近与实际工具面值，减少反扭矩对钻孔轨迹控制的影响。工具面向角对倾角的影响如图3-46所示，工具面向角对方位角的影响如图3-47所示。

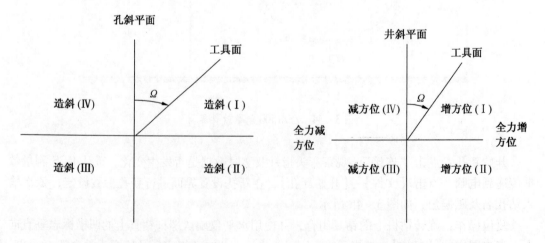

图3-46　工具面向角对倾角的影响　　　　图3-47　工具面向角对方位角的影响

开分支孔：将包括单弯螺杆钻具的定向钻具组合下钻至预开分支点，将工具面向角调至180°左右（弯头向下），调节推进压力，缓慢滑动钻进（机械钻速3~6 cm/min），钻进过程中可多次测量，将该点测量数据与前点数据进行比较，以判断开分支孔是否成功。

5. 事故处理

垮孔：钻进过程中，当发现返水变小，返渣颗粒变大时，一般可判定为孔内发生垮孔现象。此时需要退杆（约2根）进行洗孔排渣操作，操作方法为来回活动钻具，时间根据孔深情况决定，直至渣大量排出，泥浆泵压力正常后继续钻进。

抱钻：因垮孔、返渣沉积等原因，在钻进中可能出现不返水的抱钻现象。如果泥浆泵开机后，压力就上升，达到安全值，则应停止开启泥浆泵，直接退杆，一般退2根钻杆后再试泥浆泵，看是否退出垮孔位置，然后利用泥浆泵进行洗孔操作；如果遇到压杆，先使用推进，前后拉杆，压力一般不超过20 MPa；如果前后拉杆处理不行，则使用旋转，只要钻杆能够旋转，则边旋转边退杆；如旋转处理不了，则需要一边旋转一边前后拉杆，旋转压力一般不超过12 MPa。

打捞：如果抱钻无法处理，则需要使用打捞钻杆等钻具进行打捞作业。将取芯钻头配合内径80 mm的打捞钻杆穿过ϕ73 mm的定向钻杆下入孔内，通过旋转打捞钻杆松动抱钻堵塞处，从而消除抱钻现象。

（三）顺煤层施工长钻孔应用实例

1. 试验矿井情况

寺河矿位于山西省晋城市沁水县嘉丰镇嘉丰煤矿以东北，嘉丰火车站以西北。寺河矿区地面标高556~675 m，主要开采煤层为3号煤层，平均厚度6.13 m，煤层倾角2°~6°。煤质特点为黑色，亮煤为主，具金属—玻璃光泽，质硬，水平纹理，发育有近于垂直煤层的内生、外生裂隙，普遍含两层夹矸。

3号煤层顶底板情况：基本顶为细粒砂岩，平均厚度2.79 m，特征为深灰色、质硬，具有斜波状层理，含云母，见贝壳状断口；直接顶为泥岩，平均厚度3 m，特征为灰黑色，含粉砂质和植物化石；伪顶为炭质泥岩，平均厚度0.2 m，特征为黑色，质软，随含植物化石碎片，采掘脱落；直接底为砂质泥岩，平均厚度1.55 m，特征为灰黑色，夹薄层泥岩，可见植物化石碎片；基本底为细粒砂岩，平均厚度2.0 m，特征为灰色，质硬，具水平层理，贝壳状断口。

2. 试验钻孔设计

试验地点在寺河煤矿西区首采（X1302）工作面回风巷5号横川千米钻场和东五盘区辅助运输巷，13022巷工作面标高280~318 m，北为西轨大巷（已掘），西南为嘉丰煤矿采空区，东北为西翼水仓，主要施工3号煤层。寺河煤矿属于高瓦斯矿井，西区首采工作面单巷掘进瓦斯绝对涌出量为3 m³/min，工作面瓦斯绝对涌出量为100 m³/min。3号煤层煤质较硬，坚固性系数f=1.2~1.5。

2011年4月15日至11月15日，施工人员操作ZYWL-6000D定向钻机装备共施工了10个主孔，56个分支孔，其中千米以上钻孔4个，最深孔1017 m，最深分支孔240 m，累计进尺11000余米。图3-48为东五2号钻场2号孔施工轨迹上下偏差投影图，主孔深度1008 m，实际钻进8 d，图3-49为东五3号钻场2号孔上下偏差投影图，主孔深度

1017 m，分支孔 13 个。试验表明：在顺煤层中正常日进尺在 150~180 m。顺煤层钻孔机械钻速 18~24 m/h，顶底板岩石钻孔机械钻速 6~8 m/h。

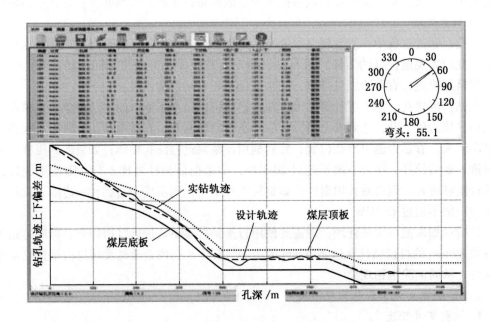

图 3-48　东五 2 号钻场 2 号孔施工轨迹上下偏差投影图（1008 m）

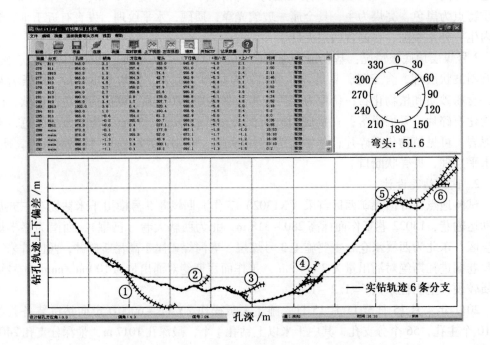

图 3-49　东五 3 号钻场 2 号孔上下偏差投影图

（四）顶板施工高位钻孔应用实例

2012年10月10日至2013年6月2日在沈阳焦煤公司红阳三矿对该钻机进行了顶板高位孔定向钻孔施工试验。

1. 试验地点概况

沈阳焦煤公司红阳三矿位于沈阳苏家屯与辽阳灯塔市接壤处，工业广场坐落在辽阳灯塔市柳条寨镇。试验阶段共布置3个钻场，1号、2号钻场位于南一采区7号煤层1号专用回风巷，距7号煤层顶板25 m处；3号钻场位于南一采区7号煤层1号瓦斯鉴定巷，设计轨迹沿7号煤层顶板上方35 m处钻进，煤层倾角6°，该处岩石为粉砂岩，厚3.24 m，灰黑色泥质胶结，具波状层理、含砂纸结核、层理含炭质，下部变细，$f = 2 \sim 4$。

2. 具体试验情况

试验期间，开钻场3个，施工定向主孔12个，分支孔21个，总进尺5477 m。其中1号钻场施工定向主孔2个，分支孔1个，总进尺420 m；2号钻场施工定向主孔8个，分支孔20个，总进尺4447 m；3号钻场已施工定向主孔2个，总进尺1226 m。钻孔施工情况统计见表3-6。钻孔轨迹投影如图3-50和图3-51所示。

表3-6　钻孔施工情况统计表

钻场位置	钻孔编号	主孔深/m	备　　注
红阳三矿 1号钻场	1-1	273	采用φ96钻头，钻进至273 m，遇断层，堵孔抱钻。分支孔1个，孔深93 m
	1-2	54	采用φ96钻头，钻进至54 m，遇断层，堵孔抱钻
红阳三矿 2号钻场	2-1	309	采用φ96钻头，309 m见煤，堵孔。开分支2个，均出现塌孔，总进尺156 m
	2-3	222	采用φ96钻头，在6-1煤层与6-2煤层之间的2.6 m粉砂岩中钻进。开分支九个，进尺399 m。由于煤层起伏变化，且厚薄不均，导致轨迹难控制
	2-4	336	采用φ96钻头，设计轨迹距7号煤层30 m。主孔、分支孔钻进均遇到塌孔。分支孔四个，总进尺176 m
	3-1	670	采用φ96钻头，设计轨迹距7号煤层35 m。整个钻进过程中，未遇到严重的堵孔现象
	3-2	435	采用φ96钻头，435 m，出现堵孔现象；393 m开分支钻进至435 m处又出现堵孔
	3-3	363	采用φ96钻头，钻进至363 m时，推进压力大；105 m开分支钻进至246 m处出现堵孔
	3-4	508	采用φ99钻头，推进压力至20 MPa。开分支两个：分支一深度150 m；分支二深度33 m
	3-5	438	采用φ99钻头，钻进至336 m，换用φ113钻头扩孔后继续定向钻进至438 m，塌孔；387 m开分支钻进至438 m，塌孔
红阳三矿 3号钻场	4-1	610	采用φ102钻头，穿煤4层；左右偏差75 m，上下偏差95 m，推进压力至20 MPa

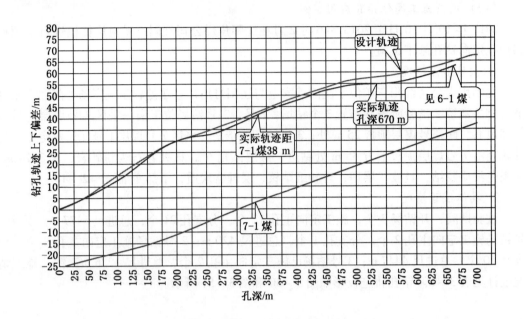

图 3-50　红阳三矿 3-1 号钻孔轨迹图（670 m）

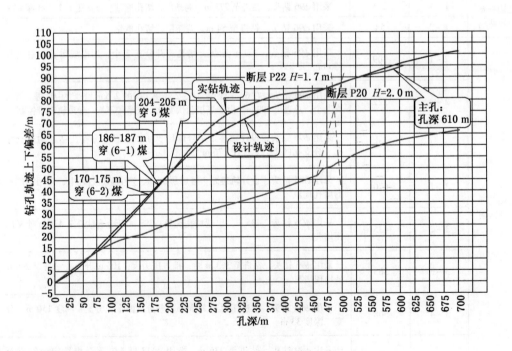

图 3-51　红阳三矿 4-1 号钻孔轨迹图（610 m）

3. 试验结果

在沈阳焦煤公司红阳三矿与中煤科工集团重庆研究院的共同努力下，试验取得了良好效果：

（1）试验期间，共施工钻孔 13 个，在岩层中累计进尺 7701 m。

（2）红阳三矿 3－1 号孔孔深达到 670 m，4－1 号孔孔深达到 610 m。

（3）高位顶板孔成孔后，后期采空区较好形成的裂隙，达到了预期抽放瓦斯的效果。

四、全孔段下放筛管工艺技术

目前煤矿井下的瓦斯抽放孔钻孔难题主要集中在松软煤层方面，一是由于松软煤层煤质松软，成孔性差，钻孔深度有限；二是松软煤层成孔后的孔壁稳定性差，后期易发生塌孔，进而堵塞瓦斯抽放通道，使得钻孔的利用效率大大降低。针对上述难题开发的全孔段下放筛管工艺技术通过新型钻具实现深孔钻进和全孔段下放筛管，实现了瓦斯的长期有效抽放。

全孔段下放筛管工艺技术的原理是通过大通孔三棱螺旋钻杆（或大通孔宽叶片钻杆）和内通孔开闭式 PDC 钻头实现松软煤层的有效排渣进而成孔，而后在不退出孔内钻具的前提下通过钻杆和钻头内孔将瓦斯抽放筛管下放至孔底，退出钻具后将瓦斯抽放筛管全部留置孔内，完全保证了筛管的下入深度和成功率，进而避免了钻孔坍塌堵住钻孔这一关键问题，实现了瓦斯抽放通道的持续畅通，保证了瓦斯长时间的抽放，对松软煤层的瓦斯抽放难题提供了一个很好的解决方法。其工艺流程如图 3－52 所示。

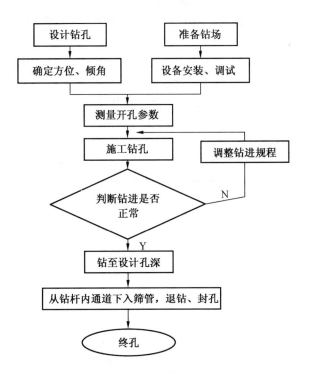

图 3－52　全孔段下放筛管工艺流程图

（一）配套产品组成及适用性

松软突出煤层全孔段下放筛管配套钻进装备由钻机、三棱螺旋钻杆或大通径宽叶片螺旋钻杆、内通孔钻头、固定装置、后置水辫及抗静电阻燃可碎性筛管等组成，以 ZYW - 3200 煤矿用全液压钻机为例，全孔段下放筛管工艺配置见表 3 - 7。

表 3 - 7　全孔段下放筛管工艺配置

名　　称	规　　格
ZYW - 3200 煤矿用全液压钻机	
三棱螺旋钻杆	$\phi73$ mm × 1000 mm
大通径宽叶片螺旋钻杆	$\phi63/73$ mm × 800 mm
内通孔钻头	外径 96 mm
固定装置	
后置水辫	外径 73 mm、内径 32 mm
活动套	内径 75 mm
抗静电阻燃可碎性筛管	外径 32 mm、壁厚 3.5 mm

由于该套工艺技术通过特有的钻具可以在不提钻的前提下安全下入瓦斯抽放筛管，因此对于松软易垮塌的煤层，通过孔内的瓦斯抽放筛管可以实现瓦斯通道的持续畅通，大大增加了钻孔的瓦斯抽放周期和瓦斯抽放效果，使得该技术非常适用在松软煤层条件下的瓦斯抽采。

（二）应用效果

目前该套工艺技术已在重庆松藻矿区、淮南集团张集北矿、丁集矿、谢一矿、朱集矿、国投新集一矿、国投口孜东矿、平煤十矿及神华宁煤集团石炭井焦煤分公司等多个矿区进行了推广应用。其应用情况统计见表 3 - 8。

表 3 - 8　全孔段下放筛管应用情况统计表

序号	矿　井	钻孔情况/个	进尺/m	成孔率/%	筛管下入率/%	备　注
1	河南平煤十矿（$f \approx 0.5$）	27	2668	＞97.3%	98%	
2	淮南张集北矿（$f = 0.5 \sim 0.8$）	16	1859	100%	95%	
3	国投新集一矿（$f = 0.64 \sim 0.97$）	21	1599	100%	97.7%	
4	口孜东矿（$f = 0.5 \sim 0.7$）	8	1014	100%	96%	近水平全程下放筛管
5	松藻煤电有限公司渝阳矿	15	1653	98%	＞95%	
6	平宝煤业首山矿（$f < 0.5$）	30	1950	＞98%	全孔下入筛管	
7	黑龙江七台河新铁煤矿	5	300	＞98%		
8	淮南矿业集团丁集矿	30	3055.6	94	95	
9	淮南朱集矿	8	1046.5	93	93	

表3-8（续）

序号	矿　井	钻孔情况/个	进尺/m	成孔率/%	筛管下入率/%	备　注
10	淮南矿业集团谢一矿	48	1694.5	93	97.3	大仰角全程下放筛管
11	神华宁煤集团石炭井焦煤分公司	15	2303	95	95	
12	六枝工矿	12	511	92	93	
	总　　计	235	19653	>92	>95	

在抽放效果方面，以平煤十矿为例，2012年在该矿施工27个钻孔，累计进尺2668 m，筛管下入率大于95%。该矿采用全孔段筛管下放工艺后，试验工作面钻孔的瓦斯抽采浓度提高2倍以上，日均瓦斯抽采量提高3倍以上（观测期为30 d），如图3-53所示。

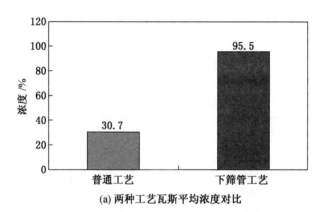

(a) 两种工艺瓦斯平均浓度对比

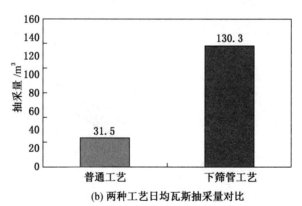

(b) 两种工艺日均瓦斯抽采量对比

图3-53　平煤十矿瓦斯抽采效果对比图

五、普通钻孔轨迹检测及开孔定位技术

（一）YCSZ（A）存储式随钻测量装置

1. 工作原理

YCSZ（A）存储式随钻测量仪（以下简称测量仪）是一套专门用于钻孔轨迹测量的

本质安全型设备,主要由矿用本安型探管等部件组成,适用于利用普通回转钻机等施工煤矿地质勘探孔、瓦斯抽放孔等钻孔的轨迹的跟踪监测。

探管利用传感器磁强计和加速度计,将近钻头位置的倾角和方位角测量并计算出来,然后存储在探管内;钻孔完成后将探管数据取出,最后利用数据处理软件进行处理显示。随钻测量技术工作原理如图 3-54 所示,主要技术参数见表 3-9,测量仪实物如图 3-55 所示。

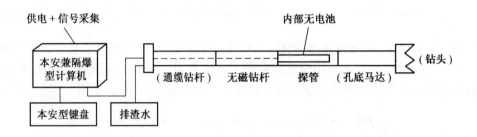

图 3-54 随钻测量技术工作原理

表 3-9 随钻测量主要技术参数

项　目	技术参数	项　目	技术参数
倾角	-90°~+90°(±0.2°)	方位角	0°~360°(±1.5°)
测量间隔	10 s	测量深度	无限制
存储容量	2 GB	电池工作时间	≥30 h
探管耐压	12 MPa	适应钻杆尺寸	≥50 mm
探管外形尺寸	32 mm(外径)×1462 mm(长度)		

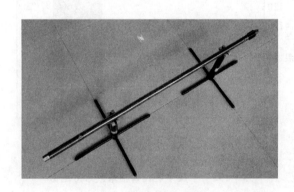

图 3-55 测量仪实物图

2. 应用效果

该技术先后在晋城煤业集团寺河矿、成庄矿、潞安集团等现场进行推广应用,系统各性能稳定、测量准确(钻孔轨迹投影如图 3-56 所示),其特点及先进性受到各煤业集团领导和专家的高度评价，解决了瓦斯抽采钻孔施工中的抽采盲区空白带。同时提高了生产效率，减少井下钻孔施工人员的工作量，为增加煤矿经济效益提供良好基础，提高了瓦斯抽采效果。

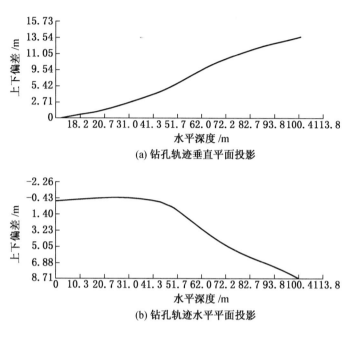

图 3 - 56　钻孔轨迹投影

（二）YHZ90/360 矿用本安型钻机姿态仪

YHZ90/360 矿用本安型钻机姿态仪适用于煤矿井下钻机开孔角度的测量及钻孔施工过程中钻机角度的校正。主要技术参数见表 3 - 10，实物如图 3 - 57 所示。

表 3 - 10　钻机姿态仪主要技术参数

项　目	技 术 参 数	项　目	技 术 参 数
方位角	0°~360°（±0.8°）	倾角	-90°~+90°（±0.2°）
工作电压	12.8 V	工作电流	800 mA
外形尺寸	215 mm×130 mm×135 mm	重量	4 kg
工作时间	≥6 h	寻北时倾斜度	≤10°

YHZ90/360 矿用本安型钻机姿态仪特性有：

（1）姿态仪是矿用本质安全型设备，防爆标志为 ExibI Mb，外壳为 1Cr18Ni9 不锈钢。

（2）采用高精度光纤陀螺仪测方位角，准确度高，不受磁场干扰。

（3）数字显示钻机开孔的绝对方位角和倾角，无需进行补偿。

（4）采用军用级别的传感器，抗冲击、振动及抗恶劣环境能力强。

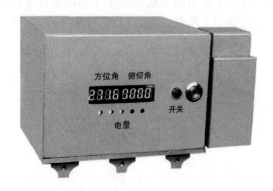

图 3 - 57　YHZ90/360 矿用本安型钻机姿态仪实物

（5）采用电池供电方式，不必担心外部电源突然断电造成数据丢失。

（6）姿态仪为便携式测量设备，体积小、重量轻，易携带。

YHZ90/360 矿用本安型钻机姿态仪采用光纤陀螺仪通过测量地球自转来寻北和测量方位，通过高精度加速度计来测量倾角，由于光纤陀螺仪不受地磁干扰，其精度高，漂移小，抗振和干扰性好，所以基于光纤陀螺仪开发的钻机姿态测量装置有非常好的环境适用性，广泛用于开孔定位和工程验收，具有广阔的市场前景。

第五节　抽采钻孔封孔新技术

据统计，2000—2015 年我国煤矿井下瓦斯抽采量由 $9 \times 10^8 \ m^3$ 增长至 $1.8 \times 10^{10} \ m^3$，利用量由 $5.1 \times 10^8 \ m^3$ 增长至 $8.6 \times 10^9 \ m^3$，历年瓦斯抽采利用量如图 3 - 58 所示。从图中可以看出，我国井下瓦斯抽采量呈逐年上升趋势，且增长幅度较高，但是利用量和利用率增长速度缓慢，甚至出现负增长。造成该现象的主要原因在于井下抽采瓦斯的浓度普遍偏

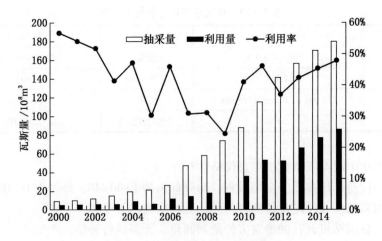

图 3 - 58　历年瓦斯抽采利用数据图

低，瓦斯利用成本过高或者无法直接利用。井下抽采瓦斯浓度低已严重制约我国煤层气开发利用产业的发展。

根据对井下瓦斯抽采系统的分析，造成煤层中瓦斯抽采浓度降低的主要原因是外界空气在抽采负压的作用下，通过煤体与抽采系统间存在的漏气通道进入抽采系统稀释了抽采瓦斯，因此作为抽采源头的抽采钻孔封孔效果好坏直接关系到抽采瓦斯浓度的高低。经过多年的实践，抽采钻孔封孔逐渐形成了机械式封孔材料、无机化学类封孔材料以及高分子发泡材料三种类型的封孔技术。其中，机械式封孔成本较高、封孔有效距离短、不能保证长效封孔效果，只能作为临时性封孔；无机化学类封孔材料流动性强，能较好地渗入到钻孔周围裂隙中，与煤体融合在一起，但其容易失水收缩，对水平钻孔密封效果极差；高分子发泡材料具有硬化快、质量轻、膨胀性强等优点，但其力学性能无法阻止钻孔的蠕变和裂隙通道的形成，且不能进入封孔段钻孔周围的裂隙，对周围裂隙封堵作用有限。此外，钻孔封孔深度作为影响顺层抽采钻孔封孔质量高低的关键因素，在大部分煤矿并未受到足够重视；而且现有合理封孔深度的确定手段例如钻屑法等，存在工作量大、随意性强等问题，导致钻孔封孔深度不合理成为抽采瓦斯浓度低的另一个影响因素。

目前，国内各高校及科研院所也展开了丰富的研究，尤其是在注浆压力的提升、封孔器的重复使用及成套高效封孔提浓技术等方面。中煤科工集团重庆研究院在"十二五"国家科技重大专项等科研项目的支撑下，已经开发形成了成套的井下瓦斯抽采钻孔封孔提浓工艺技术及装备，主要包括："两堵一注"带压注浆封孔工艺技术及材料、便携式气动注浆泵、WGCB－Ⅱ瓦斯抽放管道气体参数测定仪和封孔质量检测仪等。

一、"两堵一注"带压注浆封孔工艺技术及装备

（一）技术原理及工艺流程

"两堵一注"封孔方法的工艺流程是首先利用封孔器在封孔段的两端膨胀后形成注浆"挡板"，再向两端封孔器之间的钻孔段进行注浆，在注浆压力的作用下，浆液向钻孔壁渗透并填充钻孔周边裂隙，完成抽采钻孔封孔。"两堵一注"封孔方法的优点是实现了钻孔壁注浆，浆液固结后支护钻孔；从理论上讲，浆液在注浆压力和材料膨胀力的作用下进入钻孔壁裂隙进行封堵，减少漏气通道，提高封孔段的密封效果，其注浆封孔原理如图3-59所示。

"两堵一注"带压注浆封孔工艺主要步骤为：

（1）成孔：按照瓦斯抽采设计，施工好瓦斯抽采钻孔。

（2）组装固定抽采及封孔设备：根据考察确定的钻孔合理封孔深度，将瓦斯抽采管、封孔器、注浆管和返浆管等连接固定好，并送入钻孔内。

（3）混料注浆封孔：将无机封孔材料按照推荐水灰比进行混合，将注浆泵出料口与注浆管连接，待注浆压力达到预设压力后即可停止注浆。

（4）整理现场：清洗注浆泵，整理现场施工。

为了更好地实现"两堵一注"带压注浆封孔工艺的现场效果，我们需要流动性、膨胀性等性能俱佳的无机封孔材料、高效的封孔注浆泵及能提供足够保压能力的"两堵"

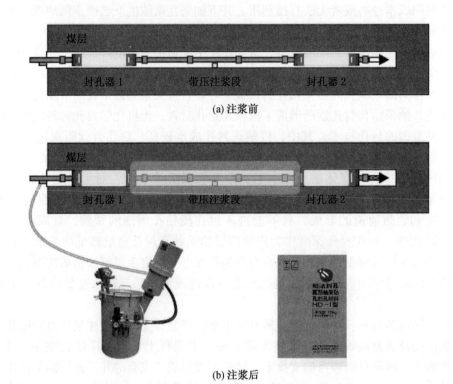

图 3-59 "两堵一注" 带压注浆封孔原理示意图

挡板装置，最终使得带压封孔提浓技术在注浆压力与封孔材料良好流动性的共同作用下，材料浆体充分进入钻孔及周围煤岩体裂隙中，加之材料在凝固硬化过程中具有膨胀性，能够有效提高瓦斯抽采钻孔的封堵效果。

（二）恒达封孔材料

恒达封孔材料是专门针对煤矿瓦斯抽采钻孔研发的一种新型复合无机封孔材料。该材料具有流动性强、膨胀率较大且分布均匀、抗压强度高、致密性好等优良特征。该材料易搅拌、不沉淀，且受水、温度等环境因素影响小，适用范围广。使其能够快速、有效深入到钻孔周围裂隙中，并伴随发生膨胀反应，从而达到材料与煤体完美结合的最佳密封效果。有效解决了由于封孔效果不佳、导致抽采钻孔浓度低、衰减快的问题。

为了更好地掌握恒达无机封孔材料的各项物性参数，我们根据各项参数的规范标准进行了相关检测，其具体参数值见表 3-11。

表 3-11　新型封孔材料性能参数表

序　号	项　　目	参　数　值	备　　注
1	初凝时间	5~8 h	
2	抗压强度	6~20 MPa	

表 3-11（续）

序　号	项　目	参　数　值	备　注
3	终凝时间	14～20 h	
4	表面电阻	1.3×10^4 Ω	具有良好的阻燃性
5	酒精喷灯无焰燃烧	1.6 s	具有良好的抗静电性
6	稠度	12.4 mm	落锤法测定
7	膨胀率	≥15%	
8	水灰比	0.8:1	

（三）FKJW 系列矿用封孔器

FKJW 系列矿用封孔器主要解决目前封孔工艺中保压能力差、封孔距离不可控等原因导致的钻孔封孔效果不理想的问题，该封孔器采用"两堵一注"封孔工艺，具有操作简单、使用方便、与煤壁结合密实、封堵效果好等优点，可有效提高煤矿井下瓦斯抽放钻孔封孔质量，延长抽放钻孔使用寿命。封孔器工作时，首先利用注浆泵向封孔器注浆管内注浆，当注浆压力达到一定数值时，封孔囊袋内单向爆破阀打开，浆体开始注入封孔囊袋，封孔囊袋的体积和囊袋内液体压力不断增大，囊袋与孔壁紧密结合，当囊袋内压力达到一定值，封孔囊袋外单向爆破阀打开，浆体不断进入两个囊袋之间的密闭空间，当浆体将密闭空间注满时，返浆管开始返浆，封闭返浆管，当注浆压力达到预设值后即注浆封孔完成。FKJW 系列矿用封孔器实物如图 3-60 所示，其操作使用示意图如图 3-61 所示，具体规格型号详见表 3-12。

图 3-60　FKJW 系列矿用封孔器实物

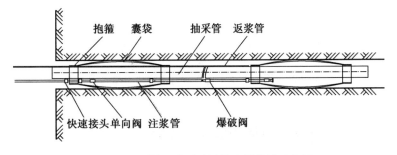

图 3-61　FKJW 系列矿用封孔器使用示意图

表 3 - 12　FKJW 系列矿用封孔器规格型号

规格型号	适用孔径/mm	工作压力/MPa	爆破压力/MPa	封孔器长度/mm
FKJW - 75/0.2	105 ~ 150	>0.2	>1.5	900
FKJW - 63/0.2	95 ~ 150	>0.2	>1.5	900
FKJW - 50/0.2	85 ~ 150	>0.2	>1.5	900
FKJW - 32/0.2	60 ~ 130	>0.2	>1.5	900
FKJW 通用型	32 ~ 130	>1	>2.5	700

（四）FZB - 1 型矿用气动封孔注浆泵

FZB - 1 型矿用气动封孔注浆泵由矿井压风提供动力源，先将水和封孔材料倒入粉料搅拌桶内，待搅拌均匀后，利用高压气体推动气动注浆开始运行，封孔材料被搅拌均匀后形成的浆体吸入到泵体内，最终通过加压后从出浆口进入到注浆管内，当注浆量或注浆压力达到设计要求后，关闭气源开关，注浆操作即完成。FZB - 1 型矿用气动封孔注浆泵可满足煤矿井下各类注浆需求，可用于瓦斯抽采钻孔注浆封孔、注浆堵水、采空区注浆填充、破碎煤岩层注浆固结、锚索注浆等，产品结构示意图和实物如图 3 - 62 和图 3 - 63 所示。

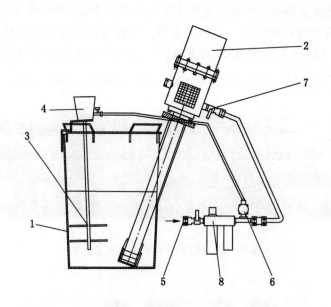

1—粉料搅拌桶；2—气动注浆泵；3—搅拌器叶片；4—搅拌器泵体；5—进气口；
6—连接三通；7—气动注浆泵进气口；8—空气调节过滤器
图 3 - 62　FZB - 1 型矿用气动封孔注浆泵结构示意图

二、煤层瓦斯抽采钻孔封孔质量检测技术及装备

煤层瓦斯抽采钻孔封孔质量是影响抽采效率的重要因素之一，直接影响抽采钻孔瓦斯

图 3 - 63 FZB - 1 型矿用气动封孔注浆泵实物图

浓度。为了检测煤层瓦斯抽采钻孔的封孔质量，中煤科工集团重庆研究院基于煤层钻孔瓦斯流动理论设计制造了 YHZ20 型煤层瓦斯抽采钻孔封孔质量检测装置。

（一）YHZ20 型封孔质量检测装置

YHZ20 型煤层瓦斯抽采钻孔封孔质量检测仪（图 3 - 64），是一种便携式矿用本质安全型测定装置，能够快速准确测定抽采状态下煤层瓦斯抽采钻孔内不同深度处的瓦斯浓度和抽采负压等参数，从而掌握抽采钻孔内的瓦斯分布状况，评价抽采钻孔的封孔质量和漏气位置、为改进封孔参数和封孔方式、提高抽采效果提供技术依据。

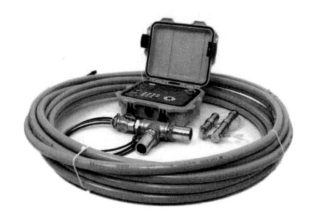

图 3 - 64 封孔质量检测装置

（二）封孔质量检测仪测试步骤

封孔质量检测仪工作示意图如图3-65所示，主要步骤为：

（1）拆除用于连接抽采管和接抽管的弯管。

（2）将瓦斯参数探测管沿抽采管送到预计的取样位置。

（3）将瓦斯参数探测管与快速三通上的采样测量口相连，并将快速三通连接到抽采管和接抽管上。

（4）将打气筒一端连接到快接三通上的采样测量口，另一接口连接封孔质量检测仪浓度测试口（负压测试口）。

（5）开启封孔质量检测仪电源，利用打气筒快速抽气，并开始测试抽采钻孔不同位置的瓦斯浓度（负压），记录储存相关测试数据。

（6）待所有的测点都测定完成之后，将瓦斯检测管从接入口中撤出并盘卷，封堵好检测管的接入口，使瓦斯抽采系统恢复抽采。

（7）分析数据,获得钻孔内瓦斯流动规律,评价钻孔封孔质量,及可能存在的漏气通道。

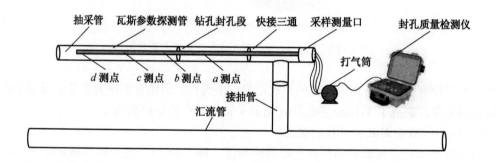

图3-65 封孔质量检测仪工作原理示意图

（三）封孔质量判断准则

若抽采钻孔内不同孔深（深度逐节增加）的瓦斯浓度基本保持不变或波动范围较小，并且抽采负压呈现线性衰减，表明抽采钻孔封孔质量较好；若孔内的负压和瓦斯浓度在某处出现"阶梯式"的突降，则表明抽采钻孔封孔质量较差，并且该处即为漏风摄入点或"串孔"位置。结合图3-65所示的布置测点方法，提出了封孔质量的具体判断准则：

（1）a测点的瓦斯浓度明显低于b测点，则表明由钻孔封孔管向钻孔内漏气。

（2）b测点的瓦斯浓度明显低于c测点,则表明由封孔密封段向钻孔内漏气,密封质量差。

（3）c的瓦斯浓度明显低于d测点，则表明煤体或岩体向钻孔内漏气，存在裂隙带漏气通道，封孔深度不足。

（4）d测点的瓦斯浓度明显偏小，则表明抽采钻孔的深部存在漏气通道或原始瓦斯浓度偏低。

（四）现场应用

封孔质量检测仪在霍州煤电集团李雅庄煤矿、金辉集团万峰煤矿、松藻煤电渝阳煤矿等得到了应用，如图3-66所示。测量结果准确可靠，为矿方评价抽采钻孔封孔质量，改进封孔参数和封孔方式、提高瓦斯抽采率提供了有力的技术保障。

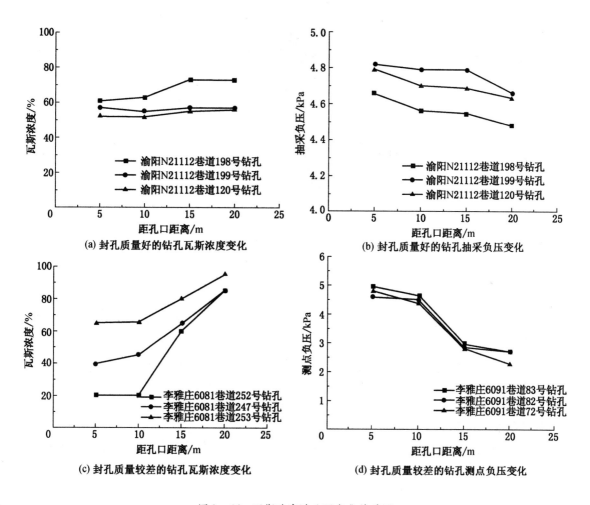

图 3-66　瓦斯浓度随孔深变化关系图

三、瓦斯抽采参数测量技术

为了考察煤层瓦斯抽采钻孔封孔后抽采效果，采用 WGC-Ⅱ型瓦斯抽放管道气体参数测定仪对试验钻孔封孔后的抽采瓦斯流量和浓度等参数进行考察。

（一）WGC-Ⅱ型瓦斯抽放管道气体参数测定仪

WGC-Ⅱ瓦斯抽放管道气体参数测定仪（图 3-67），是中煤科工集团重庆研究院原有 WGCB 瓦斯抽放管道气体参数测定仪的升级产品，是一种便携式矿用本质安全型测定仪表，能够快速准确地测定瓦斯抽放管路和单个抽采钻孔接抽管路中各点的瓦斯浓度、流量、负压和温度。

（二）技术特征及参数

1. 技术特征

（1）检测效率高，可实现瓦斯浓度、流量、负压和温度快速测量。

图 3 - 67 WGC - Ⅱ瓦斯抽放管道气体参数测定仪

（2）操作方便快捷，人机界面友好，仅需一键操作即可完成自动测量工作，过程不超过 3 min。

（3）采用非色散红外原理气体检测技术检测瓦斯浓度，测量准确性高，使用过程中无须频繁校准。

（4）采用自动化采样技术，气体采样高效、可靠，在高负压环境下也可准确测量，取气负压可达到 50 kPa 以上。

（5）分别针对抽放钻孔和抽放管道专门设计的单孔测流管和专用皮托管，可满足钻孔小流量和抽放管道大流量的测量要求，测量结果更精确、可靠性高。

（6）多参数测量结果实时显示、自动存储，可实现 120 个测点数据存储。

（7）采用无线通信传输技术，实现与计算机传输数据，通过计算机实现测量数据的存储、查询、打印和报表等管理功能。

（8）智能化程度高，通过计算机端的配套数据管理软件可自动绘制测点的变化趋势图，直观评价抽放效果。

（9）采用高效率电源技术，提高电池效率和寿命，可连续工作 8 h 以上。

（10）全新低功耗、高安全性电路设计，有效保障系统安全性，防爆等级达到 ia 等级，采用一体化设计，结构紧凑，重量轻，携带方便。

2. 性能参数

WGC - Ⅱ测定仪基本性能参数见表 3 - 13。

表 3 - 13 WGC - Ⅱ测定仪的主要性能参数

性能参数	测量范围	分 辨 率	测量误差
流量/（m³·min⁻¹）	0.000 ~ 9999.9	0.02	计算误差 ±1.5% FS
绝压/kPa	0.0 ~ 120.0	0.1	±1.5% FS

表 3-13（续）

性能参数	测量范围	分　辨　率		测量误差	
甲烷浓度/%	0.00~100.0	0.01 (0~10)	0.1 (10~100)	±0.07 (0~1)	±7%（真值） (1~100)
温度/℃	0.0~100.0	0.1		±1.5% FS	

矿用本质安全型防爆标志：Exia I

（三）瓦斯抽采参数测试方法

1. 单孔参数测定

将单孔测量管接入钻孔的接抽管道中，连接取气头和参数测定仪进行抽采瓦斯流量、浓度、负压、温度等参数测定，WGC-Ⅱ测定仪单孔参数测定如图 3-68 所示。

2. 抽采管道参数测定

将专用皮托管插入抽采管道中，并连接取气头和参数测定仪进行抽采瓦斯流量、浓度、负压、温度等参数测定，WGC-Ⅱ测定仪抽采管道参数测定如图 3-69 所示。

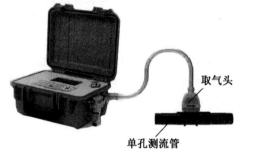

图 3-68　WGC-Ⅱ测定仪单孔参数测定　　　图 3-69　WGC-Ⅱ测定仪抽采管道参数测定

3. 数据处理

将测试数据利用无线传播至计算机软件中进行数据处理分析，分析软件如图 3-70 所示。

图 3-70　WGC-Ⅱ测定仪参数处理软件界面

第六节　低透气性煤层增透新技术

自 20 世纪 70 年代以来，对低透气性高瓦斯和突出危险煤层进行了多种增透技术的探索性试验研究，取得了一定的成果，也积累了许多宝贵的经验。低透气性松软煤层的卸压增透技术可分为两大类：一类是以保护层开采为代表的煤层外卸压增透技术；另一类则是爆破增透、水力化增透等煤层内强化增透技术。保护层卸压增透技术已在国内得到了广泛程度的推广与认可；以水力压裂、水射流扩孔等为代表的水力化增透措施已在国内得到一定程度的推广应用，增透效果显著。

一、水力压裂增透技术与装备

（一）基本原理与施工工艺

水力压裂是一种通过高压水在原岩煤体中实现压裂造缝、煤体卸压，形成瓦斯流动通道，能够有效地增加煤层透气性，是提高瓦斯抽采效果的一种增透措施；其实质是将流体以大于煤岩层滤失速率的排量和破裂压力的压力注入煤岩层中使煤岩破裂形成裂缝，从而增加煤层的渗透率，达到增产的目的。当压入的液体被排出时，压开的裂隙就为煤层瓦斯的流动创造了良好的流动通道条件。

煤矿井下水力压裂工艺方式主要有 2 种：穿层钻孔压裂与本煤层钻孔压裂，如图 3 - 71 所示。压裂方式的选择，应充分结合煤矿井下巷道布置情况，应简便安全、不损坏管路和设备、不污染井下作业环境，压裂孔口应有承压保护装置，压裂施工参数的选择应符合《防治煤与瓦斯突出规定》的要求。

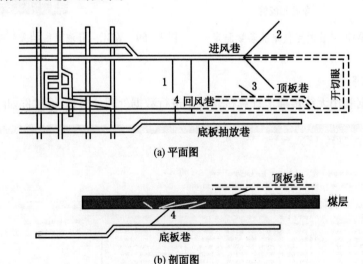

(a) 平面图

(b) 剖面图

1—回采面顺煤层压裂钻孔；2—掘进工作面顺煤层压裂钻孔；
3—顶板巷穿层压裂钻孔；4—底板巷穿层压裂钻孔

图 3 - 71　压裂方式示例

矿井应采用多种压裂方式相结合的综合压裂方式：

（1）当煤体结构相对完整或发育相对完整的分层，能够在煤层中形成完整钻孔时，根据巷道布置情况可以采用巷道内施工顺煤层钻孔 1、2，压裂煤层。

（2）当煤体结构破坏严重、难以成孔时，可以采用从底板巷（或顶板巷）中施工仰/俯角穿层钻孔 3 和 4，岩段封孔，压裂煤层。

（3）当目标区为多煤层发育区、煤体结构破坏严重，煤层间距在 20 m 之内，可以从底板巷（或顶板巷）内施工仰/俯角钻孔 3 和 4，对此夹层实施压裂，钻孔仰角不限。

（二）压裂设计

水力压裂参数设计体系主要包括煤层起裂压力、摩阻损失、最小流量、压裂液效率、预计压裂半径、总用液量及设备选型等多个参数计算。

1. 泵注压力的确定

在压裂中压裂泵的泵注压力 P_w 可表示为

$$P_w = P_k - P_H + P_r \qquad (3-11)$$

其中，煤层破裂压力 $\qquad P_k = 3\sigma_h - \sigma_H + \sigma_t - P_0$

式中 σ_h——最小主应力，MPa；

σ_H——最大主应力，MPa；

σ_t——抗拉强度，MPa；

P_0——孔隙压力，MPa。

压裂管路液柱压力为

$$P_H = \Delta H \times \rho \times g \qquad (3-12)$$

式中 ΔH——压裂管路高程落差，m；

ρ——乘以压裂液密度，kg/m^3；

g——重力加速度，m/s^2。

压裂液沿程摩阻为

$$P_r = L \times \lambda \qquad (3-13)$$

式中 L——管路长度，m；

λ——摩阻系数，MPa/m。

2. 压裂用液量的设计

1）前置阶段

对于部分煤层，为了增强压裂效果，可设计添加适当比例表面活性剂、阻燃剂，随同压裂液压入压裂孔。在不添加活性剂与阻燃剂时前置液用量为

$$V_{前} = \pi(R-r)^2 H\phi \qquad (3-14)$$

式中 $V_{前}$——前置液用量，m^3；

R——预计压裂半径，m；

r——孔眼半径，m；

π——圆周率；

H——地层厚度，m；

ϕ——孔隙度，%。

2）顶替阶段

当前置液用量达到设计数量时，开始泵入顶替液。应准确计算顶替时间及液量，不得减少或增加顶替液量。顶替液用量计算公式为

$$V_{替} = V_{外} + KV_{管} \qquad (3-15)$$

式中　$V_{替}$——顶替液用量，m^3；

　　　$V_{外}$——孔外管道的容积，m^3；

　　　K——附加量系数，一般值为 $1.0 \sim 1.5$；

　　　$V_{管}$——孔内管柱容积，m^3。

（三）封孔工艺

压裂孔封孔质量是保证压裂成功有效的前提条件，岩壁钻孔，宜采用封孔器封孔。封孔器械应满足密封性能好、操作便捷、封孔速度快、可回收的要求。煤层钻孔，宜采用充填材料进行注浆封孔，条件许可时，也可采用封孔器封孔。封孔材料可选择新型膨胀材料等，不宜选用水泥砂浆或其他不符合封孔质量要求的材料。其具体要求如下：

（1）孔口段围岩条件好、构造简单、施工压力中等时，封孔长度可取 $10 \sim 20$ m 或全岩段长度。

（2）孔口段围岩裂隙较发育或施工压力高时，封孔长度可取全岩段长，封孔深度以过煤层为宜。

（3）在煤壁开孔的钻孔，封孔深度可取 $15 \sim 60$ m，封孔段长度与钻孔深度相同。

（四）BYW450/70 型压裂泵组

针对煤矿井下水力压裂的工艺特点，国内多家厂家开发了水力压裂配套泵组，根据其特点主要分为变流量压裂泵组与定流量压裂泵组。其中中煤科工集团重庆研究院有限公司研制开发的 BYW450/70 型压裂泵组为国内最高压力压裂泵组，最高压力达到 70 MPa，该装备由泵注系统、管汇系统及监控与安全保障系统组成，相对同类产品，其流量、压力大，且调节范围广，体积相对小，具备压风自适应换挡、独立润滑与自流式温控等子系统，满足长时间连续作业等特点，适用于水力压裂、水力割缝及水力扩孔等工艺需要，其技术参数见表 3-14，成套装备如图 3-72 所示。

表 3-14　BYW450/70 型压裂成套装备技术参数表

功率	400 kW			
动力转换	液力变矩器			
泵橇外形尺寸	3450 mm × 1520 mm × 1800 mm（两台底盘可旋转平板车）			
泵进口出口	4 in（ϕ100 mm）由壬接头			
泵出口接口	2 in（ϕ50 mm）由壬接头			
曲轴材质	高强度合金钢 42CrMo			
曲轴寿命	5 年			
冷却方式	外置分离式机油冷却器			
压力范围/MPa	$0 \sim 40$	$0 \sim 60$	$0 \sim 70$	$0 \sim 70$
理论流量/（$m^3 \cdot h^{-1}$）	27.3	18.4	13.8	9.2

图 3 - 72 BYW450/70 型压裂成套装备

BYW450/70 型压裂泵组相对国内其他厂家而言具有以下优点：

（1）温控系统：分离式减速机，温度系统分离，散热性好；外置辅助水冷系统，进一步降低传动系统及泵的温度；泵体活塞杆水冷系统，保证高速运行状态的稳定。

（2）控制系统：近控与远控结合，可实现井上下联合监控；压风自动换挡系统，根据泵组出口压力，自动换挡，简单安全可靠；实现泵组运行状态的远程监测与异常状态诊断。

（3）结构优化：结构紧凑，相比同类产品缩短 1/3，两台平板车可运输；万向轴连接，解决了巷道底板不平整的安全难题；旋转底盘、过桥底座及便携式轨吊，便于设备运输与安装。

（五）应用案例

在松藻矿区与淮南矿区复杂地质条件下的低透气性煤层进行了水力压裂工业性试验，两个矿区均取得了良好的增透效果。

1. 松藻矿区效果

试验地点煤层埋深 700 ~ 900 m，M_7 煤层平均厚度 0.9 m，M_8 煤层平均厚度 2.8 m，煤层坚固性系数 f 值为 0.1 ~ 0.3，属极松软煤层，原始煤层瓦斯含量分别为 18.57 m^3/t 和 16.61 m^3/t，煤层透气性系数仅为 0.002486 $m^2/MPa \cdot d$，常规预抽钻孔浓度约为 10%，平均单孔抽采纯量为 0.0016 m^3/min，抽采效果差。

煤层在实施了该压裂工艺后，煤层透气性增大了 60 余倍，压裂增透半径达到了 50 m，瓦斯抽采浓度提高 30%，抽采纯量提高 5 倍，巷道单月掘进速度提高了 3 ~ 5 倍，石门揭煤时间缩短三分之一，获得了良好的增透效果。压裂后抽采效果如图 3 - 73 所示，压裂前后参数对比如图 3 - 74 所示，压裂前后巷道掘进速度如图 3 - 75 所示。

2. 淮南矿区试验效果

压裂实施地点煤层厚度 6 m，瓦斯压力约 6 MPa，瓦斯含量 15 m^3/t，坚固性系数 f 值为 0.5 左右，揭煤地点埋深 750 m。

该地点实施水力压裂增透措施后，预抽钻孔孔间距由 3 m×3 m 调整为 5 m×5 m，钻

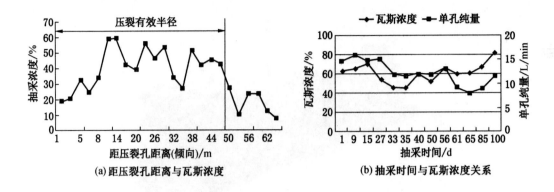

(a) 距压裂孔距离与瓦斯浓度　　　(b) 抽采时间与瓦斯浓度关系

图 3-73　压裂后抽采效果图

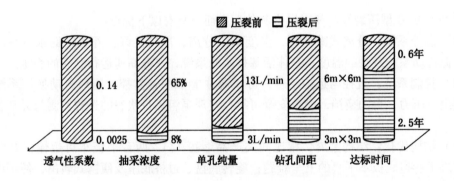

图 3-74　压裂前后参数比对图

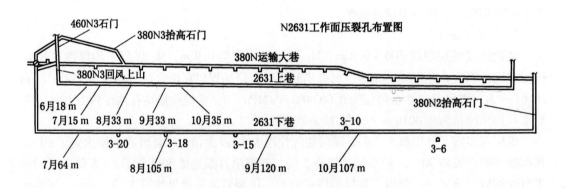

图 3-75　压裂前后巷道掘进速度图

孔工程量缩减 64%；煤层透气性系数由 0.032415 m²/(MPa²·d) 提高至 0.839896 m²/(MPa²·d)，提高了 25.9 倍；瓦斯单孔流量由压裂前的 7 L/min 提高至压裂后的 25 L/min，平均抽采浓度为 93%，预抽达标时间缩短 33%。压裂效果如图 3-76、图 3-77 所示。

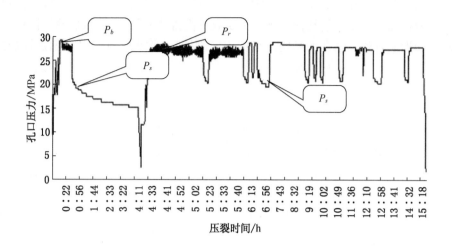

P_b—破裂压力；P_s—停泵压力；P_r—注水压力

图 3 – 76　水力压裂压裂液压力曲线

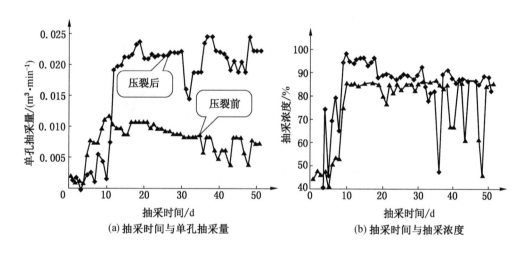

图 3 – 77　压裂前后抽采效果比对图

二、高压水射流钻扩孔技术

（一）概述

高压水射流钻扩孔技术是近四十年发展起来的一门新技术，目前已经在煤炭、石油、建筑等领域的钻孔方面有了一定程度的应用。其通过连续的高压水射流不断冲击煤体，使煤体损伤破坏，形成裂缝，起到增加煤体透气性的目的。

高压水射流钻扩（割）一体化技术是在已施工的钻孔煤孔段（直接）采用钻头依次连接高低压转换装置、高压钻杆、高压动密封水尾并通入高压水，通过扩孔钻头径向和轴向喷出的高压水射流，在旋转的高压钻杆带动下对钻孔周围的煤体进行旋转式切割与钻进；同时利用扩孔钻头钻切齿切割、破碎大块煤提高排渣效果。通过高压扩孔钻杆沿钻孔轴向方向运动形成对整个钻孔的径向连续扩孔（割缝），扩大钻孔直径、增加煤层的暴露面积、增大煤层卸压范围，从而加大钻孔的单孔抽采瓦斯量和抽采效率，快速降低煤层的突出危险。

（二）高压水射流钻–扩–割增透原理

高压水射流钻–扩–割增透是以高压水为动力，对煤体进行冲刷、切割、剥离，使钻孔煤孔段人为再造裂隙，增大煤体的暴露面积，有效改善煤层中的瓦斯流动状态，为瓦斯抽采创造有利条件，改变了煤体的应力状态，煤体得到充分卸压，提高了煤层的透气性和瓦斯释放能力。高压水射流钻–扩–割一体化装置，采用了高低压转换装置，实现钻孔施工完成后不退出钻杆可实现（低压 0~3 MPa）钻进、（中压 20~30 MPa）扩孔、（高压 70~100 MPa）割缝的功能，可解决低透气性煤层抽采率低与冲击性煤岩冲击危险难题，实现从松软煤层到坚硬煤层的成套水力化措施灾害治理工艺与装备。

（三）高压水射流钻–扩–割增透装备

高压水射流钻–扩–割一体化装备，主要由钻头、系列化高低压转换装置、高压系列钻杆、高压旋转水尾、高压水泵、高压胶管、防喷装置等组成，其工艺流程如图 3–78 所示，关键装备件如图 3–79 所示。

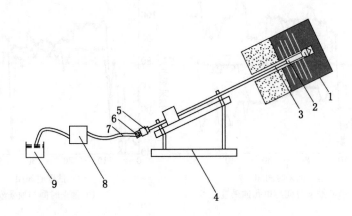

1—金刚石钻头；2—高低压转换器；3—高压钻杆；4—钻机；5—超高压旋转接头；
6—螺纹接头；7—超高压橡胶管；8—超高压清水泵；9—水箱

图 3–78　高压水射流增透工艺流程图

高压水射流钻–扩–割一体化装备适用于工作面顺层钻孔、穿层钻孔及石门揭煤快速均匀卸压增透、冲击地压防治等，水力扩孔多应用于松软煤层，超高压水力割缝多应用于煤层硬度相对较大的顺层长钻孔。

（四）高压水射流钻–扩–割增透应用效果

应用高压水射流钻–扩–割一体化技术及装备目前已在底板巷扩孔近万米，减少区域措施钻孔工程量 20%~30%、缩短抽采时间 30% 以上。

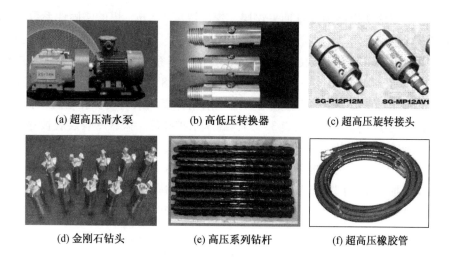

(a) 超高压清水泵　　　(b) 高低压转换器　　　(c) 超高压旋转接头

(d) 金刚石钻头　　　(e) 高压系列钻杆　　　(f) 超高压橡胶管

图 3-79　高压水射流增透关键设备

穿层钻孔单孔扩出煤量 0.6~3.8 t，平均单孔约 1.2 t，扩孔后形成孔洞直径在 480~972 mm，是扩孔前的 4~9 倍。有效增加了钻孔直径，增大了煤层暴露面积；扩孔后煤层透气性显著增大，部分矿区扩孔前后瓦斯涌出考察情况如图 3-80、图 3-81 所示。

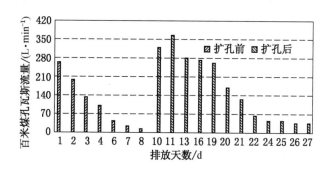

图 3-80　皖北矿区扩孔瓦斯涌出情况对比

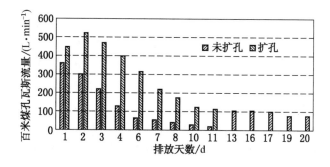

图 3-81　淮南矿区扩孔瓦斯涌出情况对比

祁东煤矿一采区9煤层为极难抽采煤层，煤层厚度3.5 m，煤的坚固性系数f为0.2～0.32，煤层原始透气性系数为0.00312 m²/(MPa²·d)，钻孔瓦斯衰减系数为0.501～0.523 d^{-1}，煤层松软、透气性低、衰减快。扩孔前，考察一采区9煤层底板穿层钻孔31天、60天、90天瓦斯抽采半径分别为2.5 m、2.7 m、2.8 m，钻孔抽采90天后接近极限抽采量，极限抽采半径为2.8 m。该区域增透措施采用，高压水射流扩孔增透，扩孔压力为15～20 MPa，单孔扩出煤量统计见表3-15，高压水扩孔后一采区9煤层底板穿层钻孔31天、60天瓦斯抽采半径分别为4.3 m、4.5 m（扩孔后瓦斯抽采情况及抽采半径考察如图3-82、图3-83所示），钻孔抽采60天后抽采半径可达4.5 m。高压水射流钻扩一体化工艺技术使9煤层抽采半径同比增加67%～72%，钻场钻孔工程量降低25%，扩孔后钻孔只需抽采60天即可达到4.5 m抽采半径，比扩孔前抽采时间显著缩短。

表3-15　祁东煤矿高压水射流扩孔煤屑量统计表

钻孔	方位角/(°)	倾角/(°)	孔深/m	煤孔长度/m	排出煤屑量/t
K1	217.5	80.6	35	2	4.6
K2	202.7	66.2	45	3	3.5
K3	149	77.9	34	3.4	3.75
K4	179.4	65.6	39.5	3.5	3.6
K5	125.2	65	42.5	3.5	2.9
K6	151.6	59.1	47.5	3.8	3.2

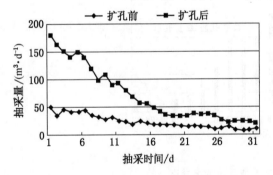

图3-82　祁东煤矿扩孔瓦斯抽采情况对比

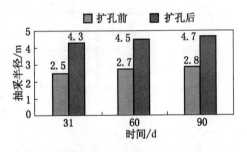

图3-83　祁东煤矿扩孔抽采半径考察对比

针对煤层硬度相对较大的煤层（f值为0.5～1.3），顺层长钻孔增透措施采用超高压钻-割一体化技术，在陕西韩城矿区对顺层割缝钻孔（12、13、15、21、22、23号钻孔）及未割缝钻孔进行抽采效果流量及浓度对比考察，如图3-84、图3-85所示。

通过对同一巷道中高压水射流切割后和未切割的钻孔进行抽采流量及抽采浓度对比，高压水力切割后，钻孔的单孔抽采流量提升了3～5倍，钻孔瓦斯浓度平均达到50%～70%，最高达到95%，而且衰减速度变慢，与传统抽工艺相比，高压水射流割缝抽采效率更高。采用高压水射流割缝装置后，割缝半径可达到1000～1500 mm，抽采一个月防突达标半径达到2.5～3.0 m，预抽钻孔工程量减少40%，减少了抽采钻孔数量，节约了瓦斯治理时间。

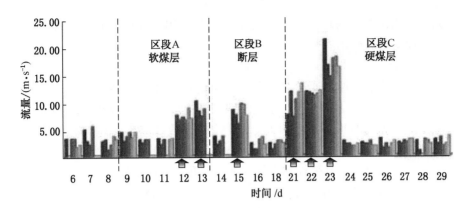

图 3-84　超高压水力割缝后抽采钻孔瓦斯抽采流量对比

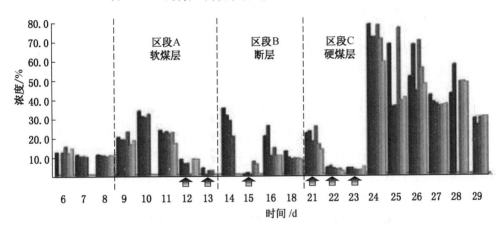

图 3-85　超高压水力割缝后抽采钻孔瓦斯抽采浓度对比

三、气相爆破增透技术

炸药（二氧化碳、氮气、高能空气等）在煤层内爆破后，会在煤层周围形成爆炸腔、压碎区、破裂区和震动区，煤岩体发生屈服变形，产生粉碎性破坏或形成松动裂隙，使集中应力向煤体深部转移，压碎区和破裂区成为卸压区。

炸药爆破法分为 2 种：松动爆破和深孔控制预裂爆破。松动爆破就是在工作面前方的煤体中打炮眼进行装药爆破，使炮眼周围的煤体在炸药的爆压作用下产生破裂和松动，以形成破碎圈、松动圈和裂隙圈。深孔控制预裂爆破是在回采工作面的进、回风巷每隔一定距离，平行于采煤工作面打一定的爆破孔和控制孔，二者交替布置。控制孔对爆破孔的爆破裂纹有导向和加速扩张的作用，可以提高爆破效果，使整个布孔带形成的破裂区和粉碎区扩大，煤层内形成大范围的卸压区。

气相爆破增透技术为煤矿深部煤巷防突增透提供了一种新的技术途径。液态 CO_2 相变致裂技术是一种理念先进、绿色环保、爆破效果显著的非物理爆破技术，20 世纪 60 年代初英国、法国、苏联、波兰、挪威等国家先后开发试验，希望通过介质的物理变化来产生高压气体。近年来逐渐发展成的一种新型的煤层预裂增透技术，利用液体 CO_2 遇热气化膨胀的特性，产生类爆破效果，达到致裂、增透、卸压的目的，目前已在山西、河南、江西、贵州等突出矿井作为增透措施进行了考察和应用，取得了显著的效果，并实现了 CO_2 预裂增透设备的国产化。

（一）基本原理

CO_2 预裂增透技术原理是通过对液态 CO_2 进行加热而使其转化为气态，体积瞬间膨胀 500~600 倍，产生强大的冲击力，使煤层产生松动，产生和爆炸一样的致裂效果。由于 CO_2 不自燃，致裂过程中不产生明火，施工安全系数高；且 CO_2 具有比甲烷更强的吸附能力，可以置换出吸附在煤层上的甲烷分子，大幅度提高瓦斯的抽采量。相比炸药爆破工艺，其安全性、可靠性、高效性和环保性都有提升，主要表现在：

（1）CO_2 相变致裂是一种气体的体积膨胀，且是低温状态，在预裂全过程中不产生火花，不会引发瓦斯和煤尘爆炸事故，且对瓦斯具有稀释作用。

（2）CO_2 预裂器作用原理属物理预裂，粉尘小，不产生 CO、NO_2 等有害气体。

（3）CO_2 预裂器储存、运输、使用、回收都比较安全、方便，易操作，与民爆产品相比更易于安全管理，无须专门爆破员。

（4）抛煤距离短，一般不超过 5 m，安全警戒距离短，预裂时间短，相对增加了有效作业时间。

（5）预裂无破坏性震荡和冲击波，对巷道支护不会产生破坏。

煤层预裂前，用高压泵预先将液态 CO_2 注入预裂杆中，工作面预裂孔施工完毕后，将预裂杆逐节插入到预裂孔内，并连接预裂杆与低压起爆器之间的接线。起爆后，活化器内的低压保险丝引发快速反应，产生巨大的热量，使管内的液态 CO_2 迅速气化（整个过程在 40 ms 内完成），体积瞬间膨胀达 600 多倍，管内压力最高可剧增至 270 MPa。待预裂杆内气态二氧化碳压力达到预设压力时，释放头内的爆裂盘被打开，CO_2 气体透过径向孔，迅速向外爆发。利用瞬间产生的强大膨胀压力，CO_2 气沿自然或被引发的裂面裂开煤层，并由近向远向前延伸，从而达到预裂效果。

（二）预裂杆主要技术指标

预裂钻孔孔径为 94 mm，预裂杆主体直径为 52 mm，长 2000 mm。预裂杆一端设有充放气阀门，一端安设与发爆器连接的接线头。高压筒内装化学电极加热元件，其电极与发爆器接线头连接。高压管另一端设有径向排放孔。起爆后，高压 CO_2 气体冲击波往侧向爆发，对煤体造成裂隙，增加煤层透气性(在预裂较松软的煤层时，高压管可装上预裂孔孔口固定套。固定套的固定机构随预裂启动，防止高压管自预裂孔中射出)。高压管管体以特种钢材制成，换上新的活化器、破裂盘，充入液态 CO_2 便可重复再用。预裂杆结构如图 3-86 所示。

启动/起爆头　化学活化/加热器　炮管　液态二氧化碳　垫片及破裂盘　排放头

图 3-86　预裂杆结构示意图

CO_2 预裂杆技术参数（每根）：

（1）液态 CO_2 质量：1.3~1.4 kg。

（2）气态 CO_2 释放体积：150 ~ 600 L。

（3）反应时间：约 40 ms。

（4）预裂压力：150 ~ 270 MPa。

（三）CO_2 预裂增透技术工艺

（1）将两根预裂杆连接好，并在每根预裂杆上用接头将线连接好，每根连接线都应测量电阻，保证有效。

（2）将连接好的钻杆逐根送入钻孔，推进钻杆眼底（每根钻杆长 2 m）。

（3）预裂钻杆推进后，将封孔器紧跟预裂钻杆送入钻孔，封孔器置于煤底板处位置。

（4）在注水箱内放入清水，将压力杆插入注水箱，手动将水注入封孔器，同时要密切注视压力表，当表压达到 5 ~ 6 MPa，并保证封孔牢固后停止注水。

（5）一切准备就绪后，再次测试连接线，保证连接有效后方可准备爆破。

（6）爆破严格执行"一炮三检"制度和三人连锁爆破制度。

（7）预裂前将工作面及横贯所有作业人员全部撤离，人员撤离至系统风的进风流侧，且距作业距离不小于 300 m。

（8）预裂后，将注水箱卸压，将封孔管内水放出。

（9）由外向里逐段取下封孔管，并松开连接头及放炮线，逐根取出预裂钻杆。

（四）应用实例

阳泉煤业（集团）有限责任公司新景煤矿在保安分区 3 号煤 3107 底抽巷（南五底抽巷）采用了 CO_2 预裂增透试验，施工穿层钻孔对 3107 辅助进风巷（南五正巷）掘进工作面前方煤体进行卸压增透，钻孔布置如图 3 - 87 所示。

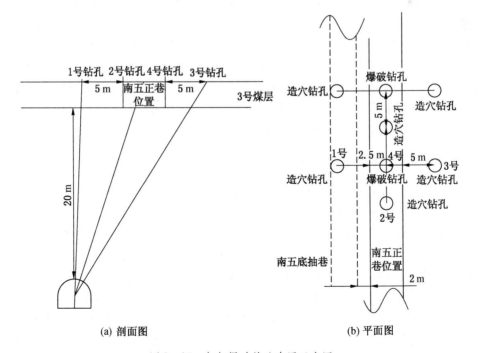

(a) 剖面图　　　　　(b) 平面图

图 3 - 87　气相爆破钻孔布置示意图

根据 CO_2 预裂增透试验后抽采数据，瓦斯抽出浓度由原来的 2% ~3% 升至 10% ~30%，增大了煤层渗透率，提高瓦斯抽采浓度和抽采率。

第七节　采动区瓦斯地面井抽采技术

随着煤矿开采深度增加和开采强度增大，工作面瓦斯涌出量大大增加，瓦斯超限事故风险增大，瓦斯治理压力巨大，单纯的井下传统瓦斯抽采措施往往难以实现预期的瓦斯治理效果。经过二十余年的研究，国内煤矿采动区地面井抽采瓦斯技术及钻井装备已经基本成熟，该技术具有不受井下位置限制、施工快捷方便、不影响井下生产等优点，同时地面井采出气浓度较高，能方便地进行集输和利用。采动区地面井抽采瓦斯技术能有效解决工作面瓦斯涌出超限问题，缓解井下瓦斯治理压力，降低煤矿生产成本，提高煤矿瓦斯抽采效率，是井下传统瓦斯治理措施的有益补充。

一、基于"采动卸压增透效应"的技术原理

地面井抽采采动区瓦斯是通过在地表施工钻井到煤层回采形成的覆岩裂隙带或煤层内，充分利用采动影响卸压增透效应，将瓦斯能够尽可能多的经由煤岩体裂隙网络通道和地面井直接抽采到地表，以达到降低回采工作面瓦斯涌出量，缓解瓦斯超限压力和开发煤层气的目的。地面井一般由专业钻井队施工，并分级下入不同直径和壁厚的套管，套管与井壁之间充填一定强度、一定深度的水泥砂浆等固井材料，套管结构示意如图 3-88 所示。

地面井一般分为采前预抽井、采动活跃区抽采井和采动稳定区抽采井（图 3-89），其中根据煤层赋存条件的不同，采动活跃区地面井抽采又分为本煤层采动活跃区抽采和邻近层采动活跃区抽采两种类型（图 3-90）。采前预抽井主要用于采区回采前进行煤层气开发；采动活跃区抽采井主要是利用回采工作面对煤岩体扰动提高煤层透气性的特点增强瓦斯抽采率、缓解通风压力，同时在工作面推过后继续抽采采空区集聚瓦斯，实现煤层气的高效开采；采动稳定区抽采井主要是解决回采工作面推过后的老采空区瓦斯，以降低采空区瓦斯向回采工作面涌出的量，实现煤层气的高效开采。

二、技术工艺流程及关键技术

具有良好适应性和可靠性的采动区地面井抽采技术、工艺路线如图 3-91 所示。

采动区地面井需解决的技术难题体现在以下 3 个方面：

（1）解决采动活跃区地面井受采动影响损坏的问题，改进完善抗破坏钻井井身结构，提高井身的抗破坏能力，提高不同覆岩条件、开采条件矿区的采动区地面井抽采效果。

（2）解决采动稳定区煤层气地面井可抽采量的可靠探测评估技术、采动稳定区地面钻井井身结构设计、采动稳定区地面钻井煤层气安全抽采等关键技术难题。

（3）针对采动区上部地层研究开发双壁钻具系统全井反循环钻进工艺技术与配套钻具，以实现快速钻进；针对下部地层研究水平定向钻进技术，重点解决钻井冲洗介质易漏失及孔壁稳定差等问题，形成采动区水平定向井多工艺集成化施工方法。

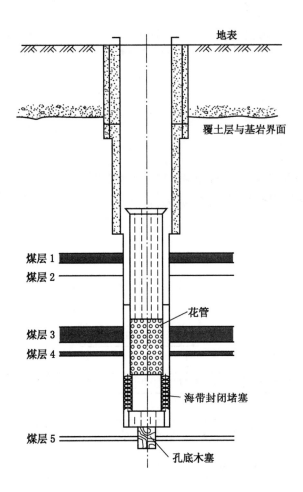

图 3-88　煤岩体中套管结构示意图

图 3-89　地面井"一井三用"煤层气抽采

因此，采动区地面井抽采瓦斯主要涉及地面井布井、井身结构设计、安全抽采等三项关键技术。

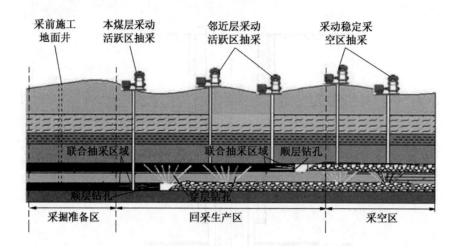

图 3-90 煤矿采动区地面井类型划分及联合抽采模式

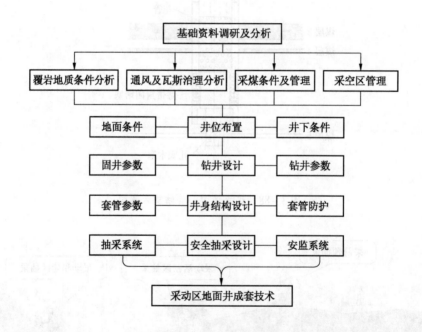

图 3-91 工艺技术路线

目前，国内研究采动区地面井抽采技术的主要有中煤科工集团重庆研究院有限公司、中国矿业大学、淮南矿业集团及宁煤集团等。其中，重庆研究院形成了包括井位优选、结构优化、局部固井、悬挂完井、局部防护等特色技术的成套技术，可靠性高。

（一）布井技术

煤矿采动区地面井由于要经历煤层回采的过程，受采动影响下的采场上覆岩层剧烈运动影响严重，因此地面井的布井应选择采场上覆岩层移动对地面井影响最小的区域；同时本煤层采动活跃区地面井由于通常要连续进行采动稳定区抽采，需要特别考虑井下工作面推进及工作面通风的影响，以提高井下抽采的效果。

地面井布井具有以下特点：

（1）高强度、大采高的采煤方法和自然垮落法的顶板管理方法、采场上覆岩层中多层厚关键层的存在以及矿区内广泛分布的陷落柱是影响晋煤矿区进行采动区煤层气地面开发的主控影响因素。

（2）在回避矿区广泛分布的陷落柱的前提下，选择综合安全系数最高的区域进行布井，一般选择距离回风巷40～80 m的区域进行钻井布井，如图3－92所示；当回采工作面推进到钻井位置前后一倍采动影响半径范围内时，应加速通过该区域。

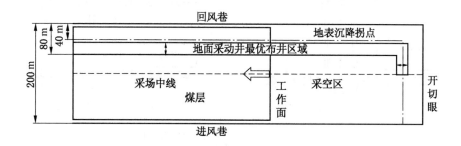

图3－92　采动活跃区地面井布井优选区域

（二）钻井及井身结构设计

煤矿采动区地面井破坏的根本原因在于地面井在岩层移动影响下的迅速切断、拉断、堵塞破坏，造成地面井失去抽采工作面及后续采空区瓦斯的功能，无法有效缓解回采工作面瓦斯超限的压力。因此，进行煤矿采动区地面井井型结构优化的根本目的是要保证地面井在采动影响下的贯通，进而提高抽采的效果。

岩层移动的剪切滑移位移量、离层拉伸位移量是岩层运动对地面井产生影响的关键参量。因此，地面井的结构优化应在满足工程成本要求的基础上适度增大地面井各级井段的钻井直径，使得各分级段的钻井直径在岩层移动量发生后仍能够保证钻井的有效通径大于"0"。同时，应采取适用的固井技术提高地面井的有效通径，增强地面井的抗拉剪能力。

经过近10年的研究、试验与应用检验，中煤科工集团重庆研究院有限公司在该项技术上已经形成了几种典型井型结构，如图3－93所示。

煤炭回采过程中，地面井井身结构会产生大小不一的变形破坏情况。在采动影响下地面井及其套管会发生变形、破坏，造成地面井失效的少数地面井井身位置一般是采取区域优化布井措施不能完全规避的，这些位置一般位于离层位移大、基岩厚度大、表土层厚度大的岩层界面区域。地面井高危破坏位置防护主要是在分析获得地面井这些高危破坏位置后，在地面井套管完井过程中在地面井的二开套管的局部高危破坏位置安设能够抗岩层移动剪切、离层拉伸等作用的专用防护结构，以提高地面井的抗破坏能力，延长地面井的使用寿命。

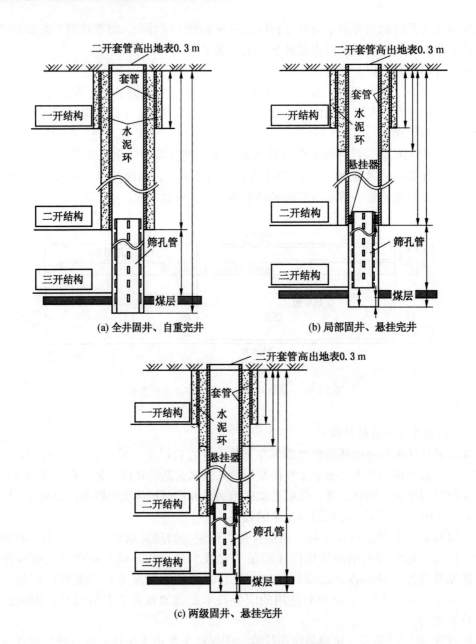

(a) 全井固井、自重完井　　　　(b) 局部固井、悬挂完井

(c) 两级固井、悬挂完井

图 3-93　三种典型地面井井型结构

根据地面井在采动影响下变形破坏的特点和作用形式，中煤科工集团重庆研究院有限公司开发了偏转防护结构、伸缩防护结构、厚壁刚性防护结构和自适应柔性防护结构等多种适用防护装置。

（三）安全抽采

对于地面井安全抽采系统，地面井的安全抽采主要包括人员配备、交接班制度、抽采设备安装、抽采设备运行、抽采设备维护、监控系统安装、监控系统运行、监控系统维护

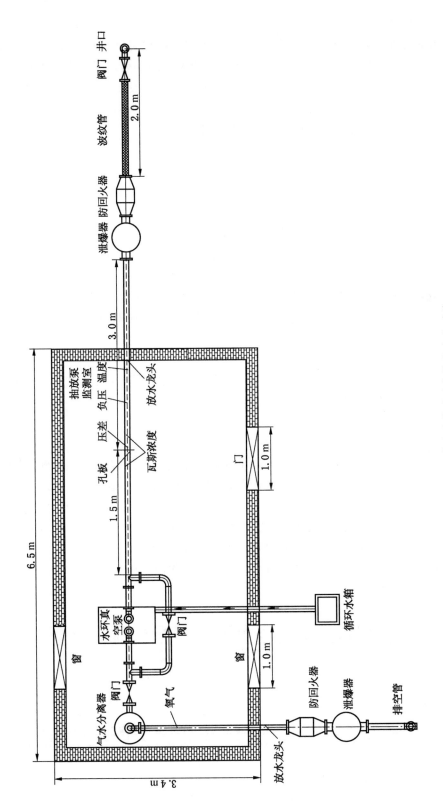

图 3－94 采动井抽采及监控设备和系统

和地面井场日常管理等方面。

采动区地面井抽采的瓦斯浓度一般变化较大，受采动影响明显，地面抽采系统可分为单井单建抽采系统和井网集输两种形式。单井单建抽采系统一般应重点考虑泄爆、防回火、抑爆、防雷防电和管道安全计量监控；井网集输型抽采一般会在一定区域范围内建设一个抽采泵站或将地面井抽采的瓦斯汇入井下抽采管网在地面的集输泵站进行合并抽采，其安全抽采与监控应符合瓦斯集输技术相关标准的要求。

1. 主要抽采设备

进行采动区煤层气抽采的主要设备包括水环真空泵、泄爆器、防回火器、气水分离器、喷粉抑爆装置、放空器、循环水箱、循环水泵、发电机、分流管路系统等。采动井抽采及监控设备如图 3-94 所示。

图中，抽采管路采用架空方式布置，一般距离地表 1.5 m；排空管距离井口距离应 > 30 m；标注尺寸的管段必须保持直线型管段；抽放泵基座高度一般 20~30 cm，上部安设减震垫；基座长宽尺寸根据具体抽放泵型号确定；泄爆器与水环真空泵之间的管路按 0.5°/m 的斜度安设；气水分离器与放空管之间的管路按 0.5°/m 的斜度安设；管道上的两个放水龙头安设在管道的正下方；各参量监测孔应按照监测要求按规格焊接在管路上。

2. 需要监测抽采参数

为掌握地面井的抽采情况及保证设备的安全运行，需在抽采管路上设置相应的抽采数据监测装置。监测参数主要包括 CH_4 浓度、O_2 浓度、CO 浓度、抽采负压、抽采流量、抽采气体组分等。

（四）应用实例

为解决晋煤集团寺河矿、成庄矿等煤矿井下工作面瓦斯治理难度大的难题，2011 年以来根据矿区工作面地质条件先后设计施工采动区地面井 30 口，钻井未被破坏、抽采成功率达 85%。单井日抽采量最高达 3×10^4 m^3/d，平均 8500 m^3/d；单井最大抽采总量 9×10^6 m^3，平均 2.2×10^6 m^3；采气浓度最高达 93%，平均 70%。井下工作面瓦斯浓度平均降幅达 20%，较好地解决了采煤工作面和回风巷瓦斯超限问题。

如寺河矿 4303 工作面 SHCD-01 地面井，钻井在工作面的相对位置如图 3-95 所示，具体的钻井坐标见表 3-16。

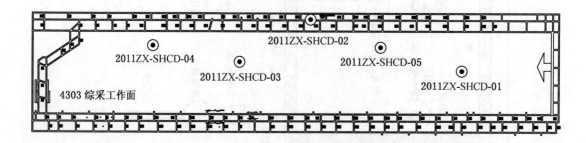

图 3-95 4303 工作面采动区地面井布置

表 3 - 16　地 面 钻 井 坐 标

井号	井别	矿井	工作面	X 坐标	Y 坐标	高程	3 号煤层埋深/m
SHCD - 01	采动井	寺河矿	W2301	3940728	500970	667	394

寺河矿 SHCD - 01 采动影响区井于 2013 年 8 月 26 日开始进行煤层气抽采试验，现场抽采瓦斯纯量最高达 1.23×10^4 m³，平均抽采瓦斯纯量 1.05×10^4 m³，抽采瓦斯浓度最高达 90%，平均抽采瓦斯浓度为 83.5%（图 3 - 96）。

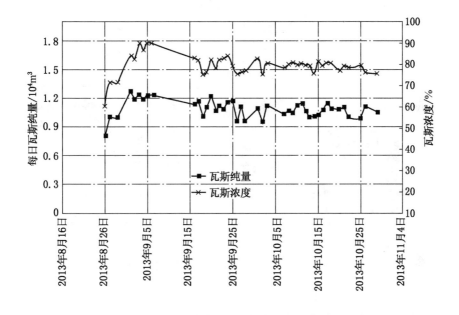

图 3 - 96　瓦斯纯量、瓦斯浓度与时间的关系

第八节　井下瓦斯抽采管网智能调控技术

井下瓦斯抽采管网智能调控系统是中煤科工集团重庆研究院承担的"十一五"和"十二五"国家科技重大专项研究成果，是国内首套实现在对井下瓦斯抽采系统运行状态进行监测的同时对管网运行状态进行智能分析诊断和远程调控的瓦斯抽采监控系统。该系统具备对井下瓦斯抽采参数 - 负压、流量（混、纯）、瓦斯浓度和温度进行实时在线监控功能，内置了瓦斯抽采管网仿真模型和管道故障（泄漏）诊断模型，利用系统监控数据实现对管网的调控状态预判和故障实时检测，并可通过系统远程操控安装在管道上的电动阀门对管网进行调控，从而可以指导用户对井下瓦斯抽采管网进行合理调控，提高管网的运行效率及抽采效果。

一、井下瓦斯抽采管网智能调控调控系统构成

井下瓦斯抽采智能调控系统由系统软件和系统硬件构成，其中系统硬件包括 GD4 – Ⅱ瓦斯抽采参数智能测定仪、QJ 系列防爆电动阀门、管道压力控制器、KDW 系列矿用隔爆兼本安型直流稳压电源、KJJ103 型矿用本安型网络交换机及地面网络交换机等，系统构成如图 3 –97 所示。

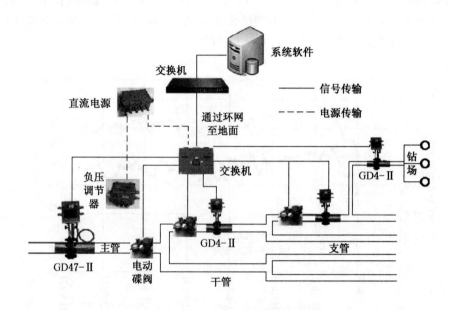

图 3 –97　井下瓦斯抽采管网智能调控系统

二、井下瓦斯抽采管网智能调控调控系统主要功能

井下瓦斯抽采管网智能调控系统具有参数监测、设备控制和智能分析三类主要功能，各项功能具体介绍如下。

（一）参数监测

井下瓦斯抽采管网智能调控系统可对井下瓦斯抽采管网内的流量、瓦斯浓度、负压和温度进行有效监测，并通过网络交换机将监测数据传至地面，由系统软件直观地显示在管网示意图中并储存至数据库。系统软件可提供监测历史数据的查询、曲线趋势显示和报表输出等功能。

（二）设备控制

井下瓦斯抽采管网智能调控系统可实现通过地面监控计算机对井下电动阀门的远程操控，控制并显示电动阀门的实际开度。开度调节的主要流程为：在软件界面输入要调节的阀门开度，确认后软件将指令发送至管道压力控制器，管道压力控制器将指令转换为电流信号发送给电动阀门，电动阀门开始动作，调节完毕后电动阀门将当前的开度再反馈至地面软件。

（三）智能分析

系统具有管网调控仿真和管道泄漏实时检测两种智能分析功能。

1. 管网调控仿真

针对特定矿井的井下瓦斯抽采管网，建立管网仿真模型，通过模型解算对阀门开度变化后管网内各条分支管道内的气体流动参数（瞬时流量、负压、浓度）进行预测，用于指导用户对管网进行有效调控，从而实现对系统能力的有效分配。

2. 泄漏故障检测

泄漏是井下瓦斯抽采管网常见的故障状态。泄漏使管网外部的空气进入管道内，从而稀释输送的含瓦斯混合气体，减低瓦斯浓度。系统的泄漏故障检测功能通过对协同各个测点的监测数据进行分析，可对管网可能发生的泄漏管段进行初步定位，从而为管网泄漏的排查提供大致范围。

三、井下瓦斯抽采管网智能调控调控系统主要装备技术指标

（一）GD4 - Ⅱ瓦斯抽采参数智能测定仪

1. 主要功能

GD4 - Ⅱ瓦斯抽采参数智能测定仪主要用于矿井瓦斯抽采管网内瓦斯浓度、抽放负压、气体温度和流量的实时在线监测，采用大屏液晶显示各类监测参数，同时转化成标准信号输出，输出信号与瓦斯抽采管网智能调控系统配套使用，可实现远程监测和计量自动化，并且可以根据监测的历史数据计算监测区域内的瓦斯预抽率和预计抽采达标时间，实现了瓦斯抽采效果的实时评价和预测功能。

2. 结构特征与工作原理

GD4 - Ⅱ瓦斯抽采参数智能测定仪的实物和结构图如图 3 – 98 和图 3 – 99 所示。GD4 - Ⅱ瓦斯抽采参数智能测定仪主要通过差压传感器、绝压传感器、甲烷浓度传感器和温度传感器分别监测瓦斯抽采管道中各测点的差压、抽放负压、甲烷浓度、管道温度，能配合孔板流量计测量流量，计算并显示抽采瓦斯混合流量和纯甲烷流量。

3. 技术特性

1）主要测量参数

GD4 - Ⅱ瓦斯抽采参数智能测定仪见表 3 – 17。

表 3 – 17　GD4 - Ⅱ瓦斯抽采参数智能测定仪测量范围与误差

参　数	压差/kPa	绝压/kPa	甲烷浓度/%		温度/℃
测量范围	0.000 ~ 5.000	0.0 ~ 120.0	0.00 ~ 100.0		0.0 ~ 100.0
显示分辨率	0.001	0.1	0.01 (0 ~ 10)	0.1 (10 ~ 100)	0.1
显示值稳定性	—	—	不超过 0.4%		—
基本误差	± 1.5% FS	± 1.5% FS	± 0.05 (0 ~ 1)	真值的 ± 5% (1 ~ 10)	± 1.5% FS
响应时间	—	—	不大于 50 s		不大于 10 s

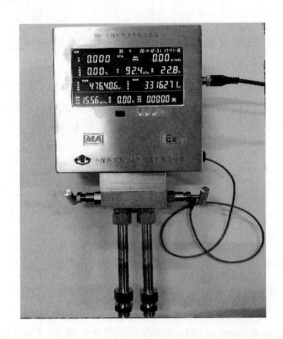

图 3-98 GD4-Ⅱ瓦斯抽采参数智能测定仪实物图

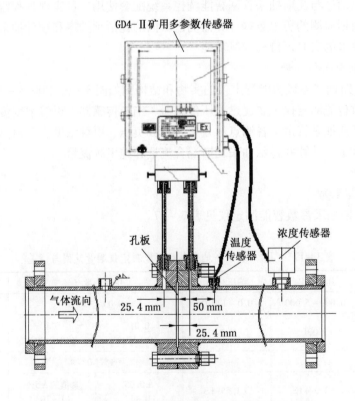

图 3-99 GD4-Ⅱ瓦斯抽采参数智能测定仪结构图

2）工作电压与工作电流

GD4 - Ⅱ传感器供电需要2路本安电源供电，工作电压和工作电流见表3 - 18。

表3 - 18 工作电压和工作电流对照表

额定工作电压	12 ~ 24 V
工作电流	≤200 mA

3）信号输出

（1）RS485 通信方式，传输速率为2400 bps，电压峰峰值不大于12 V。

（2）电流传输方式，输出电流(1 ~ 5) mA/(4 ~ 20) mA。

4）本安参数

Ui1：18.4 V，Ii1：200 mA，Ci1：4.4 μF，Li1：0 μH；

Ui2：18.4 V，Ii2：930 mA，Ci2：3.0 μF，Li2：0 μH。

（二）QJ 系列防爆电动阀门

1. 主要功能

QJ 系列防爆电动阀门是根据瓦斯抽采的特点，开发出的新型、防静电、防腐蚀的瓦斯抽采专用阀门，属于智能调节型蝶阀，通过接收开度信号，自动调整蝶阀的开度，并反馈开度信号，主要用于煤矿瓦斯抽采管网内气体的负压、流量等参数的自动调节。

2. 结构特征与工作原理

QJ 系列防爆电动阀门的实物和结构图如图3 - 100 和图3 - 101 所示。

图3 - 100 电动阀门实物图

电动阀门由蝶阀阀体与阀门电动装置组成，两者通过法兰连接。电动阀门工作时主要通过阀门电动装置输出转矩带动蝶阀阀杆转动实现阀门的开度大小，从而调节抽放管道内气体的流量、负压等参数。电动阀门的控制方式有现场和远程两种方式，现场控制是通过配接控制箱上的开关按钮来控制阀门开关。远程控制是通过接受管道压力控制器发送的4 ~ 20 mA 电流信号实现阀门对应开度，在阀门开到对应位置时会自动将开度通过4 ~

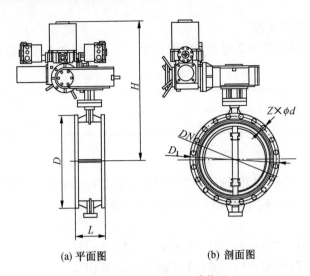

(a) 平面图　　　　　　　(b) 剖面图

图 3 - 101　电动阀门结构图

20 mA 电流信号自动反馈，另外在调试或电源断电的情况下，也可以通过手轮实现阀门手动控制。

3. 技术特性

（1）阀体材料：C - 碳钢。

（2）适用温度：≤300 ℃。

（3）公称压力：0.6 MPa、1 MPa。

（4）工作电压：660/380 V（AC）50 Hz。

（5）信号输入端口：1 路电流信号 4~20 mA。

（6）信号输出端口：1 路电流信号 4~20 mA，一路频率信号 200~1000 Hz。

（7）本安参数：U_m：726 V，U_o：13 V，I_o：0.35 A，L_o：170 μH，C_o：20 μF。

4. 阀门连接尺寸与电动装置选配

阀门连接尺寸与电动装置选配见表 3 - 19。

表 3 - 19　阀门连接尺寸与电动装置选配表

管道通径 DN	阀门连接尺寸参数/mm					配套阀门电动装置参数				
	结构长度 L	D	安装孔距 D1	Z×φ	H	型号	转矩/(N·m)	电压/V	电流/A	电机功率/kW
100	127	220	180	8×18	450	QJ1000	1000	380/660	1/0.57	0.18
150	140	285	240	8×18	650	QJ1000	1000	380/660	1/0.57	0.18
200	152	340	295	8×22	700	QJ1000	1000	380/660	1/0.57	0.18
250	165	395	350	12×22	790	QJ1000	1000	380/660	1/0.57	0.18
300	178	445	400	12×22	810	QJ1500	1500	380/660	1.5/0.86	0.25
350	190	505	460	16×22	850	QJ1500	1500	380/660	1.5/0.86	0.25

表3-19（续）

管道通径 DN	阀门连接尺寸参数/mm					配套阀门电动装置参数				
	结构长度 L	D	安装孔距 D1	Z×φ	H	型号	转矩/ (N·m)	电压/ V	电流/ A	电机功率/kW
400	216	565	515	16×26	900	QJ1500	1500	380/660	1.5/0.86	0.25
450	222	615	565	20×26	950	QJ2500	2500	380/660	2/1.15	0.37
500	229	670	620	20×26	1052	QJ2500	2500	380/660	2/1.15	0.37
600	267	780	725	20×30	1163	QJ5000	5000	380/660	3/1.72	0.75
700	292	895	840	24×30	1283	QJ5000	5000	380/660	3/1.72	0.75
800	318	1015	950	24×33	1431	QJ15000	15000	380/660	6/3.45	3
900	330	1115	1050	28×33	1800	QJ15000	15000	380/660	6/3.45	3
1000	410	1230	1160	28×33	2360	QJ15000	15000	380/660	6/3.45	3

（三）KXJ660Y 矿用隔爆兼本安型管道压力控制器

1. 主要功能

KXJ660Y 型管道压力控制器是井下瓦斯抽采管网智能调控系统重要组成部分，接收计算机数据信号，转换成阀门可接收的 4~20 mA 模拟量信号输出给阀门，调节阀门的开度，同时接收阀门反馈的开度信号，并发送给计算机，实现系统的闭环控制。

2. 结构特征与工作原理

KXJ660Y 型管道压力控制器的实物和连接结构图如图 3-102 和图 3-103 所示。

图 3-102　KXJ660Y 型管道压力控制器

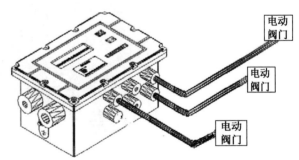

图 3-103　压力控制器连接结构图

压力控制器以单片机为核心，根据需要扩展了 A/D、D/A 通道、RS485 输出电路、显示电路、控制信号输出电路 4~20 mA、红外遥控电路等组成。

通过 RS485 信号传输接口，接收计算机发送过来的数字量，利用 D/A 转换器和 V/I 电路，转换成与阀门开度对应关系的 4~20 mA 信号，控制调节阀的开度。同时通过 A/D 转换器接收阀门开度信号，转换成相应的开度数字信号，经过 RS485 信号传输给计算机，从而实现对阀门开度的闭环控制。

3. 技术特性

1）基本参数

控制器工作电压：660 V/127 V（AC）。

控制器工作电流：≤0.03/0.15A。

输入电源电压波动范围：75% ~110%。

2）输入信号

3 路电流信号：输入信号为 4 ~20 mA 的电流信号。

3）输出信号

3 路电流信号：4 ~20 mA 的电流信号。

4）通讯信号

传输方式：RS485，半双工，主从通信。传输速率：2400 bps。电压峰峰值：≤10 V。

（四）KDY660/18(A) 矿用隔爆兼本安型直流电源

1. 主要功能

KDY 660/18(A) 矿用隔爆兼本安型直流电源（以下简称电源）主要为系统内的本安设备提供本安直流电源，应用于煤矿井下及瓦斯泵站、瓦斯抽采管道等有瓦斯或煤尘爆炸隐患的危险场所。

2. 结构特征与工作原理

直流稳压电源的实物和工作原理如图 3 – 104 和图 3 – 105 所示。

图 3 – 104　直流稳压电源

图 3 – 105　电源工作原理

KDY 660/18（A）矿用隔爆兼本安型直流电源通过隔离变压器将电源降到安全电源范围以内，再通过宽范围输入的开关电源，输出直流电源，然后经过三级过压保护，过流保护，输出本安电源。

3. 技术特性

（1）输入电源电压：660 V/380 V/220 V，50 Hz。

（2）输入电源波动范围：75% ~ 110%。

（3）防爆形式：Exd［ia］I Mb。

（4）本安直流电源输出特性见表 3 – 20。

表 3 – 20　本安直流电源输出特性

名　称	本 安 输 出	名　称	本 安 输 出
最小电压 U_e	13.5 V	最大开路电压 U_o	18.4 V
额定电流 I_e	200 mA	周期与随机偏移	≤250 mV（峰峰值）
最大输出电流（限制电流整定值）I_o	930 mA	路数	9 路

（五）YJL40C 煤矿用瓦斯抽放管道检漏仪

1. 主要功能

YJL40C 煤矿用瓦斯抽放管道检漏仪是一种便携式矿用本质安全型仪器，防爆标志为 Exib I。仪器主要用于定位气体或空气泄漏时产生的超声波音源的位置。泄漏程度可由面板上的 LED 指示灯显示，并可由液晶屏显示泄漏处的超声波频率。

2. 结构特征与工作原理

抽放管道检漏仪如图 3 – 106 所示。

从物理学可以知道，气体总是由高气压流向低气压。当压差只出现于小孔时，气体产生的紊流将在小孔处产生超声波。井下瓦斯抽采管网为负压输送管道，因此当出现气体泄漏时，使用超声波检漏仪可以精确定位气体泄漏点。

3. 技术特性

（1）额定工作电压：（7.5 ±1.0）V（DC）。

（2）工作电流：≤150 mA。

（3）超声波传感头工作频率：40 kHz。

（4）超声波传感头误差范围：±1.5 kHz。

（5）超声波信号检测距离：正前方不大于 3 m（无遮挡）。

（6）超声波信号检测测量角度：±45°。

（7）超声波信号报警声强：≥60 dB（A）。

图 3 – 106　YJL40C 煤矿用瓦斯
抽放管道检漏仪

4. 使用方法

如图 3 - 107 所示，将检漏仪的声波探头对向检测管道并进行移动巡检，由于泄漏产生的超声波具有方向性及衰减性，应尽量缩短检漏仪探头与检测点之间的距离；巡检的同时根据 LED 指示灯的闪烁判断是否存在泄漏。

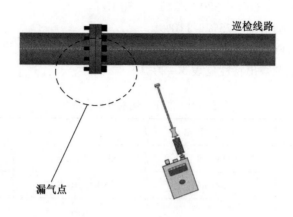

图 3 - 107　检漏仪使用示意图

根据大量检漏实践，抽采系统中易发生的泄漏点主要有：抽采钻孔的接抽接头处；抽采钻孔孔口处；集气管（汇流管）接头处；管道法兰处。

四、应用案例

在山西霍尔辛赫煤矿建设了井下瓦斯抽采管网智能调控系统，由于系统内置的抽采管网仿真模型和泄漏故障检测模型对测点的布置有一定的要求，以及为形成对整个井下抽采管网的远程控制，参数监测点和阀门调控点等需遵循一定的安装原则。

（1）原则上域管网内的每一条分支管道尤其是运输巷道内的支管均需安装参数监测点，包括煤层气抽采参数智能测定仪和配套甲烷传感器、流量计。

（2）管网内的每一条分支管道尤其是运输巷道内的支管均需安装防爆电动阀门。

（3）主管和干管流量较大，为避免造成过大压力损失，一条管道上只安装一套节流件。

（4）每个测点的防爆电动阀门安装在同一测点的参数测定仪的下游，以利于对阀门调控效果的监测。

霍尔辛赫煤矿井下瓦斯抽采管网智能调控系统井下实物如图 3 - 108 所示。调控系统软件界面如图 3 - 109 所示。

系统建设完成后，对系统的各项功能进行了实测验证，其中管网调控仿真模型的计算结果相对于实测数据的准确率达到 85%；通过管道泄漏检测功能及配合超声波检漏仪，发现了多处管道泄漏点，故障诊断模型对泄漏故障表现出较高敏感性，可检测到的最小泄漏量在约为 $6.1\ \mathrm{m^3/min}$，由此可见井下瓦斯抽采管网智能调控系统可有效保证管网的高效运行。

(a) 防爆电动阀门　　　　(b) 抽采参数智能测定仪　　　　(c) 电源、控制器等配套设备

图 3-108　系统硬件井下实物

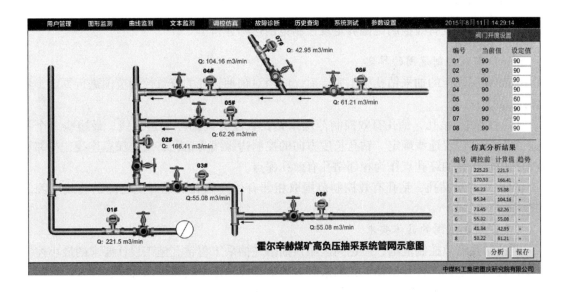

图 3-109　井下瓦斯抽采管网智能调控系统软件界面

第九节　瓦斯抽采达标评价技术

为进一步推进煤矿瓦斯先抽后采、综合治理，强化和规范煤矿瓦斯抽采，实现煤矿瓦斯抽采达标，国家发展改革委、国家安全监管总局、国家能源局、国家煤矿安监局组织制定了《煤矿瓦斯抽采达标暂行规定》。按照该规定对应当进行瓦斯抽采的煤层必须先抽采瓦斯；抽采效果达到标准要求后方可安排采掘作业。煤矿瓦斯抽采应当坚持"应抽尽抽、多措并举、抽掘采平衡"的原则。瓦斯抽采系统应当确保工程超前、能力充足、设施完备、计量准确；瓦斯抽采管理应当确保机构健全、制度完善、执行到位、监督有效。抽采瓦斯的煤矿企业应当落实瓦斯抽采主体责任，推进瓦斯抽采达标工作。

一、瓦斯抽采达标评价技术总体内容

矿井对执行瓦斯抽采措施的回采工作面、掘进工作面区域进行抽采效果达标评价时，主要包括以下内容：

（1）抽采钻孔有效控制范围界定。

（2）抽采钻孔布孔均匀程度评价。

（3）效果评价参数测定。

（4）抽采达标评价。

进行瓦斯抽采达标评价时，首先应对实际施工的抽采钻孔布孔均匀程度进行评价，在评价合格的基础上，经过一定时间的抽采后，再对界定的抽采钻孔控制范围内的区域进行评价参数的测定。抽采达标评价应按要求测定残余瓦斯含量和预抽率等抽采效果评价参数，根据参数测定结果进行评价。

二、抽采钻孔有效控制范围界定及控制范围达标评价

（一）有效控制范围的界定

预抽煤层瓦斯的抽采钻孔施工完毕后，应当对预抽钻孔的有效控制范围进行界定，界定方法如下：

（1）对顺层钻孔，钻孔有效控制范围按钻孔长度方向的控制边缘线、最边缘 2 个钻孔及钻孔开孔位置连线确定。钻孔长度方向的控制边缘线为钻孔有效孔深点连线，相邻有效钻孔中较短孔的终孔点作为相邻钻孔有效孔深点。

（2）对穿层钻孔，钻孔有效控制范围取相邻有效边缘孔的见煤点之间的连线所圈定的范围。

（二）控制范围的具体要求

预抽钻孔有效控制范围，应达到区域预抽措施抽采工程钻孔施工设计要求的最小控制范围，否则不达标。各种预抽钻孔抽采区域的最小控制范围具体要求如下：

（1）在预抽区段煤层瓦斯区域，抽采钻孔应当控制区段内的整个开采块段、两侧回采巷道及其外侧一定范围内的煤层。要求钻孔控制回采巷道外侧的范围（L）：倾斜、急倾斜煤层巷道上帮轮廓线外至少 20 m，下帮至少 10 m；其他为巷道两侧轮廓线外至少各 15 m，如图 3 – 110 和图 3 – 111 所示。以上所述的钻孔控制范围均为沿层面的距离。

（2）穿层钻孔预抽煤巷条带煤层瓦斯区域防突措施的钻孔应当控制整条煤层巷道及其两侧一定范围内的煤层。该范围与本条第（1）项中回采巷道外侧的要求相同。

（3）顺层钻孔或穿层钻孔预抽回采区域煤层瓦斯区域防突措施的钻孔应当控制整个开采块段的煤层。

（4）穿层钻孔预抽石门（含立、斜井等）揭煤区域煤层瓦斯区域防突措施应当在揭煤工作面距煤层的最小法向距离 7 m 以前实施（在构造破坏带应适当加大距离）。钻孔的最小控制范围是：石门和立井、斜井揭煤处巷道轮廓线外 12 m（急倾斜煤层底部或下帮 6 m），同时还应当保证控制范围的外边缘到巷道轮廓线（包括预计前方揭煤段巷道的轮廓线）的最小距离不小于 5 m，且当钻孔不能一次穿透煤层全厚时，应当保持煤孔最小超前距 15 m。

（5）顺层钻孔预抽煤巷条带煤层瓦斯区域防突措施的钻孔应控制的条带长度不小于

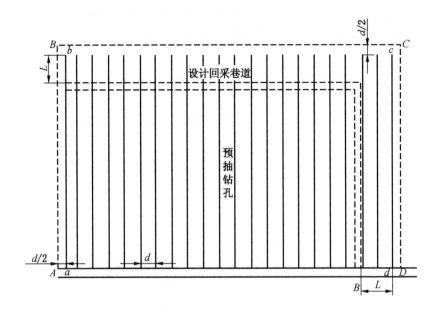

图 3-110 顺层钻孔预抽区段煤层瓦斯区域措施控制范围示意图

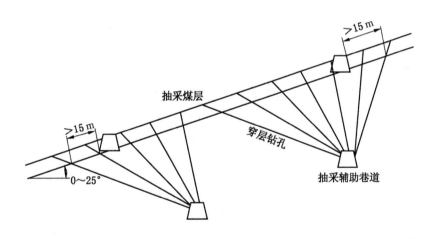

图 3-111 近水平、缓倾斜煤层中穿层钻孔预抽区段最小控制范围

60 m，巷道两侧的控制范围与本条第（1）项中回采巷道外侧的要求相同。

（6）当煤巷掘进和回采工作面在预抽防突效果有效的区域内作业时，工作面距未预抽或者预抽防突效果无效范围的前方边界不得小于 20 m。

（7）厚煤层分层开采时，预抽钻孔应当控制开采的分层及其上部至少 20 m、下部至少 10 m（均为法向距离，且仅限于煤层部分）。

三、抽采钻孔布孔均匀程度评价

预抽钻孔应在有效控制范围内按钻孔设计施工、均匀布置，钻孔设计间距应以预抽区域不同预抽期瓦斯的钻孔有效抽采半径为依据。要求预抽钻孔间距不得大于设计（或平均）间距的1.3倍，否则，应在两钻孔间补打钻孔。不符合设计要求的，布孔不均匀的，则评价为不达标。

此外，预抽瓦斯钻孔封堵必须严密。穿层钻孔的封孔段长度不得小于5 m，顺层钻孔的封孔段长度不得小于8 m。

应当做好每个钻孔施工参数的记录及抽采参数的测定。钻孔孔口抽采负压不得小于13 kPa。预抽瓦斯浓度低于30%时，应当采取改进封孔的措施，以提高封孔质量。

四、评价单元的划分

在预抽钻孔布孔均匀程度满足要求的情况下，将抽采钻孔有效控制范围内钻孔间距、布孔参数基本相同和预抽时间基本一致（预抽时间差异系数小于30%）的区域划为一个评价单元；对断层、陷落柱等地质构造带应独立于其他煤层划分为评价单元。应对同一评价单元的瓦斯抽采量进行单独计量，统计钻孔累计抽采瓦斯纯量，结合煤层原始瓦斯含量、储量、压力，利用抽采率计算残余瓦斯含量或瓦斯压力。

预抽时间差异系数为预抽时间最长钻孔的抽采天数减去预抽时间最短钻孔的抽采天数的差值与预抽时间最长钻孔的抽采天数之比。预抽时间差异系数计算方法为

$$\eta = \frac{T_{\max} - T_{\min}}{T_{\max}} \times 100\% \tag{3-16}$$

式中　　η——预抽时间差异系数,%；

　　　　$T_{\max}$——预抽时间最长钻孔的抽采天数，d；

　　　　$T_{\min}$——预抽时间最短钻孔的抽采天数，d。

五、效果评价参数的测定

（一）评价参数与参数测定方法分类

根据目前生产与技术条件，按评价区域范围大小、煤层透气性以及评价对象为区段、条带、石门等的不同，瓦斯抽采效果评价参数和方法主要分为三类。

1. 残余瓦斯含量法

（1）对预抽的区段煤层、煤巷条带煤层、回采区域煤层以及石门（含立、斜井等）揭煤区域煤层的评价单元进行瓦斯区域预抽措施评价时，应主要采用井下直接实测残余瓦斯含量法（或直接实测残余瓦斯压力法）。测定装备仪器采用煤层瓦斯含量直接快速测定装置。

（2）对预抽的区段煤层、回采区域煤层等较大区域的评价单元，应首先采用瓦斯抽排量间接计算残余瓦斯含量法作为预评价，当计算的残余瓦斯含量值已经小于8 m³/t 时，再组织人员和钻机等设备进行直接法井下实测瓦斯含量。通过间接计算残余瓦斯含量的预评价方法，可避免盲目的组织井下瓦斯含量实测检验，节约了检验评价工程量。但是，评价单元是否达标仍以直接法实测的残余瓦斯含量指标为准。

2. 钻屑瓦斯解吸指标法

对穿层钻孔预抽石门（含立、斜井等）揭煤区域煤层进行瓦斯抽采效果评价时，除

可采用实测残余瓦斯含量指标外，还可采用钻屑瓦斯解吸指标 K_1 进行措施效果评价；同时，在需要对预抽区域进行区域验证、煤巷掘进工作面、采煤工作面进行工作面预测与工作面措施效果检验时，也可采用钻屑瓦斯解吸指标 K_1 进行评价。

3. 其他指标

此外，对预抽效果评价时，还可采用《防治煤与瓦斯突出规定》中认可和推荐的直接测定残余瓦斯压力法以及其他方法和指标。

（二）瓦斯抽排量间接计算残余瓦斯含量法技术要求

采用煤层原始瓦斯含量、抽排瓦斯量间接计算的残余瓦斯含量进行预抽煤层瓦斯区域措施效果检验时，检验结果以区域预抽效果评价报告单的形式上报，评价时应当符合以下要求：

（1）根据要求应对区域内划分的各评价单元的瓦斯抽采量单独计量，统计评价单元内钻孔的累计抽采瓦斯纯量。

（2）在评价单元内的钻孔施工间距应小于或等于设计间距，设计间距依据预留预抽期内，钻孔有效影响半径确定。

（3）若预抽钻孔控制边缘外侧为未采动煤体，在计算检验指标时根据不同煤层的透气性及钻孔在不同预抽时间的影响范围等情况，在钻孔控制范围边缘外适当扩大评价计算区域的煤层范围（图 $3-110A-B-C-D$），但检验结果仅适用于预抽钻孔控制范围（图 $3-110a-b-c-d$）。

（4）抽采后煤的残余瓦斯含量计算为

$$W_{CY} = \frac{W_0 G - Q}{G} \qquad (3-17)$$

式中　W_{CY}——煤的残余瓦斯含量，m^3/t；

　　　W_0——煤的原始瓦斯含量，m^3/t；

　　　Q——评价单元钻孔抽排瓦斯总量，m^3；

　　　G——评价单元煤炭储量，t。

评价单元煤炭储量 G 的计算方法为

$$G = (L - H_1 - H_2 + 2R)(l - h_1 - h_2 + R)m\gamma \qquad (3-18)$$

式中　　　L——评价单元煤层走向长度，m；

　　　　　l——评价单元煤层倾向长度，m；

　H_1、H_2——分别为评价单元走向方向两端巷道瓦斯预排等值宽度，m，如果无巷道则为0；

　h_1、h_2——分别为评价单元倾向方向两侧巷道瓦斯预排等值宽度，m，如果无巷道则为0；

　　　　　R——抽采钻孔的有效影响半径，一般为1/2设计钻孔间距，m；

　　　　　m——评价单元平均煤层厚度，m；

　　　　　γ——评价单元煤的密度，t/m^3。

H_1、H_2、h_1、h_2 应根据矿井实测资料确定，如果无实测数据，可参照表 $3-21$ 中的数据或计算式确定。

表 3-21　巷道预排瓦斯等值宽度

巷道煤壁暴露时间 t/d	不同煤种巷道预排瓦斯等值宽度/m		
	无烟煤	瘦煤及焦煤	肥煤、气煤及长焰煤
25	6.5	9.0	11.5
50	7.4	10.5	13.0
100	9.0	12.4	16.0
160	10.5	14.2	18.0
200	11.0	15.4	19.7
250	12.0	16.9	21.5
≥300	13.0	18.0	23.0

注：1. 低变质煤等值宽度为 $0.808 \times t^{0.55}$；

　　2. 高变质煤等值宽度为 $(13.85 \times 0.0183t)/(1 + 0.0183t)$。

（三）井下直接测定残余瓦斯含量指标方法

根据《防治煤与瓦斯突出规定》要求，对预抽的区段煤层、煤巷条带煤层、回采区域煤层以及石门（含立、斜井等）揭煤区域煤层进行瓦斯区域预抽措施评价时，采用"井下直接测定残余瓦斯含量指标方法"，评价结果以实测结果为准。使用该方法时，各测定环节应按照下列要求进行：

1. 采样方式

在石门或岩石巷道可打穿层钻孔采取煤样，在新暴露的煤巷中应首选煤芯采取器（简称煤芯管）或其他定点取样装置定点采集煤样。

由于利用防突钻机在孔口直接取钻粉煤样的采样方式，所取煤样不能保证代表定点深度煤体中的含量大小，因此，根据直接测定瓦斯含量的标准要求，其测值结果仅为参考值。

2. 采样深度

抽采后煤层残余瓦斯含量测定时，采样深度应符合 AQ 1026 的规定：

（1）石门（井筒）揭煤工作面必须控制到巷道轮廓线外 8 m 以上（煤层倾角 > 8°时，底部或下帮 5 m）。采样钻孔必须穿透煤层的顶（底）板 0.5 m 以上。若不能穿透煤层全厚，须控制到工作面前方 15 m 以上。

（2）煤巷掘进工作面控制范围：巷道轮廓线外 8 m 以上（煤层倾角 > 8°时，底部或下帮 5 m）及工作面前方 10 m 以上。

（3）采煤工作面控制范围：工作面前方 20 m 以上。

此外，采样深度还应结合评价单元的范围大小和测样点数量综合确定。

3. 采样时间

煤样从暴露到装入煤样罐内密封所用的实际时间不能超过 5 min。

4. 采样后煤样选取要求

（1）对于柱状煤芯，采取中间不含矸石的完整部分。

（2）对于粉状及块状煤芯，要剔除矸石及研磨烧焦部分。

（3）不应用水清洗煤样，保持自然状态装入密封罐中，不可压实，罐口保留约 10 mm 空隙。

5. 采样记录

采样时，应同时收集以下有关参数记录在采样记录表中：

（1）采样地点：矿井名称、煤层名称、埋深、采样深度、钻孔方位、倾角。

（2）采样时间：钻机钻进到预定深度时开始退钻杆时间、取芯钻杆送达孔底开始取芯时间、取芯 1 m 结束时间、装进煤样筒密封开始解吸时间。

（3）编号：罐号、样品编号。

6. 采样钻孔布置

采用直接测定残余瓦斯含量参数进行预抽煤层瓦斯区域措施效果检验时，钻孔应符合以下要求：

（1）同一评价单元内，含量取样点在煤层中的距离应不小于 5 m，小于 5 m 时按评价 1 个点计。

（2）用穿层钻孔或顺层钻孔预抽区段或回采区域煤层瓦斯时，沿采煤工作面推进方向每间隔 30～50 m 至少布置 1 组测定点。当预抽区段宽度（两侧回采巷道间距加回采巷道外侧控制范围）或预抽回采区域采煤工作面长度未超过 120 m 时，每组测点沿工作面方向至少布置 1 个测定点，否则至少布置 2 个测点。

（3）用穿层钻孔预抽煤巷条带煤层瓦斯时，在煤巷条带每间隔 30～50 m 至少布置 1 个测定点；

（4）用穿层钻孔预抽石门（含立、斜井等）揭煤区域煤层瓦斯时，至少布置 4 个测定点，分别位于要求预抽区域内的上部、中部和两侧，并且至少有 1 个测定点位于要求预抽区域内距边缘不大于 2 m 的范围。

（5）用顺层钻孔预抽煤巷条带煤层瓦斯时，在煤巷条带每间隔 20～30 m 至少布置 1 个测定点，且每个评判区域不得少于 3 个测定点。

（6）各测定点应布置在原始瓦斯含量较高、钻孔间距较大、预抽时间较短的位置，并尽可能远离预抽钻孔或与周围预抽钻孔保持等距离，且避开采掘巷道的排放范围和工作面的预抽超前距。在地质构造复杂区域适当增加测定点。测定点实际位置和实际测定参数应标注在瓦斯抽采钻孔竣工图上。

（四）钻屑瓦斯解吸指标法

1. 石门（含立、斜井等）揭煤区域煤层预抽措施效果评价要求

采用钻屑瓦斯解吸指标法评价揭煤区域防突措施效果时，由工作面向石门上部、中央、两侧至少布置四个检验钻孔，在钻孔钻进到煤层时每钻进 1 m 采集一次孔口排出的粒径 1～3 mm 的煤钻屑，测定其瓦斯解吸指标 K_1 值。

2. 区域验证要求

在对各生产区域进行区域预抽效果评价达标后，需要对区域评价结果进行验证，具体要求：

（1）在工作面进入该区域时，立即连续进行至少 2 次区域验证。

（2）工作面每推进 10～50 m（在地质构造复杂区域或采取了预抽煤层瓦斯区域防突

措施以及其他必要情况时宜取小值）至少进行 2 次区域验证。

（3）在构造破坏带连续进行区域验证。

（4）在煤巷掘进工作面还应当至少打 1 个超前距不小于 10 m 的超前钻孔或者采取超前物探措施，探测地质构造和观察突出预兆。

六、达标评价判别标准

进行预抽煤层瓦斯效果达标评价时，除钻孔有效控制范围、布孔均匀程度等满足要求外，预抽瓦斯效果应当同时满足以下要求：

（1）对瓦斯涌出量主要来自于开采层的采煤工作面，评价范围内煤的可解吸瓦斯量满足表 3-22 规定的，判定采煤工作面评价范围瓦斯抽采效果达标。

表 3-22　采煤工作面回采前煤的可解吸瓦斯量应达到的指标

工作面日产量/t	可解吸瓦斯量/($m^3 \cdot t^{-1}$)	工作面日产量/t	可解吸瓦斯量/($m^3 \cdot t^{-1}$)
≤1000	≤8	6001~8000	≤5
1001~2500	≤7	8001~10000	≤4.5
2501~4000	≤6	>10000	≤4
4001~6000	≤5.5		

（2）对于突出煤层，当评价范围内所有测点测定的煤层残余瓦斯压力或残余瓦斯含量都小于预期的防突效果达标瓦斯压力或瓦斯含量且施工测定钻孔时没有喷孔、顶钻或其他动力现象时，则评判为突出煤层评价范围预抽瓦斯防突效果达标；否则，判定以超标点为圆心、半径 100 m 范围未达标。预期的防突效果达标瓦斯压力或瓦斯含量按煤层始突深度处的瓦斯压力或瓦斯含量取值；没有勘察出煤层始突深度处的煤层瓦斯压力或含量时，分别按照 0.74 MPa、8 m^3/t 取值。

（3）对于瓦斯涌出量主要来自于突出煤层的采煤工作面，只有当瓦斯预抽防突效果和煤的可解吸瓦斯量指标都满足达标要求时，才可判定该工作面瓦斯预抽效果达标。

（4）对瓦斯涌出量主要来自于邻近层或围岩的采煤工作面，计算的瓦斯抽采率满足表 3-23 规定时，其瓦斯抽采效果判定为达标。

表 3-23　采煤工作面瓦斯抽采率应达到的指标

工作面绝对瓦斯涌出量 Q/($m^3 \cdot min^{-1}$)	工作面瓦斯抽采率/%	工作面绝对瓦斯涌出量 Q/($m^3 \cdot min^{-1}$)	工作面瓦斯抽采率/%
5≤Q<10	≥20	40≤Q<70	≥50
10≤Q<20	≥30	70≤Q<100	≥60
20≤Q<40	≥40	100≤Q	≥70

（5）采掘工作面同时满足风速不超过 4 m/s、回风流中瓦斯浓度低于 1% 时，判定采

掘工作面瓦斯抽采效果达标。

（6）矿井瓦斯抽采率满足表 3 - 24 规定时，判定矿井瓦斯抽采率达标。

（7）当采用钻屑瓦斯解吸 K_1 指标对揭煤区域进行瓦斯抽采措施效果评价或对其他预抽区域进行区域验证时，当 K_1 指标小于 $0.5\ \mathrm{mL/(g \cdot min^{\frac{1}{2}})}$，并且未发现其他异常情况，则该区域抽采措施效果达标，无突出危险性；否则，预抽防突效果无效，为突出危险区或突出危险工作面。

表 3 - 24　矿井瓦斯抽采率应达到的指标

矿井绝对瓦斯 涌出量 $Q/(\mathrm{m^3 \cdot min^{-1}})$	矿井瓦斯 抽采率/%	矿井绝对瓦斯 涌出量 $Q/(\mathrm{m^3 \cdot min^{-1}})$	矿井瓦斯 抽采率/%
$Q < 20$	≥25	$160 \leqslant Q < 300$	≥50
$20 \leqslant Q < 40$	≥35	$300 \leqslant Q < 500$	≥55
$40 \leqslant Q < 80$	≥40	$500 \leqslant Q$	≥60
$80 \leqslant Q < 160$	≥45		

第十节　低浓度瓦斯输送安全保障技术

受矿区地质条件、生产部署及瓦斯抽采技术、工程、管理等因素的影响，煤矿井下瓦斯抽采量波动较大，抽采瓦斯浓度较低。据统计，我国煤矿井下抽采瓦斯量中 50% 以上为低浓度瓦斯（CH_4 浓度 < 30%）。低浓度瓦斯具有易燃、易爆的特性，瓦斯抽采管口、排放口或利用端可能产生的火源使整个抽采系统中的低浓度瓦斯处于非常危险的状态，低浓度瓦斯输送、排空和利用存在严重的安全隐患。

为此，中煤科工集团重庆研究院有限公司、胜利油田胜利动力机械有限公司等开展了"低浓度瓦斯安全输送成套技术开发与装备研制"等项目的研究工作，对低浓度瓦斯输送管道瓦斯爆炸及传播机理、爆炸抑制技术、管道快速截断控制技术及管道阻火阻爆安全技术进行了系统地研究，研发了能够可靠阻断爆炸或火焰在管道内传播，确保抽采系统和煤矿井下不受波及的安全保障成套技术及装备。2009 年国家安全生产监督管理总局制订并颁布实施了《煤矿低浓度瓦斯管道输送安全保障系统设计规范》等行业标准，对相关系统设计、产品性能、安装使用等进行了规定和规范，为低浓度瓦斯抽采利用提供了安全技术保障。

一、低浓度瓦斯管道输送瓦斯爆炸传播规律

中煤科工集团重庆研究院建立了一套低浓度瓦斯输送实验研究系统，进行了 $DN = 200\ \mathrm{mm}$、$DN = 500\ \mathrm{mm}$、$DN = 700\ \mathrm{mm}$ 的管路瓦斯爆炸实验。通过进行爆炸范围内不同甲烷浓度气体的爆炸试验，测试爆炸所产生的压力及火焰传播速度，从而得出瓦斯爆炸的传播规律。利用该系统，还可进行自动阻爆装置、自动喷粉抑爆装置、水封阻火泄爆装置的检测检验

以及安全保障系统的整体性能实验。

（一）试验设备布置

$DN = 500$ mm 试验管道全长 66.5 m，$DN = 700$ mm 试验管道全长 93.1 m，设计压力均为 2.5 MPa。试验时 $DN = 500$ mm 试验管道试验设备布置如下：

（1）从距管道封闭端 9.5 m 处开始，布置五组火焰传感器，每组两个，彼此相距 3 m，组与组之间相距 9 m，测试火焰到达传感器布置点的时间。

（2）从距管道封闭端 3.5 m 处开始，每隔 6 m 布置一个压力传感器，共布置 10 个，测试冲击波压力在传感器布置点的最大压力值及呈现时间。

（3）在管道末端，用两层 0.12 mm 聚氯乙烯塑料薄膜封闭管道，构成总体积为 13 m^3 的甲烷爆炸性封闭气体。

（4）每次试验距管道起始位置 3.5 m 处安装三只引火药头作为点火源。全管道充入体积百分比浓度为 7.0% ～10% 的 CH_4 与空气混合物。试验设备布置如图 3 - 112 所示。

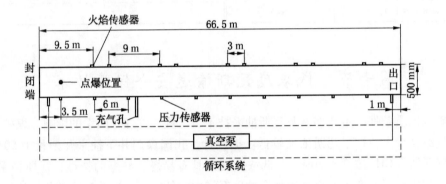

图 3 - 112　试验设备布置图

根据试验要求，$DN = 200$ mm、$DN = 700$ mm 试验管道压力传感器、火焰传感器等试验设备布置与 $DN = 500$ mm 管道安装位置略有不同。

（二）管道内瓦斯爆炸压力峰值与距离的关系

依据试验数据对 $DN = 500$ mm 和 $DN = 700$ mm 管道中瓦斯爆炸压力峰值与传播距离的关系进行函数拟合，得到 $DN = 500$ mm、$DN = 700$ mm 关系式分别为式（3 - 19）、式（3 - 20），拟合曲线如图 3 - 113 所示。

$$y = 0.0005x^2 - 0.0242x + 0.524 \quad (R^2 = 0.8639) \tag{3-19}$$

$$y = 0.0005x^2 - 0.0268x + 0.5262 \quad (R^2 = 0.9001) \tag{3-20}$$

从拟合曲线可以看出，因起爆源处为一封闭端，爆炸的传播受到限制，以及爆炸过程中冲击波的回传叠加都使得此处压力峰值偏高。瓦斯爆炸压力峰值从爆源点开始逐渐下降，传播一段距离后出现拐点，压力开始上升，$DN = 500$ mm 管道的拐点约出现在 24 m 处，$DN = 700$ mm 管道的拐点约出现在 27 m 处。管道直径的大小明显影响了瓦斯的爆炸传播过程，$DN = 700$ mm 管道的压力波峰值大于 $DN = 500$ mm 管道，且上升幅度明显。

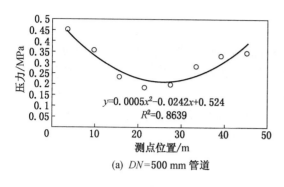
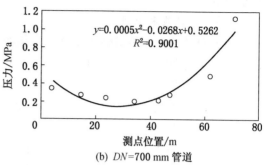

(a) $DN=500$ mm 管道　　　　(b) $DN=700$ mm 管道

图 3 – 113　管道爆炸压力峰值与传播距离关系

（三）管道内瓦斯爆炸火焰到达时间与距离的关系

依据试验数据分别对 $DN=500$ mm 和 $DN=700$ mm 管道中瓦斯爆炸火焰到达时间与传播距离的关系进行函数拟合，得到 $DN=500$ mm、$DN=700$ mm 关系式分别为式（3 – 21）、式（3 – 22），拟合曲线如图 3 – 114 所示。

$$y = 186.11\ln x - 214.74 \quad (R^2 = 0.9853) \tag{3-21}$$

$$y = 144.52\ln x - 240.12 \quad (R^2 = 0.9734) \tag{3-22}$$

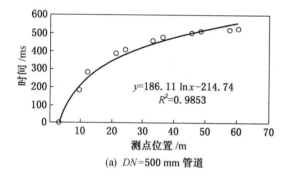
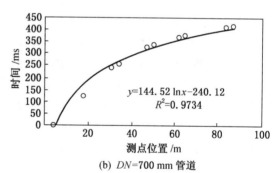

(a) $DN=500$ mm 管道　　　　(b) $DN=700$ mm 管道

图 3 – 114　管道爆炸火焰到达时间与传播距离关系

从以上拟合曲线可以看出：管道内瓦斯爆炸火焰的到达时间与传播距离呈对数函数关系；且火焰传播速度随着传播距离的加长而依次增大，在靠近出口处，火焰传播速度最快。管道直径的大小明显影响了瓦斯的爆炸传播过程，$DN=700$ mm 管道的火焰传播速度明显大于 $DN=500$ mm 管道。

二、煤矿低浓度瓦斯管道输送安全保障系统设计

管道输送瓦斯爆炸传播规律试验结果为确定低浓度瓦斯管道输送安全保障系统各种隔抑爆设备的设计设置提供了理论依据。在此基础上，AQ 1076—2009《煤矿低浓度瓦斯管道输送安全保障系统设计规范》规定了安全保障系统设计的基本规定以及安全设施的安

装要求等。

（一）设计基本原则

（1）低浓度瓦斯管道输送安全保障系统设计时应遵循"阻火泄爆、抑爆阻爆、多级防护、确保安全"的基本原则，在靠近可能的火源点附近管道上，安设安全保障设施，确保管道输送安全。

（2）低浓度瓦斯管道输送系统不得设置缓冲罐；抽采设备应选择湿式抽采泵；加压设备应选择湿式压缩机，正压输送压力不宜超过 20 kPa。

（3）发电用瓦斯输管道系统中宜安设防逆流装置，防止抽采泵突然停泵而出现回流；脱水器内应无机械运动零部件和电气部件。

（4）安全保障设施安设段管道及附件应能承受正压 2.5 MPa 的压力，其他管道及附件应能承受正压 1.0 MPa、负压 0.097 MPa 的压力，安全保障设施安设段管道宜选用金属管道。

（5）管道输送系统中应设置安全监控设施，安全监控设施应具有以下功能：

① 安全保障设施的状态参数监测、显示及报警；

② 发生瓦斯燃烧或爆炸时，控制安全保障设备快速启动，将瓦斯燃烧或爆炸控制在一定范围内。

煤矿低浓度瓦斯抽采利用时，可能发生的火源点主要包括：内燃机瓦斯发电机组等利用侧本身存在的火源、抽放泵站地面排空管口因雷击等产生的火源、自燃和易自燃煤层采空区抽瓦斯管入口等。

（二）内燃机瓦斯发电用管道输送安全保障设施要求

（1）应安设阻火泄爆、抑爆、阻爆三种不同原理的阻火防爆装置。阻火泄爆应选择水封阻火泄爆装置，抑爆可选择自动喷粉抑爆装置、细水雾输送抑爆装置和气水二相流输送抑爆装置中的一种，阻爆应选择自动阻爆装置。

（2）安全保障设施安装顺序：第一级阻火泄爆装置，第二级抑爆装置，第三级阻爆装置，其安装位置如图 3 – 115 所示。水封阻火泄爆装置安装位置距最远端支管的距离（沿管道轴向）应小于 30 m。

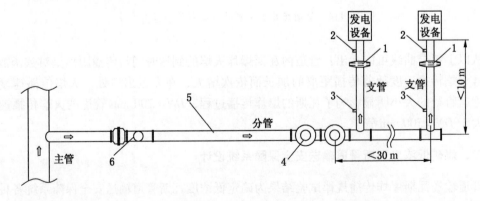

1—脱水器；2—火焰传感器；3—压力传感器；4—水封阻火泄爆装置；5—抑爆装置安设段；6—阻爆装置

图 3 – 115　瓦斯发电利用系统安全设施安装

（3）火焰、压力传感器安装在支管上。火焰传感器距离发电机组 2 ~ 3 m；压力传感器距离火焰传感器 3 ~ 5 m。

（4）选用自动喷粉抑爆装置时，其安设位置距离最近的火焰传感器的距离（沿管道轴向）为 40 ~ 50 m；选用细水雾输送抑爆或气水二相流输送抑爆装置时，其安装始端距水封阻火泄爆装置的距离不大于 3 m；自动阻爆装置距抑爆装置末端的距离不大于 10 m。

（5）安全保障设施安设段管道公称内径不大于 500 mm；安全保障设施任一装置运行参数不能满足安全要求时，应能自动报警，并在 3 min 内关停发电机组，同时打开瓦斯排空管。

（三）地面瓦斯排空安全保障设施要求

（1）低浓度瓦斯排空时，地面排空管路应安设阻火泄爆、抑爆两种不同原理的阻火防爆装置。阻火泄爆宜采用水封式阻火泄爆装置，抑爆宜采用自动喷粉抑爆装置。安设位置如图 3 – 116 所示。

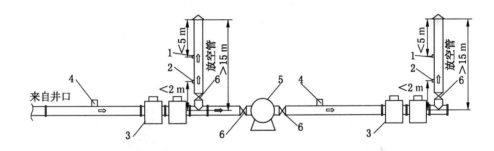

1—火焰传感器；2—压力传感器；3—水封阻火泄爆装置；4—自动喷粉抑爆装置；5—真空泵；6—截止阀

图 3 – 116　地面瓦斯排空系统安全设施安装示意图

（2）自动喷粉抑爆装置火焰传感器安装在距排空管出气口距离（沿管道轴向）小于 5 m 处；抑爆器与火焰传感器沿管道轴向距离为 30 ~ 60 m。

（四）采空区抽采低浓度瓦斯管道输送安全保障设施要求

（1）易自燃、自燃煤层的井下采空区低浓度瓦斯抽采，应在靠近抽采地点的管道上安设抑爆装置，宜采用自动喷粉抑爆装置。

（2）喷粉罐安设地点距最近的抽采瓦斯管口的距离（沿管道轴向）应小于 100 m；火焰传感器安设在喷粉罐与抽采管进气口之间，距离喷粉罐的距离（沿管道轴向）应大于 50 m；自动喷粉抑爆装置至少安设 1 组，每组需安设两个喷粉罐，两个喷粉罐距离为 50 m。

三、设备简介

（一）阻火泄爆装置

阻火泄爆装置主要包括两种类型：①采用水封消焰阻火、泄爆部件释放爆炸压力的水封阻火泄爆装置；②干式阻火器与干式泄爆器。

1. 水封阻火泄爆装置

正常输送情况下，瓦斯气体从进气端通过阻火泄爆装置流向出气端；当出气端管道瓦斯发生爆炸或燃烧时，爆炸产生的冲击波使泄爆部件爆破、释放爆炸压力；同时密封水起到消焰、阻火作用，阻止爆炸或燃烧传到进气端管路，达到保护进气端输送管道及附属设备的目的。AQ 1072—2009《瓦斯管道输送水封阻火泄爆装置技术条件》规定了该类装置的主要技术参数等。

1）性能指标

阻火泄爆装置公称压力（不含泄爆部件）≥1.0 MPa；装置内应安设不锈钢气体分流网，分流网目数不小于4目；有效水封高度以能有效阻火，并满足阻火泄爆装置压力损失≤2.0 kPa为准；泄爆部件释放压力90~120 kPa。

2）水位自动控制功能

水位控制器应安装3组以上水位传感器，并满足以下要求：实时为阻火泄爆装置补水、放水，使水封高度保持在满足其有效水封高度要求范围内；当补水管道无水、水封高度超出正常工作范围时，能自动报警；系统具有自检功能，故障时能自动报警。

目前该类产品主要有以中煤科工集团重庆研究院为代表的应用于煤矿瓦斯抽采泵站的双桶结构产品（图3-117a）及胜动公司为代表的用于煤矿瓦斯发电站的单桶结构产品（图3-117b）。

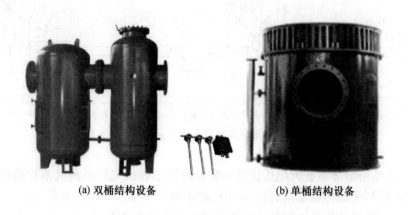

(a) 双桶结构设备　　　　　　　　　(b) 单桶结构设备

图3-117　阻火泄爆装置产品结构图

2. 干式阻火器

干式阻火器的工作原理是火焰通过金属带狭窄通道时由于火焰表面的化学反应放热与散热条件不匹配，使火焰熄灭。火焰以一定速度进入金属带狭缝时，火焰靠近狭缝冷壁处，作为化学反应活化中心的自由基和自由原子与冷壁相碰撞放出其能量，反应区的热量流向冷壁边界，当火焰面达到一定距离时，开始形成熄火层。随着火焰面的运动，熄火层厚度不断增大，以致由于自由基进入熄火层内就复合成分子并放出能量，自由基越来越少直到没有，火焰熄灭。AQ 1074—2009《煤矿瓦斯输送管道干式阻火器通用技术条件》规定了该类装置的主要技术参数等，主要包括：

（1）应用于瓦斯输送管道上的爆轰型阻火器阻火速度不低于1600 m/s。

（2）应用于瓦斯发电机上的爆燃型阻火器阻火速度不低于960 m/s。

（3）当流速为 15 m/s 的瓦斯通过阻火器时，压力降应不大于 1 kPa。

目前主要有以胜动公司为代表的用于煤矿瓦斯发电站的相关产品，干式阻火器需与泄爆器配套，联合工作实现阻火泄爆功能；中煤科工集团重庆研究院开发了抽放钻场用抽屉式阻火器，如图 3 - 118 所示。

(a) 管通干式阻火器　　(b) 钻场用抽屉式阻火器

图 3 - 118　干式阻火器产品结构图

（二）管道抑爆装置

目前应用的低浓度瓦斯管道输送抑爆装置主要有自动喷粉抑爆装置、二氧化碳抑爆装置、细水雾输送抑爆装置和气水二相流输送抑爆装置。

1. 自动喷粉抑爆/二氧化碳抑爆装置

当管道发生燃烧爆炸时，传感器将火焰转变成电信号传送到控制器，控制器发出指令触发抑爆器动作，抑爆器内的气体发生剂瞬间进行化学反应，释放大量气体，驱动抑爆器内的消焰剂从喷撒机构喷出，快速形成高浓度的消焰剂云雾，与火焰面充分接触（喷二氧化碳抑爆装置控制器判断并发出抑爆指令开启阀门，释放出大量高压液态 CO_2，瞬间形成高浓度的抑爆剂云雾），吸收火焰的能量、终止燃烧链，使火焰熄灭，从而终止火焰面在管道中的继续传播。

自动喷粉抑爆装置主要由火焰传感器、控制器和抑爆器组成。AQ 1079—2009《瓦斯管道输送自动喷粉抑爆装置通用技术条件》规定了该类技术的主要性能指标，二氧化碳抑爆装置产品参照该标准执行。中煤科工集团重庆研究院相关产品为行业内最早开发的该类产品，已在煤矿瓦斯抽采泵站、采空区抽采、瓦斯发电等领域得到了大规模的推广应用，其主要技术参数如下：

（1）火焰传感器：灵敏度可探测到 5 m 远外 1cd 火焰；工作寿命 3a；动作时间 ≤5 ms；能够识别判断爆炸信息；具有故障自检。

（2）控制器：信号输出 3 路，具有显示、自检、联网及遥控设置、故障自检功能；动作时间 ≤15 ms。

（3）矿用喷粉抑爆器：喷撒滞后时间 ≤15 ms；喷撒完成时间 ≤150 ms；雾面持续时间 ≥5000 ms；喷撒效率 ≥90%。

（4）矿用喷二氧化碳抑爆器：抑爆介质为液态 CO_2；罐体氮气充至 7 ~ 9 MPa 压力；喷撒滞后时间 ≤15 ms；喷撒持续时间 ≥1000 ms；喷撒效率 ≥90%。

（5）电源：电压等级 127 V(AC)/220 V(AC)/380 V(AC)/660 V(AC)；备用电源：10 h 以上。

产品实物如图 3 - 119 所示。

2. 细水雾输送抑爆装置

工作原理：在低浓度瓦斯输送管道上等距离设置水雾发生器，瓦斯在管道中流动，结合水雾在管道中形成—凝结的时间，实现细水雾与瓦斯全程连续混合输送。细水雾灭火机理如下：冷却：细水雾颗粒直径越小，相对表面积越大，受热后更容易汽化。在汽化过程

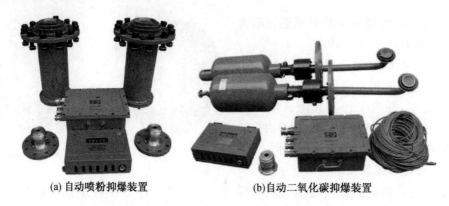

(a)自动喷粉抑爆装置　　　　　　(b)自动二氧化碳抑爆装置

图3-119　自动喷粉/自动二氧化碳抑爆装置

中，从燃烧区吸收大量的热量，使燃烧区温度迅速降低，当温度降至燃烧临界值以下时，热分解中断，燃烧随即终止；稀释：火焰进入细水雾后，细水雾迅速蒸发形成蒸汽，由液相变为气相，气体急剧膨胀，比表面积膨胀约1760倍，最大限度地使燃烧反应分子在空间上距离拉大，抑制火焰。AQ 1078—2009《煤矿低浓度瓦斯与细水雾混合安全输送装置技术规范》对该装置组成、主要性能指标进行了规定。其工艺流程如图3-120所示，该装置主要应用于煤矿低浓度瓦斯发电输送管道安全保障。

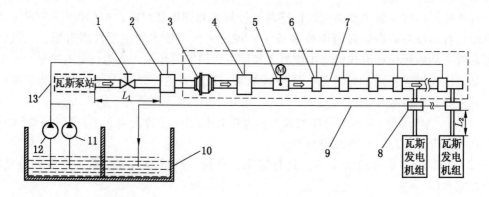

1—截止阀；2—湿式阻火泄爆装置；3—煤矿瓦斯输送管道阻火器；4—泄压溢流阀；5—控制阀门；6—水雾发生器；7—瓦斯输送管道；8—脱水器；9—回水管道；10—水池；11—备用水泵；12—主水泵；13—给水管道

图3-120　低浓度瓦斯与细水雾混合安全输送工艺流程

3. 气水二相流输送抑爆装置

采用气水二相流管路输送煤矿低浓度瓦斯，使瓦斯在环形及端面水封的管路中形成间歇性柱塞气流，实现安全输送的装置系统。环流装置使水流在输送管道内附壁流动，瓦斯气流在附壁环形水流腔内流动；柱流装置产生间歇性柱塞水团，把管路内附壁环形水流腔中流动的瓦斯气流分割成段。AQ/T 1104—2014《矿低浓度瓦斯气水二相流安全输送装置技术规范》对该装置组成、主要性能指标进行了规定。其工艺流程如图3-121所示，该装置主要应用于煤矿低浓度瓦斯发电输送管道安全保障。

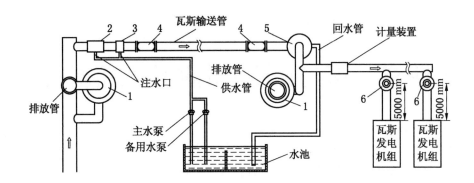

1—稳压放散装置；2—柱流装置；3—环流装置；4—透明观察管；5—防爆阻火式气水分离器；6—双向阻火装置

图3-121 低浓度瓦斯气水二相流安全输送装置构成的系统安装示意图

（三）管道阻爆装置

通过对瓦斯管道燃烧或爆炸产生的火焰、压力等信息的探测，控制阻爆阀门动作，使其在极快的时间里关闭输送管道，切断瓦斯气流，阻止压力及火焰的传播。AQ 1073—2009《瓦斯管道输送自动阻爆装置技术条件》对该装置主要性能指标进行了规定，主要包括：

（1）传感控制响应时间：≤20 ms；阻爆阀门动作时间：≤90 ms；装置阻断时间：≤100 ms。

（2）传感控制对紫外线火焰传感器的触发条件：无火焰，不触发；5 m 远处有 1 cd 火焰时，能触发。

（3）传感控制对压力传感器的触发条件：测定压力小于设定触发值时不触发；大于或等于设定触发值时应触发；设定触发值为（40±1）kPa。

（4）装置应具有泄爆、阻爆功能，爆炸火焰不得通过阻爆阀门，不引起其后部瓦斯爆炸；泄爆部件的释放压力为 90～120 kPa。

目前应用较多的为中煤科工集团重庆研究院为代表的以压缩弹簧为动力的阀门装置，如图3-122a 所示；中煤科工集团沈阳研究院为代表的以液压力为动力的阀门装置，如图3-122b 所示。

(a) 以压缩弹簧为动力的阀门　　　(b) 以液压力为动力的阀门

图3-122 瓦斯管道输送自动阻爆装置

第四章 煤与瓦斯突出防治实用新技术

煤与瓦斯突出是煤矿瓦斯灾害的主要危险源，是造成矿井瓦斯事故的主要因素，因此，防治煤与瓦斯突出已成为煤矿灾害治理的重中之重。近年来，由于国家和煤矿企业的高度重视，对煤与瓦斯突出的研究投入了大量人力、物力，取得了一批实用新技术，建立了两个"四位一体"综合防突技术体系，并在煤矿大力推广应用，取得了非常显著的效果。下面重点介绍煤与瓦斯突出防治技术体系、突出矿井采掘部署优化方法、煤岩地质构造超前探测技术、煤与瓦斯突出超前预测技术、煤与瓦斯突出灾害预警技术、煤与瓦斯突出防治措施新技术。

第一节 煤与瓦斯突出防治技术体系

一、煤与瓦斯突出防治技术体系简述

经过多年的摸索和实践，我国目前形成了基于合理采掘部署和两个"四位一体"的一整套煤与瓦斯突出防治技术体系，主要包括矿井和煤层突出危险性评价与鉴定、区域突出危险性预测、区域防突措施、区域措施效果检验、区域验证、工作面突出危险预测、局部防突技术措施、局部措施效果检验和安全防护措施等，如图4-1所示。

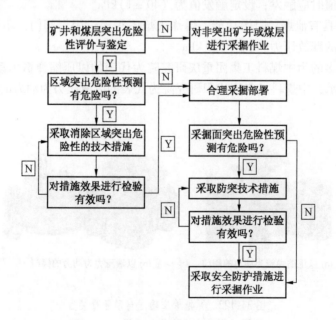

图4-1 煤与瓦斯突出防治技术体系

由图 4-1 可知，煤与瓦斯突出的防治技术体系可分解为以下几个步骤：

（1）首先要经过一个矿井和煤层突出危险性进行评价与鉴定。突出危险性评价主要指导立项与矿井初步设计，突出危险性鉴定则作为安全生产与监管的依据。当矿井和煤层鉴定为无突出危险时，矿井按非突出矿井或煤层进行采掘作业；当矿井和煤层鉴定为有突出危险时，须开展如下的突出防治工作。

（2）在煤层进行采掘作业前，需进行区域突出危险性预测。根据预测结果的不同，分为以下两种处理方式：

① 当区域突出危险性预测为无突出危险性时，在合理采掘部署后，再进行采掘面突出危险性预测，当采掘面预测为无突出危险时，采取安全防护措施后进行采掘作业；当采掘面预测为有突出危险时，必须采取局部防突措施，并对措施效果进行检验，效果检验有效后，采取安全防护措施后进行采掘作业，否则补充局部防突措施，直至措施效果检验有效。

② 当区域突出危险性预测为有突出危险性时，必须采取区域防突技术措施，并对措施效果进行检验，当区域措施效果检验有效时，按方式①开展下一步防突工作；当区域措施效果检验无效或者效果不达标时，必须补充区域防突措施，并再次进行区域措施效果检验，直至效果检验有效，然后才可按方式①开展下一步防突工作。

矿井开展煤与瓦斯突出防治工作，可参考图 4-2 所示的煤与瓦斯突出防治技术体系基本流程示意图操作；然而，随着开采深度的增加，我国一些深部矿井所发生的有瓦斯、煤或岩石参与的煤与瓦斯动力现象更趋复杂，特征模糊，致灾共性化，不能用传统的煤与瓦斯突出机理和冲击地压理论进行解释，矿井突出、冲击复合动力现象类的非典型突出

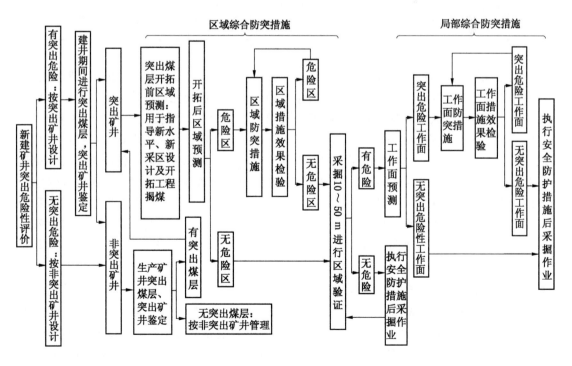

图 4-2　煤与瓦斯突出防治技术体系操作流程参考示意图

（地应力主导型突出）凸显出来，上述煤与瓦斯突出防治技术体系有待深化、完善。

二、防突技术体系的关键技术

（一）矿井和煤层突出危险性鉴定

按照《煤矿瓦斯等级鉴定暂行办法》第三十六、三十七条的有关规定，《防治煤与瓦斯突出规定》第十三条和 AQ 1024—2006《煤与瓦斯突出矿井鉴定规范》第五条等的有关规定：矿井煤层的突出危险性鉴定应当首先按照实际发生的动力现象进行，在矿井没有明显的瓦斯动力现象或煤与瓦斯突出基本特征和按抛出的吨煤（岩）瓦斯涌出量 Q（当 $Q \geqslant 30 \ \mathrm{m^3/t}$ 直接确定为突出）判定方法还不能明确判定瓦斯动力现象的，应当根据实际测定的煤层最大瓦斯压力 P、软分层煤的破坏类型、煤的瓦斯放散初速度 Δp 和煤的坚固性系数 f 等指标进行鉴定。全部指标均达到或者超过表 4-1 所列临界值的，确定为突出煤层；打钻过程中发生喷孔、顶钻等突出预兆的，确定为突出煤层。在矿井的开拓、生产范围内有突出煤（岩）层的矿井即确定为突出矿井。

煤层突出危险性指标未完全达到上述指标的，测点范围内的煤层突出危险性由鉴定机构根据实际情况确定；但当 $f \leqslant 0.3$、$P \geqslant 0.74 \ \mathrm{MPa}$，或 $0.3 < f \leqslant 0.5$，$P \geqslant 1.0 \ \mathrm{MPa}$ 或 $0.5 < f \leqslant 0.8$、$P \geqslant 1.50 \ \mathrm{MPa}$，或 $P \geqslant 2.0 \ \mathrm{MPa}$ 的，一般确定为突出煤层。

表4-1 判定煤层突出危险性单项指标的临界值及范围

判定指标	煤的破坏类型	瓦斯放散初速度 Δp	煤的坚固性系数 f	煤层瓦斯压力 P/MPa
有突出危险的临界值及范围	Ⅲ、Ⅳ、Ⅴ	$\geqslant 10$	$\leqslant 0.5$	$\geqslant 0.74$

上述煤层突出危险性单项指标评价或鉴定方法对一般矿井是适用的；但由于鉴定指标没有考虑地应力因素，也没有考虑深井开采高地应力、高温及瓦斯抽采等条件下煤岩力学特性与浅部开采环境的差异，其突出危险性评价与鉴定具有局限性。如韩城矿区桑树坪、兴隆等矿井 3 号煤层中厚松软（$f \leqslant 0.3$）、$P = 0.6 \sim 0.7 \ \mathrm{MPa}$，在采深 500 m 左右发生了多次地应力主导的突出，其突出能量主要来自煤层坚硬厚层顶底板砂岩层弹性能释放；淮南丁集煤矿 11-2 煤层 $0.4 < f \leqslant 1.5$、$P < 0.50 \ \mathrm{MPa}$，在采深大于 900 m 发生了 3 次地应力主导的突出，其中 1 次为冲击地压诱导突出；平顶山矿区十矿、十二矿在对煤层瓦斯抽采前发生典型的煤与瓦斯突出，抽采后发生典型冲击地压的动力现象。窑街矿区深部矿井海石湾首采区开采单一近水平特厚煤层平均厚 24 m，开采深度大（$688 \sim 1013 \ \mathrm{m}$），地质构造复杂，含煤地层煤、二氧化碳（$CO_2$）、甲烷（$CH_4$）、油气重烃等气体、石油共生，存在着高地应力、高瓦斯、高温等多种灾害，首采区煤二层具有煤与 CO_2、CH_4、油气突出危险，煤层气压力达 7.3 MPa，混合气体含量 23 $\mathrm{m^3/t}$ 左右，首分层采区穿层密集钻孔预抽区域防突措施，预抽率达 78% ~ 80% 后仍存在地应力主导型突出危险，煤巷掘进钻孔仍存在喷孔、夹钻、顶钻等预兆，$\phi 42 \ \mathrm{mm}$ 麻花钻孔每米钻屑高达 $280 \sim 300 \ \mathrm{kg/m}$；在上分层采取综合防突措施综采采高 2.5 ~ 2.8 m 安全开采后的底分层保护区内采放厚度 23 m

（采放比为2∶11）综采放顶煤过程遇底板小断层附近发生底板冲击地压，导致综放面及其附近进、回风巷30~40 m的底部煤体鼓起0.2~1.2 m，风流CO_2、CH_4浓度分别达7%~8%、3%~4%，煤尘飞扬。因此，深井煤层突出危险性鉴定应同时评价或鉴定煤层地应力动力危险（即煤与瓦斯压出、煤与瓦斯冲击）。

煤岩冲击倾向性是煤岩受力突然、猛烈破坏而卸压的固有力学属性，也是地应力动力危险的必要条件。可按GB/T 2527.1—2010顶板岩层冲击倾向性分类及指数测定方法、GB/T 2527.2—2010煤的冲击倾向性分类及指数测定方法进行鉴定。按实验室测定指标值分为强冲击、弱冲击、无冲击3类，见表4-2、表4-3。

表4-2　煤的冲击倾向性判别指标

判　别　指　标	强冲击	弱冲击	无冲击
动态破坏时间D_T/ms	≤50	50~500	>500
冲击能量指数K_E	≥5.0	5.0~1.5	<1.5
弹性能量指数W_{ET}	≥5.0	5.0~2.0	<2.0
单轴抗压强度R_C/MPa	≥14	7~14	<7

表4-3　岩层冲击倾向性判别指标

冲击倾向	无冲击	弱冲击	强冲击
弯曲能量指数/kJ	$U_{WQ} \leq 15$	$15 < U_{WQ} \leq 120$	$U_{WQ} > 120$

矿井井田范围内瓦斯煤层或其顶板岩层具有冲击倾向性，在构造高地应力或采动集中应力作用区容易发生高地应力突然卸压而释放弹性能产生地应力主导的突出危险。经鉴定具有冲击倾向性的瓦斯煤层或顶底板，可以根据矿井开采煤层地质、采矿因素形成的地应力集中采用综合指数法评价地应力主导的突出危险。

特别松软的构造煤一般不具备冲击倾向性；而大采深、高应力条件下绝对强度较高煤层，可能具有发生冲击和突出的双重危险；同时，煤层瓦斯抽、排对其力学性质具有影响，高瓦斯、高地应力条件下可能具有突出危险而不具备冲击危险，但瓦斯抽采后，瓦斯突出危险减弱，地应力冲击危险却增强了。因此，深井煤层在鉴定煤与瓦斯突出危险性时还应对煤层及顶板冲击倾向性进行鉴定，评价地应力主导的突出危险。

2010—2012年，中煤科工集团重庆研究院先后与国投新集能源股份公司、皖北煤电集团有限责任公司合作，分别对新建深部矿井口孜东、朱集西首采区开拓范围煤层进行了煤岩瓦斯动力危险属性鉴定，鉴定情况参见表4-4。该鉴定结果经开采实践证明符合实际情况，为矿井精准预防煤与瓦斯动力灾害、针对性地采取工程措施提供了技术依据，实现了矿井安全高效生产。

（二）煤与瓦斯突出危险的预测与监测预警

煤与瓦斯突出是地应力、瓦斯和煤岩力学性质综合因素作用结果，理论与实践表明，多层面间接测定突出的主控因素及相关性可以实现突出危险性预测预警。

表 4-4 淮南矿区新建深井首采开拓区范围煤层煤岩瓦斯动力灾害属性鉴定

矿井	鉴定煤层瓦斯地质及开采条件	煤与瓦斯突出危险参数测定	煤岩冲击倾向性参数鉴定及冲击地压危险评价	鉴定结果
口孜东	矿井设计能力 5.0 Mt/a，最大生产能力 8.0 Mt/a，主要生产设备按突出矿井要求配置，立井开拓、高强度集约化开采。首采 13-1 煤层建井期间高地应力危害严重，井底车场附近某巷道三年内维修卧底深度达 5700 mm，煤层地温 38.8 ℃，坚固性系数 $f=0.50\sim0.94$，-950 m 标高上、下地勘瓦斯分别为 $0.06\sim5.24/2.12$ m³/t、$2.25\sim8.19/4.61$ m³/t。首采区 13-1 煤层东西走向长约 5.3 km，南北宽平均 1.2 km。首采面走向长 1975 m、倾斜宽 330 m，煤层赋存稳定，煤厚平均 4.6 m，标高 $-709\sim-864$ m，倾角 $10°\sim12°$，顶板上方 5 m 处存在厚度约 8 m 的坚硬岩层（岩性为细砂岩）。采用综合机械化采煤法，一次性采全高，开采强度大，综采面瓦斯涌出 $35\sim40$ m³/min	首采区 13-1 煤层瓦斯压力 $P_{max}=0.48$ MPa，瓦斯放散初速度 $\Delta p=9\sim12$，坚固性系数 $f=0.50\sim0.94$，局部存在 $5\sim10$ cm 的软分层，煤层主体为 I～II 类	13-1 煤层单轴抗压强度 14.2 MPa，冲击能量指数 5.9，动态破坏时间 44 ms，弹性能指数 2.2。13-1 煤层具有弱冲击倾向性；13-1 煤层顶板上方 5 m 存在厚度约 8 m 的坚硬岩层（岩性为细砂岩），其弯曲能量指数为 268 kJ，具有强冲击倾向性。 首采区采深近 1000 m，总体为一宽缓不完整斜单翼，大小断层发育 35 条；实测 -967 m 水平原岩应力垂直应力 27.6 MPa，最大水平应力大于 30 MPa	鉴定区域 13-1 煤层属高瓦斯冲击地压煤层、非突出煤层
朱集西	矿井设计生产能力 4.0 Mt/a，立井开拓，分两个水平开采，一、二水平标高分别 -962 m、-1150 m，主采 11-2、13-1 煤层，并在 -860 m 设一辅助水平，辅助开采 13-1 煤层；首采 11-2 煤层作为 13-1 煤层远距离下保护层开采，11-2 煤层采用倾斜条带布置，综合机械化开采，工作面"一面五巷"布置，两条煤巷三条岩巷（底板 2 岩巷及顶板 1 岩巷）。11-2 煤层赋存稳定，厚 $1.45\sim1.80$ m，平均 1.57 m；倾角 $0°\sim9°$，平均 5°；结构简单，赋存稳定。矿井存在高地应力、高地温、复杂瓦斯等多种灾害。11-2 煤层首采区开拓范围瓦斯处于 N_2-CH_4 带与 CH_4 带的复杂地带，31 个地勘钻孔的瓦斯含量（CH_4、CO_2 分别为 $0.05\sim40.71$ m³/t、$0.09\sim8.83$ m³/t）差异性大	11-2 煤层瓦斯压力 $0.15\sim1.2$ MPa、瓦斯放散初速度 $\Delta p=5\sim13$，坚固性系数 $f=0.36\sim0.98$；煤层主体结构为 I、II 结构破坏类，局部存在 III、IV 类	11-2 硬煤样单轴抗压强度 $R_c=12.264$ MPa，冲击能指数 $K_E=1.52$，动态破坏时间 $D_T=360$ ms，弹性能指数 $W_{ET}=2.4434$，具有弱冲击倾向性；顶板砂岩顶板岩层的弯曲能量指数达 268 kJ，具有强冲击倾向性；开拓区煤巷掘进断层、褶曲或煤厚变化等地质构造附近钻孔存在夹钻、吸钻、喷孔、响煤炮等预兆，喷孔时钻屑有明显升温、烫手（远高于地温），粒度变粗（大于 3 mm 的粒度占 50% 左右）；-951.0 m 东翼回风巷实测最大地应力 27.86 MPa，侧压系数达 1.55；开拓区深部最大主应力预计超 30 MPa	鉴定区域 11-2 煤层属于煤和瓦斯突出、冲击地压双重危险煤层

1. 区域煤与瓦斯突出危险预测

煤层经受构造运动的破坏会导致破坏区域的煤层力学强度降低、构造应力积聚、构造作用促使煤的变质程度增加、瓦斯生成量增加，突出危险性也随之增加；煤层经受火成岩侵入的区域，煤的变质程度增加、瓦斯生成量增加、突出危险性增加；煤层沉积后，上覆岩层的渗透性、厚度以及构造运动引起上覆岩层的闭合性决定了煤层瓦斯的逸散条件，逸散条件好的区域瓦斯含量低，突出危险性小。因此依据构造运动及其演化、火成岩侵入情况、上覆岩层封闭性等可以预测各矿区、矿井不同煤层或煤层区域的突出危险性，预测结论有助于指导矿区产能合理布局、煤炭安全开发工程设计与投资、生产成本分析等。

矿井内可直接快速测定煤层的瓦斯含量、探测构造分布和软煤分布，分析高瓦斯含量区、软煤区、构造影响区、采矿应力集中区等区域的煤层突出危险性，依据这些信息可有效预测各区域的突出危险性，在有突出危险的区域首先采取消除突出危险的措施，使得采掘作业始终在没有突出危险的区域进行。目前，区域煤与瓦斯突出预测方法主要有：瓦斯压力及含量直接测定法、多因素综合指标法、瓦斯地质统计区域预测法、电磁波透视区域预测技术、微震监测区域预测等。

2. 采掘工作面突出危险性预测

所谓采掘工作面突出危险性预测主要是指对即将要进行采掘作业的前方煤岩体内是否具有突出危险性进行预测，也称之为局部预测或即时预测。按照发生突出的力学条件，需要了解采掘工作面前方煤岩体内瓦斯含量、地应力和煤岩的力学强度的演化分布规律，根据预测指标绝对值大小、指标在预测孔深的变化规律及其随采掘过程的变化特征等综合分析工作面的突出危险。

目前，我国采掘工作面突出危险钻孔法预测指标与方法主要有：钻屑瓦斯解吸指标、钻屑量指标、钻孔瓦斯涌出初速度及其衰减系数等，工作面瓦斯涌出动态指标、煤岩破坏声响 AE 和微震指标等预测采掘工作面突出危险性。

3. 煤与瓦斯突出危险性的动态预警

判定是否会发生煤与瓦斯突出事故实际上是一个系统工程问题，主要涉及煤岩层自然条件的缺陷，即煤与瓦斯突出危险状态，人为消除煤与瓦斯突出危险性技术措施的缺陷，最后还要考虑实施措施人为管理措施的缺陷。

自然条件的缺陷主要依赖于煤与瓦斯突出危险性的预测技术，依据区域预测、采掘工作面预测及工程施工过程中实际揭露的资料，判断待采掘区域和工作面的突出危险状态。消除突出危险技术措施缺陷主要依赖于相应技术法规、专家经验判定实际执行消除突出危险技术措施竣工参数是否符合要求，适应具体地质条件及开采条件。管理措施缺陷同样依赖于法律、法规、标准和规范来判定人的行为、设备设施状态、管理制度及其执行情况等是否合规。支撑预警的条件是煤矿综合监控预警平台，包括监控网络的硬件平台、实现数据管理与智能分析辨识等功能的软件平台等。

（三）预防煤与瓦斯突出的技术措施

工作面附近地应力、瓦斯等是煤岩瓦斯动力灾害发生的内在原因，煤岩体作为动力现象承受力的载体，起阻力作用；采掘工艺对煤体的扰动是激发突出外因。防治突出是一项系统工程，应针对危险源主控因素、地应力及瓦斯作用能量主次，采取相应卸压、抽排瓦斯、增大煤岩体强度并降低动力破坏倾向性、控制采掘诱发能量等综合技术进行防突。

1. 区域防治煤与瓦斯突出技术措施

保护层开采是指在有突出危险的区域上、下方的邻近煤岩层内优先开采无突出危险或危险性小的煤岩层，通过先行开采的煤岩层卸除或降低突出煤层区域承受的地应力、释放瓦斯、提高其力学强度，实现消除或降低区域突出危险的目的。该项技术已成为我国优先选择的区域防突措施。突出矿井应结合自身开采条件对影响保护效果的主控因素、卸压保护效果及范围、卸压瓦斯抽采成套技术进行深入研究与完善。

不具备保护层开采条件的突出煤层或区域，如单一煤层条件或所有煤层都具有突出危险的煤层群首采层，以及保护层开采的煤柱影响区等，这类条件下的煤炭产量约占我国突出矿井煤炭产量的50%，预抽煤层瓦斯是目前解决这类条件区域防治突出技术的主要手段。该技术包括预抽煤层瓦斯方法、合理的工艺参数和产能预测、抽瓦斯系统和计量监控、抽瓦斯钻孔成孔理论、工艺和施工装备、提高抽瓦斯效果的工艺技术和设备等。

应当指出，随着开采深度的增加，地应力对煤与瓦斯动力灾害的作用及敏感性增加，部分深井具有煤与瓦斯突出、冲击地压双重危险的煤层，采用传统预抽瓦斯仅消除或降低了瓦斯参与动力灾害的能量，并不能有效消除高地应力危害，因此，该类煤层应采取预抽、割缝掏屑注水或爆破等复合区域措施，以实现预抽达标，卸压或降冲有效的综合防突效果。

2. 采掘工作面防治煤与瓦斯突出技术措施

采掘工作面预测有突出危险时，应采取采掘工作面防治突出的技术措施来消除其突出危险性。超前钻孔、松动爆破、预抽煤层瓦斯等技术，目的都是卸除应力、降低瓦斯含量，以消除突出危险。

3. 防治突出技术措施的效果检验和安全防护措施

采掘区域防治突出技术措施和采掘工作面防治突出技术措施是否已经达到消除突出危险主要采用区域和采掘工作面突出危险预测方法进行检验，关键在于研究判定有效消除突出危险的标准。

安全防护措施是指预防采掘作业时万一发生突出事故而采取的尽可能不伤害人员并控制灾害事故波及范围的措施。采用爆破工艺进行采掘作业时，利用反向风门和远距离爆破是有效的技术手段，但随着机械化采掘技术的发展，该措施逐渐失去效果。通过远控操作的机械设备等实现半自动化、全自动化、远控化是必然的发展方向。

4. 合理采掘部署与开采工艺

突出矿井必须确定合理的采掘部署，使煤层的开采顺序、巷道布置、采煤方法、采掘接替等有利于区域防突措施的实施。将保护层开采、区域预抽煤层瓦斯等工程与矿井采掘部署、工程接替等统一安排，使矿井的开拓区、抽采区、保护层开采区和被保护层有效区（或预抽达标区）按比例协调配置，确保采掘作业在区域防突措施有效区内进行。

突出矿井应采取合理的开采强度，突出煤层采掘工作面可以利用煤壁附近自然卸压瓦斯排放带并留有一定安全屏障进行作业，可以预防煤与瓦斯突出事故。

三、煤与瓦斯突出防治技术体系的发展现状

根据目前预防煤与瓦斯突出技术水平和发展趋势，中煤科工集团重庆研究院提出了基于监控预警平台的两个"四位一体"综合防治技术体系思路，如图4-3所示。

该技术体系在我国部分突出矿井进行了初步推广应用，并取得显著的安全技术经济效

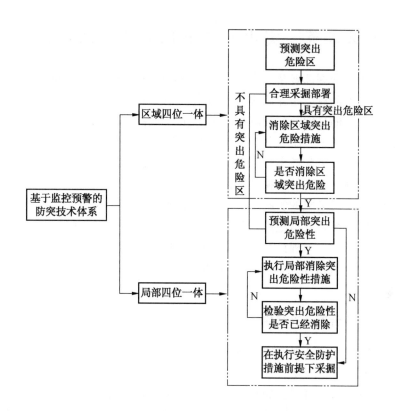

图 4-3 基于监控预警的煤与瓦斯突出防治技术体系

益。其基本思路是研究测定煤层瓦斯含量、地应力（含构造应力、采动应力等）、煤岩层力学性质等参数及分布情况，寻找各类突出危险性与突出主控参数之间的关系，预测煤层或区域突出危险；根据预测结果从矿井开拓开采和安全生产系统、开采程序、产量安排及其工程接替关系等设计环节入手进行合理工程布局；在合理系统布局前提下，不具有突出危险的区域直接进入采掘局部四位一体措施环节，而具有突出危险的区域应采取消除突出危险的措施，并经检验确认已消除区域突出危险后方可转入局部四位一体措施环节。进入采掘局部措施环节时通过间接测定工作面附近地应力、瓦斯及煤物理力学性质等参数进行突出危险性预测，若无危险直接采取安全防护措施进行采掘作业，否则，应采取消除突出危险的局部措施经效果检验有效方可在采取安全防护措施条件下进行采掘作业。整套体系环节复杂、技术性强，为此专门开发了包括自动监测危险参数、智能辨识危险程度、系统判识技术管理措施缺陷、自动预警险情等功能的煤与瓦斯突出监控预警系统，利用该系统对预防煤与瓦斯突出两个"四位一体"的 8 个环节进行监测、预警和控制，实现安全可靠、高效、科学开采突出煤层。

目前，煤与瓦斯突出监控预警系统的信息采集的全面性还不能满足智能预警的要求；突出危险判识模型的精确性还有待提高，突出机理还需要大尺度模拟实验验证。区域性的互联网预警平台和大数据仓库仍处于空白，大数据挖掘技术、云技术、物联网技术等新的信息技术还没有与突出煤层动态防治相关联。

第二节 突出矿井采掘部署优化方法

突出矿井合理的采掘部署及巷道布置，是搞好矿井安全，尤其是防治重大瓦斯突出事故的一个核心和关键问题，也是矿井安全工作综合系统工程中的一个不可忽视的重要环节。必须从开采战略的高度认识和解决突出矿井的采掘部署及巷道布置，必须从突出矿井抽掘采合理的时空关系上，研究和落实矿井的采掘部署和巷道布置。只有这样，才能从根本上为突出矿井防止重大瓦斯事故创造良好的工作环境，实现安全生产的目标。

突出矿井必须确定合理的采掘部署，使煤层的开采顺序、巷道布置、采煤方法、采掘接替等有利于区域防突措施的实施。突出矿井在编制生产发展规划和年度生产计划时，必须同时编制相应的区域防突措施规划和年度实施计划，将保护层开采、区域预抽煤层瓦斯等工程与矿井采掘部署、工程接替等统一安排，使矿井的开拓区、抽采区、保护层开采区和被保护层有效区（或预抽达标区）按比例协调配置，确保采掘作业在区域防突措施有效区内进行。

一、突出煤层的合理开采程序

开采突出煤层时，应选择无突出危险的煤层作保护层，所有的煤层都有突出危险时，应选择突出危险程度小的煤层作保护层。

在突出矿井开采煤层群时，如在有效保护垂距内存在厚度 0.5 m 及以上的无突出危险煤层，除因突出煤层距离太近而威胁保护层工作面安全或可能破坏突出煤层开采条件的情况外，应首先开采保护层；有条件的矿井，也可以将软岩层作为保护层开采。当煤层群中有几个煤层都可作为保护层时，综合比较择优开采保护效果最好的煤层。当矿井中所有煤层都有突出危险时，选择突出危险程度较小的煤层作保护层先行开采。优先选择上保护层，在选择开采下保护层时，不得破坏被保护层的开采条件。

在煤与瓦斯突出的矿井中，保护层往往是几层煤中开采条件较差的薄煤层，被保护煤层一般都是矿井中开采条件较好的中厚煤层，是矿井的主采层。保护层的采掘速度，大大低于被保护层的采掘速度，一般都要有 2 ~ 3 个保护层开采，才能保证一个主采面的正常接续。因此，合理安排保护层的采掘力量是确保保护层超前的关键。

二、突出煤层的开拓部署

实现合理的采掘部署，要加强矿井的开拓、掘进、瓦斯抽采、保护层开采等工作。实现水平延深、开拓准备、采区准备、预测预报、瓦斯抽采、保护层开采"六个超前"；形成以开拓保预测、以准备保预抽、以预抽保保护层开采、以保护层开采保主采、以主采保效益、以瓦斯抽采保利用的"六个保证"；掌握水平煤量、开拓煤量、准备煤量、回采煤量、保护煤量、可开采的安全煤量及其可采期；保证保护层工作面、主采工作面、采区和水平的正常接替。

煤与瓦斯突出矿井的开采要形成"三区成套两超前"的部署，健全开拓区、准备区、回采区互不干扰的独立系统，实现准备区超前于保护层开采区、保护层开采区超前于主采层开采区，避免集中布置、集中开采，防止重大瓦斯突出事故。

突出矿井采掘部署有其自己的特点，必须有适合矿井特殊规律的采掘部署，才能保证矿井在安全条件下的正常生产秩序。

（一）巷道布置

1. 突出矿井主要巷道布置原则

主要巷道应当布置在岩层或者无突出危险煤层内，突出煤层的巷道优先布置在被保护区域或者其他无突出危险区域内。

为保证巷道的施工安全，尽可能减少突出煤层中的掘进工作量，水平运输大巷和轨道大巷、主要风巷、采区上山和下山（盘区大巷）等主要巷道应布置在岩层或非突出煤层中。在开采保护层的采区，应充分利用被保护层的卸压保护范围，将巷道布置在保护范围之内，实现突出煤层巷道的安全掘进。

采用保护层开采技术开采的煤层群，其主要巷道均应布置在下部煤层的底板内，减少护巷保护层煤柱的留设，扩大被保护层的保护范围，尽量避免在被保护层上出现未保护范围或应力集中区。

在突出煤层顶底板布置岩石巷道，是突出煤层工作面瓦斯抽采的需要，不论是采用保护层开采还是预抽煤层瓦斯，都需要从底（顶）板巷道内施工穿层钻孔，铺设瓦斯抽采管路，底（顶）板巷道是突出煤层瓦斯治理工程的一部分。此外，施工底（顶）板岩石巷道后，可从底（顶）板巷道中每隔一定距离施工石门进入煤层，突出煤层的回采巷道分段施工，在突出煤层中能尽快形成采煤工作面，确保矿井采掘的正常接替，同时还可以降低突出煤层巷道的维护成本。再者，在底（顶）板巷道构成通风系统后再揭穿煤层，当发生煤与瓦斯突出等灾害时便于人员撤退、避灾，有利于安全生产。

突出煤层的巷道布置还应有利于进行瓦斯抽采，有利于建立完善可靠的采掘独立通风系统、提高矿井通风抗灾能力，有利于实现合理集中生产，有利于采掘接替和简化采掘关系等。

2. 巷道布置合理空间关系

突出矿井在同一突出煤层的集中应力影响范围内，不得布置 2 个工作面相向回采或掘进。

保护层工作面采用小煤柱护巷或沿空留巷技术可消除区段煤柱对被保护层的影响。采用小煤柱护巷时区段煤柱宽度应小于 4 m，小煤柱支撑能力有限，在采动作用下破碎压裂，被保护层能够获得充分的卸压膨胀空间。保护层采用无煤柱开采沿空留巷技术不仅可以解决区段煤柱留设问题，沿空留巷 Y 形通风方式风排瓦斯能力大，可以解决保护层工作面瓦斯涌出量大的难题，另外还可以从沿空留巷内埋管和施工钻孔抽采邻近层卸压瓦斯。

进入深部开采后，突出及冲击地压等煤岩瓦斯动力灾害耦合现象日渐凸显，部分突出矿井在满足防治瓦斯灾害治理过程中还需考虑冲击地压灾害治理。

具有冲击地压危险的高瓦斯、突出煤层的矿井，应当根据矿井条件，制定专门技术措施。开采冲击地压煤层时，在应力集中区内不得布置 2 个工作面同时进行采掘作业。2 个掘进工作面之间的距离小于 150 m 时，采煤工作面与掘进工作面之间的距离小于 350 m 时，2 个采煤工作面之间的距离小于 500 m 时，必须停止其中一个工作面。相邻矿井、相邻采区之间应当避免开采相互影响。

开拓巷道不得布置在严重冲击地压煤层中，永久硐室不得布置在冲击地压煤层中。煤层巷道与硐室布置不应留底煤，如果留有底煤必须采取底板预卸压措施。

严重冲击地压厚煤层中的巷道应当布置在应力集中区外。双巷掘进时2条平行巷道在时间、空间上应当避免相互影响。

3. 控制井巷揭穿突出煤层次数

突出矿井应当减少井巷揭开（穿）突出煤层的次数，揭开（穿）突出煤层的地点应当合理避开地质构造带。

突出煤层的揭煤作业相对比较危险，在进行矿井开拓、采区准备和工作面设计时，应结合突出煤层的赋存情况，优化设计，减少石门数量，进而在施工时能够减少井巷揭穿突出煤层的次数。突出煤层工作面利用底板巷道分段施工煤层巷道时，需合理布置底板石门间距，减少石门揭煤次数。石门揭煤前需提前做好揭煤区域的地质勘探工作，井巷揭穿突出煤层的地点应当合理避开地质构造破坏带。如果条件许可，应尽量将石门布置在被保护区，或先掘出揭煤地点的煤层巷道，然后再与石门贯通。

4. 采区多上（下）山布置

对于低瓦斯矿井，采区一般布置运输上山和轨道上山两条巷道，但为了保证高瓦斯矿井、煤（岩）与瓦斯（二氧化碳）突出危险矿井的采区通风安全，提高采区通风的可靠程度，在上述矿井的每个采区必须设置至少1条专用回风巷，即至少3条上山巷道。目前许多突出矿井布置有专门的行人上山，即采区内布置有运输上山、轨道上山、回风上山和行人上山4条上山巷道。在部分突出灾害严重的矿井、还施工有边界上山，即5条上山巷道。多上山巷道的布置是为了保证采区内每个采、掘工作面都有独立的风流系统，进行独立通风，在发生瓦斯异常涌出时，瓦斯能直接排入总回风巷，避免影响到其他采掘工作面，保证采掘作业面的安全。

5. 深井严重突出煤层巷道优化布置

近年来一些深井所发生的煤岩瓦斯动力现象更趋复杂，特征模糊，致灾共性化，煤与瓦斯突出和冲击地压作为矿井典型的两类煤（岩）动力现象，其耦合现象凸显出来。对于深部矿井煤与瓦斯突出、冲击地压等动力灾害可能共存于同一矿井或煤层不同区域，动力灾害发生机制既有共性，也存在差异。地应力主导因素的动力灾害，采用单一瓦斯抽采措施后可能增加煤层的冲击倾向性。针对深井严重突出煤层复合型动力灾害，治理过程不仅考虑防治煤与瓦斯突出还有考虑煤岩层冲击地压防治。

传统底板岩巷与待掘煤巷重叠或内外错布置，其法距和平距均为15～25 m，抽采钻孔采用等间距布置，主要考虑瓦斯抽采的效果，未考虑消除地应力主导型或者冲击地压灾害危险。中煤科工集团重庆研究院与丰城矿务局合作，针对矿区开采单一严重突出B4煤层开采，在待掘煤巷顶底板预掘岩巷，岩巷位于煤层正下方合理的空间位置之内，使该岩巷对待掘煤巷进行卸压，并在该岩巷工作面后方一定距离施工穿层钻孔对待掘煤巷及其两侧煤体的巷道条带进行区域瓦斯预抽；该方法能够实现待掘煤巷条带煤层卸压、增加透气性、提高瓦斯抽采效果等目的，具有提高穿层钻孔施工安全性与可靠性、减少防突工程、缩短施工时间、提高煤巷条带区域防突效果特点，可同时降低待掘煤巷煤岩层的瓦斯内能及弹性能，其底板巷卸压抽采防突原理如图4-4所示。

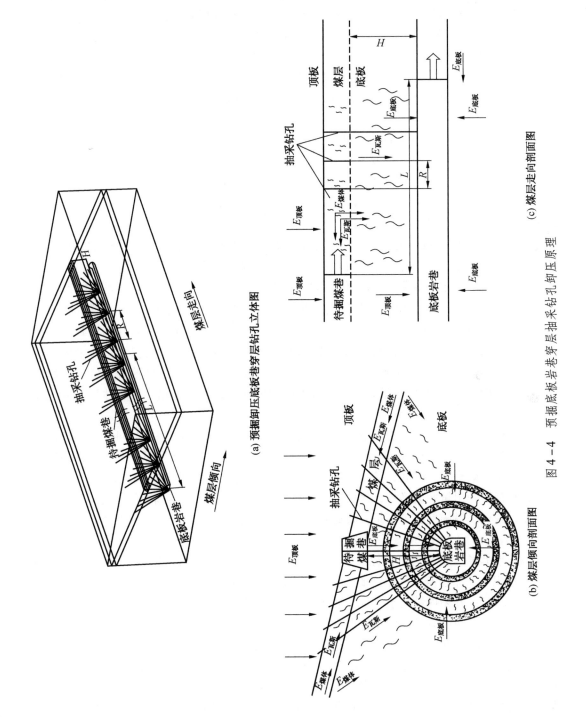

(a) 预掘卸压底板巷穿层钻孔立体图

(b) 煤层倾向剖面图

(c) 煤层走向剖面图

图 4-4 预掘底板岩巷穿层抽采钻孔卸压原理

（1）底板岩巷布置在待掘煤巷下方，根据地质资料及煤层底板岩性确定底板岩巷上距煤层的合理空间位置（一般取 8～10 m，岩性硬度较大和完整性较好时取小值，反之取大值，岩性极软时可适当加大）；岩巷宜采用宽断面强化卸压效果。

（2）底板岩巷掘进过程中要加强地质探测与通风，并采取相应措施防止瓦斯积聚、误揭断层或煤层而引发突出。

（3）底板岩巷钻场穿层抽采钻孔呈扇形布置，中部钻孔间距大，两侧钻孔间距小；并应根据底板卸压巷钻场不同空间位置煤层的抽采有效影响半径确定穿层抽采钻孔布孔参数，钻孔应控制待掘煤巷上、下帮各 15 m 范围。

（4）底板岩巷钻场穿层抽采钻孔应增大封孔长度，卸压底板巷上方抽采孔封孔长度至煤层，两侧抽采钻孔封孔长度不小于 8 m，实行带压封孔。

（5）底板岩巷与煤巷同时掘进时，为避免二者掘进的相互干扰，底板岩巷超前煤巷掘进一般不得少于 120～150 m；煤巷掘进后，掘进后方的穿层钻孔应及时断开并封孔，以免影响其他钻孔的抽采效果。

（6）按照《防治煤与瓦斯突出规定》规定方法对煤巷掘进前条带瓦斯预抽达标效果进行区域措施效果检验，并在掘进过程进行区域防突效果验证。

江西丰城矿区进入深部开采的（埋深 900～1100 m）单一 B_4 煤层为缓倾斜中厚煤层，瓦斯压力大（$P_{max} = 9.2$ MPa）、含量高（$W = 13.5～25.3$ m^3/t），煤层松软（$f = 0.3～0.8$），透气性低（$\lambda = 1.7 \times 10^{-5}～0.74$ $m^2/MPa^2 \cdot d$），采用上述底板岩巷卸压抽采进行煤巷条带区域防突，底板巷两帮 15 m 范围内卸压效果明显，底板穿层抽采钻孔采用"两堵一注"的孔瓦斯抽采量明显增加，煤层透气性系数增加数十倍，且随时间增加逐渐增大，底板巷两帮 15 m 范围内抽采半径均有不同程度增加，瓦斯涌出、透气性系数变化及抽采变化效果如图 4-5 所示。

丰城矿区 3 对矿井共掘进煤巷 86 条，总进尺 34901.5 m，效检次数 9447 次，S 值未出现超标现象，预测指标 K_1 值仅超标 18 次，预测指标超标率大大降低，节省了措施钻孔工程量及措施效果检验时间，该技术方法大大提高了底板岩巷卸压防突效果，使待掘煤巷条带钻孔瓦斯涌出量明显增加，煤层透气性系数增加数十倍；煤巷掘进预测指标基本无超标现象，减少了措施钻孔工程量；将煤巷平均掘进速度由以前 40 m/月提高到 100 m/月。

（二）突出矿井的"四量"关系

1962 年煤炭工业部为了保证矿井正常的生产秩序，把采掘部署指标进行量化，颁布了"三量规定"来检查考核生产矿井，"三量规定"分别为开拓煤量、准备煤量、回采煤量。其要求是：开拓煤量大于 3 年，准备煤量大于 1 年，回采煤量大于 3 个月。

对于突出矿井还应考虑到安全煤量，安全煤量是指煤与瓦斯突出矿井准备煤量范围内已无突出危险的那部分煤量，采掘作业可直接在安全煤量内进行，安全煤量组成如图 4-6 所示。安全煤量是煤与瓦斯突出矿井采掘接替顺利进行的必要保证，因此煤与瓦斯突出矿井必须准备充足的安全煤量。安全煤量的可采时间即为安全煤量可采期。安全煤量的合理可采期指的是煤与瓦斯突出矿井安全煤量可供开采的合理时间，安全煤是过少就会造成矿井采掘接替紧张。

安全煤量是反映突出矿井生产接续的一项重要指标，安全煤量的控指标应大于回采煤

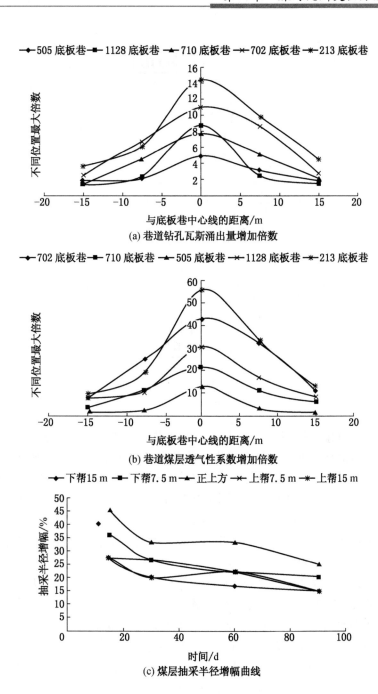

图4-5 预掘底板岩巷卸压及瓦斯抽采变化效果

量，介于回采煤量和准备煤量之间较为合理。

安全煤量的准备以保护层开采结合被保护层的卸压瓦斯抽采和预抽煤层瓦斯等区域性瓦斯治理技术为主，以"四位一体"局部性瓦斯治理技术作为补充，保证安全煤量能够满足突出矿井采掘接替的需要。

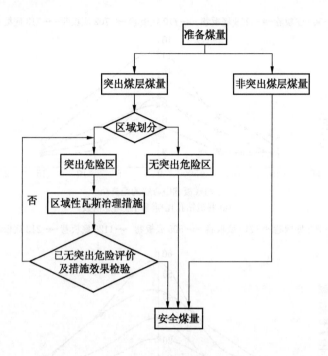

图 4-6　安全煤量组成

为了保证矿井顺利接替和安全开采，必须遵循"先抽后建、先抽后掘、先抽后采、抽采达标"的瓦斯治理原则，对具有突出危险的准备煤量采取区域性瓦斯治理措施抽采煤层瓦斯，降低煤层瓦斯含量和压力，使准备煤量达到规定要求，实现准备煤量向安全煤量的转变。目前常用的区域性瓦斯治理措施包括保护层开采结合被保护层卸压瓦斯抽采技术和预抽煤层瓦斯技术。为确保矿井足够的安全煤量，矿井必须提前 3～5 年制定瓦斯抽采规划，每年年底前编制下年度的抽采瓦斯计划，做到"抽、掘、采"平衡。

（三）突出矿井的采掘方法

采煤工作面必须正规开采，严禁采用国家明令禁止的采煤方法。高瓦斯、突出、有容易自燃或者自燃煤层的矿井，不得采用前进式采煤方法。

（1）严禁采用水力采煤法、倒台阶采煤法及其他非正规采煤法。

（2）急倾斜煤层适合采用伪倾斜正台阶、掩护支架采煤法。

（3）急倾斜煤层掘进上山时，采用双上山或伪倾斜上山等掘进方式，并加强支护。

（4）掘进工作面与煤层巷道交叉贯通前，被贯通的煤层巷道必须超过贯通位置，其超前距不得小于 5 m，并且贯通点周围 10 m 内的巷道应加强支护。在掘进工作面与被贯通巷道距离小于 60 m 的作业期间，被贯通巷道内不得安排作业，并保持正常通风，且在爆破时不得有人。

（5）采煤工作面尽可能采用刨煤机或浅截深采煤机采煤。

（6）煤、半煤岩炮掘和炮采工作面，使用安全等级不低于三级的煤矿许用含水炸药（二氧化碳突出煤层除外）。

突出矿井的采煤方法选择还应遵循以下原则：

（1）对采煤方法的基本要求是减少应力集中，即所选择的采煤方法应当规定不留煤柱，回采工作面尽可能保持直线，禁止相向回采等。

（2）在开采单一厚煤层时，第一分层时开采厚度应尽量小，同时还应采取防突措施。其余分层可按无突出危险煤层进行开采，其开采厚度可稍大一些。

（3）大采煤工作面分区段开采时，区段之间的超前距离应当尽量小；或者相反，大到使相邻区段工作面前方的支承压力不致叠加。

（4）只要可能都应采用远距离控制的机械进行无人采煤，对于开采中硬以及中硬以下的煤层，刨煤机和浅截式机组是有发展前途的。为了减少突出的可能，相应制定了保证回采工作面前方有最大卸压和瓦斯排放带的工艺参数（推进速度、循环）。

（5）在各类采煤方法中，长壁采煤法的突出频率最低。长壁工作面的突出发生在基本顶悬顶处或工作面中部，工作面的边缘部分由于巷道的排放影响，而减少了突出危险性。

（四）突出矿井的通风系统

新建高瓦斯矿井、突出矿井、煤层容易自燃矿井及有热害的矿井应采用分区式通风或对角式通风；初期采用中央并列式通风的只能布置一个采区生产。

矿井开拓新水平和准备新采区的回风，必须引入总回风巷或主要回风巷中。在未构成通风系统前，可将此回风引入生产水平的进风中；但在有瓦斯喷出或有突出危险的矿井中，开拓新水平和准备新采区时，必须先在无瓦斯喷出或无突出危险的煤（岩）层中掘进巷道并构成通风系统，为构成通风系统的掘进巷道的回风，可以引入生产水平的进风中。开采突出煤层需建立完善可靠的采掘独立通风系统，提高矿井通风抗灾能力。

突出矿井的每个采（盘）区和开采容易自燃煤层的采（盘）区，必须设置至少1条专用回风巷。

开采有瓦斯喷出、有突出危险的煤层或在距离突出煤层垂距小于10 m的区域掘进施工时，严禁任何2个工作面之间串联通风。

有突出危险的采煤工作面严禁采用下行通风。

控制风流的风门、风桥、风墙、风窗等设施必须可靠，开采突出煤层时，工作面回风侧不得设置调节风量的设施。

瓦斯喷出区域和突出煤层采用局部通风机通风时，必须采用压入式。

高瓦斯矿井、突出矿井的煤巷、半煤岩巷和有瓦斯涌出的岩巷掘进工作面正常工作的局部通风机必须配备安装同等能力的备用局部通风机，并能自动切换。正常工作的局部通风机必须采用三专（专用开关、专用电缆、专用变压器）供电，专用变压器最多可向4个不同掘进工作面的局部通风机供电；备用局部通风机电源必须取自同时带电的另一电源，当正常工作的局部通风机故障时，备用局部通风机能自动启动，保持掘进工作面正常通风。

保护层采煤工作面宜采用Y形通风，以避免工作面上隅角回风巷瓦斯经常超限。

第三节　煤岩地质构造超前探测技术

目前，在煤矿综合机械化生产过程中，首先遇到的问题是不能准确地预测工作面前方有何种地质异常以及它们的准确位置、规模大小，以致造成巨大的经济损失和人员伤亡。这些地质异常体包括：小断层与褶曲、陷落柱、煤层的冲刷与风化、煤层的分叉与合并、岩浆岩体、溶洞、采空区、可能的涌水点及通道等。所有的这些地质破坏与异常，即使规模不大，如果未能超前预测，将直接影响综采优势的发挥和矿井水患、瓦斯的有效防治，并危及矿工与矿井的安全。

一、多波多分量地震巷道掘进超前探测技术

在现阶段，基于水平、层状、均匀介质假设前提下的地面地震勘探技术发展已经相当成熟，成为地下地质构造探测的首选技术手段，在油气田勘探开发、煤炭资源地质勘探和工程病害探测等多个领域，均已得到广泛的应用。但在目前高产高效矿井全面建设的新形势下，仅依靠地面地震等传统的勘探手段，已经很难满足现有需求。而开展井下地震勘探，具有距离探测目标体近、分辨率高、方法灵活、成本低、效率高等优点，现已成为地面地震勘探的一个重要补充。

目前，国内外在煤矿井下开展较多的地震勘探方法主要有：掘进巷道超前地质预报的超前探测技术、工作面内部小构造探测的槽波地震勘探技术、工作面弹性波 CT 技术、矿井二维地震勘探技术等。其中，利用地震超前探测是一个重要的研究方向，实践表明，在地质条件适宜的情况下，地震超前探测效果明显。目前利用地震反射波法进行超前地质探测在井下开展的较为广泛。

地震反射波法超前地质探测主要是在指定的震源点以炸药或锤击的方法激发地震波，地震波在煤岩中以球面波形式传播，当地震波遇到地质异常界面时，地震波会发生反射，反射回来的信号由高精度的地震检波器接收。通过对反射信号的运动学和动力学特征的分析，可以提取由不良地质体（断层、陷落柱等）构成的反射界面信息，从而达到超前探测的目的。探测前方每个波阻抗变化的界面，如地层面、不整合面（见不整合）、断层面（见断层）等都可产生反射波。

反射波法隧道、井巷超前探测技术在国外由来已久，在国外通称为 TSP（Tunnel Seismic Prediction）系统，是一种测试面与被测试面互为垂直的观测系统。最早由瑞士安伯格（Amberg）测量技术公司研制。TSP 技术主要用于隧道、井巷超前地质预报，具有预报距离远、施工方便、数据处理解释简单等优点，在瑞士、德国、法国、美国、日本、韩国等发达国家的隧道施工中得到了广泛应用，尤其成为 TBM 法施工决策中不可或缺的工序。国内是从 20 世纪 90 年代开始引进这套技术，主要用于隧道施工。

从应用的效果来看，TSP 系统具有技术先进、功能强大、预报距离远、精度高、地质解释直观等优点。但设备售价及其耗材费用均偏高，且仪器不防爆，不能在国内煤矿掘进巷道开展应用。基于此背景下，依据 TSP 系统探测原理，中煤科工集团重庆研究院院研发了针对煤矿井巷超前探测的矿用本质安全型 DTC－150 防爆地质超前探测系统，它是在

国家"973"课题"煤岩动力灾害演化过程的地球物理响应规律"和国家重大产业技术开发专项项目"井下防爆长距离超前探测技术开发"的基础上研发成功的，达到国际先进水平。

（一）方法原理

DTC – 150 防爆地质超前探测系统通常采用单点或两点接收、多炮激发的观测系统。根据煤矿井下巷道的特点，激发点和接收点通常布置在巷道的一侧。采用小药量炸药震源激发，高精度三分量地震检波器接收地震信号。三分量检波器记录了 2 个水平方向和 1 个垂直方向。多分量检波器接收的地震信号携带了更为丰富的信息量，更易圈定小的地质异常构造的位置和影响范围。接收到的地震信号通过反射波提取、地震波速度分析及偏移成像处理分析，获取掘进工作面前方的反射界面的信息，超前预报异常地质构造。图 4 – 7 所示为矿井巷道地震波反射超前探测示意图。

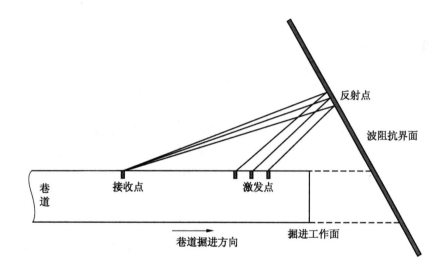

图 4 – 7　矿井巷道地震波反射超前探测示意图

地震检波器接收到的信号中，只有从巷道掘进面前方和侧面反射回来的信号才包含有关前方岩层的信息。由传播时间可得 P 波速度：

$$V_p = \frac{X_1}{T_1} \tag{4-1}$$

式中　X_1——爆破孔与检波器的距离，m；

　　　T_1——直达纵波的传播时间，s。

已知地震波的传播速度就可以通过测得的反射波传播的时间推导出反射面距离检波器的距离以及与巷道掘进面的距离，整个推导过程为

$$T_2 = \frac{X_2 + X_3}{V_p} = \frac{2X_2 + X_1}{V_p} \tag{4-2}$$

式中　T_2——反射波的传播时间，s；

X_2——爆破孔与反射面的距离，m；

X_3——检波器与反射面的距离，m。

（二）DTC-150 防爆地质超前探测仪仪器组成及主要性能

DTC-150 防爆地质超前探测仪主要由主机、信号盒、检波器等组成。

DTC-150 防爆地质超前探测仪主要性能：

（1）通道数：12 道。

（2）采样点数：1K、2K、4K、8K 可调。

（3）采样率：0.05 ms、0.1 ms、0.2 ms、0.5 ms、1 ms、2 ms、5 ms、10 ms、20 ms 可调。

（4）通频带：0.1～4000 Hz。

（5）信号噪声：≤1 mV。

（6）幅度一致性：±0.15%。

（7）相位一致性：±0.1 ms。

（8）延时：0～9999 ms。

（9）仪器工作时间：充满电后，可连续工作时间不小于 4 h。

（10）仪器使用寿命：根据煤矿井下使用环境，仪器使用寿命 5～6 年。

（三）DTC-150 防爆地质超前探测仪施工方法

（1）观测系统布置方式：共布置 24 个炮孔和 1 个接收孔，从掘进工作面向后，在巷道侧帮布置，第一个炮眼距掘进工作面 5 m，孔深 1.5 m，其他 23 个炮眼以同样孔深，间距 1.5 m 向后依次布置。接收孔距第 24 炮眼 18～20 m。观测系统如图 4-8 所示。

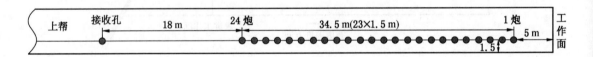

图 4-8　观测系统示意图

（2）钻孔要求：炮孔 24 个，垂直侧帮深度 1.5 m，间距 1.5 m，高度 1 m，孔径 42 mm。接收孔 1 个，深度 2 m，距第 24 号炮孔 18 m，高度 1 m，孔径 42 mm。炮孔和接收孔在巷道侧帮布置成一条直线，高度 1 m。平行于巷道走向。接收孔使用环氧树脂耦合，安装套管需向上倾斜 5°～10°。

（3）采集要求：每个炮孔按乳化炸药 1/3 卷量（75 g 左右）装药，24 个炮孔一次装齐，并用炮泥封堵 600 mm 炮孔；起爆一炮，采集一次数据，共起爆 24 炮，采集 24 次数据；在条件允许的情况下，应尽量使用毫秒级瞬发地震专用雷管；爆破时必须作好噪声监视，大于 78 dB 时不能爆破，必要时应切断干扰源。

（4）数据处理：现场采集到的原始数据经过带通滤波、初至拾取，三分量（P 波、SH 波和 SV 波）地震波的分离与提取，速度分析与深度偏移，岩体力学参数计算，最终可以获取探测前方及周围地质构造的位置和特性。

（四）DTC－150 防爆地质超前探测仪应用实例

1. 霍州煤电集团干河煤矿超前探测实例

霍州煤电集团矿区处于郭庄岩溶水系统的径流带和排泄区，地下水富水性强，矿区水文地质条件复杂，加之构造十分发育，断裂构造平均 91 条/km²，陷落柱平均 60 个/km²，水害类型复杂多样。随着开采水平的不断延伸和开采深度的不断加大。霍州矿区带压生产矿井地质储备达 1416.413 Mt，而带压开采地质储量达 100.844 Mt，占总储量的 71.2%，所采下组煤层多处于承压水水位以下，最大水头压力达 6.1 MPa。危害下组煤开采的是两个含水层，奥灰和 K_2 灰岩。下组煤与奥灰的距离在全国是最薄的，11 号煤平均 25 m，最薄处仅 15 m，10 号煤平均 36 m。2 号煤层开采直接充水水源为煤层顶板的下石盒子组（K_9、K_8）砂岩裂隙含水层，底板水主要为 K_2 太灰水和 O_2 奥灰水。K_2 太灰含水层是该煤层直接充水水源，煤层开采将完全揭露该含水层，由于该含水层水量相对丰富，对煤层开采将会造成大的影响。9、10、11 号煤层，顶板水主要为 K_2 太灰水，底板水为 O_2 奥灰水，存在严重带压开采现象。因此在回采中必须采取物探、钻探和适当的防治水工程等措施，减少其对回采期间的影响，以保证煤层安全回采。其中干河矿 2 号煤层距离底板 K_2 太灰含水层距离大约 60~80 m，根据地质资料推断一采区回风巷在掘进前方可能存在一大断层，具体位置及导水情况不明。

图 4-9 所示为回风巷提取的反射面。通过处理结果分析判断后得出在掘进工作面前方 86.7~96.3 m 处发育大的断层，岩体破碎，有少量水；前方 105~137 m 处裂隙很发育，并存在含水体。经过打钻地质资料如图 4-10 所示，该断层断距 80 多米，含水量较大，若继续向前掘进将直接掘进 K_2 太灰含水层，预报结果准确。

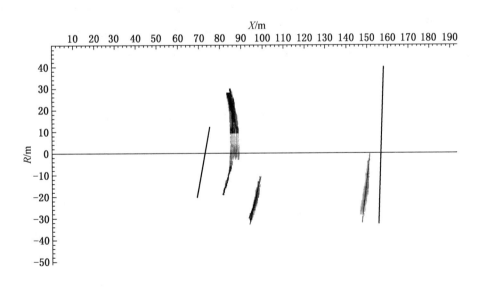

图 4-9　干河煤矿一采区回风巷反射面

2. 阳煤集团五矿超前探测实例

阳煤集团五矿主要开采上石炭统本溪组及下二叠统山西组的煤层。陷落柱及褶皱、挠

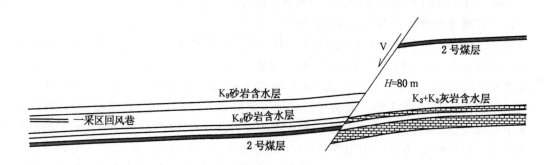

图 4 - 10　霍州干河煤矿一采区回风巷探测示意图

曲是主要地质构造类型。据统计五矿陷落柱分布密度最高达 46 个/km²，已开采的 19 个工作面，存在较大挠曲的工作面 4 个，占全部开采工作面的 21%；遇见陷落柱 114 个，平均每个工作面中有 6 个。在开采太原组下部的 15 号煤层中，常常出现一些比较紧闭的小型层间不协调褶皱、挠曲，给生产带来了较大的影响。预测这种不协调褶皱、挠曲可能出现的位置和大小，一直是煤矿地质工作的一大难题。其中，8409 工作面内错尾巷在掘进过程中，遇到不协调褶皱，煤层突然起坡，坡度近 40°，调整巷道后，巷道穿煤层地板继续向前掘进，由于煤层坡度变化，需要解决问题是巷道掘进前方何处可以穿过挠曲核部地层再次进入煤层，故采用 DTC - 150 防爆地质超前探测仪进行了超前探测。

图 4 - 11 所示为 8409 内错尾巷提取的反射面。通过处理结果分析判断后得出在探测方向上，工作面前方 47 ~ 58 m 处岩石节理发育，岩体较破碎，推断为褶皱的核部；86 ~ 94 m 处为岩石节理发育，推断为一小断层发育；94 ~ 108 m 处为煤层。图 4 - 12 所示为矿方验证结果图，从图中可看出，94 m 向前的解释的异常位置位置即为煤层界面的反射，探测效果理想。

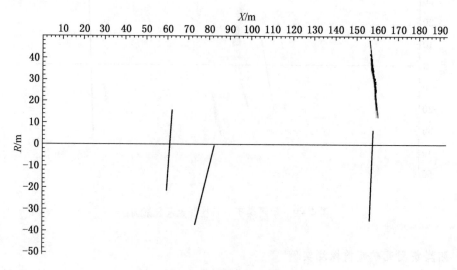

图 4 - 11　8409 内错尾巷提取的反射面

图 4 - 12　8409 内错尾巷验证成果图

二、电磁波坑道透视探测技术

电磁波坑透不仅能够探测瓦斯富集区，同时也能对回采工作面内的构造进行探测，是回采工作面必备的物探方法。

坑道电磁波透视法作为一种矿井物探手段，在我国煤矿已经得到了比较好的推广和应用。实践证明，在条件适宜地区，坑透法能够圈定引起电性变化的一些地质构造，如陷落柱、断层、煤层厚度变化以及火成岩体等。

（一）陷落柱的探测

晋煤集团某矿 62515 综采工作面最宽处 180 m，最窄处 110 m，通过电磁波透视探测，根据电磁波衰减变化划定两个异常区，结合地质资料分析，二号异常区为陷落柱。通过回采验证，一号异常区为断层，二号异常区为陷落柱，与探测结果吻合，电磁波透视图如图 4 - 13 所示。

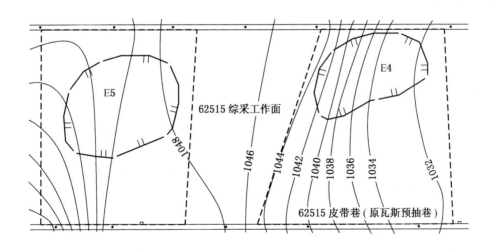

图 4 - 13　陷落柱的电磁波透视图

（二）断层的探测

由于断层产状复杂，大小长短悬殊，落差随走向变化，发射点与断层之间的相互位置多变，所以在综合曲线上断层反映不如陷落柱显著。

电磁波透视划定三处较为集中的异常区，其中异常区一和异常区二衰减较大，最大衰减值达到 −20 dB。结合地质资料分析，推断可能为断层破碎异常带或顶板裂隙较发育造成。经过回采后验证，异常区一和异常区二均为断层破碎带。

（三）冲刷带的探测

使用电磁波透视技术对某矿 4013（26）回采工作面进行探测后，在 CT 图上划定 6 处较为集中的异常区，如图 4 − 14 所示。在整个异常带中，三号异常区域，场强衰减值较大，冲刷深度最大，是整个工作面最主要的异常区域。经矿方回采后反馈证实，该异常带为河床冲刷带，与探测结果吻合。

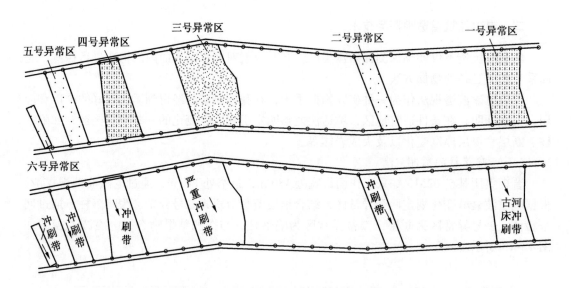

图 4 − 14　煤层变薄带的电磁波透视图

三、地质雷达探测技术

地质雷达不仅能够探测瓦斯富集区，同时也能对巷道掘进前方的构造进行探测，是一种高精度的井下物探方法。

近年来，在国内外全面开展了雷达技术用于矿区井下探测顶、底板及回采工作面前方小断层、老窑、空巷、岩溶分布及陷落柱等地质问题的研究工作，取得了较好的地质效果。

（一）山西西山某矿陷落柱探测

山西西山某矿采煤工作面陷落柱导通奥灰水，工作面大部被淹，地质雷达的探测结果显示出陷落柱的发育范围，为下一步注浆堵水和治理提供了依据，如图 4 − 15 所示。

（二）掘进煤巷小断层探测

地质雷达在淮南矿业集团某掘进工作面进行探测，在掘进工作面前方 20 m 范围内没有大的反射回波，在 27 m 附近出现明显的异常反射回波，反映可能存在异常，经掘进后验证该处为一落差0.8 m的小断层，如图4-16所示。

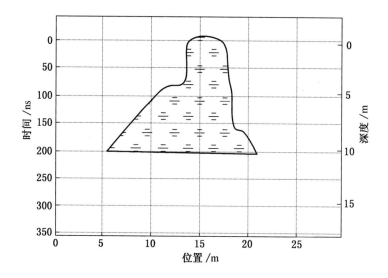

图4-15　充水陷落柱探测成果图

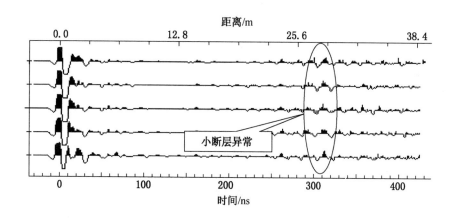

图4-16　小断层探测成果示意图

（三）煤矿残留钻杆探测

淮南矿业集团某矿62113顺槽掘进工作面正好有两根91 mm的水平钻杆残留在煤体中没有取出，矿井地质雷达探测结果对目标体进行了准确定位，如图4-17所示。

四、瑞利波超前探测

（一）技术原理

瑞利波勘探是一种地震勘探新方法。传统的地震勘探方法以激发、测量纵波为主，面波则属于干扰波。事实上，面波同样包含着地层特性的丰富信息。面主要沿着介质的分界面传播，其能量随着与界面距离的增加迅速衰减，因而被称为面波。面波主要包括瑞雷面

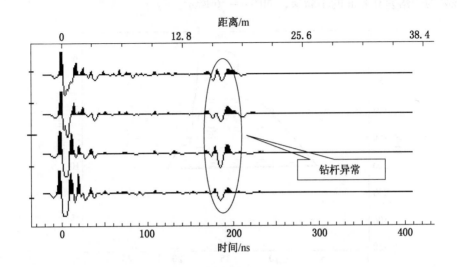

图 4 - 17 残留钻杆地质雷达探测

波和拉夫面波。目前，煤矿井下瑞利波勘探主要以瑞雷面波为主。

瑞利波法勘探实质上是根据瑞雷面波传播的频散特性，利用人工震源激发产生多种频率成分的瑞雷面波，寻找出波速随频率的变化关系，从而最终确定出地表岩土的瑞利波速度随场点坐标 (x, z) 的变化关系，以实现超前构造探测。

瑞雷面波能量很强，其扰动层厚度在一个波长左右，但主要集中在近地表厚约 $\lambda/2$ 的薄层内。面波将具有明显的"频散"特征，即组成面波的不同频率谐波分量的传播速度不同；且具"正"频散（基谐波）特征，随着频率的增加相速度值降低。随着距离增大，不同频率谐波分量逐渐散开，波列拉长，在多道单炮记录上出现"扫帚"状。在此情况下，值得注意的是不同频率的谐波，有不同的波长，沿地表传播的扰动层厚度也不同。频率越低，速度越低，波长越大，扰动层厚度越大，它反映的深度越深。

通过研究层状地层面波的频散特征，可以求得地层不同深度范围内的弹性参数，这也就是瑞雷面波测深方法的基本原理。

（二）仪器装备

瑞利波探测法是近年来兴起的一种地质勘探方法，其探测原理主要是利用瑞利波的两个特性即：波在分层介质中传播时的频散特性和波的传播速度与介质物理力学特性的密切相关性，而应用于煤矿井下地质小构造探测。

YTR(D) 瑞利波探测仪就是利用瞬态瑞利波技术对地质构造进行勘探的一种新型物探仪器。MRD - Ⅱ、MRD - Ⅲ型仪器经 10 年的推广应用取得了良好的应用效果和巨大的经济效益；YTR(D) 瑞利波探测仪是 MRD - Ⅲ型仪器的换代产品，仪器采用了高保真模块 Sigma Delta ADC 最新技术，实测动态范围可达 120 dB，并简化了系统设计，确保了各信号道的相位一致性，提高了探测精度和深度，如图 4 - 18 所示。

（三）适 用 条 件

（1）在巷道条件下利用人工锤击方式，可以实现对小断层、空洞、老窑、岩溶等小构造的探测和预报，探测距离 50 ~ 80 m。

（2）瑞利波勘探时，需要探测点附近的采掘机械停止振动 5 ~ 10 min。

（四）技术指标

在煤矿井下对掘进头前方或采面进行超前探测，可探测地表以下或水平前方 5 ~ 80 m 地质构造。对岩层厚度和煤及围岩内的断层、空洞、老窑、岩溶等地质小构造进行探测和预报；该仪器也可应用于

图 4 - 18 YTR（D）瑞利波探测仪

地面工程勘探中，探测地表以下或水平面前方 3 ~ 80 m 浅层构造，如建筑地基、水坝堤防、高速公路和铁路路基、隧道掘进等领域。

（五）典型应用成果

焦作冯营矿西副巷灰岩巷道，地质推断掘进前方有断层，具体位置不清。钻探因岩层硬度大，进尺慢、费用高，改用瞬态瑞利波法探测。如图 4 - 19 所示，曲线显示在 8.16 m、19.2 m 和 36 m 有构造存在。掘进结果证明，8 m 和 20 m 处为松散破碎带，36 m 处是一条断层。

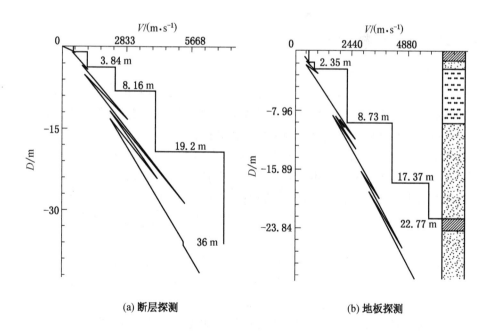

(a) 断层探测　　　　　　　　　(b) 地板探测

图 4 - 19 瑞利波超前探测断层

第四节　煤与瓦斯突出超前预测技术

煤与瓦斯突出预测对于提高矿井的社会效益和经济效益具有重要的意义。煤与瓦斯突出超前预测技术通过采取合理有效的预测方法，提前准确地反映出工作面前方突出危险性的大小，给出矿方有效的防突信息，并通过实施有效的防突措施，保证采掘生产的正常进行，保障井下生命财产的安全。

根据煤与瓦斯突出预测的连续性，可以将预测技术分为静态（或不连续）和动态（或连续）两类预测方法。静态法是指从现场工作面含瓦斯煤体中提取煤体或瓦斯在某一时刻所处状态的某种量化指标而确定危险性的方法。动态法是指通过动态连续地监测能够综合反映含瓦斯煤体所处应力（或变形）状态。静态预测技术中参数测定需占用作业时间和空间、工程量大，预测作业时间较长，在预测时效性上有一定缺陷并对生产有一定的影响，且这种静态法的精确度也不是很高，易受人工影响。而动态预测方法可有效弥补静态预测法的不足，能做到动态实时连续的监测，因此动态预测法是矿井煤与瓦斯突出预测技术的发展趋势。

根据《煤与瓦斯突出规定》第七十条、第七十四条规定，鼓励各突出矿井根据自身实际情况采用声发射、电磁辐射等非接触式连续预测技术，增加突出预测的可靠性，为矿井提供辅助预测预警信息。声发射技术、电磁辐射技术是动态无损预测技术，属于地球物理方法的范畴，是应用前景较大的预测预报煤矿动力灾害现象的动态连续预测方法。

一、煤岩体声发射预测技术

（一）煤岩声发射预测技术原理

声发射预测技术是用仪器连续动态监测、记录，并实时分析声发射信号和利用声发射信号推断声发射源以及进行结构破坏趋势及煤岩动力灾害的预测，该技术在煤矿领域已趋于成熟，属动态预测领域，可实现煤与瓦斯突出超前预测。

煤岩体在外界条件（地应力、瓦斯压力等）作用下，其内部将产生局部应力集中现象，由于应力集中区的高能状态不稳定，它必将向稳定的低能状态过渡。在这一过渡过程中，应变能将以应力波的方式快速释放并在煤岩体介质中传播，即会产生煤岩体声发射现象（Acoustic Emission，简称 AE）。应力波在传播过程中，会携带大量煤岩体的信息，声发射技术可通过提取声发射特征参数，来反映出煤岩体在破坏过程中所携带信息，应力波形如图 4-20 所示。一般情况下，常用的声发射信号参数主要包括振铃计数、事件数、能量、振幅、信号持续时间、上升时间、频率等多个特征参数，而在现场监测比较广泛使用的特征参数主要是振铃计数、能量及其变化值。

煤岩体材料加载过程中，随着应力的不断增加声发射事件呈增加趋势，在将近达到破坏强度时声发射事件率达到最大值，然后减少，具体关系如图 4-21 所示。因此，可以看出在煤岩体材料加载至材料破坏过程中，声发射特征参数有着明显的变化，且整体上呈现上升趋势，即声发射特征参数可有效的反映出煤岩体破坏的前兆信息，通过对声发射特征

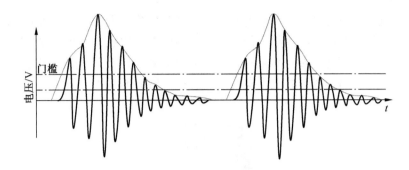

图 4-20　应力波形示意图

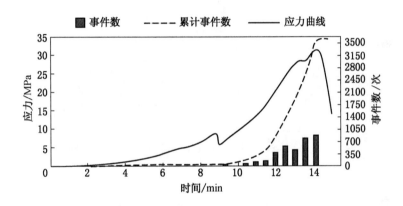

图 4-21　原煤声发射信号与加载过程的关系

参数演化规律研究，最终通过对声发射特征参数的实时分析实现煤与瓦斯突出的超前预测。

（二）声发射预测煤与瓦斯突出的工艺流程

声发射预测煤与瓦斯突出的工艺流程主要包括声发射监测系统的搭建以及声发射信号处理分析。其中声发射监测系统搭建包括声发射监测上位机、井下主机、网络传输电缆以及传感器的安装；声发射信号分析目前主要使用成型的声发射信号分析软件进行实时处理分析。

目前，由中煤科工集团重庆研究院自主研发生产 YSFS（A）声发射监测仪是目前煤矿领域唯一应用成熟的声发射监测系统，该监测系统具有矿井条件下高速智能、低功耗、多通道并行、数据处理及高速稳定传输等特点；既可独立运行，又可与现行主流煤矿安全监控系统挂接使用，该系统成功应用于抚顺矿业集团老虎台煤矿、南桐矿业集团东林煤矿、重庆松藻煤电打通一矿、平煤股份十矿、贵州水矿集团大湾煤矿、义煤集团新义煤矿等多家矿井采掘工作面的煤与瓦斯突出、冲击地压等煤岩瓦斯特殊动力灾害以及巷道围岩稳定性监测等的非接触式连续监测预警，应用效果显著。

（三）声发射监测系统搭建

声发射监测系统搭建主要分为井上及井下两部分，井上主要是由地面上位机及数据采集软件构成，井下主要由监测主机、传感器、传输电缆等构成。地面上位机通过矿井工业环网与井下监测主机实现对接；然后基于信号传输电缆，将工作面内安装的声发射传感器与井下主机连接，从而构成了井上下实时监测的声发射监测系统，如图4-22所示。

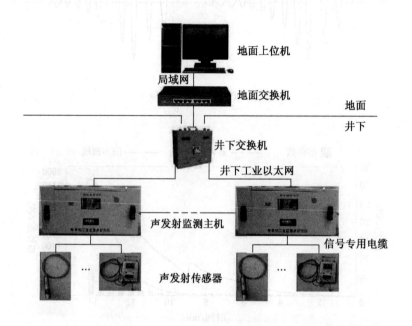

图4-22　声发射监测系统搭建示意图

（四）传感器安装工艺流程

声发射传感器目前市面上主要分孔底传感器（又称埋式传感器）及波导器（又称挂式传感器）两类，其中，孔底传感器安装于工作面内施工的钻孔内，并在孔口注浆进行封堵，波导器安装于工作面巷道帮上。

1. 选取合理的安装地点

由于井下作业等环境因素的影响，会产生较多人为干扰信号或机器干扰信号，为有效监测到工作面的异常信息，应尽量避开干扰，减少对声发射接收有效信号的影响，如避开钻机影响区域、人员活动频繁的区域。对于埋式传感器，打钻深度应根据工作面走向长度，选择将传感器安装在尽量靠近两条巷道中间的位置，保证最大的监测范围；对于波导器悬挂的锚杆，应避开液压支柱与其直接相接触，减少作业时液压支柱震动而产生的干扰信号。

2. 安装过程

对于埋式传感器，在打钻过程中，应避免钻孔串孔；在将传感器头送往孔底之后，应该利用马丽散对孔口进行有效封堵，并采取注浆的方式将钻孔中的剩余空间进行填充，便于有效的接收声发射信号，如图4-23所示；对于波导器而言，选择悬挂传感器头的锚杆需保证其与顶板间的稳定性，不能出现松动的情况，且应该传感器头拧紧并悬挂在锚杆上，保证其充分接触，如图 4 - 24 所示。

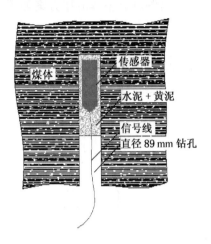

图 4 - 23　孔底传感器安装示意图　　　图 4 - 24　波导器现场安装示意图

（五）应用实例

1. 工作面概况

平煤十矿采掘工作面的突出危险性预测手段主要采用钻孔瓦斯涌出初速度法 q 及钻屑量 S。从指标测量数据分析，超标的情况很少但实际回采过程中仍会出现异常动力现象，如瓦斯涌出异常、响煤炮等，从一定程度上说明了目前采用的预测技术和手段还不足以完全准确可靠的反映工作面前方存在的突出危险，因此，应采用其他指标或手段进行辅助预测工作面的突出危险，确保工作面能够安全回采。

该矿己$_{15}$ - 24080 采面采用声发射超前探测技术预测工作面突出危险。工作面有效走向长度 1579 m，倾斜长 205.3 ~ 219.8 m，平均 215 m，开切眼 215.4 m，煤厚 1.6 ~ 2.6 m，平均 2.2 m，煤层倾角变化幅度较大为 10° ~ 37°，平均 24°，工作面标高 - 460.8 ~ - 629.5 m，工作面埋深 631 ~ 900 m，主采煤层为己$_{15}$煤层，采面里段煤层为单一己$_{15}$煤层，煤层原始瓦斯压力 2.23 MPa，瓦斯含量 12.37 m³/t，外段为己$_{15-16}$合层区，煤层原始瓦斯压力 2.4 MPa，瓦斯含量 19.83 m³/t。根据己$_{15}$ - 24080 机、风巷掘进期间地质情况，落差大于 1.0 m 的断层共有 8 条，工作面构造较为复杂，且在工作面掘进期间，经常出现喷孔、卡钻、煤炮等异常情况。

2. 声发射预测技术应用范围划分

根据工作面的回采情况、工作面突出危险性分段评价报告、两顺槽掘进期间工作面校检指标及实际发生的动力现象、工作面物探、应力 CT 等具体情况，监测工作面试验区域范围选在工作面第二回采区段，距工作面初始开切眼 360 m 开始至距工作面初始开切眼 430 m（应用范围 70 m）。此范围内工作面存在物探异常区 A5、A6、A7 三个异常区，其中 A5、A6 为风巷侧的正断层，A5 断层落差 0.5 m，深度 103 m。且此范围内巷道掘进期间经常出现喷孔、卡钻、响煤炮等异常动力现象。

3. 声发射预测技术应用效果

1）声发射监测系统构建

平煤十矿己$_{15}$-24080 工作面煤与瓦斯突出声发射监测试验整体应用方案如图 4-25 所示。

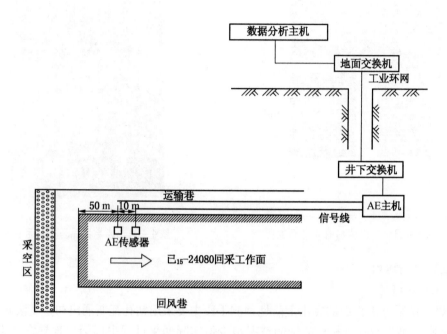

图 4-25　己$_{15}$-24080 回采工作面声发射监测示意图

2）声发射预测技术效果分析

根据声发射监测系统的安装布置方案，在己$_{15}$-24080 工作面搭建监测系统，经调试后对该工作面开始进行实时监测，捕捉回采过程中的声发射信号。期间，接收了大量的声发射数据，以振铃计数与能量特征参数为例，选取己$_{15}$-24080 工作面发生过较明显动力现象所对应时间内的声发射特征参数，如图 4-26 所示。

以 2013 年 7 月 3 日中班18:06，该工作面发生的以地应力为主导的煤岩挤出伴随瓦斯涌出异常事故为例，对声发射监测技术效果进行分析。事故过程：采面在推进第 2 刀，推到 91~99 架处时发生瓦斯超限，开切眼探头浓度最大达到 3.34%，上隅角达到 4.7%，风里探头达到 1.36%，风外探头 1.69%。经计算开切眼涌出瓦斯量达 276 m^3，参与煤量 35.84 t，吨煤瓦斯涌出量约为 7.7 m^3/t。现场测试指标情况：7 月 2 日早班，区域验证时测试值最大 0.96 L/min，钻屑量最大 3 kg/m，Δh_2 最大 60 Pa，未出现指标超限的情况。7 月 2 日夜班打防突措施孔，持续时间从 7 月 2 日 8:30 到 7 月 3 日 00:30，期间未出现任何异常，且在灾害发生前工作面瓦斯浓度监控曲线未有明显的异常波动，瓦斯涌出变化比较平稳。

在该次事故发生前后，声发射特征参数曲线如图 4-27 所示。由图可知，声发射指标在灾害发生前出现大幅震荡，且特征参数指标水平明显高于正常区域的指标水平，振铃计

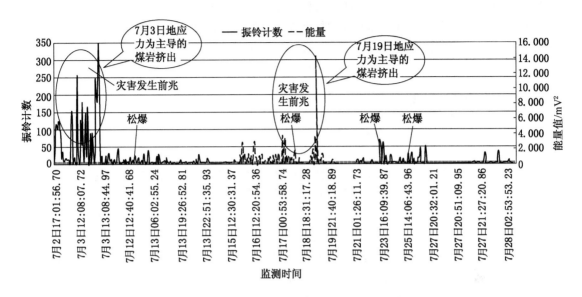

图 4-26　平煤十矿己$_{15}$-24080 回采工作面声发射特征参数曲线图

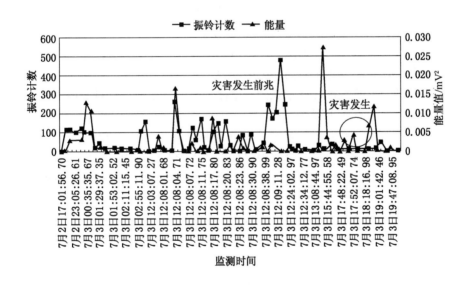

图 4-27　己$_{15}$-24080 回采工作面事故发生前后声发射特征参数曲线图

数平均在 100 个以上，最大值达到 494 个，并伴随着大量的能量释放。2 个特征参数指标变化总体上呈增加趋势。且在灾害发生时各特征参数指标均明显降低。进一步可以看出，特征参数指标在 7 月 3 日 12:02 时出现明显的大幅增加及连续高水平波动，指标变化时间连续密集，说明了工作面自身的活动性大大增加。且在灾害发生前，有 1 次比较大的能量释放，相应的顶板的活动性也减弱，表明了工作面进入了临界稳定状态，随着工作面的推进，工作面煤壁的煤被割掉，破坏了工作面的安全屏障，导致了后方的煤体被挤压出，并伴随着大量的瓦斯涌出，造成了本次灾害的发生。

由此可以看出，声发射指标能够很好地超前反映工作面前方存在的异常情况，敏感性明显优于工作面执行的常规校检指标，且提前捕捉了工作面灾害的发生前兆信息，并提前近一个班的时间给出了警示，可实现工作面煤与瓦斯突出的超前预测预报。

二、煤岩电磁辐射技术

（一）煤岩电磁辐射技术原理

煤岩动力灾害是煤岩体在应力作用下快速破裂的结果，突出的本质是含瓦斯煤岩体中蕴藏弹性能和瓦斯气体的膨胀能，以各种形式显现出去的过程，此过程中伴随着电磁能等形式的能耗散。从宏观上看，煤与瓦斯突出的过程就是含瓦斯煤岩的流变过程，突出是流变到突变的结果，而含瓦斯煤岩的行为主要受有效应力的控制。大量的实验已经证明煤岩材料在受加载应力破坏过程中均产生电磁信号，同样在井下也监测到电磁信号，这些电磁信号来源于工作面受采动影响而前方煤体应力发生变化发生变形破裂时产生的电磁信号，即在煤矿井下存在着携带采掘信息的电磁信号。

地层中的煤岩体未受采掘影响时，基本处于准平衡状态。掘进或回采空间形成后，周围煤岩体失去应力平衡，处于不稳定状态，必然要发生变形或破裂，以向新的应力平衡状态过渡。煤岩体承受应力越大，煤岩体变形破裂过程越强烈，电磁辐射信号越强。在采掘工作面前方，依次存在着三个区域，它们是松弛区（即卸压带）、应力集中区和原始应力区。采掘空间形成后，煤体前方的这三个区域始终存在，并随着工作面的推进而前移。由松弛区到应力集中区，应力越来越高，电磁辐射信号也越来越强。在应力集中区，应力达最大值时，煤体的变形破裂过程也较强烈，电磁辐射信号很强。越过峰值区后进入原始应力区，电磁辐射强度将有所下降。

煤与瓦斯突出等煤岩动力灾害是地应力（包括顶底板作用力和侧向应力）突变和其他因素共同作用的结果，是经过一个发展过程后产生的突变行为，发生前有明显的电磁辐射规律：工作面前方煤岩体处于高应力状态，煤岩体电磁辐射信号较强，或处于逐渐增强的变形破裂过程中，煤岩体电磁辐射信号逐渐增强。煤岩体的应力越高，发生突变的可能性就越大，造成冲击或者突出的危险性就越大。

对多组煤样进行单轴压缩实验，全应力应变过程中的应力应变曲线图及相应的电磁辐射曲线如图 4-28 所示。

由实验曲线可以看出冲击倾向煤样全应变变形破坏过程中的电磁辐射的特点：

（1）煤岩变形破坏过程的电磁辐射信号呈有规律的起伏变化。在煤岩变形破坏的峰前阶段，电磁辐射随应力增加呈起伏增强的趋势。在煤样峰值强度处，电磁辐射信号相对较弱；在煤样变形破坏的峰后阶段，从煤样峰值强度位置起，电磁辐射信号大幅度上升并达到最大值，然后随着应力的降低而逐渐减弱。

（2）冲击倾向煤样的电磁辐射信号主要集中在峰后阶段，峰前阶段的电磁辐射信号相对较弱，说明冲击倾向煤样的电磁辐射能量释放比较集中。

由上述实验结果可以看出，煤岩在变形破坏过程中，会产生电磁辐射信号，且电磁辐射信号强度与煤岩破坏程度有着明显的对应关系，电磁辐射强度变化反映了煤体前方应力

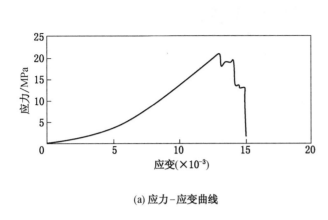

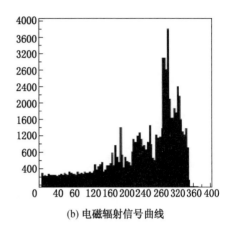

(a) 应力–应变曲线　　　　　(b) 电磁辐射信号曲线

图 4 – 28　原煤全应力应变及电磁辐射信号实验结果

的集中程度和产生应力突变的程度，因此可用电磁辐射法进行突出和冲击地压等煤岩动力灾害危险性预测。

电磁辐射技术是一种很有发展前途的非接触、连续监测煤岩动力灾害的地球物理方法。其优点：电磁辐射水平与应力的大小有较好的对应关系；电磁辐射信息综合反映了冲击地压、煤与瓦斯突出等煤岩灾害动力现象的主要影响因素，可实现真正的非接触、定向、区域及连续预测等。

（二）电磁辐射预测煤与瓦斯突出工艺流程

电磁辐射预测煤与瓦斯突出的工艺流程主要包括电磁辐射监测装置的搭建以及电磁信号处理分析。目前电磁辐射监测装置主要可分为电磁辐射监测系统和便携式电磁辐射监测仪。

1. 电磁辐射监测系统

电磁辐射监测系统主要由磁场接收器（监测探头）、传输电缆、井下监测分站、网络转换器和地面主机几部分构成，其中监测探头由电磁信号接收天线、信号放大器、数据采集卡和嵌入式计算机 4 部分组成。监测系统可实现实时、动态、连续监测，且在监测系统搭建并调试完成后，技术人员在地面监控室即可完成整个监测过程。

电磁辐射监测系统的基本原理：监测系统将监测探头安装于井下工作面巷道处，通过传输电缆及井下监测分站将接收到的电磁信号传输至地面主机，然后完成信号处理，从而实现预测煤与瓦斯突出。其监测流程可归纳为：有煤与瓦斯突出危险→煤岩变形破裂→发射电磁辐射信号→定向接收天线→电磁辐射监测主机→分站→井下电缆→地面→中心机→监测终端机→显示及预报。

图 4 – 29 所示为监测系统原理示意图。

2. 便携式电磁辐射监测仪

便携式电磁辐射监测仪一般由放大电路、数据采集电路、单片机、程序存储器、显示电路、RS485 通信电路、远程通信（标准信号输出）电路、键盘控制电路和供电电路等

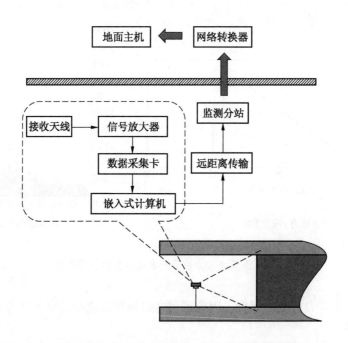

图 4 - 29　电磁辐射监测系统监测原理

组成。

便携式电磁辐射监测仪适合于监测灾害危险范围大的地点，如采煤工作面及其两巷，监测方式灵活机动、监测范围大、干扰因素小、监测时间短。实际操作中，可按一定的距离间隔对可能发生灾害的区域分别进行多点短时监测，也可以在同一地点进行长时连续监测，连续监测时间一般可长达 8 h。典型的采煤工作面或巷道短时移动电磁辐射监测方式布置方式如图 4 - 30 所示。

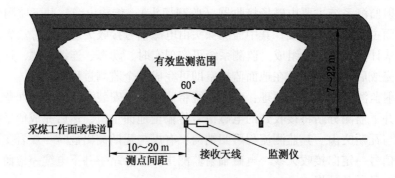

图 4 - 30　采面或巷道短时移动便携式监测仪布置方式示意图

便携式电磁辐射监测仪一般采用电磁辐射的强度值和脉冲数作为监测指标。电磁辐射的强度和脉冲数与煤岩体变形破裂过程有很好的相关性，电磁辐射强度主要反映了煤岩体受载程度及变形破裂程度,脉冲数主要反映了煤岩体变形及微破裂的频次,因此监测电磁辐射脉冲数和强度两项指标能够预测煤与瓦斯突出等煤岩动力灾害。

目前,电磁辐射技术不仅在煤与瓦斯突出及冲击地压等煤岩动力灾害的监测预报方面具有广泛的应用,同时也能够应用于矿山压力观测、顶板稳定性监测、岩爆监测、围岩松动圈测试及隧道稳定性评价等方面,是未来煤矿动力灾害预测技术的发展方向之一。

第五节 煤与瓦斯突出灾害预警技术

传统的煤与瓦斯突出预测技术是一种抽检式的、不连续的、局部突出危险性预测方法,某一预测指标只能间接和部分的反映影响突出危险性的一种因素,面对日益复杂、严重的煤与瓦斯突出灾害,其局限性日益明显。近年来,随着安全科学的不断成熟,人们对事故认识的不断深入,传统被动式的事故防治理念已逐步被事前危险状态实时监控、主动预防为主的理念所取代。此外,计算机技术和信息技术的发展,使得煤矿安全管理的信息化亦将是不可逆转的发展趋势。将灾害预警理论运用于矿井突出灾害防治领域,并借助于计算机技术、信息技术,建立适合矿井具体情况的煤与瓦斯突出灾害预警系统,实现矿井安全的信息化管理和突出灾害的早期预警,将是未来煤矿有效防治突出灾害、保障煤矿生产安全的重要技术手段。

对于煤与瓦斯突出灾害预警技术,美国、澳大利亚、德国等产煤国家均进行了不同程度地研究,形成了相应的矿山综合管理与安全预警信息系统,对煤与瓦斯突出预测预报产生了积极的推动作用,但是其成果大多数侧重于信息数据的处理传输方式及专家知识库的研究,这就使得这些系统的功能更多地体现在安全管理及指挥决策方面,而在灾害预警功能上只是建立了预警信息系统平台,对于灾害预警方法缺乏深入的研究,从而造成其预警系统缺乏必要的技术支撑。我国煤矿煤与瓦斯突出灾害预警技术起步较晚,近年来,国内各大高校及科研机构的科研攻关取得了显著成果,但是大部分成果仅从矿井宏观或单因素方面进行预警,并未全面考虑影响突出发生的瓦斯压力、地应力及煤的力学性质等三方面因素。

中煤科工集团重庆研究院有限公司在国家"十一五""十二五"重点基础研究发展计划(973计划)、科技重大专项、国家自然科学基金、科技支撑计划等多项国家级项目的资助下,结合公司五十余年的瓦斯灾害防治技术研究成果及经验,从瓦斯地质、瓦斯涌出、日常预测、矿山压力、采掘影响及防突措施等方面建立了煤与瓦斯突出综合预警模型,并开发出了基于地理信息系统的煤矿煤与瓦斯突出灾害预警系统,实现了煤与瓦斯突出灾害的在线监测、实时分析、智能预警与联动控制,引领着煤矿瓦斯灾害防治技术的发展方向。

一、预警技术概述

(一)预警实现过程

煤与瓦斯突出灾害预警技术基于两个"四位一体"防突体系,从区域危险性预测、区域防突措施、保护层开采、钻孔施工效果、瓦斯抽采情况等方面进行"区域"宏观把控，从工作面预测、局部措施、瓦斯涌出、采掘影响及矿压监测、安全管理隐患等方面进行"局部"突出危险性分析。该套预警技术以预警分析模型（主要包括预警指标及规则）为支撑，以计算机软件系统为实现手段，具体预警实现过程为：首先，通过矿井数字化建设，实现对矿井煤层赋存、瓦斯赋存、地质构造及井巷工程等信息的数字化入库，为预警提供基础信息平台；然后，以瓦斯传感器、矿压传感器、激光测距仪、瓦斯突出参数测定仪、防爆智能手机等硬件为支撑，借助井下工业环网、办公网络及移动互联网，通过突出预警系统信息采集平台，实现瓦斯浓度、矿压监测数据、工作面进尺、突出参数、安全隐患等信息的采集、传输及存储；最后，通过集成预警分析模型的各专业预警子系统，对各种安全信息进行识别、分析和预警指标计算，根据预警规则对工作面突出危险程度进行判识，并以网络、短信、声光报警等多种形式发布预警结果，同时启动预警响应机制，实现与电力监控、人员定位等系统的联动控制。煤与瓦斯突出灾害预警系统框架如图4-31所示。

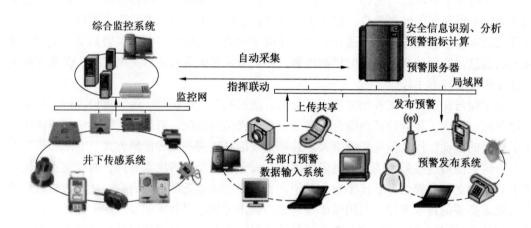

图4-31　煤与瓦斯突出灾害监控预警系统框架

（二）预警指标体系架构

预警指标体系为预警系统软件开发，为实现矿井煤与瓦斯突出综合、智能、超前、动态预警提供技术支撑。引起煤与瓦斯突出的基本事件包括三类：反映工作面具有客观突出危险性的基本事件、反映防突措施存在重大缺陷的基本事件、属于管理隐患的基本事件。这些事件是导致煤与瓦斯突出发生的各种危险源，也是煤与瓦斯突出预警过程中应该重点监控的警源和警兆。因此，煤与瓦斯突出预警指标体系也应全面反映工作面客观突出危险性、防突措施重大缺陷和管理重大隐患三方面因素。按照目的性、科学性、系统性、超前性和可行性原则，从多方面入手，进行多因素、多指标预警，建立煤与瓦斯突出预警指标体系框架，如图4-32所示。以突出预警指标体系框架为依据，结合应用矿井具体瓦斯赋存条件、地质条件、采掘条件、突出发生规律和突出灾害防治技术等，建立涵盖"人、机、环、管"4方面因素的煤与瓦斯突出预警指标体系，在此基础之上形成符合矿井实际情况的煤与瓦斯突出预警指标及规则。

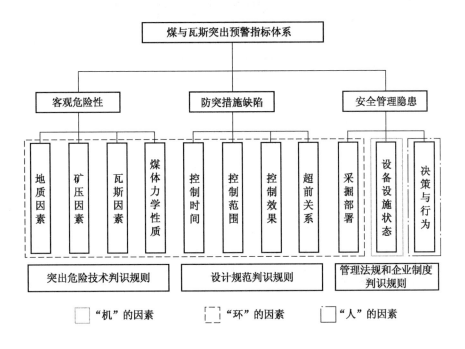

图 4-32 煤与瓦斯突出预警指标体系框架

（三）警情分析模型

鉴于煤与瓦斯突出的复杂性，按照多因素、多指标、综合预警的原则，建立煤与瓦斯突出危险性分析模型，如图 4-33 所示。

在生产过程中，各预警指标的值反映了工作面预警要素的状态。突出预警过程中，根据预警指标体系中各指标的值，按照预警规则库中相应的预警规则，可以得到对应的初级预警结果，初级预警结果进一步形成二级预警结果，二级预警结果产生最终预警结果。其中，由初级预警结果确定最终预警结果的过程中，遵循最高级原则和缺失值原则。

最高级原则：指由初级预警结果确定最终预警结果时，取初级预警结果中预警等级最高、危险性最大的结果作为最终的预警结果。

缺失值原则：指由初级预警结果确定最终预警结果过程中，不因初级预警结果和预警指标的缺失而影响最终预警结果的确定。由于煤与瓦斯突出复杂多变，在一次瓦斯突出事故中，并不是所有的突出致因因素都发挥作用，也不是所有的预兆都会显现，反映在突出预警过程中就是预警指标值的残缺，因此并不能因为一些指标值的缺失而影响预警过程的进行。

（四）预警结果等级

根据矿井防突精细化的需要，将工作面突出危险性划分为状态预警和趋势预警，同时，参考其他领域预警结果表现形式，将状态预警和趋势预警划分为不同等级，以反映工

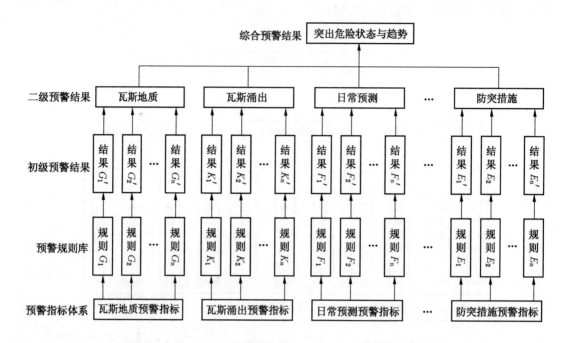

图 4-33　警情分析模型

作面突出危险性大小。

　　状态预警是对采掘工作面当前时刻煤与瓦斯突出危险程度的评估和警报，其预警结果划分为"正常""威胁"和"危险"三个等级；趋势预警是对工作面前方一定范围内的突出危险性的评估和警报，从另一角度看也是对工作面突出危险程度发展趋势的分析和预报，其预警结果划分为"绿色""橙色"和"红色"三个等级。针对不同的预警结果等级，应采取不同的防突措施和管理方法。预警结果等级划分及说明见表 4-5。

表 4-5　预警结果等级划分及说明

类　型	等级	说　　　　明
状态预警	正常	工作面各种指标正常，可以安全作业
	威胁	工作面突出预测没有危险或需要预测确定，但需要重点关注，加强管理
	危险	工作面具有突出危险，需停止作业并采取防突措施或进一步确认突出危险性
趋势预警	绿色	前方的突出危险性趋向安全
	橙色	前方一定距离处可能存在危险性，提请关注
	红色	前方的突出危险性趋向严重，应重点关注、加强管理、强化措施

二、各预警子系统功能

预警指标及规则以矿井实测数据为基础研究建立，要提高突出预警的准确性、及时性，须实现对预警指标及规则的计算机软件系统集成，由于矿井各部门专业分工的不同，为方便预警分析及数据管理，分别为各部门开发具有针对性的预警子系统，各预警子系统共同构成煤与瓦斯突出综合预警系统。各预警子系统主要功能如下：

（一）瓦斯地质动态分析系统

从瓦斯赋存、煤层赋存、地质构造、采掘应力、瓦斯抽采等方面对突出危险性进行宏观分析，为瓦斯治理工程及采掘部署优化提供支撑，同时为平台提供工作面的最新瓦斯地质信息。系统主要功能包括：动态瓦斯地质图智能编制、瓦斯赋存规律及主控因素分析、突出危险区域预测、区域措施对瓦斯赋存的影响分析、典型采掘条件应力分析、瓦斯地质参数预测、地测资料管理及采掘进度监测等。瓦斯地质动态分析系统主要功能示例如图4-34所示。

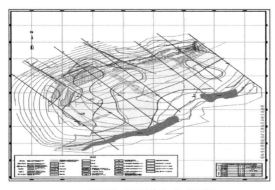
(a) 瓦斯地质图绘制与自动更新

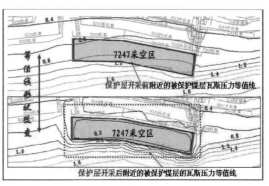
(b) 保护层开采效果分析

图4-34　瓦斯地质动态分析系统主要功能示例

（二）钻孔轨迹在线监测系统

钻孔轨迹在线监测系统集矿井瓦斯抽采钻孔智能设计、科学管理、综合评价于一体，实现定向钻孔及普通钻孔智能设计，钻孔轨迹监测及自动成图，煤层赋存状态分析，钻孔控制效果评判功能。钻孔轨迹在线监测系统主要功能示例如图4-35所示。

（三）瓦斯抽采在线评价系统

瓦斯抽采在线评价系统运行的基础数据为瓦斯抽采监控数据，通过对抽采监控数据的分析，实现瓦斯抽采规律分析、瓦斯抽采工程量智能分析、瓦斯抽采钻孔智能设计、瓦斯抽采预评价、瓦斯抽采效果在线评价和达标评价等。瓦斯抽采在线评价系统主要功能示例如图4-36所示。

（四）瓦斯涌出特征分析系统

瓦斯涌出特征分析系统通过对井下瓦斯监控数据的实时采集，利用独特的数据滤噪及指标计算模型，实现对工作面突出危险性的非接触式、连续预警。系统内置4大类（瓦斯量指标、瓦斯解吸指标、瓦斯波动指标、瓦斯趋势指标）共10余种基于瓦斯涌出特征

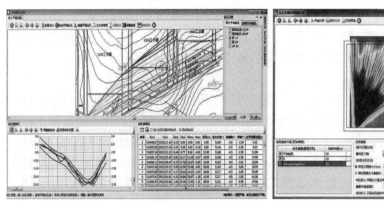

(a) 钻孔设计　　　　　　　　　(b)防突措施缺陷分析

图 4 - 35　钻孔轨迹在线监测系统主要功能示例

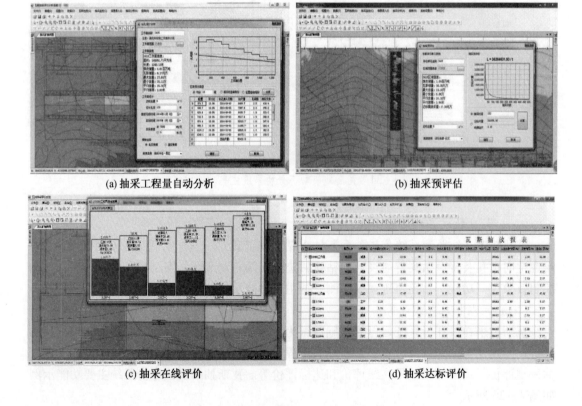

(a) 抽采工程量自动分析　　　　　　　(b) 抽采预评估

(c)抽采在线评价　　　　　　　(d) 抽采达标评价

图 4 - 36　瓦斯抽采在线评价系统主要功能示例

的突出预警指标,反映了不同采掘条件下工作面瓦斯涌出与突出危险性发生发展的内在关系,能够有效预测工作面前方 5~10 m 突出危险性,并对潜在危险源进行分析、建议。系统兼容国内主流瓦斯监控系统,可实时自动获取瓦斯监控系统瓦斯浓度、风速等数据,并集监控数据自动滤噪、指标自动计算及突出危险性实时预警等多种功能于一体,适应性强,使用便捷。瓦斯涌出特征分析系统主要功能示例如图 4-37 所示。

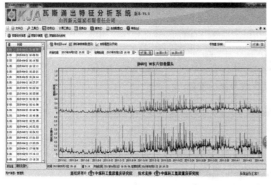
　　(a) 监控数据噪声自动过滤

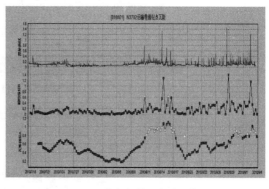
　　(b) 指标计算、实时预警

图 4-37　瓦斯涌出特征分析系统主要功能示例

（五）防突动态管理与分析系统

防突动态管理与分析系统利用计算机技术实现对突出危险工作面“四位一体”综合防突措施执行情况进行实时分析,及时发现和处理防突工作中存在的问题,有效地控制或消除突出事故的发生,变事后分析为事前处理。实行动态管理,有利于对工作面突出危险性预测、防突措施和措施效果检验等各种参数进行综合分析,有利于摸索和掌握工作面煤与瓦斯突出的规律,使防突措施的制定更具针对性、更及时有效。防突动态管理与分析系统主要功能示例如图 4-38 所示。

（六）矿压监测特征分析系统

矿压监测特征分析系统通过动态获取矿压在线监测系统采集的监测原始数据,运用滤噪模型对原始数据进行过滤,在此基础上计算基于矿压监测特征的突出预警指标,实现从矿压显现角度对工作面突出危险性演化情况的跟踪分析与动态预警,辅助实现矿压基础资料的精细化、规范化管理。矿压监测特征分析系统主要功能示例如图 4-39 所示。

（七）安全隐患管理与分析系统

安全隐患管理与分析系统集安全数据采集、隐患模式识别、险情预警、责任落实等功能于一体,利用防爆智能手机、位置卡等设备对井下地质异常、机械故障、人员违章等安全隐患进行巡检,并以照片、视频或文字形式上传至安全隐患管理与分析系统数据库,实现隐患全面监测、闭环管理,及对隐患整改落实情况的实时跟踪与预警,有效解决了目前煤矿安全隐患的“粗放式”管理模式。安全隐患管理与分析系统主要功能示例如图 4-40所示。

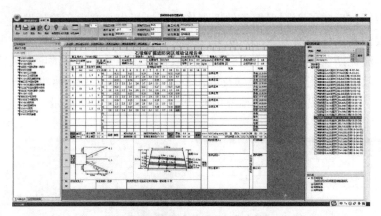

(a) 日常预测表单自动生成与集中管理

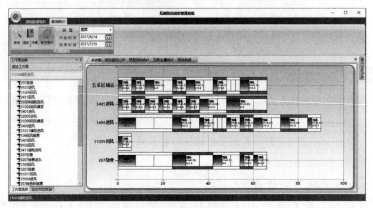

(b) 防突步进图

图 4-38 防突动态管理与分析系统主要功能示例

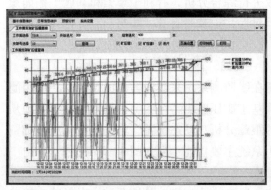

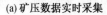

(a) 矿压数据实时采集

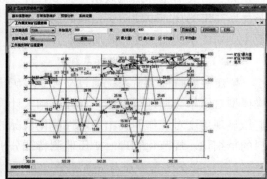

(b) 指标计算、实时预警

图 4-39 矿压监测特征分析系统主要功能示例

（八）瓦斯突出灾害综合预警系统

瓦斯突出灾害综合预警系统是一个综合性的预警平台，主要实现对工作面突出危险综合预警、突出事故报警、安全隐患管理等；实现与人员定位系统、电力监控系统、自动风门等系统及设备的联动控制；实现预警结果、依据的实时发布及查询，重要图件的浏览及查询，以及矿井安全信息集成共享，瓦斯突出灾害综合预警系统主要功能示例如图4-41所示。

(a) 隐患查询

(b) 网页版

图4-40　安全隐患管理与分析系统主要功能示例

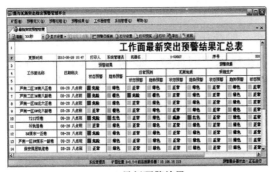

(a) 最新预警结果

(b) 预警日报表

(c) 预警分析

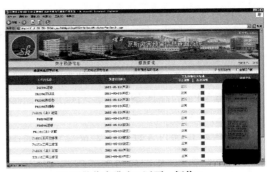

(d) 预警信息发布（网页、短信）

图4-41　瓦斯突出灾害综合预警系统主要功能示例

第六节　煤与瓦斯突出防治措施新技术

随着我国突出矿井开采深度和开采强度的不断增加，突出煤层瓦斯和地质赋存条件日趋复杂，煤与瓦斯突出防治工作不断面临新的挑战。经过煤矿技术工作者和从业人员的不断试验探索，突出防治技术得到了一定的发展，提出了一些突出防治技术的新思路，研发了一批突出防治的新技术、新工艺、新装备并在现场进行应用。如水力冲孔、水力压裂、水力割缝、CO_2 预裂等增透措施已经应用于广大突出矿井的区域防突措施中，生物合成瓦斯消溶剂等新颖的防突措施作为局部防突措施开始得到现场试验和局部应用，声发射等工作面突出预测技术也逐渐趋于成熟，同时，煤与瓦斯突出灾害监控预警技术及系统在部分突出矿井进行了初步推广应用，可实现两个"四位一体"综合防突技术的全过程监控及突出灾害隐患的全方位预警。煤与瓦斯突出防治新技术对缓解突出灾害，提高突出矿井防突技术水平起到了重要作用。

一、生物合成瓦斯消溶剂防突技术概述

瓦斯的主要成分甲烷（CH_4）是最简单的有机化合物，通常情况下，甲烷不会与其他有机或无机化合物发生化学反应，除非在高温 100 ℃以上、高压与催化剂共同作用下，能发生化合反应。如采用生物酶方法，再通过靶向嗜瓦斯菌的参与，可在没有高温条件下，促进瓦斯消溶、化合、转化。

瓦斯消溶剂则是利用生物技术，筛选、培育、驯化出一种绿色无毒无害的液态嗜瓦斯菌，通过高压注入煤层后，能在 5～60 min 内氧化煤层中的瓦斯，形成无毒无害且对煤质无影响的脂质有机物，附着在煤的表层。此项技术的研究可降低煤层瓦斯含量和瓦斯压力，消除煤层突出危险。不过，瓦斯消溶剂防突的基本方法是消化吸收瓦斯，与瓦斯利用相矛盾，且目前研究深度不够，专用设备的研发还处于初期研发阶段，仅限于井下采掘工作面局部瓦斯治理。

二、瓦斯消溶剂防突技术机理

利用甲烷氧化菌能够将甲烷氧化这一特性，将十余种原料组合配制成为瓦斯消溶剂，采用高压注入方式注入煤层中，通过煤层中甲烷、氧气、氮气、二氧化碳气体之间的化合作用，生成一种无毒无害的酯质物质氨基酸酯，使部分瓦斯得到转化。

瓦斯消溶剂按照设计的比例和用量兑水后，用注液泵经注液钻孔注入煤体，在注液压力 8～16 MPa 的高压条件下，与煤层瓦斯接触，产生以下作用：

（一）助溶作用

甲烷氧化菌只在适合生存的液态物质中才能大量繁殖。CH_4 难溶于水，只能溶解水的体积比的 3%～4%，瓦斯消溶剂调配的第一个目标就是提高 CH_4 在消溶剂（液态）中的溶解比例，给甲烷氧化菌提供丰富的底物资源。使部分游离态瓦斯溶入煤体、粘附到煤体表面，变为非游离的固态瓦斯。

（二）催化作用

瓦斯分子非常稳定，类似于惰性气体，很难与其他物质发生理化反应。瓦斯消溶剂中含有特殊的催化剂，在高压和这种特殊催化剂的催化作用下，瓦斯与煤层中的氧气、氮气、二氧化碳等气体发生化合作用，生成一种无毒无害的酯质物质氨基酸酯，使部分瓦斯得到转化。

（三）化合转化作用

CH_4 分子活性很差，瓦斯消溶剂中的活化剂，能促使瓦斯分子电离成阳离子，与瓦斯消溶剂的主要成分之一电离生成的阴离子化合生成另一种无毒无害的酯质化合物，使部分瓦斯转化。

（四）隔断作用

瓦斯消溶剂有一定的黏度，瓦斯消溶剂充填到煤层的裂缝、裂隙中，堵塞注液体以外煤体瓦斯进入注液体内的通道，对煤体裂缝、裂隙表面形成膜覆盖，在采掘工作面周围形成了一个保护圈。

（五）卸压作用

与煤层水力压裂技术原理相同，即向煤层中高压注入水（消溶剂），使原始煤体破裂，改变煤体的原始应力状态，达到卸压的目的。

（六）防尘作用

与煤层注水防尘原理相同，即增加煤体的含水量，湿润煤体，抑制采掘作业中的产生的煤尘，对改善工作环境、保护工人身体健康、提高工人工作效率、防止煤尘爆炸有重要作用。

瓦斯消溶剂为绿色产品，符合环保要求。瓦斯消溶剂生产所使用的原料无毒无害，化学转化产生的化合物也为无毒无害物质，对煤质和煤的使用无不良影响。

三、瓦斯消溶剂防突技术工艺

（一）瓦斯消溶剂现场勾兑及乳化

因各煤矿各工作面的煤质、煤层构造和注液要求不同，注液量也各不相同。应通过实践摸索适合本矿条件的经济注液量作为制定注液计划的依据。初步采用该技术时，可以以式（4-3）作为参考用量，在实践中根据需要逐步调整确定。

$$Q = g(a+5) \tag{4-3}$$

式中　Q——双孔钻孔总注消溶剂量，kg；

　　　g——每米双孔孔深注消溶剂量，试用时取5，根据考察确定适合本矿的数字，kg/m；

　　　a——孔深，m。

瓦斯消溶剂包括基础液和小料两部分，基础液为液态桶装产品，每桶净重 25 kg，包装桶为一次性防漏桶。小料为袋装粉料，一桶基础液配一袋小料。产品运到井下采掘工作面注液现场，将根据一次注液量的桶数对应的小料拆包倒入储液箱中，按照一袋料活化液的加入量算出总加入量加入活化液，搅拌后待 30 min，再将桶装基础液全部加入，再按消溶剂重量 3～5 倍的量加入清水进行勾兑，经搅拌乳化后即可使用，瓦斯消溶剂如图 4-42 所示。

（二）注液钻孔施工

(a) 基础液　　　　　　　　(b) 小料

图 4 - 42　瓦斯消溶剂

1. 煤巷掘进工作面

在煤巷腰线水平上部呈一字形或正三角形布置两到三个孔。下部两孔距离巷道帮 0.3 m，正常孔深不少于 25 m，钻孔方向以巷道中心线为准，向两帮外施工，终孔落在巷道轮廓线以外 2~3 m 处，钻孔孔径 89 mm 以上。

2. 石门揭煤工作面

石门揭煤工作面注液钻孔布置基本同煤巷掘进工作面，同时要求：工作面距离煤层法线的距离 5 m 以外施工注液孔，注液孔要穿透煤层全厚并开始注液；根据《防治煤与瓦斯突出》规定，石门揭煤钻孔最小控制范围为巷道轮廓线外 15 m，根据注液孔的浸润半径，注液孔以 3~4 个为宜。

(三) 注液

1. 注液设备布置

注液设备主要是注液泵，附件有压力表、流量计、卸压阀、流量控制阀、高压水管和封孔器等。注液系统如图 4-43 所示。

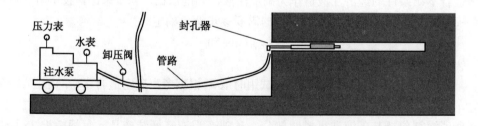

图 4-43　瓦斯消溶剂防突技术注液系统示意图

2. 注液程序及压力控制

准备工作：按要求打完注液钻孔后，把孔内煤粉清除干净，即可进行封孔，准备注液，把注液器放在距离孔口 5~8 m 处，检查管理连接、阀门状况，确定无误后将所有设备撤至 30 m 以外，人员撤至防突门以外，并安排专人设警戒。瓦斯检查员检查工作面和回风风流中的瓦斯浓度，确定瓦斯正常后，切断工作面电流，通知开泵注液。开泵工要同时检查电机是否运转正常，泵箱和吸水过滤网清理情况，各连接管连接是否完好，当确定无误后，在技术人员的指导下先把注液压力调到零位，逐步启动注液泵。

注液压力调控：开始注液后，先把压力逐步由 0 MPa 调升到 4～6 MPa，观察泵箱是否下水，封孔是否成功，如果封孔、进水正常，可把压力由 4～6 MPa 稳步升压到 8～16 MPa，使消溶剂逐步扩散渗透到煤体中。启泵调整压力程序：启动后，第一步调整压力至 4～6 MPa，使封孔器受压、膨胀、打开、注液、封孔；第二步进行压力调试，确定工作压力，正常工作压力为 8～16 MPa，在 8～16 MPa 的范围内通过调整选定注液的工作压力；第三步在选定的正常工作压力下进行正常注液，直至注液结束。

停止注液：工作面出挂汗效果或计划的注液量已经注完，即可停泵，停泵 30 min 后，在确认支护完好、注液现场无异常、测定工作面瓦斯不超限的情况下，才能恢复供电，其他人员方可进入工作面。

（四）瓦斯消溶剂防突技术安全技术措施

（1）注液泵的操作地点应在距离注液钻孔不少于 30 m 处，掘进工作面应位于防突门以外的新鲜风流中，并设电话。

（2）掘进工作面必须加强掘进工作面顶板支护，巷道两帮设防护金属网，金属网要牢固。

（3）注液钻孔打至设计深度后，要加大钻杆供风量，排干净煤粉，注液器伸入钻孔深度不得小于 5 m。

（4）注液前，要检查注液系统和注液管线的密封性，在高压管路密封性不好或破损时，禁止注液。当高压管路处于承压状态时，禁止连接、拆卸和修理高压管件。

（5）注液开始时，瓦斯检查员必须及时通知瓦斯监控机房密切关注工作面及回风流的瓦斯变化情况，瓦斯监控机房记录好注液期间的瓦斯变化情况。

（6）注液泵必须由专人负责操作，注液期间，严禁人员进入掘进工作面或揭煤工作面。停泵时，注液泵司机用缓慢卸压，以防突然卸压造成封孔器喷出。

（7）注液结束后 30 min，由瓦检员、安全员和当班班组长共同进入工作面检查巷道瓦斯、支护和注液情况，确定瓦斯不超限、支护完好、注液现场无异常时，才能恢复供电，其他人员方可进入工作面，人员进入巷道距离掘进头 15 m 时，严禁正对注水器行走。

四、应用实例

阳泉市和诚经贸有限公司和阳泉煤业（集团）股份有限公司在寺家庄 15116 内错瓦斯尾巷第八横贯采用生物合成瓦斯消溶剂防突技术进行揭煤。

15116 内错瓦斯尾巷第八横贯揭煤施工注液钻孔 6 个（另施工 5 个用于岩层加固的注浆孔），分上、下两排布置，上下排各 3 个孔，排间距 1 m，孔间距 12 m。钻孔布置如图 4 – 44 所示。

现场实测石门揭煤工作面试验前最大瓦斯含量 11.86 m^3/t，最小瓦斯含量 8.86 m^3/t，平均 10.36 m^3/t；试验后最大瓦斯含量 7.85 m^3/t，最小瓦斯含量 5.50 m^3/t，平均 6.68 m^3/t，平均瓦斯含量降低 3.68 m^3/t。经效果检验指标达标后，已进行顺利揭煤。

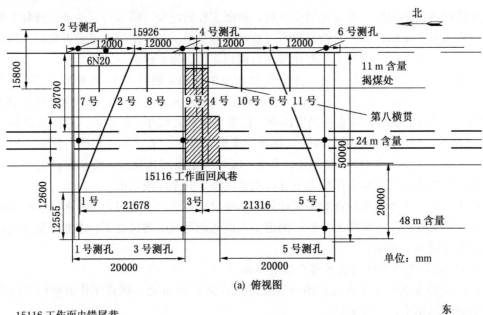

(a) 俯视图

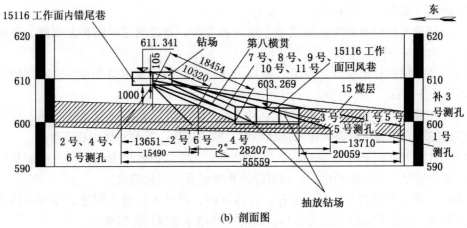

(b) 剖面图

图 4-44 15116 内错瓦斯尾巷第八横贯揭煤钻孔布置图

采用瓦斯消溶剂技术与穿层钻孔预抽石门揭煤区域瓦斯（以 15116 工作面内尾九横贯揭煤为例）相比，施工钻孔数量大幅减少，局部措施实施时间大大缩短。具体对比见表 4-6。

表 4-6 石门揭煤瓦斯消溶剂技术与瓦斯预抽措施实施时间对比

防突措施	孔深/m	掘进情况		
		钻孔数/个	钻孔施工时间/d	抽放天数/d
15116 内尾九横贯（原始方式）	15~65	108	15	42
瓦斯消溶剂（15116 内尾八横贯）试验方式	11~50	9	5	不需要抽放

第五章　瓦斯爆炸防治实用新技术

煤炭工业是我国能源支柱性产业，同时也是高危行业，煤矿灾害事故造成了大量人员伤亡，随着煤矿安全监察体系的逐步健全与完善，安全投入的逐年增加，煤矿百万吨死亡率逐年下降，瓦斯爆炸事故起数也是逐年下降。但是，我国面临瓦斯爆炸事故的威胁仍然严峻，瓦斯爆炸事故并没有得到根本上的遏制。随着煤炭资源上部开采的不断枯竭，煤炭开发由浅部向深部发展是必然的，也是世界上许多产煤国家所面临的共同问题。随着煤矿开采深度不断增加，高瓦斯、突出矿井的数量将越来越多，瓦斯问题将越来越严重。

对瓦斯爆炸事故进行事前和事中控制是防止和减少煤矿灾害损失的重要手段，事前控制措施为"预防瓦斯爆炸技术"，主要为防止瓦斯积聚和控制点火源。事中控制措施为"爆炸隔抑爆技术"，是当预防瓦斯爆炸措施失效时，在爆炸初始或发展阶段，利用抑爆剂消除、减弱爆炸反应的技术及装备，控制事故的规模，将事故影响降到最低。爆炸隔抑爆技术控制瓦斯爆炸灾害的主要方法主要分为被动式隔抑爆技术及主动式隔抑爆技术。目前被动式隔抑爆技术及装备已在我国煤矿取得了较广泛的应用，主动式隔抑爆技术近年来发展较快，出现了多种不同原理及不同环境使用的技术装备，尚在推广阶段。从长远来看，主动隔抑爆技术及装备将取得广泛应用，并与被动式隔抑爆技术装备互为补充，是隔抑爆技术的发展趋势。

第一节　预防瓦斯爆炸的措施

瓦斯爆炸虽然带有突发性，危害也极及严重，但却不是不可预防的。我国广大煤矿职工，认真贯彻执行党的安全生产方针，在生产实践中积累了丰富的预防瓦斯爆炸的经验，有着很多行之有效的措施，归纳起来主要有两个方面：防止瓦斯积聚和控制点火源。

一、防止瓦斯积聚

（一）通风是防止瓦斯积聚的最主要措施

瓦斯矿井的通风必须做到有效、稳定和连续不断，才能将井下涌出的瓦斯及时冲淡排出，使采掘工作面和生产井巷中的瓦斯浓度符合《煤矿安全规程》要求。

（二）及时处理局部积聚的瓦斯

生产中易于积聚瓦斯的地点：回采工作面上隅角，顶板冒落的空洞内，低风速巷道的顶板附近，停风的盲巷，回采工作面采空区边界处以及采煤机附近等。及时处理局部积聚的瓦斯，是矿井日常瓦斯管理工作的重要内容，也是预防瓦斯爆炸事故、保证安全生产的关键工作。通常采用的主要方法是：向瓦斯积聚地点加大风量或提高风速，将瓦斯冲淡排出，将盲巷和顶板空洞内积聚的瓦斯封闭隔绝，必要时应采取抽放瓦斯的措施。

1. 回采工作面上隅角瓦斯积聚的处理

我国煤矿处理回采工作面上隅角瓦斯积聚的方法很多，大致可以分为以下三类：

（1）迫使一部分风流流经工作面上隅角，将该处积聚的瓦斯冲淡排出。此法多用于工作面瓦斯涌出量不大（小于 $2 \sim 3 \ m^3/min$），上隅角瓦斯浓度超限不多时。具体做法是在工作面上隅角附近设置一道木板隔墙或帆布风障或将回风巷道后联络眼内的密封打开，并在工作面回风巷中设调节风门，迫使一部分风流清洗上隅角。

（2）改变采空区内的漏风方向。如果采空区涌出的瓦斯比较大，不仅工作面上隅角经常超限，而且工作面老塘边和回风流中瓦斯也经常超限时，在可能的条件下，将上部小阶段的已采区密闭墙打开，改变采空区的漏风方向，将采空区的瓦斯直接排入回风巷道内，不再向工作面上隅角泄出。此法只适用于没有自燃的煤层，而且要注意防止回风流中瓦斯超限。此外，还可以应用风压调节法控制或改变采空区上隅角的漏风量或漏风方向，以减少该处的瓦斯聚集。

（3）上隅角排放瓦斯。最简单的方法是每隔一段距离在上隅角设置隔墙（或风障），敷设铁风管，利用风压差将上隅角积聚的瓦斯排放到回风口 $50 \sim 100 \ m$。如风筒两端压差太小，排放瓦斯不多时，可在风筒内设置高压水或压气引射器，提高排放效果。

在工作面绝对瓦斯涌出量超过 $5 \sim 6 \ m^3/min$ 的情况下，单独采用上述方法，可能难以收到预期效果，必须进行邻近层或开采煤层的瓦斯抽放，以降低工作面的瓦斯涌出量。

2. 综合机组工作面瓦斯积聚的处理

目前国内外处理综合机组工作面瓦斯大量涌出与积聚的措施：

（1）加大工作面的进风量。有些工作面风量高达 $1500 \sim 2000 \ m^3/min$，为此不得不扩大顺槽断面与控顶区宽度，同时提高工作面的最大允许风速值。国外有些研究人员认为，综合机械化采煤工作面，只要采取有效的降尘措施，可以将工作面风速提高到 $6 \ m/s$。

（2）提高工作面风流中的瓦斯允许浓度。随着煤矿遥控技术的发展，瓦斯连续监视、警报器与超限切断电源装置等新技术逐渐广泛应用，有些国家提高了瓦斯的极限允许浓度，如法国，在配有瓦斯遥测记录的工作面，允许瓦斯浓度为 $1.5\% \sim 2.0\%$。

（3）降低瓦斯涌出的不均匀性。其方法是提高采煤机在每一班中的工作时间和增加一昼夜内的生产班次，使采煤机以较小的速度和浅截深连续采煤。

（4）抽放瓦斯。这是比较有效的积极措施，在可能条件下，应尽量采用。

（5）对于局部积聚瓦斯的地区，如采煤机附近，可在采煤机的切割部或牵引部安装小型通风机或水力引射器，吹散这些地区积聚的瓦斯。

3. 顶板附近瓦斯层状积聚的处理

在巷道周壁不断涌出瓦斯的情况下，如果巷道内的风速太小，不能造成瓦斯与空气的紊流混合。瓦斯就能浮存于巷道顶板附近，形成一个比较稳定的带状瓦斯层，这就叫瓦斯的层状积聚。层厚可由几厘米到几十厘米，层长几米到几十米。层内的瓦斯浓度由下向上逐渐增大（$2\% \sim 3\%$ 到 10% 以上）。这类层状积聚难于发现和处理，常为瓦斯爆炸的根源。

各类巷道（包括回采工作面）都可以出现层状积聚。厚煤层倾斜巷道和大断面顶板光滑的巷道内，如果瓦斯涌出量较大、风速较小（小于 $1 \ m/s$）时，最容易形成层状积聚。

预防和处理瓦斯层状积聚的方法：

（1）加大巷道内的风流速度，使瓦斯与风流能充分地紊流混合，一般认为防止瓦斯层状积聚的风速应大于 $0.5 \sim 1 \, m/s$。

（2）加大顶板附近的风速。如在顶梁下面加导风板将风流引向顶板附近，或沿顶板铺设铁风筒，每隔一段距离接一短管，或沿顶板铺设钻有小孔的压气管，将积聚的瓦斯吹散；如顶板裂缝发育，从中不断有较多瓦斯涌出时，可用木板将上顶背严、填实；如果顶板附近有集中的瓦斯源，可向顶板打钻抽放瓦斯。

4. 顶板冒落空洞内积聚瓦斯的处理

常用的方法：用砂土将冒落空间填实；用导风板或风筒接岔（俗称风袖）引入风流吹散瓦斯。

5. 恢复有瓦斯积聚的盲巷或在打开密闭时的瓦斯处理

对此要特别慎重，并须制订专门的安全技术措施。措施中要注意：

（1）最好在非生产班进行，在回风涉及的范围内，机电设备应停止运转甚至切断电源。

（2）处理前，应有救护队佩戴氧气呼吸器进入瓦斯积聚区检查瓦斯浓度，估算出瓦斯积聚量，然后再根据该区域通风能力决定排放速度。

（3）处理工作至少要有两人进行。

（4）开动局扇前要检查局扇附近 20 米内瓦斯是否超限，开动后要检查局扇有无循环风。

（5）如果瓦斯积聚量较大，应逐段恢复通风，并不断检查回风瓦斯浓度，防止大量瓦斯突然涌出造成事故。

（三）经常检查井下各地点的瓦斯浓度和通风状况

实践证明，加强对瓦斯检查员的思想教育，认真执行《煤矿安全规程》规定的瓦斯检查制度，严字当头，坚持不懈，是发现和处理问题，防止瓦斯爆炸的前提。关于瓦斯检查的制度、检查地点和检查次数，《煤矿安全规程》都有明确、具体的规定，《煤矿安全规程》规定的井下各处甲烷允许浓度和超限时的措施要求见表 5-1。

表 5-1　井下各处甲烷的允许浓度和超限时的要求

地　　点	允许的甲烷浓度/%	超过允许浓度时必须采取的措施
矿井总回风巷或翼回风巷	≤0.75	立即查明原因，进行处理
采区回风道、采掘工作面回风巷	≤1.0	停止作业，撤出人员，采取措施、进行处理
采掘工作面风流中	<1.0	停止电钻打眼
	<1.5	停止工作、切断电源、撤离人员，进行处理
采掘工作面个别地点	<2.0	立即进行处理，附近 20 m 以内停止进行其他工作
使用机械采煤或掘进工作面	局部积聚<2	附近 20 m 以内必须停止机器运转，并切断电源，进行处理，只有在瓦斯浓度降到 1% 以下，才许开动机器

表 5-1（续）

地　　点	允许的甲烷浓度/%	超过允许浓度时必须采取的措施
爆破地点附近 20 m 以内风流中	＜1.0	禁止爆破
电动机附近 20 m 以内风流中	＜1.5	必须停止设备运转，切断电源，进行处理，只有在瓦斯浓度降到 1% 以下，才许开动机器

二、控制点火源

点火源控制也是预防瓦斯爆炸主要措施之一。井下可能出现的点火源众多，必须采取措施严格控制。

（1）严禁携带烟草和发火物品下井；井下严禁使用灯泡取暖和使用电炉。井口及风机周围 20 m 范围以内，禁止有明火；矿灯应完好，应爱护矿灯，严禁在井下拆开、敲打、撞击；井下需要进行电焊、气焊和喷灯焊接时，应严格报批手续，并遵守《煤矿安全规程》中的有关规定；严格井下火区管理。

（2）严格执行"一炮三检"制度。同时还必须加强对爆破工作的管理，封泥量一定要达到《煤矿安全规程》规定的要求，决不允许在炮泥充填不够或混有可燃物及炸药变质的情况下爆破。

（3）在有瓦斯和煤尘爆炸危险的煤层中，采掘工作面都必须使用煤矿安全炸药和瞬发电雷管。使用毫秒延期电雷管时，最后一段延期时间不得超过 130 ms。打眼、装药、封泥和爆破都必须符合《煤矿安全规程》要求，严禁采用糊炮或明火爆破，严格执行爆破前的检查制度，确信爆破地点附近 20 m 内瓦斯浓度不超过 1% 时，才能爆破。严禁用炮崩落卡在溜煤眼中的煤矸。

（4）井下使用的高分子材料制品的表面电阻应低于 10Ω，以防产生静电火源。

（5）防止电气火花。在瓦斯矿井应选用矿用安全型、矿用防爆型或矿用安全火花型电气设备。在使用中应保持良好的防爆、防火花性能。电缆接头不准有"羊尾巴""鸡爪子"明接头。对电气设备的防爆措施，除广泛采用的防爆外壳外，采用低电流、低电压技术来限制火花强度，使之不能点燃瓦斯。掘进工作面采用局部通风机与其他电气设备间的闭锁装置。停电、停风时，要通知瓦斯检查人员检查瓦斯；恢复送电时，要经过瓦斯检查人员检查后，才准许恢复送电工作。

电气设施安全防护措施：①井下高压电动机、动力变压器的高压控制设备，采用短路、过负荷、接地和欠压释放保护。井下由采区变电所、移动变电站或配电点引出的馈电线上，装设短路、过负荷和漏电保护装置。低压电动机的控制设备，应具备短路、过负荷、单相断线、漏电闭锁保护装置及远程控制装置。②井下配电网路（变压器馈出线路、电动机等）均应装设过流、短路保护装置；用该配电网路的最大三相短路电流校验开关设备的分断能力和动、热稳定性以及电缆的热稳定性。正确选择熔断器的熔体。③井下低压馈电线上，装设检漏保护装置或有选择性的漏电保护装置，保证自动切断漏电的馈电线路。煤电钻使用设有检漏、漏电闭锁、短路、过负荷、断相、远距离起动和停止煤电钻功能的综合保护装置。④井上、下装设防雷电装置。⑤矿灯装有可靠的短路保护装置，高瓦斯矿井应装有短路保护器。⑥井下照明和信号装置，应采用具有短路、过载和漏电保护的照明信号综合保护装置配电。⑦井下防爆型的通信、信号和控制等装置，应优先采用本质安全型。⑧井下防爆电气设备的运行、维护和修理，符合防爆性能的各项技术要求。防爆性能遭受破坏的电气设备，立即处理或更换，严禁继续使用。一切电气设备都要按《煤矿安全规程》要求进行安装与使用，并经常检查与维护，使之处于完好状态。

（6）为防止机电设备防爆性能失效或工作时出现火花以及爆破产生火焰等引燃瓦斯，《煤矿安全规程》还就以下几种情况作了甲烷浓度界限的规定：①采掘工作面风流中甲烷浓度达到1%时，必须停止用电钻打眼；达到1.5%时，必须停止工作，切断电源，撤出人员，进行处理；采掘工作面个别地点积聚甲烷浓度达到2%时，要立即进行处理，附近20 m内，必须停止机器运转，并切断电源。只有在甲烷浓度降到1%以下，才许开动机器。②爆破地点附近20 m以内风流中的甲烷浓度达到1%时，禁止爆破。③采区回风巷、采掘工作面回风巷风流中甲烷浓度超过1%时，必须停止工作，撤出人员，采取措施，进行处理。④矿井总回风或一翼回风巷中甲烷浓度超过0.75%时，必须立即查明原因，进行处理。

（7）防范摩擦撞击火花引燃瓦斯的措施：合理选用和操作机械设备及器具，努力减少金属撞击火花。①对井下普遍推广使用的金属设备、仪器、仪表、灯具、支架及电钻、插销等，熟悉其性能，严禁使用未经鉴定合格的机电产品和器具。②井下工作人员，特别是救护人员在排放瓦斯或在瓦斯超限区工作时，一定要小心谨慎地使用、操作金属装备、器具，严禁搬运拆迁大件机电设备；对小件工具物品也要做到轻拿轻放，以免发生碰撞，产生火花。③改进采掘方式，努力减少长壁式采煤工作面摩擦着火的参数。例如，对煤层实施煤体注水，坚持湿式凿岩，洒水灭尘；坚持使用采煤机滚筒内外喷雾洒水，努力使采掘工作面现场保持一定的湿度，防止产生高温火花，引起瓦斯事故。

（8）注意金属支柱在矿山压力作用下产生的摩擦火花；注意瓦斯输送管路或其他设备接地不良引起的静电火花。

（9）防止煤层自燃。

第二节 主动式隔抑爆新技术及装备

主动式隔抑爆装备具有动作时的主动性、准确性。不同类型的主动式隔抑爆装备，能够根据使用地点的不同要求，在毫秒级的短时间内以特定介质生成抑爆屏障，对特定地点或煤矿井下受保护区域爆炸产生的火焰、冲击波进行阻隔、抵消、压制，从而控制爆炸的发展。

一、主动式隔抑爆技术原理

主动隔抑爆技术，是指主动隔抑爆技术装备里储存有一定量的抑爆介质，当作业监测区出现瓦斯爆炸时，依靠对爆炸信息的超前探测，强制性地把抑爆剂抛撒到火焰阵面前方，形成高能抑爆屏障，抑爆屏障对爆炸产生的冲击波压力和火焰进行降压灭火，实现主动隔抑爆。

隔抑爆技术由传感器技术、抑爆剂技术、抑爆启动技术构成。

传感器技术主要是用来发现瓦斯爆炸信号。爆炸发现得越早，防止和抑制爆炸就越容易。燃烧爆炸时会产生辐射、温度上升、压力上升和气体电离等现象，光学传感器、温度传感器、电离传感器和压力传感器就是感测这些现象警示爆炸的传感仪器。在实际应用时，光学传感器和压力传感器应用较多。

抑爆剂技术是指利用抑爆材料对爆炸火焰产生热载荷或阻滞火焰中链式反应来实现对爆炸的阻隔和抑制。常用的抑爆剂主要有粉抑制物、惰性气体、水抑制物等。

抑爆启动技术的关键是抑爆装置迅速启动技术和抑爆剂均匀喷射技术。抑爆启动技术主要体现在抑爆器上，抑爆器是主动式隔抑爆装备的执行机构，主要功能是把储罐内的抑爆剂迅速、均匀的喷撒到爆炸空间中去。抑爆剂储罐内可以是存储压力，也可通过爆炸化学反应来获得。从抑爆器动作原理看，主要有爆囊式、高速喷射式和水雾喷射几种类型。目前使用较多的是高速喷射抑爆器。

主动隔抑爆技术装备一般由触发传感器、控制器、抑爆器及电源四部分组成，其结构原理如图 5 – 1 所示。将传感器布置在潜在爆源处，当发生瓦斯燃烧或爆炸时，传感器探测燃烧、爆炸信息，传送到控制器，控制器触发抑爆器动作，抑爆器迅速喷出抑爆剂，形成高浓度的抑爆剂云雾，与火焰面充分接触，吸收火焰的能量、终止燃烧链，使火焰熄灭，从而终止火焰的继续传播。

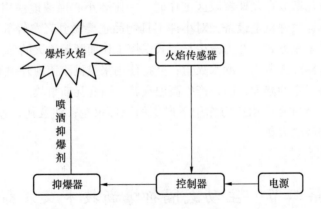

图 5 – 1　主动隔抑爆技术装备结构原理

主动隔抑爆技术装备是靠自己探测，自己驱动的主动隔抑爆装置。从广义上说，它可以适用于扑灭压力大小差异很大的瓦斯燃烧或爆炸火焰。其距爆炸源的安装距离只受其动作时间和抑爆剂雾体存在时间限制。对随机发生的瓦斯爆炸来说，相对于被动式隔爆措施，其适应性能和有效性能大大提高。当然如果安装在距爆源较远的距离，其所需要的抑爆剂量（即抑爆器数量）将大大增加，抑爆成本也同样增加。

二、主动式隔抑爆技术装备分类

主动式隔抑爆技术装备按照不同的分类原则，有三种不同的分类方法。

（1）按安装位置分为机载式、巷道式及管道式。机载式就是安装在采煤机或掘进机上，在瓦斯爆炸发生初期，近距离扑灭瓦斯爆炸火焰，最有效的抑制爆炸。它需要的抑爆剂量小（或抑爆器数量少），成本低，瓦斯爆炸灾害范围小，但对传感器防护要求高。巷道式就是安装在巷道中，距可能的瓦斯爆炸源较远，瓦斯爆炸火焰传播一定距离后扑灭火焰，隔绝爆炸传播，它需要抑爆剂量相对较大（或抑爆器数量多），成本较高，瓦斯爆炸灾害范围较大，对传感器防护要求不高，所控制的危险源区域较大。管道式就是安装在瓦斯输送管道上，保障瓦斯抽采输送过程的安全，其要求动作速度快，一般根据管道的不同，选择不同的抑爆剂量。

（2）按抑爆剂分贮水式、贮粉式、贮惰性气体式。通过中煤科工集团重庆研究院对各类抑爆剂性能的研究，发现粉剂类（主要是超细干粉）抑爆性能最好，其次是惰性气体类（主要为二氧化碳及七氟丙烷），最后为水类抑爆剂。但是粉剂类抑爆剂喷撒后容易对机电设备造成影响，不易清理；气体类抑爆剂在抑爆过程中可能生成有毒有害气体；水类抑爆剂成本低廉，但是喷撒后也容易对机电设备造成影响，效果较差。因此，在使用过程中应根据不同的环境使用不同的抑爆剂。

（3）按动作原理分为产气式及储压式。产气式原理是抑爆器内含有化学产气剂，当有爆炸事故发生时，抑爆器接收到控制器发出的触发信号，使抑爆器中的化学产气剂迅速产生高压气体，将抑爆剂通过抑爆器喷嘴喷出，起到扑灭爆炸火焰的作用。储压式原理是抑爆器内事先储存有一定压力的气体，当有爆炸事故发生时，抑爆器接收到控制器发出的触发信号，高压气体迅速驱动抑爆剂从抑爆器喷嘴喷出，抑制爆炸火焰。

三、主动式隔抑爆装备优选

（一）机载式储压自动喷粉抑爆装置

机载式自动抑爆装置安装于采煤机、掘进机上，抑制采掘工作面工作端头发生的初始瓦斯爆炸。由于采掘工作面附近是最容易引发瓦斯爆炸的危险场所，因此，机载式自动抑爆装置的作用非常重要。国内目前有 3 个厂家研发生产出了机载式自动抑爆装置，其类型全部为储压自动喷粉抑爆装置。以中煤科工集团重庆研究院生产的 ZYBJ 矿用机载式自动喷粉抑爆装置进行说明

1. 结构原理

如图 5 - 2 所示，ZYBJ 矿用机载式自动喷粉抑爆装置主要由本安电源、电池电源、抑爆器（带喷嘴组）、火焰传感器、控制器组成。当发生爆炸事故时，传感控制器探测到火焰信号并分析后触发抑爆器，抑爆器迅速喷射出抑爆剂，在前端形成具有一定抑爆效果的惰性粉尘云，将爆炸抑制在始发阶段，或达到扑灭爆炸火焰传播的作用。图 5 - 3 所示为 ZYBJ 矿用机载式自动喷粉抑爆装置在掘进机上应用动作模拟图，图 5 - 4 所示为 ZYBJ 矿用机载式自动喷粉抑爆装置实图。

1）火焰传感器

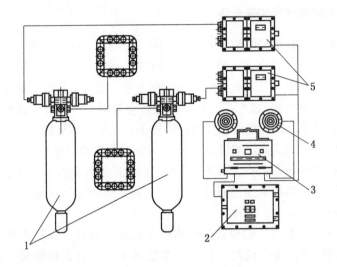

1—抑爆器（带喷嘴组）；2—电源；3—控制器；4—传感器；5—电池电源

图 5-2　ZYBJ 矿用机载式自动喷粉抑爆装置结构

图 5-3　ZYBJ 矿用机载式自动喷粉抑爆装置在掘进机上应用动作模拟图

图 5-4　ZYBJ 矿用机载式自动喷粉抑爆装置

火焰传感器由双紫外光电感应模块、电路模块、外壳及通光窗口组成,如图 5-5 所示。

在爆炸火焰中的远紫外线的照射下,双紫外光感应模块光阴极中的电子吸收了入射远紫外光子的能量而逸出光阴极表面,在阴极电场作用下向阳极运动,从而产生电信号,经过电路模块的处理运输,输出电信号,达到检测爆炸火焰的目的。通光窗口用来感应爆炸火焰紫外波段,并防止外界杂物进入传感器内部。使用的紫外光电感应模块的光谱响应为 185~260 nm,在远紫外光的范围,太阳光的紫外波段截止在 290 nm,红外波段截止在 13 μm,因此该紫外光电管对

图 5-5　火焰传感器的外形结构

太阳光不敏感。照明发光等可见光的光谱波段从 300 nm 开始,不在紫外传感器的探测范围之内,因此对可见光不敏感。设置有 2 个紫外感应模块,在软件方面增加了算法,进一步增强了火焰判别的可靠性,使整个传感器工作寿命可达到 3 年。紫外感应模块响应时间快,速度小于 1 ms。

2）储压式喷粉抑爆器

储压式抑爆器主要由贮粉罐、快开阀、喷粉软管和喷粉头等组成,如图 5-6 所示。当有爆炸事故发生时,快开阀接收到关联设备发出的触发信号,瞬间打开阀门使贮粉罐中混装的高压气体与抑爆剂,在罐体内压力的驱动下,将抑爆剂通过抑爆器喷粉头喷出,形成持续的惰性粉尘云,起到扑灭爆炸火焰的作用。

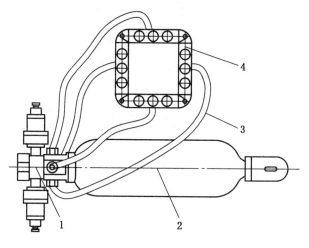

1—快开阀；2—贮粉罐；3—喷粉软管；4—喷粉头

图 5-6　储压式喷粉抑爆器的外形结构

3）控制器

控制器是一个以先进的微处理器为核心的微型计算机系统，集多种功能于一身，实现实时信号的采集及隔抑爆系统的实时控制。控制器主要由数据采集模块、显示模块、实时控制模块、数据存储模块、红外遥控模块、RS485 通信模块、看门狗模块、分布式电源模块、EMI 处理模块等组成。控制器通过 RS485 通信接口与上位机监控软件实现数据交换。控制器采用全新的嵌入式微处理器和嵌入式软件进行设计，具有本质安全型、环境适应性强、可接 2 台火焰传感器、4 台抑爆器。该控制器应用范围广泛，可用于管道输送自动抑爆装置、机载自动抑爆装置、巷道自动抑爆装置。接入的配套电源可选 ExiaI 型或者 ExibI 型 12 V（DC）。

具备 RS485 通信功能，可将单个控制器子装置的实时信息上传上位机监控软件；也可以向 KJ90 系统提供 1 mA 或 5 mA 开关量信号。单个控制器子装置可以通过 RS485 与上位机监控软件联网，从而得到其他联网控制器的实时信息。控制器具备触发信息保存功能，并可通过菜单进行查询。

4）电源

矿用隔爆兼本安型直流稳压电源是将交流输入变换为直流输出的稳压电源，工作原理如图 5 - 7 所示。主要由工频变压器、开关电源、DC - DC 变换、交流电与备电管理、可充镍氢电池等组件构成。首先交流电［含 127 V（AC）、220 V（AC）、380 V（AC）、660 V（AC）四个电压等级］输入经过工频变压器变换为 170 V（AC）输出，变压器次级输出接入到开关电源输入，再经开关电源变换为 24 V（AC）输出，电源主板上实现由 DC - DC 变换 24 V 为 12 V，24 V 同时隔离变换为 24 V 和另一组 12 V 输出，三路独立的直流电经本安保护板上的两级过流过压保护后达到本安输出要求。交流电与电池的切换由二极管"与"电路实现无缝链接，备用电池的充放电管理由单片机实时采样电池电压、控制充电信号开断实现。

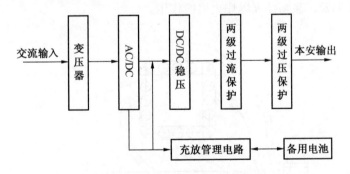

图 5 - 7　稳压电源工作原理方框图

2. 主要技术参数

1）火焰传感器

（1）传感器响应时间：<1 ms。

（2）传感器触发条件：可触发 5 m 远处一烛光火焰。

（3）故障输出信号：1 路。

（4）传感器工作正常时输出高电平：≥4.0 V（DC）。

（5）传感器发生故障时输出低电平：≤0.8 V（DC）。

（6）传感器探测角度：120°。

2）本安型抑爆装置控制器

（1）基本功能：控制器能接入 2 路 Ia 型或者 Ib 型火焰传感器并为其供电；能检测 Ia 型火焰传感器故障状态并记录；控制器可以保存 10 组触发记录并可查询；能接入压力传感器并为其供电；能对接入设备数量遥控设置。

（2）显示功能：有电源指示、通信指示、抑爆器状态指示、传感器状态指示、触发信息显示功能。

（3）控制功能：有 4 路抑爆器开关控制输出。

（4）监控联网功能：控制器有 RS485 信号口，通过配套设备能与上位机软件"自动喷粉抑爆装置监控软件"联机通信。

（5）状态信号输出功能：控制器具有设备是否触发状态的开关量信号输出功能，能对外输出 1 mA 或 5 mA 信号分别表示控制器未触发、已触发。

（6）响应时间：≤15 ms。

3）抑爆器

（1）喷撒滞后时间：＜15 ms。

（2）成雾时间：＜120 ms。

（3）雾面持续时间：＞1000 ms。

（4）喷撒效率：≥95%。

（5）爆剂质量：（8 ±0.5）kg。

（6）贮存压力值：（7 ±2）MPa。

4）矿用隔爆兼本安型直流稳压电源

交流额定输入电压（可选）：127 V（AC）/220 V（AC）/380 V（AC）/660 V（AC），变压器抽头式；波动范围为75% ~110%。

3. 抑爆性能及安装应用

1）抑爆性能

在中煤科工集团重庆研究院瓦斯煤尘爆炸试验巷道模拟掘进工作面发生爆炸，验证 ZYBJ 矿用机载式自动喷粉抑爆装置抑爆性能。试验巷道 7.2 m² 的拱形断面、长 896 m，用钢筋混凝土浇筑，可承受 2.5 MPa 的爆炸压力，巷道两侧设置有壁龛，可安装测试传感器。参照（MT 694—1997）"煤矿用自动隔爆装置通用技术条件"的试验条件和要求进行模拟验证，图 5 - 8 所示为 ZYBJ 矿用机载式自动喷粉抑爆装置在巷道中的安装。

图 5 - 9 所示为利用高速摄影拍摄的 ZYBJ 矿用机载式自动喷粉抑爆装置的抑爆效果，从图中可看出，当掘进工作面发生瓦斯爆炸后，装置迅速动作，喷撒出抑爆粉剂形成抑爆屏障，抑制爆炸的发展，将爆炸控制在初始阶段。

2）安装应用

ZYBJ 矿用机载式自动喷粉抑爆装置（图 5 - 10）在煤矿井下安装时，抑爆器喷嘴组和传感器安装在掘进机头，确保传感器探测范围覆盖整个工作面，控制器、抑爆器罐体及电源安装于掘进机上周边不影响工作的地方。要根据工作面断面大小，确定安装抑爆器罐体的数量及喷嘴的个数，确保装置动作后形成有效的抑爆屏障。在实际安装时还应注意抑爆器必须固定牢靠，以防动作时的反作用力；抑爆器喷嘴出口采取防落煤封堵措施，应保持传感器窗口的清洁，防止粉尘覆盖窗口；联结线路均布置于隐蔽处，防止落石砸损。

图 5-8　ZYBJ 矿用机载式自动喷粉抑爆装置在巷道中的安装

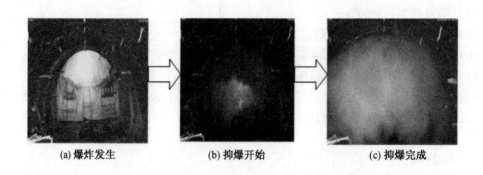

(a) 爆炸发生　　　　　(b) 抑爆开始　　　　　(c) 抑爆完成

图 5-9　ZYBJ 矿用机载式自动喷粉抑爆装置抑爆效果

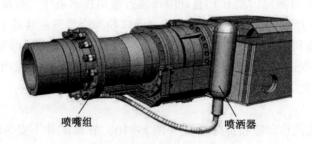

喷嘴组　　　　　喷洒器

图 5-10　ZYBJ 矿用机载式自动喷粉抑爆装置安装

（二）巷道式自动喷粉隔抑爆装置

巷道式自动喷粉隔抑爆装置安装于煤矿井下巷道，能够超远距离探测爆炸信息，快速隔绝巷道瓦斯煤尘强爆炸，控制井下爆炸范围，防止爆炸进一步扩大。

1. 结构原理

当发生爆炸事故时，传感控制器探测到火焰信号并分析后触发抑爆器，抑爆器迅速喷射出抑爆剂，在前端形成具有一定抑爆效果的惰性粉尘云，将爆炸抑制或阻断火焰传播的作用。隔抑爆装置主要由本安电源、抑爆器、火焰传感器、控制器组成。巷道式自动喷粉隔抑爆装置工作原理框图如图 5 - 11 所示。

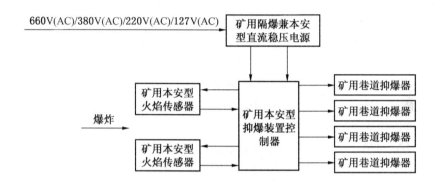

图 5 - 11　巷道式自动喷粉隔抑爆装置工作原理框图

目前有产气式、储压式两种原理的巷道式自动喷粉隔抑爆装置，储压式在具体安装时又可分为集成式与分散式。不同类型的巷道式自动喷粉隔抑爆装置如图 5 - 12 所示。

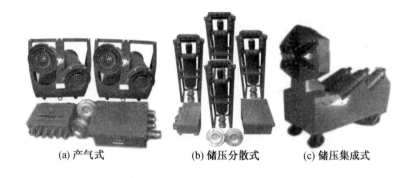

(a) 产气式　　　　(b) 储压分散式　　　　(c) 储压集成式

图 5 - 12　不同类型的巷道式自动喷粉隔抑爆装置实图

2. 技术特点及适用性

巷道式自动喷粉隔抑爆装置依靠对火焰信息的探测，触发抑爆器，使其自动地把抑爆剂快速喷撒到火焰面上，抑制或阻断爆炸火焰传播。动作后隔爆有效雾面大于 10 m²，喷撒持续时间超过 5000 ms，并且具有自检、故障诊断，远程状态监测等功能。

1）矿用本安型火焰传感器

（1）传感器响应时间：＜1 ms。

（2）传感器触发条件：可触发5 m外1烛光火焰。

（3）火焰检测输出信号：1路。

（4）辅助信号：1路。

（5）故障输出信号：1路。

（6）传感器探测角度为120°。

2）矿用本安型隔抑爆装置控制器

（1）基本功能：控制器能接入2路Ia型或者Ib型火焰传感器并为其供电；能检测Ia型火焰传感器故障状态并记录；控制器可以保存10组触发记录并可查询；能接入压力传感器并为其供电；能对接入设备数量遥控设置。

（2）显示功能：有电源指示、通信指示、抑爆器状态指示、传感器状态指示、触发信息显示功能。

（3）控制功能：有4路抑爆器开关控制输出。

（4）监控联网功能：控制器有RS485信号口，通过配套设备能与上位机软件"自动喷粉抑爆装置监控软件"联机通信。

（5）状态信号输出功能：控制器具有设备是否触发状态的开关量信号输出功能，对外输出1 mA或5 mA信号分别表示控制器未触发、已触发。

（6）响应时间：≤15 ms。

3）产气式矿用巷道抑爆器

（1）喷撒滞后时间：＜15 ms。

（2）成雾时间：＜120 ms。

（3）雾面持续时间：＞5000 ms。

（4）喷撒效率：＞90%。

4）矿用隔爆兼本安型直流稳压电源

（1）供电电源。

交流额定输入电压（可选）：127 V（AC）/220 V（AC）/380 V（AC）/660 V（AC），变压器抽头式；波动范围：75% ~110%。

（2）开关量输出信号。

电平型信号：输出高电平时应不小于5 V，输出低电平时不大于1 V。

（3）备用电源工作时间及转换时间。

工作时间：≥2 h（额定负载时）；转换时间：≤100 ms。

3. 隔抑爆性能

在中煤科工集团重庆研究院瓦斯煤尘爆炸试验基地试验巷道进行了巷道式自动喷粉隔抑爆装置隔抑爆性能验证。产气式、储压分散式巷道隔抑爆装置安装分别如图5-13、图5-14所示。试验条件：①100 m³瓦斯空气爆炸性混合气体，浓度9% ~10%；②煤尘铺设：30 m ~100 m，浓度300 g ~500 g/m³；③点火能量：3只8号电雷管用点火药头；④装备安设位置27 ~33 m。

从图5-15中可以看出，在装置安装位置前10 ~20 m、20 ~30 m两个区间的火焰传

图 5 – 13　产气式巷道隔抑爆装置安装图

图 5 – 14　储压分散式巷道隔抑爆装置安装图

播平均速度与传爆试验类似；30～40 m 之间由于装置的存在，及时喷射出了抑爆剂，形成了隔爆屏障区，抑爆剂的作用使火焰速度不断下降，最终爆炸火焰被扑灭，反应终止，火焰速度也即为零。由于冲击波往巷道出口的带动作用，抑爆剂抑制火焰有一个时间和区间过程。传爆试验则是被冲击波扬起的煤尘不断的参加反应，火焰速度越来越大。这表明隔爆试验的火焰传播状态与传爆试验状态完全相反，从爆源起逐渐加速，在进入隔爆带时便急剧减速，并很快熄灭。

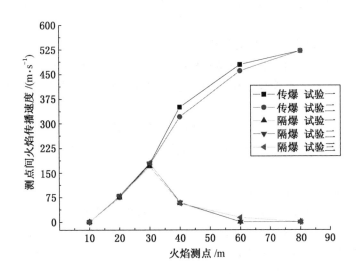

图 5 – 15　巷道瓦斯煤尘爆炸隔抑爆效果对比

（三）机载式自动喷粉抑爆装置、巷道式自动喷粉隔抑爆装置的应用技术

1. 安装位置

（1）采区内的煤层掘进巷道。

（2）采煤工作面及其进风、回风巷道。

（3）有瓦斯和煤尘爆炸危险性的其他巷道。

（4）煤仓、运煤转载点、破碎煤点、卸煤点以及电气设备集中点。

2. 安装要求

1）传感器的安装

机载式自动抑爆装置传感器应安装在掘进机（采煤机、装载机等）的护板前端两侧，窗口朝向前进方向，其视角应能覆盖整个工作面。

巷道式自动隔抑爆装置传感器安装时应朝向潜在危险源。

2）控制器的安装

控制器应尽量放置在不易受污染并能方便维护的地方。

3）抑爆器的安装

机载式自动抑爆装置抑爆器宜安装在掘进机（采煤机、装载机等）的护板中部，喷嘴朝向工作面。巷道式自动隔抑爆装置抑爆器应安装在巷道两侧，以不影响巷道正常工作为宜，其保护范围应覆盖整个巷道或工作面。

3. 采煤工作面防护系统的设置

1）低瓦斯矿井

一般综采工作面只设采煤机机载式自动抑爆装置。

预测综采工作面瓦斯涌出量大，并需设置专用排瓦斯巷的应装备采煤工作面防护系统。主防护区为采煤工作面，安设采煤机机载式自动抑爆装置一组。辅助防护区为采煤工作面回风巷，在回风巷道距采煤工作面端头不大于 30 m 的地点安设一道巷道式自动隔爆装置。

2）高瓦斯矿井、煤与瓦斯突出矿井

主防护区为采煤工作面，装设采煤机机载式自动抑爆装置一组。辅助防护区为采煤工作面回风巷，在回风巷道距采煤工作面端头小于或等于 30 m 地点安设一道巷道式自动隔抑爆装置。

在煤与瓦斯突出矿井与有瓦斯喷出区域的采煤工作面，除采煤工作面回风巷中安设高危点单点防护系统外，还应在包括采煤工作面进风巷内电气设备集中地点安设高危点单点防护系统。

3）开采有煤尘爆炸危险性的矿井

主防护区为采煤工作面，安设采煤机机载式自动抑爆装置一组。

辅助防护区为采煤工作面进、回风巷，以巷道距采煤工作面端头不大于 30 m 地点为始点设置首道巷道式自动隔抑爆装置，再在距首道系统后 20～30 m 的地点设置第二道巷道式自动隔抑爆装置，为组合强化式防护。

高危点防护除按瓦斯矿井分类防护外，对于巷道中的运煤转载点、破碎机点等易扬尘地点，如其不在所设巷道系统的有效防护范围内，应安设高危点单点防护系统。

4. 煤巷和半煤岩巷掘进工作面防护系统的设置

1）低瓦斯矿井

预测瓦斯涌出量大的综掘工作面设掘进机机载式自动抑爆装置一组。

2）高瓦斯矿井、煤与瓦斯突出矿井

综掘工作面设高危区防护系统。主防护区为包括掘进机在内的机前工作区段，安设掘进机机载式自动抑爆装置一组。辅助防护区为距掘进工作面顶头不大于 30 m 的巷道地点安设一道巷道式自动隔抑爆装置。

煤与瓦斯突出矿井和有瓦斯喷出区域的掘进工作面，如电气设备集中地点不在所设巷道式自动隔抑爆装置的有效防护范围内，应设高危点单点防护系统。

3）开采有煤尘爆炸危险的矿井

主防护区的设置形式与高瓦斯矿井、煤与瓦斯突出矿井相同。

辅助防护区的设置形式，在预防瓦斯爆炸所设巷道式自动隔抑爆装置的基础上，再增设一道巷道式自动隔抑爆装置，为组合强化式防护。

高危点防护除按瓦斯矿井分类防护外，对于巷道中的易扬尘地点，如其不在所设巷道式自动隔抑爆装置有效防护范围内，应安设高危点单点防护系统。

掘进机上未安装机载式自动抑爆装置的综掘工作面、高瓦斯矿井的炮掘工作面，应在距掘进工作面顶头不大于 30 m 的巷道地点为始点，设置两道巷道式自动隔抑爆装置，首道与第二道系统间距为 20 ~ 30 m。

5. 其他高危点防护系统的设置

（1）除对采掘工作面巷道中的高危点设单点防护系统外，具有煤尘爆炸危险的矿井，应在其他高危点设单点防护系统，如煤仓、装载点、机电设备群点等。

（2）高危点单点防护系统的设置形式：距离高危点 3 ~ 6 m 的下风流方向位置安装巷道式自动隔抑爆装置一组。

（3）多组装置进行组合防护时，必须进行互联，互联装置之间必须使用专用阻燃电缆连接。

（4）采用连续采煤机采煤方法的采煤工作面防护系统，参照综合机械化的煤巷掘进工作面设置形式进行安装。

（5）组合强化式防护系统的设置一般情况下最多设置两道巷道式自动隔抑爆装置。

（四）其他类型的主动隔抑爆装置

1. 自动水幕抑燃抑爆系统

自动水幕抑燃抑爆系统一般安装于井下巷道，其原理与动作方式与前述自动抑爆装置均不同，因而技术特点也完全不同。

1）结构原理

自动水幕抑燃抑爆系统由传感器、控制仪、快开阀、供水系统及水幕设施五部分组成。工作原理如图 5 - 16 所示，正常情况下，传感器、控制仪和供水系统处于工作状态，快开阀和水幕设施为关闭状态；当井下有燃烧或爆炸发生时，传感器把接收到的燃烧或爆炸信号输入控制仪，控制仪对信号经过判别，确认为危险信号时，指示快开阀瞬间打开，接通供水系统与水幕设施，水幕设施即喷雾形成一条水幕带，抑制燃烧或爆炸的传播。

水幕设施与快开阀为自动水幕抑燃抑爆系统的关键设备。水幕设施抑制爆炸火焰传播的效果与火焰进入水幕带的传播速度、水雾特性参数、水雾带长度、水雾作用方式有关。快开阀功能相当于一个开关阀门，用于接通供水系统和水幕设施，但要求自动快速的动作，目前所有的阀门动作速度都在秒级以上，不能满足此要求。为了提高快开阀的动作速度，适应爆炸场合，采用实时产气式驱动方式，速度可在 ms 级以上。图 5 - 17 所示为水幕设施实图，图 5 – 18 所示为快开阀实图。

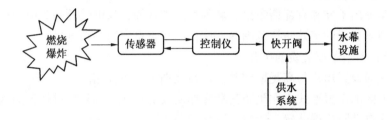

图 5 – 16　自动水幕抑燃抑爆系统工作原理图

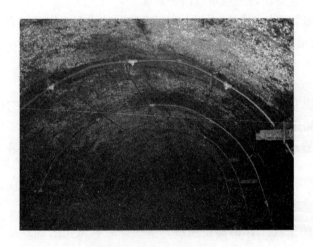

图 5 – 17　水幕设施　　　　　　图 5 – 18　快开阀

2）主要技术指标

（1）可探测 5 m 远 1cd 的火焰，Ⅰ级。

（2）监视范围：120°圆锥夹角。

（3）系统动作时间：< 20 ms。

（4）形成封闭断面水幕时间：< 100 ms。

（5）水幕带长度：> 10 m。

（6）每道水幕最小喷雾强度：2.5 MPa 喷雾压力下，18 L/（min · m²）。

（7）水雾粒度：约 198 μm。

（8）工作电压：17.5 ~ 18.5 V（DC）。

（9）防爆类型：传感器、控制仪为本质安全型，快开阀为隔爆型。

3）技术特点

自动水幕抑燃抑爆系统传感器反应灵敏、探测范围广，采用紫外感应原理，抗干扰性强。控制仪结构简单，功能强大。快开阀采用高压产气推动活塞原理，反应速度快，抗压设计承压性强，可以满足不同的水喷雾压力要求。水幕设施水幕结构简单，采用常规低压成雾原理，现场容易实现，成本便宜。整个自动水幕抑燃抑爆系统动作可靠，性能稳定，使用寿命长，抗风险能力强。

自动水幕抑燃抑爆系统探测到燃烧爆炸信号动作成雾后，可以持续喷雾，能够有效抑制燃烧爆炸的传播，扑灭爆炸火焰，衰减爆炸冲击波；可以隔绝爆炸反应产生有毒有害气体传播，降低人员中毒危险；可以降低由于爆炸反应升高的环境温度，保护水幕设施后的人员和设备，防止温度过高引起二次爆炸或衍生爆炸；采用水雾作为抑爆介质，安全环保，不增加额外安全风险，对环境不产生危害。

4) 技术适用性

依据水幕抑燃抑爆系统的技术特点，适合安装于工作面、采空区、大巷及重要设备硐室附近。

2. 机械式自动隔爆装置

1) 结构原理

机械式自动隔爆装置是国内引进俄罗斯的一种隔爆装置，其结构原理如图 5 – 19 所示，实物如图 5 – 20 所示。装置主要由主体部分、冲击波接收杆、冲击波接收盘和吊挂装置等构成。在井下安装时，先将锚杆固定于巷道顶部，再将吊挂装置固定于锚杆上，冲击波接收板面向爆炸产生的冲击波和火焰前锋。冲击波先于火焰前锋到达冲击波接收装置，并使触发装置动作，抑爆介质喷出，形成高效能灭火粉团，并能够悬浮足够时间，等待火焰到来，并使之熄灭，达到阻止隔绝瓦斯煤尘爆炸传播的目的。

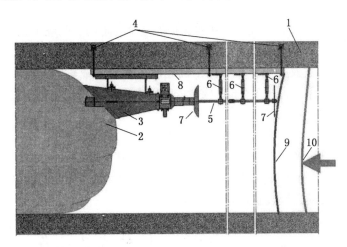

1—巷道；2—灭火粉团；3—主体部分；4—锚杆；5—冲击波接收杆；6—左吊挂装置；7—冲击波接收盘；
8—用于悬挂自动化隔爆装置的专用紧固构件；9—冲击波；10—火焰锋面

图 5 – 19　机械式自动隔爆装置结构原理

2) 主要技术指标

(1) 开启压力：≥0.02 MPa。

(2) 开启速度：≤25 ms。

(3) 高压气腔压力：(12 ± 2)MPa。

(4) 高压气腔容积：3.29 L。

图 5 – 20　机械式自动隔爆装置实图

（5）灭火粉喷出距离：≥30 m。

（6）灭火粉重量：25 kg。

（7）装置总长：7250 mm。

（8）主体总长：1265 mm。

（9）系统总重：≤89 kg。

（10）灭火粉喷出浓度：80 g/m³。

（11）灭火粉悬浮时间：≥4 min。

3）应用注意事项

（1）机械式自动隔爆装置应安装在巷道顶板下方，冲击波接收器面向冲击波和火焰扩散方向。

（2）机械式自动隔爆装置应安装在要保护的整个巷道内，间隔不超过 300 m，且首尾两个装置应安装在距离与其衔接的巷道不少于 30 m 的位置。

（3）当爆炸冲击波及火焰扩散方向不确定时，须安装成对的、安装方向相反的机械式自动隔爆装置，距离不超过 300 m；或者安装同方向的机械式自动隔爆装置，且间隔不超过 150 m。

（4）为保证隔爆性能，机械式自动隔爆装置的工程设计要充分考虑巷道断面形状、尺寸、爆点的爆炸当量及爆点位置来进行设计，进而确定隔爆装置的数量及位置。

（5）机械式自动隔爆装置安装在掘进巷道中时，随掘进作业的推进，根据掘进巷道的长度选择机械式自动隔爆装置的安装方案。

第三节　被动式隔爆技术及装备

被动式隔爆装置，如水槽棚、水袋棚等，因其成本低廉、使用方便，在世界各主要产煤国得到了不同程度的开发和应用。煤矿控制瓦斯煤尘爆炸传播最早使用撒布岩粉方法，为此，波兰、澳大利亚、南非、英国、美国等还制定了相应的标准。其后，研制开发了隔爆岩粉棚、隔爆水槽、隔爆水袋等措施。

《煤矿安全规程》（2016）第一百八十八条规定：高瓦斯矿井、突出矿井和有煤尘爆炸危险的矿井，煤巷和半煤岩巷掘进工作面应当安设隔爆设施。隔爆水槽、隔爆水袋在我国已普遍使用，在现场应用过程中，水槽或水袋中的水由于通风蒸发水量不足，且被煤粉污染，影响隔爆效果。需定期更换或加水，增加了工作量；特别是北方一些煤矿严重缺水，水的成本很高，给煤矿增加了经济负担。为了克服敞开式水槽、水袋的缺点，使隔爆措施发挥应有的作用，研究出了密封式隔爆水袋。

一、被动式隔爆技术原理

被动式隔爆技术是依赖气体粉尘爆炸产生的冲击波动力来抛撒消焰剂形成抑制带，扑灭滞后于冲击波传播的火焰，阻止爆炸传播的技术及装备。

根据爆炸传播规律，在爆炸初期，火焰传播速度大于压力波传播速度，火焰在前，压力波峰在后；随着爆炸的发展，压力波速度迅速增大，超过火焰面传播速度，距爆源约 40 m 时，压力波赶上并超过火焰面；随着距离的增大，压力波超前火焰面越来越远。被动式隔爆措施就是利用压力波超前于火焰面的特点，利用爆炸所产生的压力击碎水槽或使水袋脱钩，使水槽或水袋中的水依靠压力波形成水雾，当随后的火焰面到来时，扑灭火焰，防止火焰引爆后面瓦斯，隔绝爆炸，如图 5－21 所示为水槽或水袋动作瞬间。被动式隔爆措施的原理决定了它只能适用于隔绝

图 5－21　水槽或水袋动作瞬间

瓦斯爆炸火焰传播，而不适用于扑灭压力很小的瓦斯燃烧火焰。

二、被动式隔爆装备分类

我国现在普遍使用的被动式隔爆装备分为隔爆水槽、隔爆水袋。对隔爆水槽、隔爆水袋可按照材质、安装方式和安装距离进行不同分类。图 5－22 所示为泡沫隔爆水槽，图 5－23 所示为塑料隔爆水槽，图 5－24 所示为隔爆水袋，图 5－25 所示为密封式水袋。

图 5－22　泡沫隔爆水槽

图 5－23　塑料隔爆水槽

图 5 - 24 隔爆水袋

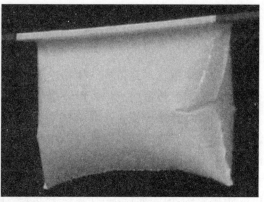

图 5 - 25 密封式水袋

（一）隔爆水槽的主要技术指标

阻燃性能：符合 MT 113—1995 标准要求。

表面电阻值：$\leqslant 3 \times 10^{8}\ \Omega$。

水槽破碎静压：$\leqslant 12\ kPa$。

形成最佳水雾所需时间：$< 150\ ms$。

最佳水雾持续时间：$> 250\ ms$。

最佳水雾柱长度：$> 5\ m$。

最佳水雾柱宽度：$> 3.5\ m$。

最佳水雾柱高度：$> 3.2\ m$。

技术特点：质量轻、破碎压力小、成本低，并具有安装、维护方便等优点。

（二）隔爆水袋的主要技术指标

阻燃性能：符合 MT 113—1995 标准要求。

表面电阻值：$\leqslant 3 \times 10^{8}\ \Omega$。

水袋形成水雾所需爆炸静压：$\leqslant 12\ kPa$。

形成最佳水雾所需时间：$< 150\ ms$。

最佳水雾持续时间：$> 160\ ms$。

最佳水雾柱长度：$> 5\ m$。

最佳水雾柱扩散宽度：$> 3.5\ m$。

最佳水雾柱扩散高度：$> 3.0\ m$。

技术特点：质量轻、成本低，并具有运输、安装、维护方便等优点。

三、被动式隔爆装备动作方式

虽然被动式隔爆措施都是依靠爆炸压力的作用形成水雾状态的，但撒布水方式不同，对爆炸压力大小的要求不同，就影响被动式隔爆措施适用范围。撒布水方式与安装方式有关，也与材料有关。具体分为以下 4 类。

掀翻方式：依靠爆炸波压力掀翻水槽而撒布水。主要是采用上托式安装时的作用原理，包括塑料水槽和泡沫水槽，其所需驱动的爆炸压力相对较小，一般大于 5 kPa，但随着水量增大，所需驱动压力随之增大。安装时注意保持棚间距，以方便水槽倾倒。

脱钩方式：依靠爆炸波压力使水袋一边脱钩撒布水的方式。它是各种吊挂式水袋的作用原理。其所需驱动的爆炸压力相对较小，一般大于 5 kPa，随着容水质量增大，所需驱动压力随之增大。安装时特别注意挂钩方向和角度，千万不可捆死水袋。

击碎方式：依靠爆炸波压力击碎水槽撒布水。一般是嵌入式水槽安装方式，水槽强度不同，所需击碎压力不同，所需的爆炸压力相对较大，一般大于 9 kPa，塑料水槽较大，泡沫槽较小。

撕裂方式：依靠爆炸波压力撕裂水袋撒布水。是密封式隔爆水袋作用原理。密封式隔爆水袋材料不同，所需爆炸波压力不同，所需的爆炸压力相对较大，一般大于 9 kPa。安装时注意保持架间距，使水袋有摆动的间隔。

现有被动式隔爆措施性能见表 5-2，表中的数据是以现有水分布试验和大巷隔爆试验为基础，分析总结而成。

表 5-2　被动式隔爆措施性能表

名　称	规　格	安装方式	撒布水方式	最小驱动压力/kPa	距爆源距离/m
硬质塑料水槽	40 L，60 L，80 L	上托式嵌入式	掀翻击碎	6 9	>60 >80
泡沫水槽	40 L，60 L	上托式嵌入式	掀翻击碎击碎	6 6	>60 >60
内筋布料水袋	20 L，30 L，40 L，60 L，80 L	挂钩式	脱钩	5	>60
塑料水袋	20 L，30 L，40 L，60 L，80 L	挂钩式	脱钩	5	>60
密封式水袋	20 L，30 L，40 L	卷压吊挂	撕裂	9	>80

四、被动式隔爆装备的应用技术

被动式隔爆水槽、水袋是以隔爆水槽棚或隔爆水袋棚的形式在井下应用，统称为隔爆棚。隔爆棚按安装位置分为主要隔爆棚及辅助隔爆棚，其中水袋棚不能作为主要隔爆棚；按安装方式分为集中式安装及分散式安装。

（一）主要隔爆棚的安装地点

（1）矿井两翼，与井筒相通的主要运输大巷和回风大巷。

（2）相邻煤层之间的运输石门和回风石门。

（3）相邻采区之间的集中运输巷和回风巷。

（二）辅助隔爆棚的安装地点

（1）采煤工作面进风巷和回风巷。

（2）采区内的煤巷、半煤巷掘进巷道。

（3）采用独立通风、并有煤尘爆炸危险的其他巷道。

（4）煤仓与其相连的巷道间。

（5）装载点与其相连的巷道间。

（三）位置要求

集中式隔爆棚首排水槽/水袋与巷道交叉口、变坡处、转弯处的轴向距离为 50～75 m。集中式水槽棚首排水槽与工作面、煤仓、装载点的轴向距离为 60～200 m；集中式水袋棚首排水袋与工作面、煤仓、装载点的轴向距离为 60～160 m。分散式隔爆棚首个棚组与工作面、煤仓、装载点及巷道交叉口、变坡处、转弯处的轴向距离为 30～35 m。同一巷道中，相邻两集中式水槽棚之间的轴向距离不应大于 200 m，相邻两集中式水袋棚之间的轴向距离不应大于 160 m。同一巷道中，集中式隔爆棚与分散式隔爆棚之间的轴向距离为 30～35 m。

（四）隔爆棚参数设置

主要隔爆棚的用水量按巷道断面 400 L/m^2 计算，棚区长度不应小于 30 m。集中式辅助隔爆棚的用水量按巷道断面 200 L/m^2 计算，棚区长度不应小于 24 m。分散式隔爆棚的用水量按棚区所占巷道空间 1.2 L/m^3 计算，棚区长度不应小于 200 m。

（五）隔爆棚内水槽布置

隔爆棚内的水槽，占据巷道宽度之和与巷道最大宽度的比例见表 5-3。排内两个水槽之间的间隙为 0.1～1.2 m；水槽外边缘与巷壁（两帮）、支架、构筑物之间的垂直距离不应小于 0.1 m；水槽之间的间隙与水槽同支架或巷壁之间的间隙之和不应大于 1.5 m。水槽底部与顶板（梁）的垂直距离不应大于 1.6 m，否则，应在其上方增设一个水槽；水槽底部至巷道轨面的垂直距离不应低于巷道高度的 1/2，且不应小于 1.8 m。

表 5-3　水槽占据巷道宽度之和与巷道最大宽度比例

巷道净断面/m^2	占据巷道宽度之和与巷道最大宽度的比例/%
<10	≥35
10～12	≥50
>12	≥65

（六）隔爆棚内水袋布置

排内两个水袋之间的间隙为 0.1～1.2 m。水袋外边缘与巷壁（两帮）、支架、构筑物之间的垂直距离不应小于 0.1 m；水袋底部距顶板（梁）的垂直距离不应大于 1 m；水袋底部至巷道轨面的垂直距离不应低于巷道高度的 1/2，且不应小于 1.8 m。

第六章　通风瓦斯治理实用新技术

矿井通风系统由通风动力装置、通风井巷网络、风流监测与控制设施所组成。在正常生产时期，其任务是利用通风动力，以最经济的方式向井下各用风地点供给质优量足的新鲜空气，保证人员呼吸，稀释并排放瓦斯、粉尘等各种有害气体，降低热害，为井下工人创造良好的劳动环境；在发生灾变时，能有效、及时控制风向及风量，并与其他措施相结合，从而防止灾害扩大、进而消灭事故。显然，矿井通风在煤矿安全生产中发挥着举足轻重的作用。

在"通风可靠、抽采达标、监控有效、管理到位"瓦斯治理工作体系中，通风是瓦斯治理的基础，矿井涌出的瓦斯一般都以风排和抽采两种方式带到地面，风排瓦斯在矿井瓦斯涌出量中一般占的比例在40%以上。另外，发生瓦斯事故的煤矿，大多都存在通风系统不合理、不可靠的问题，如采区未实现分区通风，采掘工作面通风不独立、风量不足，存在不合理串联通风、角联通风等，导致局部瓦斯积聚，发生瓦斯事故。

近年来，我国在矿井通风领域的技术取得长足进步，本章介绍通风系统可靠性评价及系统优化技术、风网在线监测与智能控制技术、工作面 Y 型通风瓦斯治理技术和综放工作面 U 型通风"四位一体"瓦斯治理技术。

第一节　矿井通风系统可靠性评价及系统优化技术

一、通风可靠性评价

目前对通风系统可靠性评价应用较多的主要是综合评判法，它综合考虑多种指标，从总体上对矿井通风系统做出综合的评判，包括加权平均法、模糊综合评判法、层次分析法、灰色综合评判法、灰色聚类法、人工神经网络法等。这里选取了现场应用较多的模糊综合评判法和层次分析法进行介绍，为通风工作者提供参考。

（一）模糊综合评判法

1. 评价指标体系的建设

根据矿井通风系统的内涵与所涉及的范围，可以从许多不同的侧面提出反映该系统可靠性的指标。将指标体系分为三大类：第一类为日常矿井通风系统可靠性（B_1）；第二类为矿井通风防灾系统可靠性（B_2）；第三类为矿井安全监测系统可靠性（B_3）。为了衡量各指标好坏，将评价等级分为"合格 A,基本合格 B 和待整改 C"三个级别，通过大量调研、统计分析和理论研究，并参考有关技术规范、法规和经验总结，确定出各指标评价分级的界定范围值。由于指标评价分级的边界存在模糊性，因此采用建立各项指标分级隶属函数的方法予以表示。为了确定各指标的重要性权数，建立了层次分析结构模型，结果如图 6 – 1 所示。

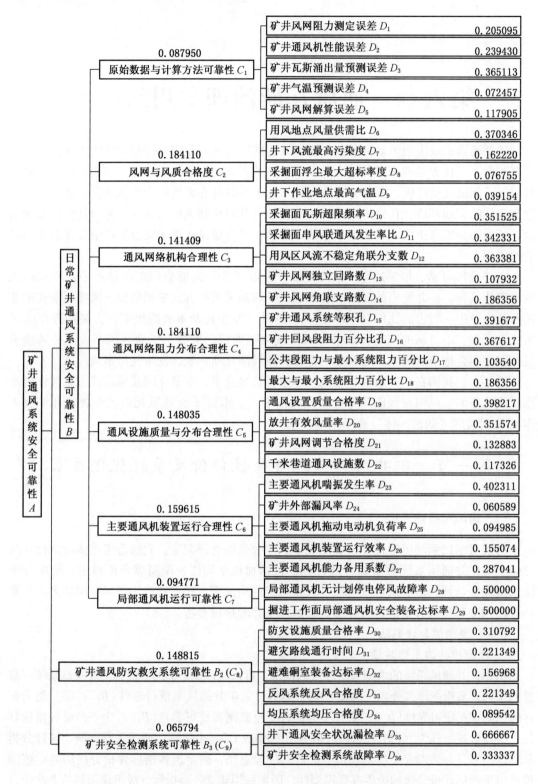

图6-1　矿井通风系统安全可靠性指标层次结构模型及其权重分配

2. 矿井通风系统模糊综合评价模型

根据矿井通风系统可靠性评价指标体系及其层次结构模型，以及单指标多对象的特点，将其分成四级进行综合评价。第一级为 D 层指标：对各自所含评价对象的综合评价；第二级为 C 层 9 个子目标集：对各自所含指标的综合评价；第三级为 B 层 3 个子目标集：对各自所含子目标集的综合评价；第四级为总目标层：对所含 3 个子目标的综合评价。

1) 单指标多对象综合评价的计算方法

由于某些指标所含的评价对象类型有多个，而这些评价对象类型对于某指标影响的重要性程度大小不同。因此，根据这些指标的意义和其所涉及的评价对象，建立相应的评价对象权重系数，见表 6 - 1。其余指标均为针对某一类评价对象，其权重系数均相同。

表 6 - 1　评价对象的权重

类　型　名　称	权　重	类　型　名　称	权　重
全矿井	1	临时通风设施	0.3
某一风井系统	1	永久密闭	0.2
采掘工作面	0.35	临防火门时密闭	0.1
备用工作面	0.25	测风站	0.2
炸药库	0.2	防爆门	0.1
机电硐室	0.15	隔爆设施	0.1
其他巷道	0.05	反风设施	0.15
永久通风设施	0.7	均压设施	0.15

假设某指标所包含的评价对象有 n 个，其权矩阵为 $W = (\omega_1, \omega_2, \cdots, \omega_n)$，按该指标的隶属函数式，针对不同对象的指标测值，分别计算三个级别的隶属度值 f_A、f_B、f_C，然后再进行同级求和，即：

$$\tilde{R}'(d_j) = \left(\sum_{i=1}^{n} \omega_i f_A(d_j, i), \sum_{i=1}^{n} \omega_i f_B(d_j, i), \sum_{i=1}^{n} \omega_i f_C(d_j, i) \right) \qquad (6-1)$$

并对其进行归一化处理，从而形成一个归一化向量：

$$SR'(d_j) = \sum_{i=1}^{n} \{ \omega_i f_A(d_j, i) + \omega_i f_B(d_j, i) + \omega_i f_C(d_j, i) \} \qquad (6-2)$$

$$\tilde{R}'(d_j) = \frac{1}{SR'(d_j)} \left(\sum_{i=1}^{n} \omega_i f_A(d_j, i), \sum_{i=1}^{n} \omega_i f_B(d_j, i), \sum_{i=1}^{n} \omega_i f_C(d_j, i) \right) \qquad (6-3)$$

式中，ω_i 为第 i 个评价对象类型的权重系数；$f_A(d_j, i)$，$f_B(d_j, i)$，$f_C(d_j, i)$ 分别为指标 d_j 对于第 i 个评价对象的三级隶属度值。例如对于用风地点风量供需比 d_6 指标可根据实测值，按以下隶属函数式计算

$$f_A(d_6) = \begin{cases} 1 & 1 < d_6 < 1.2 \\ \dfrac{1.3 - d_6}{1.3 - 1.2} & 1.2 \leqslant d_6 < 1.3 \\ 0 & \text{其他} \end{cases}$$

$$f_B(d_6) = \begin{cases} 1 & d_6 = 1 \\ \dfrac{d_6 - 1.2}{1.3 - 1.2} & 1.2 < d_6 < 1.3 \\ \dfrac{1.5 - d_6}{1.5 - 1.3} & 1.3 \leqslant d_6 < 1.5 \\ 0 & \text{其他} \end{cases}$$

$$f_C(d_6) = \begin{cases} 0 & d_6 \leqslant 1.3 \\ \dfrac{d_6 - 1.3}{1.5 - 1.3} & 1.3 < d_6 < 1.5 \\ 1 & d_6 \geqslant 1.5 \end{cases}$$

获得单指标多对象的综合评价结果后，就可以进行下面的第二、第三和第四的综合评价。

2）指标因素集 D 分 9 个子集

把指标因素集 D 按上述结构分为 9 个子集，记为

$$D = \{C_1, C_2, \cdots, C_9\} \qquad C_i\{d_{i1}, d_{i2}, \cdots, d_ik_j\} \quad (i = 1, 2, \cdots, 9)$$

式中，C_i 含有 k_j 个指标元素；D 中共含有 36 个指标元素，即

$$\sum_{i=1}^{9} k_i = 36$$

3）建立评判集

根据可能做出的批判结果，建立评判集，记为

$$V = \{V_1, V_2, V_3\}$$

4）C 层次综合评价

对每个 C_i 中的 k_j 个指标因素进行综合评价，设 C_i 的指标元素权重矩阵为 $\tilde{W}_{ci}$，C_i 的模糊评价矩阵为 $\tilde{R}_i$，经模糊合成运算和归一化处理后，可得 C 层次综合评价结果为

$$\tilde{E}_{ci} = \tilde{W}_{ci} \cdot \tilde{R}_{ci} = (e_{i1}, e_{i2}, e_{i3}) \quad (i = 1, 2, \cdots, 9) \tag{6-4}$$

5）B 层次综合评价

把 $C_1, C_2, \cdots, C_9$ 的综合评价结果作为 9 个单因素评判矩阵，设 B_j 含 k_j 个子目标，其权重矩阵为 $\tilde{W}_{Bj} = (W_{c1}, W_{c2}, \cdots, W_{ckj})$，模糊评判矩阵为 $\tilde{R}_{Bj} = (\tilde{E}_{c1}, \tilde{E}_{c2}, \cdots, \tilde{E}_{ckj})^{\mathrm{T}}$，经模糊合成运算和归一化处理后，可得 B 层次综合评价结果为

$$\tilde{E}_{Bi} = \tilde{W}_{Bj} \cdot \tilde{R}_{Bj} = (e_{i1}, e_{i2}, e_{i3}) \quad (j = 1, 2, 3) \tag{6-5}$$

6）A 层次综合评价

把 B_1, B_2, B_3 的综合评价结果再作为 3 个单位因素评判矩阵，设总目标 A 的子目标权重矩阵为 $\tilde{W}_A = (W_{B1}, W_{B2}, W_{B3})$，模糊评判矩阵为 $\tilde{R}_A = (\tilde{E}_{B1}, \tilde{E}_{B2}, \tilde{E}_{B3j})^{\mathrm{T}}$，经模糊合成运算和归一化处理后，可得 A 层次综合评价结果为

$$\tilde{E}_A = \tilde{W}_A \cdot \tilde{R}_A = (e_1, e_2 e_3) \tag{6-6}$$

其中，$e_j = (W_{B1} * e_{1j}) * (W_{B2} e_{2j}) * (W_{B3} e_{3j}) *, j = 1, 2, 3$。

7）模糊合成运算算法

上述模糊合成运算算法常用加权平均型算法 $M(\cdot, +)$ 和主因素突出型 $M(\wedge, \vee)$。

（1）主因素突出型。按最大—最小法则来算，即用"$\wedge$"代替"$*$"，用"$\vee$"代替"$*$"。

$$e_j = \bigvee_{i=1}^{3} (W_{B1} \wedge e_{ij}) \quad (j=1,2,3) \tag{6-7}$$

（2）加权平均型。按普通矩阵乘法的符号运算，即用"·"代替"＊"用"＋"代替
"＊"。

$$e_j = \sum_{i=1}^{3} (W_{B1} e_{ij}) \quad (j=1,2,3) \tag{6-8}$$

3. 矿井通风系统模糊综合评价等级的确定

根据最高层（A 层）的模糊综合评价结果，首先按最高隶属度原则确定基本评价等
级，然后根据其余等级隶属度大小。按以下原则进行修正：

（1）如果基本评价等级为 C 级，当 $R_A + R_B > R_C/2$ 时，则最终评价等级应上调至 B
级，否则保持不变为 C 级。

（2）如果基本评价等级为 A，当 $R_B + R_C > R_A/2$ 时则最终评价等级应下调至 B 级，否
则保持不变为 A 级。

（3）如果基本评价等级为 B 级，当 $R_A > R_B/2 > R_C$ 时则最终评价等级应上调至 A 级；
当时，则应下调至 C 级，否则保持不变为 B 级。

4. 评价软件的应用实例

根据矿井通风系统安全可靠性评价的要求，对某矿进行了详细的矿井通风系统安全
可靠性调查分析，考察的对象有全矿井、各风井系统、采掘工作面、硐室、独立通风
的巷道、主要风门、挡风墙、风窗、风桥、密闭墙、隔爆设施、避灾路线、反风系统
等。采集获取了各指标针对各考察对象的实测数据，输入指标测算数据表中，并按指
标基础表中事先建立的指标分级隶属函数公式编码由软件自行计算，其分级隶属度值
见表 6-2。

表 6-2　某矿井通风系统安全可靠性指标多对象评价部分结果

指　标　名　称	评价对象	指标测值	评价 A 级	评价 B 级	评价 C 级
矿井风网阻力测定误差/%	东一风井系统	6.29000	0.355000	0.645000	
矿井主要通风机测定误差/%	东一风井系统	10.00000			1.000000
用风地点风量供需比/%	7354 综采面	1.00700	1.000000		
井下风流瓦斯最高浓度/%	东六总回	0.00000	1.000000		
井下采掘面浮沉浓度最大超标率	7354 综采面	0.65000	1.000000		
井下采掘面最高气温/℃	7354 综采面	26.50000		0.875000	0.125000
低瓦斯工作面串联通风发生率/%	全矿井	13.33000		1.000000	
用风区风流不稳定角联分支数	全矿井	0.00000	1.000000		
矿井网独立回路数	全矿井	111.00000		0.780000	0.220000
矿井风网角联分支数	全矿井	12.00000	1.000000		
矿井通风系统等积孔/m²	东一风井	2.100000		1.000000	
矿井回风段阻力百分比/%	东一风井	61.95000			1.000000

表6-2（续）

指 标 名 称	评价对象	指标测值	评价 A 级	评价 B 级	评价 C 级
公共段阻力与最小系统阻力百分比	全矿井	24.30000	0.570000	0.430000	
最大与最小系统风井系统阻力比	全矿井	1.45000	0.250000	0.750001	
通风设施质量合格率/%	永久风门	100.00000	1.000000		
矿井有效风量率/%	全矿井	88.60000	1.000000		
矿井风网调节合理度	全矿井	0.900000	1.000000		
千米巷道通风设施数/(道·km^{-1})	全矿井	0.780000	1.000000		
主要通风机喘振发生率/(次·月$^{-1}$)	东一风井	0.000000	1.000000		
矿井外部漏风率/%	东一风井	4.67590	1.000000		
主要通风机能力备用系数	东一风井	1.06645	0.332250		0.667750
主要通风机拖动点机负荷率/%	东一风井	90.900000	1.000000		
主要通风机装置运行效率/%	东一风井	54.200000			1.000000
局部通风机无计划停电停风故障率	全矿井	0.000000	1.000000		
掘进面局部通风机安全装备达标率	7003 溜子道	1.000000	1.000000		
防灾设施质量合格率	防火门	100.00000	1.000000		
避灾路线通行时间/min	7507 工作面	25.00000	1.000000		
反风系统反风合格率	东一风井	1.000000	1.000000		
井下通风安全状况漏检率/%	全矿井	0.00000	1.000000		

根据上述每个单指标的多对象测评结果及各评价对象的权重分配，分别按加权平均型和突出主因素两种算法进行单指标的多对象综合计算，得出该矿单指标的综合评价结果，然后再按上述两种综合评价算法，分三个层次进行综合评价，最后获得该矿综合测评结果见表6-3。

表6-3 某矿井通风系统安全可靠综合评价最终结果

目 标 名 称	目标权值	评价 A 级		评价 B 级		评价 C 级	
		加权平均	主因素突出	加权平均	主因素突出	加权平均	主因素突出
矿井通风系统安全可靠性	1.000000	0.519222	0.333333	0.231886	0.333333	0.248893	0.333333
日常矿井通风系统可靠性	0.785391	0.665793	0.333333	0.151895	0.333333	0.182312	0.333333
原始数据与计算方法可靠性	0.087950	0.276158	0.258358	0.131357	0.329721	0.595484	0.384920
风量与风质合格性	0.184110	0.779515	0.333333	0.156723	0.333333	0.063762	0.333333
通风网络结构合理性	0.141409	0.549737	0.446609	0.426518	0.420739	0.023745	0.132653
通风网络阻力分布合理性	0.184110	0.346407	0.344028	0.277956	0.311944	0.375637	0.344028
通风设施质量与分布合理性	0.148035	1.000000	1.000000				
主要通风机装置运行合理性	0.159615	0.712134	0.582762			0.287866	0.417238
局部通风机运行可靠性	0.094771	1.000000	1.000000				

表6-3（续）

目　标　名　称	目标权值	评价A级		评价B级		评价C级	
		加权平均	主因素突出	加权平均	主因素突出	加权平均	主因素突出
矿井通风防灾救灾系统可靠性	0.148815	0.945004	0.500000			0.054996	0.500000
矿井安全监测系统可靠性	0.065794	1.000000	1.000000				

由上述评价结果可以看出，按加权平均型算法评价，该矿最终评价结果的A级隶属度约为0.52，而"B+C"级的隶属度与超过了A级的一半，故应下调一级为B级。按突出主因素算法，该矿最终评价结果三个评价等级均为0.333333，属基本合格B级。由此可见，两种评价计算方法的结果基本一致。根据该评价结果，应对矿井通风系统及时进行整改。

应用表明，采用模糊数学和层次分析法原理，对矿井通风系统安全可靠性进行模糊综合评价，使过去一直凭经验的评价变成了综合定量化评价。

（二）层次分析法

层次分析法是对人们主观判断作形式的表达、处理与客观描述，通过判断矩阵计算出相对权重后，进行判断矩阵的一致性检验，克服两两相比的不足。其基本步骤为以下几方面。

1. 建立梯阶层次结构

建立梯阶层次结构是层次分析法中最重要的一步。在对系统充分了解的基础上，分析系统内在因素间的联系和结构，并把这种结构规划分为若干层，如图6-2所示。

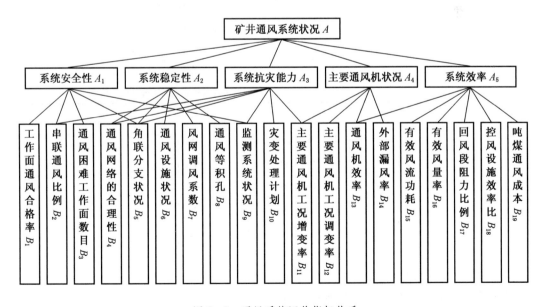

图6-2　通风系统评价指标体系

（1）目标层：最高层次，表示需要解决的问题，这里为系统安全类别的评价。

（2）准则层：第二层次为评价准则和衡量准则，也称为因素层、约束层。表示按某种方式来实现或论证解决问题或牵涉的中间环节。有时，中间环节较多，准则层不止一层，可分为子准则层、约束层。

（3）指标层：评价系统安全的具体指标或参量。如在通风系统环境这个方面，又可以确立通风网络合理性、风量供需比、有效供风率等8个方面作为通风系统环境这个评价因素的具体指标。

（4）方案层：即待评价对象影响系统安全因素的危险性。对不同问题可有不同描述，同样可再分为子方案层。

2. 层次单排序

对于每个层次的评价，需要建立评价模型矩阵，比较评价指标的重要性，并进行权值的计算和一致性检验。

1）判断矩阵的构造

在建立通风系统层次评价模型的基础上，构造判断矩阵。针对本层次中某一元素与其他有关各个元素之间用其相对重要性进行比较，然后用合适的标度将这些重要性比较，用数值表示出来，并写成矩阵形式，即构成判断矩阵。其中 a_{ij} 表示因素 A_i、因素 A_j 的相对重要性分数，取值范围为 $1 \sim 9$（或 $1/1 \sim 1/9$），取值原则见表 $6-4$。

表6-4　层次分析法判断矩阵取值

分　数	含　义
1	因素 A_i 比因素 A_j 同样重要
3	因素 A_i 比因素 A_j 稍微重要
5	因素 A_i 比因素 A_j 明显重要
7	因素 A_i 比因素 A_j 强烈重要
9	因素 A_i 比因素 A_j 极端重要
2，4，6，8	上述两两相邻判断矩阵的中间值

$$A = \begin{bmatrix} A & A_1 & A_2 & A_3 & \cdots & A_n \\ A_1 & a_{11} & a_{12} & a_{13} & \cdots & a_{1n} \\ A_2 & a_{21} & a_{22} & a_{23} & \cdots & a_{2n} \\ A_3 & a_{31} & a_{32} & a_{33} & \cdots & a_{3n} \\ \vdots & \vdots & \vdots & \vdots & & \vdots \\ A_n & a_{n1} & a_{n2} & a_{n3} & \cdots & a_{nn} \end{bmatrix}$$

2）计算评价指标的权值

使用方根法计算特征向量，具体步骤为

（1）判断矩阵 A 元素按行相乘，得到行元素的乘积 M_i

$$M_i = \prod_{i=1}^{n} aij \quad (i,j = 1,2,\cdots,n) \tag{6-9}$$

（2）行的乘积 M_i 分别开 n 次方，得到 $\overline{W_i}$

$$\overline{W_i} = \sqrt[n]{M_i} \quad (i = 1, 2, \cdots, n) \qquad (6-10)$$

（3）将向量 $\overline{W} = (\overline{W_1}, \overline{W_2}, \cdots, \overline{W_n})^T$ 均一化得到 W_i

$$W_i = \frac{\overline{W_i}}{\sum_{i=1}^{n} \overline{W_i}} \quad (i = 1, 2, \cdots, n) \qquad (6-11)$$

则 $W = (W_1, W_2, \cdots, W_n)^T$ 即所求特征向量，其各个分量就是个评价指标的权值。

3. 层次总排序

由多个单层次模型即可组成一个多层次评价模型。在实际应用中，大部分的评价模型都是多层次的。层次总排序是针对最高层而言，计算本层次各元素的重要性权值，它是在层次单排序的基础上，自上而下逐层进行，直到最底层。

（1）层次总排序的权值（M_i）：$M_i = \sum a_i \omega_i$。

a_i 为上一层元素 A_i 的权值；ω_i 为与 A_i 对应的本层次元素的权值。

（2）层次总排序的一致性指标 $CI = \sum a_i (CI)_i$。

ω_i 为与 A_i 对应的本层次中判断矩阵的一致性标志。

（3）层次总排序的随机一致性指标 $RI = \sum a_i (RI)_i$。

a_i 为上一层元素 A_i 的权值；$(RI)_i$ 为与 A_i 对应的本层次中判断矩阵的随机一致性标志。

（4）层次总排序的随机一致性比例（CR）：$CR = CI/RI$。

同样当 $CR < 0.01$ 时，即可认为该多层次判断矩阵具有满意的一致性。说明多层次判断矩阵的构造符合数学逻辑，可以依据该矩阵进行权值的计算。如果所包含的每个单层次矩阵都具有满意的一致性，则该多层次矩阵也一定符合一致性要求。

4. 应用实例

山东肥城矿务局共有 7 对生产矿井，陆续于 1958 年建井并投资。经过 40 多年的生产，大部分矿井都已经进入了衰老期。下面我们利用层次分析法，对肥城矿务局白庄煤矿的通风系统评价指标进行权值计算。

1）层次单排序

依据衰老矿井的层次评价模型，结合肥城矿务局白庄煤矿的实际情况，邀请一些专家对各个评价指标的重要性进行比较，构造出第二层次的判断矩阵 A 并计算，见表 6-5。

表 6-5 层序单排值权重计算表

A	A_1	A_2	A_3	A_4				
A_1	1	3	3	5	6	270	3.0639	0.465
A_2	1/3	1	1	3	4	4	1.3195	0.2
A_3	1/3	1	1	3	4	4	1.3195	0.2
A_4	1/5	1/3	1/3	1	2	2/45	0.5365	0.0814
	1/6	1/4	1/4	1/2	1	1/192	0.3494	0.053

得权值系数向量 W 为

$$W = (W_1, W_2, W_3, W_4, W_5)^T = (0.465, 0.2, 0.2, 0.0814, 0.053)^T$$

对评价矩阵的一致性进行检验的判断矩阵 A 的最大特征根 λ_{max}：

$$\lambda_{max} = \sum_{i=1}^{n} \frac{(AW)_i}{nW_i} = 5.089$$

计算判断矩阵 A 的一致性指标 CI：

$$CI = \frac{\lambda_{max} - n}{n - 1} = 0.02214$$

计算判断矩阵 A 的随机一致性比例 CR：

$$CR = \frac{CI}{RI} = 0.02$$

$CR = 0.02 < 0.10$，所以判断矩阵 A 满足一致性要求。

表6-6 层次总排序权值计算

B 层次	A 层次					总排序（权值）
	A_1	A_2	A_3	A_4	A_5	
	0.465	0.2	0.2	0.0814	0.053	
B_1	0.466	0	0	0	0	0.2167
B_2	0.21	0	0.373	0	0	0.1722
B_3	0.082	0	0	0	0	0.0381
B_4	0	0.362	0.157	0	0	0.1038
B_5	0.188	0.362	0.168	0	0	0.1934
B_6	0	0.155	0	0	0	0.0310
B_7	0	0.077	0	0	0	0.0154
B_8	0	0.044	0	0	0	0.0088
B_9	0.054	0	0.062	0	0	0.0375
B_{10}	0	0	0.072	0	0	0.0144
B_{11}	0	0	0.168	0.28	0	0.0564
B_{12}	0	0	0	0.557	0	0.0453
B_{13}	0	0	0	0.108	0.141	0.0163
B_{14}	0	0	0	0.055	0	0.0045
B_{15}	0	0	0	0	0.219	0.0116
B_{16}	0	0	0	0	0.141	0.0075
B_{17}	0	0	0	0	0.389	0.0206
B_{18}	0	0	0	0	0.055	0.0029
B_{19}	0	0	0	0	0.055	0.0029
总计						1

2）层次总排序

同理构造出 $A_i \sim B(1,2,3,4,5)$ 判断矩阵，并按照与上述相同的步骤对它们进行层次单排序计算，所得结果为：

对于 $A_1 \sim B$，矩阵 $=5.11$，$CI=0.0275$，$CR=0.024$ 满足一致性要求；

对于 $A_2 \sim B$，矩阵 $=5.16$，$CI=0.0404$，$CR=0.036$ 满足一致性要求；

对于 $A_3 \sim B$，矩阵 $=6.07$，$CI=0.0144$，$CR=0.011$ 满足一致性要求；

对于 $A_4 \sim B$，矩阵 $=4.17$，$CI=0.0569$，$CR=0.064$ 满足一致性要求；

对于 $A_5 \sim B$，矩阵 $=6.12$，$CI=0.0255$，$CR=0.020$ 满足一致性要求。

计算层次总排序的随机一致性比例 $CR=0.026 < 0.10$，满足层次总排序一致性要求。因此，可以应用建立的层次评价模型和确定的权值对矿井通风系统进行评价。

通过对矿井通风系统的分析，建立了通风系统状况评价的层次模型，为了定量评价通风系统的状况，应用程式分析法处理指标权值的确定，并通过实践矿井的应用和指标一致性检验，证实评价方法和指标体系的建立是合适的，可以用于进行矿井通风系统状况评价。

二、通风系统优化设计

矿井通风系统的设计是矿井设计的一个重要组成部分，通风设计的好坏关系到矿井在整个服务年限内的生产、效率及安全状况。对于新建矿井，在进行开拓，开采设计的同时，必须进行通风设计。生产矿井在扩建和水平延深时要进行通风优化与改造，以适应开拓和开采的需要，满足整个开采年限内各个时期的通风要求，保证各个时期的合理通风。

（一）通风系统优化设计原则和要求

矿井通风系统的优化设计原则是：系统简单可靠，风流稳定、阻力分布合理、防灾抗灾能力强、经济合理。具体应符合以下的一些基本要求。

（1）每个矿井必须有完整的独立通风系统。

（2）矿井进风井口必须布置在不受粉尘、灰土、有害和高温气体浸入的地方。

（3）进、回风井之间和主要进、回风道之间的每个联络巷中，必须砌筑永久性挡风墙。

（4）每个生产水平和每个采区都必须布置单独的回风道，实行分区通风，将其回风流直接引入到总回风道或主要回风道中。

（5）矿井主要通风机的工作方式一般应采用抽出式通风。在地面有小窑塌陷区或山区回风井分散时，可采用压入式通风。

（6）根据矿井开拓系统选择合理的通风系统。

（二）通风系统设计内容与步骤

一个完整的通风设计应包括以下内容：

（1）根据矿井的开拓布置，提出矿井系统布置方案，进行技术经济比较，选择最佳的通风系统。

（2）计算矿井的供风量。

（3）计算矿井通风总阻力。

（4）根据矿井容易和困难时期的总风量和总阻力选择矿井主要通风机及其设备。

（5）计算矿井通风费用。

（6）编制矿井通风设计说明书。

（三）矿井通风系统优化

矿井通风的优化主要是通风系统的优化。选择好矿井通风系统是关系到整个矿井的安全和正常生产的重要问题。它的主要内容是如何合理选择通风系统及评判通风系统的优劣。

一旦确定某一通风系统，应该对该通风系统的优劣进行适当的评判，根据评判结果对通风系统进行优化选择。评价内容包括确定评价指标、求出各评价指标权值和选择评价方法。

1. 矿井通风系统的评判指标

对通风系统优化评定，其指标可归纳为三个方面，再细分若干子指标，具体如图 6 - 3 所示，其中，子指标可根据对通风系统分析的要求不同进行增减。

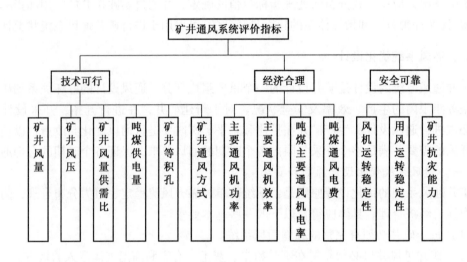

图 6-3　矿井通风系统评判指标层次图

2. 矿井通风系统评判指标的权值及其确定

所有评判指标包括定量和定性指标，各自对通风系统影响的重要程度也不相同。为了能确切反映出各评判指标对矿井通风系统影响的重要程度，可对评判指标赋予一定的数量值，表示其对通风系统的重要性程度，这个数量值即"重要性系数"或"权值"。

确定指标"权值"的方法：

（1）均值法，即由一批有经验的专家，对每个指标的权值评分，再计算出各位专家对每个指标评分的平均值，以此作为每个指标的权值。根据此法变化而来的还有统计值法、改进型专家调查法。这一方法的优点是权值确定直接、简单；其缺点是当评价指数较多时，专家难以把握各指标间的细微差别，因而较难准确地给出正确的权值。

（2）按相对重要性排序的矩阵法，即通过对评价对象的所有指标比较分析，对评价指标进行排序，然后作定量转化，最后求出评价指标权值。

目前通风系统众多的评价法中，为了要从整体上反映通风系统的本质，引入了众多的指标，这些指标的"权值"是不变的。而对于某一具体的通风系统，当其中某一或二个指标的"权值"因特殊情况变得非常重要时，对评价对象的评价结果而言可能出现偏差，其原因是因为评价指标太多，使处于特殊情况下的少数指标的重要度被中和，失去了评价的公正性，所以"权值"应根据时空的改变而变化，在不同条件下取不同的"权值"。变权反映了指标的公正性，所以"权值"应根据时空的改变而变化，在不同条件下取不同的"权值"。变权反映了指标的本质属性，解决了因指标过多而引起的不合理现象。

3. 优化通风系统的评判方法

对于用评判指标及其权值通风优化方案，常用的有 3 种评判方法，即多目标决策法，模糊综合评判法和层次分析法。

（1）多目标决策法。即利用专家的集体智慧和综合分析能力，以"权值"和"评价值"的形式，对各个通风系统方案的各类指标进行直观判断与分析，计算出每个方案中各个指标的评价值（E_i）和其权值（W_i），再计算出各个指标的积分值（$E_i \times W_i$），最后求和计算出每个方案的总积分值 M_j，选取 M_j 值最高者为最优通风方案。

（2）模糊综合评判法。由于不同的专家对某些指标权值的认定存在一定的模糊性、随机性，而且还涉及心理因素，精确表达较为困难，因此，不同专家给出的权值可能存在较大的差异，一般仅给出一个大致的范围和评价模糊语。这样，就可应用模糊数学理论进行综合评定。先确定各个评判指标的权值，然后计算出每个评判指标在各个方案中的隶属度即 r_{ij}，并建立每个指标的评判矩阵，最后按隶属度大小确定最优方案。

（3）层次分析评判法。即把各个通风方案分解为有序的递阶层次结构，通过对每一层次的比率标度，构成判断矩阵，并计算出其矩阵的最大特征根和相应的特征向量，再计算出每一层次指标对上一层次指标的相对重要性权值和排序，最后根据计算出的层次总排序，确定最优方案。

通过系统优化，最重要的是选择能确切反映方案优劣的评判指标，合理确定每个指标在优化方案中的重要程度。

第二节 风网在线监测与智能控制技术

一、通风网络有效监测技术

（一）通风监测传感器布置原理

风网中某一节点的风量不仅反映了与其有连接分支的部分节点的风量状况，也反映了与该节点间接相连节点的风量状况。因此，根据图论的基本原理，找到通风网络中所有节点之间风量的关系。通过定义覆盖度值，求得风量覆盖矩阵，建立目标函数方程，利用 0~1 整数规划法求得布置传感器的节点。

1. 风量比例矩阵

预先给定一个风量覆盖标准，如果节点 i 有大于该标准比例的风量流向节点 j，则认为节点 j 的风量能反映节点 i 的风量。据此构建风量比例矩阵 $[W]$，来衡量风网中任意两节点间风量之间的关系。非相邻节点的 $W(i,j)$，依据风网分支、节点的拓扑关系，求得

任意两节点间的所有路径为

$$W(i,j) = \frac{q(i,j)}{\sum\limits_{k \in N} q(i,k)} \qquad (6-12)$$

式中，$q(i,j)$ 是巷道 (i,j) 的风量，N 是所有流入节点 i 的上游节点集合。

根据式（6-12）求得风量比例矩阵可表示为

$$[W] = \begin{bmatrix} W(1,1) & W(1,2) & \cdots & W(1,n) \\ W(2,1) & W(2,2) & \cdots & W(2,n) \\ \vdots & \vdots & \vdots & \vdots \\ W(n,1) & W(n,2) & \cdots & W(n,n) \end{bmatrix} \qquad (6-13)$$

式中，n 表示风网的节点总数，$W(i,j)(i,j \in \{n\})$ 表示节点 i 的风量 q_i 中来自节点 j 风量所占比例，分两种情况来求。

1）若节点 i 和 j 直接相连

（1）当节点 j 位于节点 i 下游时，$W(i,j) = 0$。

（2）当节点 j 位于节点 i 上游，且节点 i 的风量全部来自 j（j 可以等于 i）时，$W(i,j) = 1$。

（3）当节点 j 位于节点 i 上游，且节点 i 的风量部分来自 j（j 不能等于 i）时，可按式（6-12）计算。

2）若节点 i 和 j 间接相连

（1）当没有任何风流流经节点 i 和 j 时，$W(i,j) = 0$，意味着节点 i 和 j 风量没有任何联系。

（2）当存在风流流经节点 i 和 j 时

$$W(i,j) = \sum\limits_{m,n \in \delta} W(i,m) \cdot W(n,j) \qquad (6-14)$$

式中，δ 是节点 i 和 j 间风流流经所有节点集合。

2. 风量覆盖矩阵

如果节点 j 全部或大部分风量流入节点 i，认为节点 i 代表了节点 j。在此，定义覆盖度 Cov 作为衡量节点 i 是否代表节点 j 的数学量。当风网中某一节点的风量中来自节点 j 所占比例超该覆盖度则认为节点 i 代表了节点 j。风量覆盖矩阵为

$$[C] = \begin{bmatrix} C(1,1) & C(1,2) & \cdots & C(1,n) \\ C(2,1) & C(2,2) & \cdots & C(2,n) \\ \vdots & \vdots & \vdots & \cdots \\ C(n,1) & C(n,2) & \cdots & C(n,n) \end{bmatrix} \qquad (6-15)$$

其中
$$C(i,j) = \begin{cases} 1 & [W(i,j) \geqslant Cov] \\ 0 & [W(i,j) < Cov] \end{cases}$$

3. 目标函数及约束条件

若给定测点数目，应选择满足以下条件的节点作为监测点，并且该组监测点是所能监控总风量最大。

目标函数为

$$\text{MAX} \sum_{i=1}^{n} QC(i) = \sum_{i=1}^{n} V(i) \sum_{j=1}^{n} q(j) \cdot C(i,j) \tag{6-16}$$

约束条件为

$$\sum_{i=1}^{n} V(i) \leqslant MN \tag{6-17}$$

$$V(i) \in \{0,1\} \quad \forall i \in I \tag{6-18}$$

$$N_i = \{j \in /M(i,j) \geqslant Cov\} \quad \forall i \in I \tag{6-19}$$

式中，$QC(i)$ 表示节点 i 所覆盖的风量；$V(i)$ 为 1 时表示节点 i 设为监测点，为 0 时表示节点 i 不作为监测点；I 表示通风网络中节点的集合；N_i 表示能够被节点 i 覆盖的集合，$q(j)$ 表示节点 j 的流量，MN 表示风网中给定的监测点数即传感器的数目。对于简单的小型风网可以通过枚举法来求解，对于复杂的大型风可以利用图论中的深度优先搜索法、分枝定界法以及隐含枚举法来求解。然而上述方法在实际程序实现中不免烦琐，本文对每一设置测点所覆盖的最大风量进行冒泡法排序，然后以监测点设置数量作为约束条件，即可计算得到监测点布置位置以及此优化布局所能覆盖到的最大风量。

（二）通风监测传感器布置方式

目前应用的通风监测传感器主要包括风速传感器、风压传感器，分别用于对通风网络关键点的风速和风压进行实时监测。

通风监测传感器的布置总体思路：第一，对整个矿井通风网络及进行可靠度分析和计算，找出网络中的稳定性较差的巷道分支；第二，对整个网络及进行树分析，找出网络中的树和余树；第三，基于节点风量覆盖法找出具有代表性的能够对整个网络的风量进行全部把握的监测点；第四，根据矿井通风系统特征，结合各个分支在整个通风网络中的重要程度，进行人为的分支重要度赋值。第五，应用综合评价的方法，对全网络中风量覆盖最全的、重要度较高的，且同时能够对可靠度较差的和余树分支进行监测和把握的地点进行传感器布局。经过归纳分析，最后得出主要是在矿井网络中的主要进回风巷道、关键联络巷、主要用风点进行相应类型传感器的安设，用于对整个通风网络进行最小投入情形下的最佳效果监测。

1. 通风网络监控

基于传感器优化布置原理，在通风网络中关键分支上安设风流状态传感器，监测所在巷道分支的风流状态，利用动态网络解算，求解出风网中其他巷道的通风状况。风速、风压传感器应安设在矿井、采区的主要进、回风巷道及用风地点的回风巷内，尽量选在风流状态变化幅度较大的地点。在主要进风和回风巷道间联络巷风门两侧安设风流差压传感器，由于控制范围较大，在实际应用中具有更好的效果。角联分支对矿井通风系统变化较敏感，在角联巷道中安设风压传感器，可较容易地捕捉到通风系统灾变情况。

在通风网络中，安设风机、风速传感器、风压传感器的巷道应为独立分支巷道，所安设风机和传感器的巷道总数应少于独立分支总数，即当通风网络中分支总数为 m，节点总数为 n 时，安设风机和传感器的巷道分支总数应少于 $M = n - m + 1$。

2. 采掘工作面监控

采掘工作面是井下主要用风地点，也是人员相对集中的区域，其安全可靠性应进行实时监测。在回采工作面回风巷安装风速传感器，监测工作面风量变化；在回风巷和其他进风巷风门处安装静压管，并用胶皮管连至风流差压传感器，监测该风门处风压变化。在掘进工作面回风巷安装风速传感器，监测工作面风量变化；在防突风门内、外侧分别安设静压管，用胶皮管连至风流差压传感器，监测风门两侧的压差。

二、通风网络动态解算技术

风流在通风网路中流动时，都遵守风量平衡定律、风压平衡定律和阻力定律。它们反映了通风网路中三个最主要通风参数风量、风压和风阻间的相互关系，是复杂通风网路解算的理论基础。

（一）静态网络解算的数学模型

对节点为 m、分支为 n 的通风网路，可选定 $N = n - m + 1$ 个余树枝和独立回路。以余树枝风量为变量，树枝风量可用余树枝风量来表示。根据风压平衡定律，每一个独立回路对应一个方程，这样建立起一个由 N 个变量和 N 个方程组成的方程组，求解该方程组的根即可求出 N 个余树枝的风量，然后求出树枝的风量。

斯考德 - 恒斯雷法的基本思路是：利用拟定的各分支初始风量，将方程组按泰勒级数展开，舍去二阶以上的高阶量，简化后得出回路风量修正值的一般数学表达式为

$$\Delta Q = -\frac{\sum R_i Q_i^2 \pm H_通 \pm H_自}{2 \sum |R_i Q_i|} \qquad (6-20)$$

式中　　$\sum R_i Q_i^2$ —— 分支风压（阻力）代数和。风向与余树枝同向时风压取正值，反之为负值；

　　　　$\sum |R_i Q_i|$ —— 各分支风量与风阻乘积的绝对值之和；

　　　　$H_通$ —— 通风机风压，其作用的风流方向与余树枝同向时取负值，反之为正值；

　　　　$H_自$ —— 自然风压，其作用的风流方向与余树枝同向时取负值，反之为正值。

按式（6-20）分别求出各回路的风量修正值 ΔQ_i，由此对各回路中的分支风量进行修正，求得风量的近似真实值，即

$$Q'_{ij} = Q_{ij} \pm \Delta Q_i \qquad (6-21)$$

式中，Q_{ij}，Q'_{ij} —— 修正前后分支风量。

ΔQ_i 的正负按所修正分支的风向与余树枝同向时取正值，反之取负值。

如此经过多次反复修正，各分支风量接近真值。当达到预定的精度时计算结束。此时所得到的近似风量，即可认为是要求的自然分配的风量。式（6-20）和式（6-21）即为斯考德 - 恒斯雷法的迭代计算公式，也称其为哈蒂·克劳斯法。

当独立回路中既无通风机又无自然风压作用时，式（6-20）可简化为

$$\Delta Q = -\frac{\sum R_i Q_i^2}{2 \sum |R_i Q_i|} \qquad (6-22)$$

（二）动态网络解算的数学模型

将风流在巷道中的流中视为一维流体流动，即在巷道断面内，风流性质是均匀的，在

非稳定条件下，在巷道 i 内的空气流动符合以下流体动量方程。

$$\rho_i L_i \frac{\mathrm{d}v_i}{\mathrm{d}t} = H_i + R_i \mid Q_i \mid Q_i - \rho_i g Z_i - h_{fi} \tag{6-23}$$

式中　ρ_i——巷道 i 内的空气密度，kg/m³；

L_i——巷道 i 的长度，m；

$\mathrm{d}v_i/\mathrm{d}t$——巷道 i 内空气加速度，m/s²；

H_i——巷道 i 的通风阻力，Pa；

R_i——巷道 i 的摩擦风阻，N·S² m⁸；

Q_i——巷道 i 的风量，m³/s；

g——重力加速度，9.8 m/s²；

Z——巷道 i 两端高程差，m；

h_{fi}——巷道 i 上安装的风机压力，Pa。

令 $K_i = \rho_i L_i / A_i$，其中 K_i 为巷道 i 的惯性系数，A_i 为巷道 i 的断面面积，得一维流体动量方程为

$$H_i = R_i \mid Q_i \mid Q_i + K_i \frac{\mathrm{d}Q_i}{\mathrm{d}t} + \rho_i g Z_i + h_{fi} \tag{6-24}$$

假设巷道 i 内风量在 Δt 时间内变化是均匀的，已初始时刻巷道 i 的风量 Q_{0i}，则有 $\mathrm{d}Q_i/\mathrm{d}t = (Q_i - Q_{0i})/\Delta t$，代入上式得：

$$H_i = R_i \mid Q_i \mid Q_i + K_i \frac{Q_i - Q_{0i}}{\Delta t} + \rho_i g Z_i + h_{fi} \tag{6-25}$$

根据回路风压平衡定律，得到非稳态条件下的回路风流方程为

$$\sum_{i=1}^{n} \left(R_i \mid Q_i \mid Q_i + K_i \frac{Q_i - Q_{0i}}{\Delta t} + \rho_i g Z_i \right) + h_{fi} = 0 \tag{6-26}$$

由泰勒级数的近似展开式可以导出回路修正值 ΔQ 的计算公式为

$$\Delta Q = \frac{\displaystyle\sum_{i=1}^{n} \left(R_i \mid Q_i \mid Q_i + K_i \frac{Q_i - Q_{0i}}{\Delta t} + \rho_i g Z_i \right) + h_{fi}}{\displaystyle\sum_{i=1}^{n} \left(R_i \mid Q_i \mid + \frac{K_i}{\Delta t} \right)} \tag{6-27}$$

三、通风网络分析预警技术

（一）巷道风流状态预警

巷道风流状态预警是实时监测通风系统中各分支风量、风速是否满足要求，当风流不满足要求时进行报警。一般仅对用风地点设置最小需风量，取值为该用风地点的设计风量，当风量不足时进行报警。巷道允许风速按相关规范取值，见表6-7，当风速不符合要求时进行报警。

（二）采掘工作面通风预警

利用采掘工作面安设的风速、风压传感器的实时监测数据，对采掘工作面的通风安全状况进行分析，当发现通风异常和安全隐患时，发出报警。工作面通风安全预警有通风阻

力异常、循环风隐患、常闭风门开启（风流短路）、局部通风机停机、工作面煤与瓦斯突出等，达到实时掌握工作面通风状况、及时发现和消除安全隐患、减少灾害损失的目的。

表6-7　巷道中的允许风流速度

井 巷 名 称	允许风速/(m·s⁻¹)		井 巷 名 称	允许风速/(m·s⁻¹)	
	最低	最高		最低	最高
无提升设备的风井和风硐		15	架线电机车巷道	1.0	8
专为升降物料的井筒		12	运输机巷，采区进、回风巷	0.25	6
风桥		10	采煤工作面、掘进中的煤巷和半煤岩巷	0.25	4
升降人员和物料的井筒		8	掘进中的岩巷	0.15	4
主要进、回风巷		8	其他通风人行巷道	0.15	

（三）风网可靠性分析预警

采用指标评价的方法对矿井通风系统可靠性进行分析，并按分析结果给出预警等级。用于矿井通风系统安全可靠性评价的指标很多，选取和通风监测相关、实时性较强、对风网可靠性影响较大的12个指标组成评价体系，见表6-8。并按影响风网可靠性程度的不同定义绿、蓝、黄、红四个报警级别，当所有指标都合格时显示绿色，三项及以下指标为基本合格时显示蓝色，三项以上指标为基本合格时显示黄色，有待整改项目时显示红色。

表6-8　通风网络评价指标及取值

指 标 名 称	单位	指 标 评 价 值		
		合格	基本合格	待整改
用风地点风量供需比	%	≥1.2	1.0~1.2	≤1.0/≥2.0
用风区风流不稳定的角联分支数	条	0		≥1
矿井通风网络独立回路数	个	≤50	50~100	≥150
矿井通风网络角联分支数	条	≤20	20~35	≥35
矿井通风等积孔	m²	≥2.0	1.0~2.0	≤1.0
矿井回风段阻力百分比	%	≤35	35~45	≥45
公共段阻力与最小系统阻力百分比	%	≤20	20~35	≥35
最大与最小风井系统阻力比		≤1.3	1.3~2.0	≥2.0
矿井有效风量率	%	≥85	75~85	≤75
主要通风机能力备用系数		≥1.2	1~1.2	≤1.0
局部通风机无计划停电停风故障率	次/月	0		≥1
矿井通风安全监测系统故障率	次/月	0	0~3	≥3

四、矿井通风在线监控及分析预警系统

该系统平台具备以下几大主要功能：通风系统网络编辑、通风网络解算与改造模拟、通风在线监控预警、矿井瓦斯涌出量预测、通风系统三维动态展示、通风网络图自动生成、风机工况点监测分析评价等功能，图6－4、图6－5分别为系统监控进入界面、该系统平台的总界面。

图6－4　通风在线监控系统进入界面

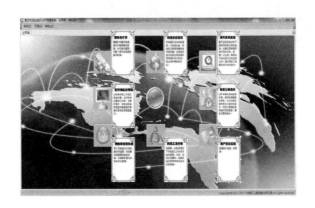

图6－5　通风在线监控系统总界面

（一）通风系统编辑

基本 GIS 功能：放大、缩小、平移、全图、前后视图、添加参考图层、图层管理等。

地图编辑功能：新建巷、添加节点、添加巷道标注、风门、密闭、风桥、主通风机、局部通风机、工作面等，双线巷道生成、节点消隐、交叉点消隐等；

地图辅助要素编辑：添加文本、折线、图框、图名等辅助地图要素。

（二）网络解算与改造模拟

数据检查功能：巷道属性数据检查、风机属性数据检查、风门属性数据检查；检查各要素的空间、属性数据的完整性和一致性；

风阻计算：按百米风阻、阻力系数计算巷道风阻，按测试压差、风窗面积计算风门风阻；

网络解算：自然风压计算、风机特性模拟、回路生成、回路风量平衡；

（三）通风在线监控预警

通风在线监控界面如图 6-6 所示。

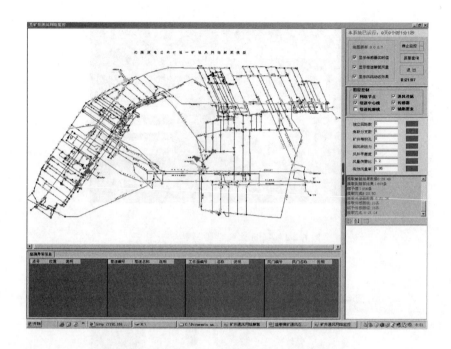

图 6-6　通风在线监控界面

传感器实时值显示预警功能：在通风系统图上显示风速、风压等传感器的实时值，点击相应传感器，可查看其历史数据曲线。

动态网络解算预警功能：按照设置的解算间隔时间，自动根据巷道实时风量和风压情况，解算出其他巷道的风量及风压。

通风预警功能：利用动态解算结果，结合相关的预警规则，对巷道和工作面的通风安全情况进行预警。

（四）矿井瓦斯涌出量预测

系统依据分源预测法预测瓦斯涌出量，该方法是以煤层瓦斯含量、煤层开采技术条件为基础，根据各基本瓦斯涌出源的瓦斯涌出规律，计算回采工作面、掘进工作面、采区及矿井瓦斯涌出量，计算界面如图 6-7 所示。

（五）通风系统三维仿真

系统实现了矿井通风系统的三维显示功能，可以通过调整视角进行工业广场漫游以及查看全矿井通风系统立体分布状况，还可以通过操作对进风巷道、用风巷道、回风巷到、

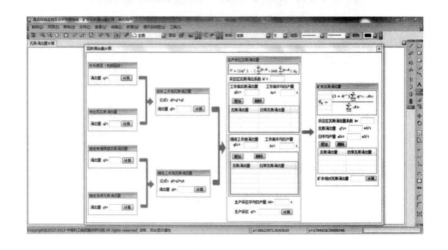

图 6 - 7　矿井瓦斯涌出量预测

废弃巷道进行分别显示。通过对三维视图的操作，使井下巷道布局以及巷道间层位关系更加的直观、明了。通过将三维动态显示模块与网络解算模块及煤矿监控系统进行数据连接，实现了巷道通风属性数据（风量、风速、风压、巷道风阻）及井下传感器数据在三维系统中的显示，三维通风仿真界面如图 6 - 8 所示。

图 6 - 8　矿井三维界面

（六）通风网络自动生成

网络图自动绘制功能模块是基于通风系统二维拓扑关系图，自动绘制曲线型（鹅蛋形）通风网络示意图，实现了由矿井通风系统图自动生成网络图，降低了出错率，提高了绘图的自动化程度，并把网络图与网络解算结果相结合，网络图能自动标注预测风量，使网络图反映信息更多，便于矿井进行生产管理。

（七）风机工况监测分析评价

录入多组风机风量、风压、功率、效率运行数据，通过对数据组进行拟合，得到风机运行曲线，添加管网风阻后系统可以对风机运行工况点进行分析并自动成图，给出风机安全性评价。风机运行曲线如图 6 - 9 所示，风机运行工况点如图 6 - 10 所示。

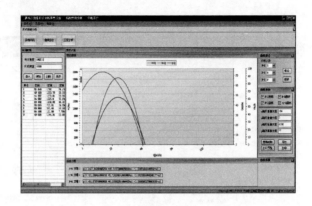

图 6-9　风机运行曲线

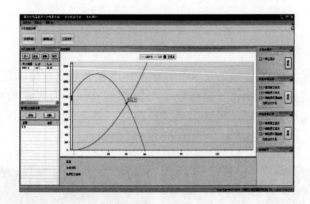

图 6-10　风机运行工况点

同时，能够对多风机串联、并联运行情况进行分析、评价和自动成图，图 6-11、图 6-12 分别为风机串联运行曲线和并联运行曲线。

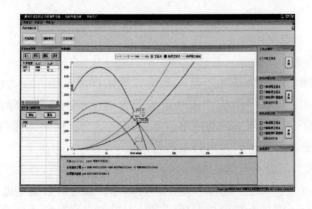

图 6-11　风机串联运行曲线图

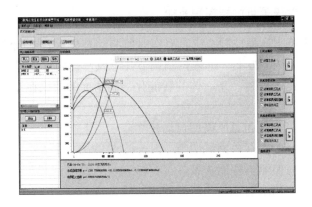

图 6－12　风机并联运行曲线图

（八）通风报表自动管理

通风报表主要包括矿井通风系统相关的最新数据所构成的动态报表，包括通风安全报表、通风技术报表、监测报表。

通风技术报表、通风安全报表模块分为用户录入部分（基础表）和系统自动生成部分（生成表），其中一部分信息是由工作人员录入完成。通风监测报表则主要是通过关联到煤矿安全监控系统，自动将数据存储到“矿井通风网络在线监测分析预警系统”的数据库中。

监测报表中的信息主要来源于系统所关联的煤矿安全监控系统中的诸如风速传感器、风压传感器、瓦斯传感器等监测终端的异常监测信息。通过点击相关模块，系统自动生成所对应时间段内相应的监测报表，矿井通风报表自动管理示意图如图 6－13 所示。

	巷道编号	巷道名称	始节点号	末节点号	巷道长度	断面面积	断面系数	额定风阻	断面周长	阻力系数	测试风量	测试阻力	百米风阻
1	24		25	25	0.000	0.000	0.00	0.00000	0.000	0.00000	0.00	0.00	0.00000
2	25	四方井	1	2	92.621	6.500	0.00	3.75000	0.000	0.00000	0.00	0.00	0.00000
3	30	四方井至280m 进风巷	2	3	100.606	6.500	0.00	0.50000	0.000	0.00000	0.00	0.00	0.00000
4	32	280m C9后回风巷	7	9	112.721	13.700	0.00	0.00100	15.200	0.00000	0.00	0.00	0.00000
5	46	280SC8	4	8	49.510	5.300	0.00	0.00000	0.000	0.00000	0.00	0.00	0.00000
6	47	280m南侧C7-C8进风巷	18	4	772.119	12.000	0.00	0.08761	14.200	0.00000	0.00	0.00	0.00000
7	49		18	20	54.828	5.300	0.00	0.00000	0.000	0.00000	0.00	0.00	0.00000
8	50	210-280m C7南侧立眼	20	19	616.686	2.100	0.00	0.05000	0.000	0.00000	0.00	0.00	0.00000
9	55	280m南侧C7-C8回风巷	8	24	646.650	6.500	0.00	0.10000	0.000	0.00000	0.00	0.00	0.00000
10	61		24	21	232.447	6.500	0.00	0.00000	0.000	0.00000	0.00	0.00	0.00000
11	63	k7消火道	22	26	657.642	6.500	0.00	0.01000	0.000	0.00000	0.00	0.00	0.00000
12	65	280SC6	22	15	291.334	5.300	0.00	0.50000	9.500	0.00000	0.00	0.00	0.00000
13	66	280m南侧C5-C8进风巷	28	15	658.460	6.800	0.00	0.08299	10.700	0.00000	0.00	0.00	0.00000
14	69		29	29	48.144	11.100	0.00	0.00000	13.600	0.00000	0.00	0.00	0.00000
15	71	k7消火道	29	22	808.644	6.500	0.00	0.05000	0.000	0.00000	0.00	0.00	0.00000
16	81	280m南侧C5-C7回风巷	21	37	1,415.982	6.500	0.00	0.11000	0.000	0.00000	0.00	0.00	0.00000
17	82		37	17	132.074	6.500	0.00	0.01000	0.000	0.00000	0.00	0.00	0.00000
18	85		37	38	253.698	6.500	0.00	0.03000	0.000	0.00000	0.00	0.00	0.00000
19	86		39	29	77.678	11.100	0.00	0.00000	13.600	0.00000	0.00	0.00	0.00000
20	88		37	40	74.923	6.500	0.00	0.00000	0.000	0.00000	0.00	0.00	0.00000
21	89	280m SEF巷c4-c5	40	38	232.589	6.500	0.00	0.04000	0.000	0.00000	0.00	0.00	0.00000
22	90	280SEC5	39	40	397.926	5.300	0.00	80.00000	9.500	0.00000	0.00	0.00	0.00000
23	91		41	39	65.074	11.100	0.00	0.02774	13.600	0.00000	0.00	0.00	0.00000
24	93	280m南大巷C4-C5	43	41	274.520	13.100	0.00	0.02757	14.800	0.00000	0.00	0.00	0.00000
25	94	280m南大巷C4-C5	42	43	214.498	13.100	0.00	0.01772	14.800	0.00000	0.00	0.00	0.00000
26	95		38	44	45.443	6.500	0.00	0.00000	0.000	0.00000	0.00	0.00	0.00000

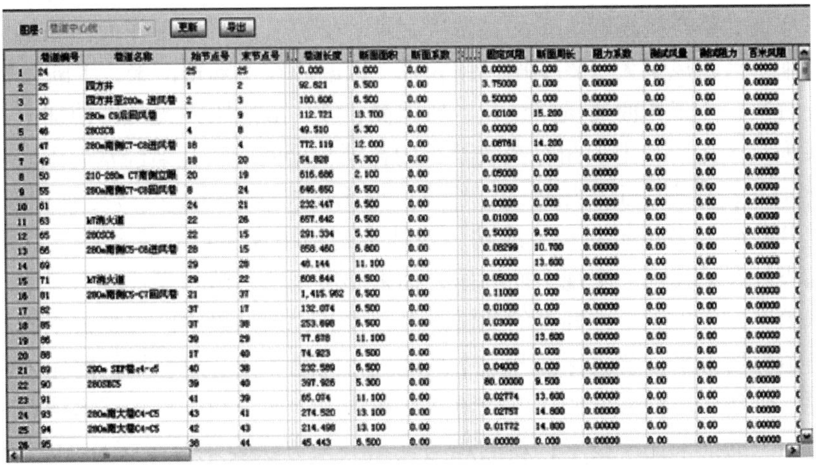

图 6－13　矿井通风报表自动管理示意图

五、矿井通风智能决策与远程控制系统

矿井通风智能决策与远程控制系统具有实时监测动态显示巷道风流状态、动态分析通风系统、智能决策通风调节方案、远程控制调节井下风量、异常情况实时报警等功能，是集"监测、分析、优化、控制"于一体的智能化、高精度的通风控制系统。

（一）产品功能

（1）全场景三维可视化和通风模型自动建立。

（2）基于最小功耗的交互式网络调节。

（3）通风系统实时监测与智能决策。

（4）矿井通风实时网络解算与动态预警。

（5）矿井通风稳定性与可靠性分析。

（6）新型远程自动调节风门、风窗控制。

（二）产品特点

（1）矿井通风网络实时自动解算。

（2）自动设计各通风设施的风量调节方案。

（3）高精度远程自动多点风量监测。

（4）控风断面风量定量化精确控制。

（5）远程定量化风量调节与控制。

第三节　工作面 Y 形通风瓦斯防治技术

目前我国采煤工作面大多采用 U 形通风系统（图 6-14），其优点是系统简单、经济，适用于采空区瓦斯涌出量不大的工作面，缺点是高浓度瓦斯集中汇流于采煤工作面上隅角，产生瓦斯浓度超限区。U 形通风系统主要存在以下问题：①对采空区瓦斯涌出比例较大的采煤工作面，采空区积存大量的高浓度瓦斯；②高瓦斯采煤工作面供风量大，上下端口压差大，采空区漏风量大（约20%）；③采空区漏风在上隅角汇聚，上隅角瓦斯积聚无法从根本上解决；④工作面通风路线长、风阻高；⑤U 形通风方式（即使加上高位钻孔或高抽巷抽采采空区瓦斯）上隅角存在较严重的瓦斯积聚问题，瓦斯经常超限。

2004 年以来，袁亮院士提出低透气性煤层群无煤柱沿空留巷煤与瓦斯共采关键技术，并在淮南及其他矿区多对矿井试验成功。该技术是利用煤层群开采条件，首采关键卸压层，采用无煤柱开采技术，实现全面卸压，抽采卸压瓦斯，消除煤柱应力集中，真正实现大面积区域消突；实现无煤柱开采的关键是沿空留巷，即沿采空区边缘人工构筑高强支撑体将回采巷道保留下来，解决深部开采中高地应力问题和使巷道在最低的应力环境下长期维护的问题，创新卸压抽采方法，形成留巷钻孔法连续抽采卸压瓦斯技术体系，替代浅部专用巷道法为主的抽采瓦斯技术；新的煤与瓦斯共采方法要求改变工作面传统的 U 形通风方式为 Y 形通风方式。

Y 形通风方式如图 6-15 所示，有利于深部的安全高效开采。Y 形通风工作面采空区的漏风主要流向留巷，从根本上解决了上隅角瓦斯积聚的难题；如果留巷密实性好，采空

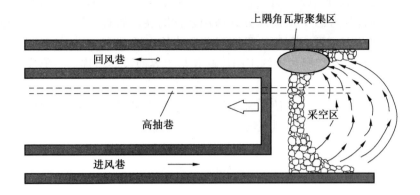

图 6 – 14　U 形通风系统示意图

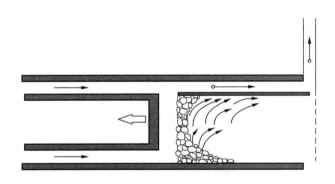

图 6 – 15　Y 形通风工作面通风系统示意图

区内部易积存大量高浓度瓦斯，利于实现高浓度瓦斯抽采；在留巷密实型好的前提下，在留巷内距工作面切顶线一定距离或留巷末端增加流出汇（抽采覆岩卸压瓦斯或采空区埋管抽采瓦斯），通过调节抽采量，可显著改变采空区流场结构，保证工作面上隅角瓦斯浓度处于安全允许值以下的较低值；在保证工作面瓦斯浓度不超限的安全前提下，通过调节两个进风巷道的进风比例，降低工作面风量，减少上、下端口压差，实现上部端口区域瓦斯浓度处于较低水平；由于工作面中没有来自采空区的漏风，避免了采空区瓦斯向工作面的涌入；运煤、运料设备、供电、供水等管线都在新风中，而回风巷既无电缆道，也无管路，成为专用回风巷，大大提高了安全性；采煤工作面机电设备散热和采空区氧化热直接进入专用回风巷，工作面上下进风巷均处于进风系统，对高温工作面具有明显的降温作用。

一、Y 形通风采区巷道布置方式

　　Y 形型通风系统巷道布置方式因采场布局方式、巷道条件的不同而异，归纳起来主要有以下两种。

（1）统筹规划，合理安排巷道布置。拟采用沿空留巷 Y 形通风开采的采区，矿井进行采区设计时，应优先考虑 Y 形通风方式适用条件的巷道布置，做到生产系统满足沿空留巷，实行 Y 形通风的需要。利用边界回风巷道构筑 Y 形通风，在采区边界布置一条回风巷道，采区各工作面在切眼位置施工回风联巷与边界回风巷道连通，形成 Y 形通风道，如图 6 – 16 所示。

（2）改造现有的巷道系统，使拟采用沿空留巷 Y 形通风开采的工作面具备稳定可靠的二进一回（或二进二回）的通风系统。

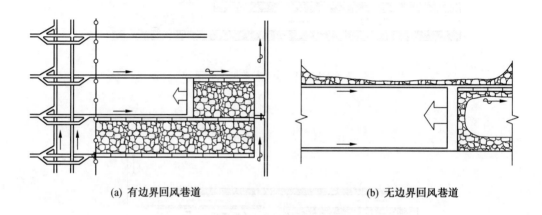

(a) 有边界回风巷道　　　　　　　　　　　　(b) 无边界回风巷道

图 6 – 16　Y 形通风系统

二、Y 形通风采空区流场分布规律

（一）采空区流场模型

目前，我国绝大多数矿井采用长壁后退式采煤法。回采工作面 U 形通风系统特有的漏风流态，会使采空区回风隅角大量积聚瓦斯，影响工作面生产安全。随着矿井开采深度和开采规模的不断增大，采空区瓦斯涌出与抽、排放问题的解决会更加突出。图 6 – 17a 所示为典型的 U 形通风采空区漏风流场模型，由于煤系岩层的非均质性，采空区渗流结构的非均质主要反映在冒落岩石介质非均质性和流场高度的变化上，如图 6 – 17b 所示。

随着科学技术的发展，研制的膏体充填材料具有较强的支撑强度和密实堵漏性能，充填设备和充填工艺的改进，使得我国大型化综采、综放开采的沿空留巷技术应用不断成熟，并将会在一定的范围内普及应用。

图 6 – 18 所示是典型的采煤工作面几何模型。Y 形通风方式是解决上隅角瓦斯问题的一种有效途径，但采用 Y 形通风导流瓦斯会产生大量的采空区漏风，加大采空区遗煤自燃的危险性。显然，对于高瓦斯高自燃危险矿井来说，二者是相互矛盾的。因此，研究分析 U 形通风和 Y 形通风形式采空区瓦斯排放与自燃的过程，分析比较不同通风方式形式效果，定量化确定合理的通风和瓦斯抽采参数，实现高瓦斯易自燃煤层瓦斯与煤自燃综合防治具有重要的现实意义。

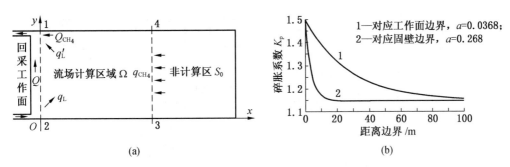

Q—工作面风量；q_L、q'_L—工作面向采空区漏入；Q_{CH_4}—采空区瓦斯绝对涌出量

图 6-17 U 形通风工作面采空区几何模型及冒落非均质特性

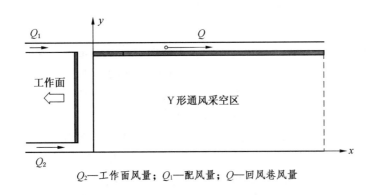

Q_2—工作面风量；Q_1—配风量；Q—回风巷风量

图 6-18 Y 形通风采煤工作面的几何模型

（二）U 形通风和 Y 形通风方式采空区瓦斯运移规律

Y 形通风方式是解决采空区瓦斯涌出和回风隅角超限的有效途径，但采用 Y 形通风导流瓦斯会产生大量的采空区漏风，增加了采空区遗煤自燃的危险性，图 6-19 所示为 U 形通风和 Y 形通风采空区风压分布规律。

由图 6-19a 可知：对 U 形通风工作面，工作面回风隅角是系统风压最低点，采空区内部的能位均高于回风隅角，采空区积聚的高浓度瓦斯必然流向该处，造成回风隅角瓦斯超限。在采煤工作面风量和压差一定条件下，采空区积聚的瓦斯浓度越高、瓦斯积存量越大，则工作面回风隅角瓦斯超限程度越严重；在工作面、采空区积存瓦斯量一定的条件下，工作面上下端口压差越大，采空区内部与上隅角之间的差值也大，造成流场影响范围大，采空区涌出瓦斯量大，容易造成回风隅角瓦斯超限。因此，解决 U 形工作面回风隅角瓦斯超限的技术方向是减少采空区积存瓦斯量或降低工作面上下端口压差（均压技术，减少采空区漏风）。

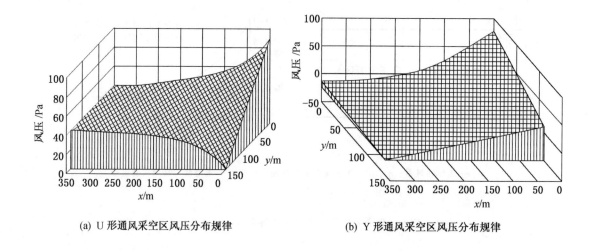

(a) U 形通风采空区风压分布规律　　　　　(b) Y 形通风采空区风压分布规律

图 6-19　不同通风方式采空区风压分布规律

　　由图 6-19b 可知，对 Y 形通风工作面，工作面留巷末端是是系统风压最低点，工作面主进风巷的端口（下端口）是能位最高点，工作面辅助进风巷端口（上端口，也称上隅角）能位高于留巷各点的能位；沿工作面走向向采空区方向，采空区内部各点的能位逐渐降低；因此，工作面采空区的漏风主要流向留巷，不易形成上隅角的瓦斯积聚；如果留巷密实性好，采空区内部的易积存大量高浓度瓦斯，利于实现高浓度瓦斯抽采；在留巷密实性好的前提下，在留巷内距工作面切顶线一定距离或留巷末端增加流出汇（采空区埋管抽采瓦斯），通过调节抽采量，可显著改变采空区流场结构，保证工作面上隅角瓦斯浓度处于安全允许值以下的较低值；在保证工作面瓦斯浓度不超限的安全前提条件下，通过调节二进风巷的进风比，降低工作面的风量，减少上、下端口压差，实现上部端口区域瓦斯浓度处于较低水平。由于上部沿空维护巷道的存在，Y 形采空区漏风形态与 U 形通风有很大的不同。工作面中没有来自采空区的漏回风，避免了采空区瓦斯向工作面的涌入；相反，工作面漏入采空区的风流，稀释并排除采空区上隅角的瓦斯后，从上沿空巷道边界流出；采空区内部大范围区域涌出的瓦斯也随漏风流从沿空巷道边界被排出。

　　可通过沿空巷道配风量和留巷段埋管抽采的调节，将留巷排放瓦斯的浓度合理控制在安全值以下，因此，Y 形通风对瓦斯的管理具有很大的灵活性。与 U 形通风相比，采用 Y 形通风，既有效地防止了采空区侧漏回风隅角处瓦斯的积聚，又保留了部分的采空区空隙空间腔体对瓦斯贮存的调节作用，图 6-20 所示为 U 形通风条件下采空区流场及 $\varphi(CH_4)$ 分布。

　　由图 6-20a 可以看出，U 形通风条件下，采空区漏风流线和风压分布较为对称，在工作面进风口处风压最大而上隅角处风压最小，且工作面上下两端（0 m 和 250 m）附近风压梯度最大，从而使在工作面上下两端漏入和漏出采空区的风流较为集中；在工作面

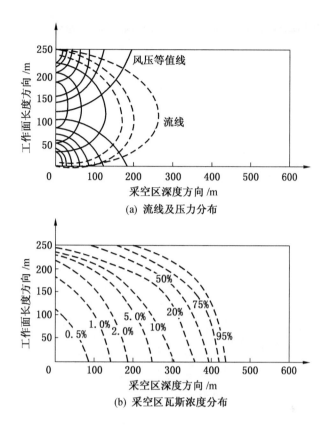

图 6 - 20　U 形通风采空区流场及 $\varphi(CH_4)$ 模拟结果

中部由于风流压差较小,漏风相应减少;在采空区深处由于冒落矸石的压实作用,风流阻力增大,漏风也迅速减少。正是由于 U 形通风采空区流场的这种分布特征,导致图 6 - 20b 中采空区 $\varphi(CH_4)$ 以工作面进风口为中心,沿采空区深度和工作面长度方向逐渐增大。

图 6 - 21 所示为 Y 形通风采空区流场及 $\varphi(CH_4)$ 分布情况,从图中可以看出,两进一回 Y 形通风系统,两条巷道进风,使通过工作面的风量相对减少,有助于防止工作面煤尘飞扬,改善工作面环境,减少采空区漏风和瓦斯涌出,从而具有防止工作面瓦斯积聚的作用;两进一回 Y 形通风系统的主进风通过工作面,稀释本煤层瓦斯,并利用在采空区维护的回风巷,有控制地向采空区回风巷漏风,使采空区瓦斯直接进入回风巷;而副进风巷进风的作用在于驱散上隅角瓦斯积聚,并具有稀释回风巷瓦斯浓度的作用;Y 形通风系统沿空留巷作专用回风巷,巷道中无人员和设备,提高瓦斯允许浓度和风速,从而提高其通风能力。

因此,Y 形通风系统由于其沿空留巷使采空区漏风方向改变,瓦斯随漏风直接涌向沿空回风巷,在防止上隅角瓦斯积聚和工作面瓦斯超限方面均优于 U 形通风系统。

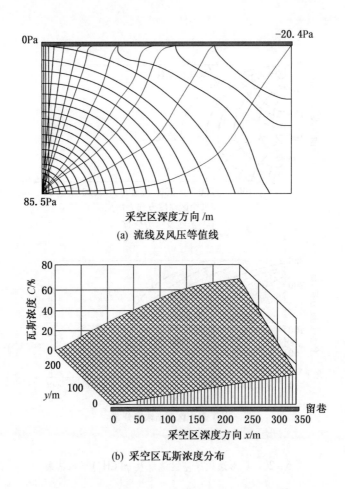

(a) 流线及风压等值线

(b) 采空区瓦斯浓度分布

图 6-21 Y 形通风采空区流场及 $\varphi(CH_4)$ 模拟结果

三、Y 形通风工作面风控瓦斯技术

（一）新庄孜 52210Y 形通风工作面概况

52210 采煤工作面预计相对瓦斯涌出量达 55.98 m³/t，其中本煤层瓦斯涌出量为 9.55 m³/t，占总涌出量的 17.1%，上、下邻近层瓦斯涌出量达 46.43 m³/t，占涌出量的 82.9%。日产量为 1500 t/d，绝对瓦斯涌出量 58.31 m³/min。

为了保证保护层 B_{10} 煤层的顺利开采，必须在 B_{10} 保护层开采的同时进行上部 B_{11b} 煤层和下部 B_8 煤层的卸压瓦斯抽放。设计工作面瓦斯抽采率 80%，抽采瓦斯量为 46.6 m³/min，风排瓦斯量 11.71 m³/min。

根据工作面巷道断面和系统供风能力，在综合考虑瓦斯涌出、工作面温度、工作面人数和风速的基础上，确定 52210 工作面采用沿空留巷 Y 形通风方式，设计供风量 1700 m³/min，上进风巷（运输巷）供风量 1200 m³/min，下进风巷（轨道巷）供风 500 m³/min，工作面留巷回风流中瓦斯浓度按 0.8% 管理，工作面最大风排瓦斯量为 13.6 m³/min。

（二）Y形通风工作面采空区瓦斯涌出特征与控制

5210Y形通风工作面于2007年7月26日开始回采，实际配风量为1767 m³/min，其中下进风巷1237 m³/min，上进风巷531 m³/min，回风瓦斯浓度0.42%，风排瓦斯量7.42 m³/min。上下风巷进风量之比为1:2.33。

52210工作面回采15 m时，工作面上隅角充填垛处瓦斯浓度超过1%。出现采空区向上隅角串风，并且上隅角瓦斯浓度不稳定。初次来压后，采空区瓦斯涌出比例明显增大，为分析工作面瓦斯涌出来源，在工作面上口向下20 m实测的工作面瓦斯涌出比例构成曲线如图6-22所示。由图6-22可以看出，由于采煤工作面上下邻近煤层卸压瓦斯涌出量大，初采前一个月下向抽采钻孔又未施工，采空区积聚的高浓度瓦斯向回采空间扩散。在52210综采面初始二进一回配风条件下，工作面总的瓦斯涌出量中采空区瓦斯涌出量占56%，回采空间的瓦斯涌出比例为44%。因此，为控制采空区瓦斯涌出，保证上隅角瓦斯浓度在1%以下，进行二进风巷配比调整，调节工作面采空区两端压差，加大采空区埋管抽采量，改变采空区瓦斯流场分布，提高采空区瓦斯抽采效果。

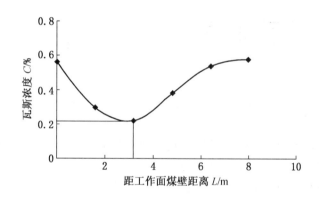

图6-22　顶板初次来压后实测工作面的瓦斯涌出比例构成曲线

2007年8月1日，对52210工作面上下两巷风量分配进行调整，目的是增大上巷进风的工作面上口能位，减少采空区瓦斯向上隅角涌出，杜绝上隅角瓦斯超限现象的发生，实际配风量1752 m³/min，其中上进风巷道进风946 m³/min，下进风巷进风806 m³/min，下进风巷进风与上进风巷进风量之比为1:1.17；调整后，回风瓦斯浓度为0.4%，上隅角瓦斯浓度降到0.8%以下，风排瓦斯量为7.01 m³/min。

在52210工作面生产过程中，针对工作面瓦斯不均衡涌出特征，适时进行工作面二巷进风量调整。2007年12月，工作面实际配风量为1750 m³/min，其中上进风巷道进风890 m³/min，下进风巷进风860 m³/min，下进风巷进风与上进风巷进风量之比为1:1.03；调整后，回风瓦斯浓度0.38%，风排瓦斯量为6.65 m³/min。

52210工作面上下邻近煤层B_{11}和B_8煤层距开采煤层近，工作面瓦斯涌出总量中邻近煤层瓦斯占82.9%，虽然采取顶、底板穿层钻孔抽采采动卸压瓦斯，由于邻近煤层涌出的瓦斯量大，仍有部分卸压瓦斯涌入回采工作面采空区，特别是顶板初期来压和周期来压期间，上隅角仍有可能出现局部瓦斯积聚，为控制采空区瓦斯涌出，生产工作面采空区埋管抽采作为防止采空区瓦斯大量向工作面涌出的辅助措施，图 6-23 所示为 52210Y 形通风工作面沿空留巷采空区埋管抽采瓦斯情况。

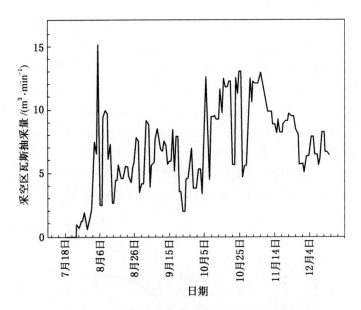

图 6-23　采空区埋管瓦斯抽采量变化图

　　由图 6-23 可以看出，虽然埋管抽采瓦斯的浓度约在 10%，由于埋管抽采瓦斯的混合量大（120~150 m³/min，最高达 250 m³/min），改变了采空区流场结构，有效解决了工作面上隅角瓦斯积聚问题，是保证工作面安全生产的重要技术措施之一。

　　2007 年 12 月下旬，52210 工作面实际配风量为 1844 m³/mim，其中上进风巷进风 1034 m³/mim，下进风巷进风 810 m³/mim，下进风巷进风与上进风巷进风量之比为 1：1.28；调整后，回风瓦斯浓度为 0.40%，上隅角瓦斯浓度 0.82%；风排瓦斯量为 7.37 m³/mim。

　　针对 52210 工作面瓦斯涌出构成的实际情况，二进风巷进风量调节实践结果表明，下进风巷进风与上进风巷进风量之比为 1：1.28 在 1：1.0~1：1.3 之间，配合综合抽采瓦斯技术，能够控制上隅角瓦斯浓度在 1% 以下，留巷回风流的瓦斯在 0.8% 以下。瓦斯综合治理效果较好。

　　（三）Y 形通风工作面风控瓦斯治理效果

　　图 6-24 所示为 52210 工作面开采期间的瓦斯涌出情况，图 6-25 所示为 52210 工作面回采期间瓦斯抽采率情况。

　　由图 6-24 和图 6-25 可以看出，52210 工作面开采前期工作面的绝对瓦斯涌出量在 30 m³/mim，中后期在 45 m³/mim 左右，最大达 68 m³/mim，工作面回采期间瓦斯涌出量大。正是通过实施沿空留巷 Y 形通风技术，优化抽采钻孔布置，研究并实施了倾向钻孔抽采顶、底板被保护煤层（高瓦斯强突出煤层）卸压瓦斯，保护层工作面回采期间瓦斯

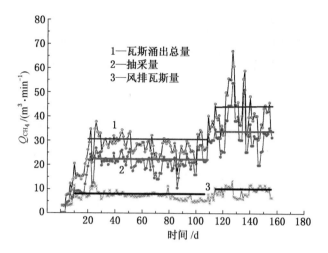

图 6-24 52210 工作面回采期间瓦斯涌出情况

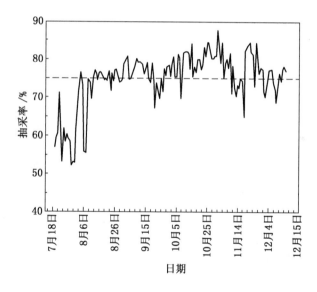

图 6-25 52210 工作面回采瓦斯期间抽采率

抽采率最高达 85%，平均为 75%，大大降低了工作面回采期间风排瓦斯量。

图 6-26 所示为 52210 工作面二进风巷不同进风比条件下上隅角和回风流瓦斯浓度变化情况；图 6-27 所示为 52210 综采工作面总回风量与累计回采进度变化情况。由图 6-24 可以看出，52210 工作面开采前期工作面的风排瓦斯量在 7 m³/mim 左右，中后期在 10 m³/mim 左右，工作面总回风量约 1800 m³/mim，保证了工作面总回风流中的瓦斯浓度在 0.6% 以下。由图 6-25 和图 6-26 可以看出，二进一回 Y 形通风方法，通过调节二进风巷的进风比，控制采空区瓦斯涌出，在工作面顶板周期来压期间，上隅角的最大瓦斯浓度最高也只有 1.5%，正常情况下都在 1.0% 以下，极大地改善了工作面的安全生产条件，实现了工作面安全高效生产。

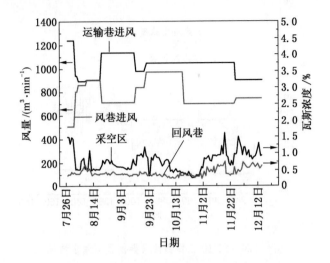

图 6-26　上隅角和回风流瓦斯浓度变化情况

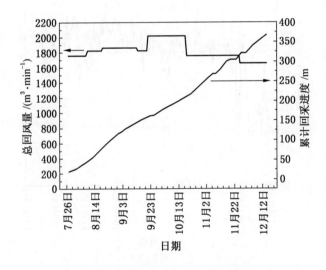

图 6-27　52210 综采工作面总回风量

四、Y 形通风留巷钻孔法抽采远程卸压瓦斯技术

传统的远程卸压煤层瓦斯卸压抽采方法是在首采卸压煤层开采前，在远程卸压煤层底板布置走向岩石巷道，在底板巷中每间隔一定距离设置钻场，在钻场中成组布置上向穿层抽采瓦斯钻孔，利用采动卸压进行远程卸压煤层瓦斯高效抽采。这种布置方式存在的问题：一是需在远程卸压煤层底板布置岩石巷，底板岩石巷的长度与首采卸压煤层采煤工作面的走向长度基本相当，岩巷工作量大，在采掘接替紧张的情况下，根本就没有时间布置底板岩石巷。二是对首采关键卸压层上、下均存在远程卸压煤层的条件下，需布置 2 条以上岩巷。

沿空留巷 Y 形通风方式的留巷为远程卸压煤层提供了抽采远程卸压煤层瓦斯抽采钻孔的布置空间，在留巷内布置上向穿层钻孔抽采上部远程卸压煤层瓦斯，下向穿层钻孔抽采下部远程卸压煤层瓦斯，图 6 - 28 所示为沿空留巷钻孔法抽采卸压煤层煤与瓦斯共采原理图。

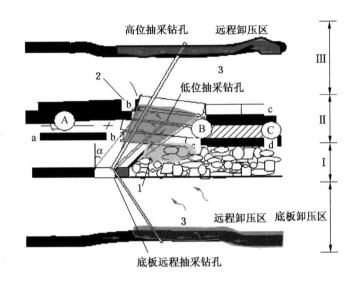

Ⅰ—冒落带；Ⅱ—裂隙带；Ⅲ—弯曲下沉带；

A—煤壁支撑影响区；B—离层区；C—重新压实区；α—顶板破断角；

1—上部采空区顶区空隙区；2—裂隙带内的竖向裂隙发育区；3—远程卸压煤层离层发育区

图 6 - 28　沿空留巷钻孔法抽采卸压煤层煤与瓦斯共采原理图

首采关键卸压层留巷钻孔法煤与瓦斯共采的核心是抽采钻孔参数的确定。因为首采关键层的卸压参数直接影响煤与瓦斯共采效果，同时也是抽采管路设计的重要依据。首采关键卸压层顶板垮落特征、瓦斯富集区分布规律及卸压范围给出了卸压抽采钻孔倾向的布置范围，但抽采钻孔的直径和抽采半径仍需认真确定。

周世宁院士对扩散—渗透、低渗透—渗透与均质渗透等三种模型进行计算与对比。他认为，采用达西定律来计算煤层瓦斯流动是可以的，能够满足工程实用的需要。由渗流理论得出单向流动和径向流动的流量准数与时间准数见表 6 - 9，其中流量准数 Q_N 与时间准数 T_N 的关系为

$$Q_N = a \cdot T_N^b \qquad (6-28)$$

常数 a、b 见表 6 - 10。

表中，q 为煤暴露表面排放瓦斯时间为 t 时的比流量，$m^3/(m^2 \cdot d)$；L 为流场长度，m；λ 为煤层透气性系数，$m^2/(MPa^2 \cdot d)$；p_0 为煤层原始瓦斯压力，MPa；p_1 为煤暴露表面的瓦斯压力，MPa；t 为排放瓦斯时间，d；α 为煤层瓦斯含量系数，$m^3/(m^3 \cdot MPa^{0.5})$；$r_1$ 为钻孔半径，m。

表 6-9　流量准数和时间准数表

流 动 类 型	单 向 流 动	径 向 流 动
Q_N （流量准数）	$\dfrac{q \cdot L}{\lambda \cdot (p_0^2 - p_1^2)}$	$\dfrac{q \cdot r_1}{\lambda \cdot (p_0^2 - p_1^2)}$
T_N （时间准数）	$\dfrac{4 \cdot \lambda \cdot p_0^{1.5} \cdot t}{\alpha \cdot L^2}$	$\dfrac{4 \cdot \lambda \cdot p_0^{1.5} \cdot t}{\alpha \cdot r_1^2}$

表 6-10　流 动 方 程 及 其 常 数 表

计算公式	流场类型	时间准数区间	a	b
$Q_N = a \cdot T_N^b$	单向流动	≤ 0.1	0.69	0.5
		$0.1 \sim 0.3$	0.66	0.52
		$0.3 \sim 0.6$	0.577	0.577
	径向流动	$10^{-2} \sim 1$	1	-0.38
		$1 \sim 10$	1	-0.28
		$10 \sim 10^2$	0.93	-0.20
		$10^2 \sim 10^3$	0.588	-0.12
		$10^3 \sim 10^5$	0.512	-0.10
		$10^5 \sim 10^7$	0.344	-0.065

根据上述径向瓦斯流动计算公式，结合淮南矿区高瓦斯低透气性煤层的具体条件 [煤层原始透气性系数 $\lambda = 3.92 \times 10^{-2}$ m²/(MPa² · d)，瓦斯含量系数 $\alpha = 9$ m³/(m³ · MPa$^{0.5}$)，煤层原始瓦斯压力 $p_0 = 5$ MPa] 对直径 91 mm 和直径 200 mm 钻孔瓦斯流动情况进行了计算。图 6-29 所示为 91 mm 和 200 mm 钻孔瓦斯流量随透气性系数倍数变化的对比，图 6-30 所示为 91 mm 和 200 mm 钻孔瓦斯流量随时间变化的对比。由以上计算结果可以得出下述结论：

（1）在抽放时间相同的条件下，200 mm 钻孔瓦斯流量随透气性系数的增加优于 91 mm 钻孔，两者相比增加的幅度很小。例如，透气性系数增加 1500 倍，抽放时间 90 d 时，91 mm 钻孔瓦斯流量为 0.98 m³/min，而 200 mm 钻孔瓦斯流量仅为 1.08 m³/min。

（2）在相同透气性系数条件下，钻孔瓦斯流量随抽放时间的增加呈指数规律衰减，但在透气性系数增加到 1500 倍时，钻孔瓦斯流量衰减不大。例如，91 mm 钻孔抽放时间 1 d 时，瓦斯流量为 1.31 m³/min；30 d 时为 1.05 m³/min，90 d 时为 0.98 m³/min；200 mm 钻孔抽放时间 1 d 时；瓦斯流量为 1.45 m³/min，30 d 时为 1.16 m³/min，90 d 时为 1.08 m³/min。

（3）在透气性系数增加小于 2000 倍的条件下，200 mm 钻孔和 91 mm 钻孔相比优势并不明显。因此，远程卸压抽采瓦斯选用直径 91 mm 的钻孔。

（4）根据淮南矿区浅部远程卸压钻孔抽采考察实践，结合钻孔瓦斯流量（1.0 m³/min），按单孔连续有效抽放时间 60 d 计算，上部远程卸压抽采钻孔直径 91 mm，钻孔有

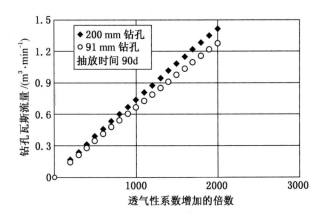

图 6 - 29 91 mm 和 200 mm 钻孔瓦斯流量随透气性系数变化的对比

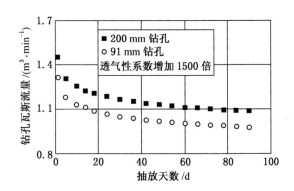

图 6 - 30 91 mm 和 200 mm 钻孔瓦斯流量随时间变化的对比

效间距为 20 m；下部远程卸压抽采钻孔直径 91 mm，有效间距为 10 m。

该项技术的有益效果体现在上向、下向穿层钻孔替代远程卸压煤层底板岩石巷及在该巷中布置的上向穿层钻孔进行远程卸压煤层瓦斯抽采，节省多条底板岩石巷，工程量大大减少。

第四节 综放工作面 U 形通风"四位一体"瓦斯治理技术

采煤工作面 U 形后退式通风系统只有 1 条进风巷和 1 条回风巷，且进风流不经过采空区，具有巷道施工维修量小、工作面漏风小、风流稳定、风流质量好、易于管理等优点，此类通风系统在回采工作面的风量到达上隅角时，由于风流的拐弯而造成上隅角风量减少，以及采空区的漏风而带出的瓦斯在上隅角积聚，在上隅角风流中形成涡流区，造成工作面上隅角瓦斯浓度大，易超限，制约采煤工作面的安全生产。由于系统本身的特点，所以 U 形通风系统适用于低瓦斯矿井采煤工作面的通风系统布置。

目前随着采煤技术的发展，综采放顶煤技术已应用到生产中，综采放顶煤采煤法实现了落煤、放煤、支护和运输的完全机械化，同时减少了工作面的掘进量，并提高了回采工作的产量，不仅改善了工人的劳动条件，而且提高了生产效益。但是随着采煤工作面产量的提高，工作面瓦斯的涌出量也增大，给采煤工作面瓦斯防治带来新的问题。

一、综放工作面瓦斯分析

通过对综放工作面瓦斯来源的深入分析，瓦斯不仅出自揭露的煤体表面，同时，由于在开采过程中，放顶区和采空区煤柱应力变化造成煤体裂隙的增多，使煤体释放的瓦斯量也随之加大，形成综放工作面的瓦斯库，其瓦斯来源是采空区内的残煤、底板煤和靠近采空区的上下煤柱，其涌出形式随着顶板周期来压而形成大的波动。

在沿风流方向综采工作面的瓦斯分布重点关注区域有采煤机、放顶煤支架与工作面回风巷之间的工作面、后刮板输送机空间以及工作面的上隅角涡流区。

二、"四位一体"瓦斯治理技术

"四位一体"治理技术是指加大工作面的风量、减小上隅角空间、吊挂便携式瓦检仪、安设风水喷雾器。"四位一体"治理技术是综放工作面全方位的瓦斯防治技术，能够有效降低综放工作面的瓦斯浓度，确保综放工作面安全生产。

（一）加大工作面风量

提供足够的风量是回采工作面安全生产的根本保证。加大工作面各点的风量是综放工作面瓦斯防治的重要途径，加大风量同时也能够减小上隅角瓦斯涡流聚积的范围。

1. 调整采区的风量

通过调整采区的通风系统，提高综放工作面进风巷的风量。同时在生产过程中，加强采区通风设施的管理，缩短通过风门的时间，避免漏风大而降低综放工作面的风量。

2. 保证有效的通风断面

加强工作面机尾端头支护的管理，及时回撤机尾端头的支柱和清理机尾处的杂物，保证工作面前溜子和后溜子人口处的通风断面，避免因杂物堆积缩小通风断面造成通风阻力大而降低后溜子运输空间的风量；保证后刮板输送机运输空间的有效通风断面，主要是放煤前后对支架尾梁的控制和后刮板输送机两侧的浮煤的堆积，放顶煤后及时将支架尾梁调整到最高位置，并清理后刮板输送机的两侧浮煤，加大后刮板输送机运输空间的有效通风断面。

3. 在上隅角增设风帘

在上隅角溜子机头处设置两道挡风帘增大上隅角的风量。一道挡风帘的位置要从上隅角到工作面端头支架的前侧支柱，一道挡风帘从端头支架的后侧支柱到工作面煤壁距回风巷 2～3 m，两道挡风帘的重叠区域的长度不小于 1 m；吊挂质量必须平整严密，必须能有效地遮挡风量。风帘挂示如图 6 - 31 所示。

（二）减小上隅角的空间

上隅角空间的大小直接决定上隅角的瓦斯存在情况，采煤工作面的上隅角由于工作面机头端头的支柱没有及时回撤，极易形成倒三角式的上隅角如图6-32所示，造成上隅角空间范围的扩大，加上瓦斯的积聚和风量小的因素。往往使得上隅角瓦斯浓度超过规定的要求。在生产过程中，必须及时回撤工作面机头端头的支柱，加强工作面机头端头的支护管理，严禁切顶柱滞后现象的出现；减少上隅角的风流涡流区域，从而降低上隅角的瓦斯浓度，保证回采工作面在生产过程中瓦斯不超限作业。

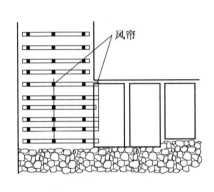

图6-31 风帘吊挂示意图

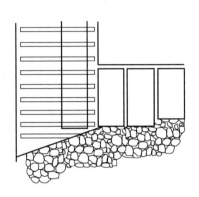

图6-32 上隅角三角形状

（三）安设风水引射器

风水引射器是用8 mm厚钢板，圈成圆锥形状，将缝隙对焊而成，其结构尺寸如图6-33所示，其施工技术要求为：

（1）高压风管：将4 in法兰盘和ϕ25 mm的快速高压接头焊接，固定在4 in高压风管上，ϕ25 mm高压软管的另一端与风水引射器的入口连接并固定。

（2）静压水管：将2 in法兰盘和ϕ10 mm的快速高压接头焊接，固定在2 in静压水管上，ϕ10 mm的高压软管另一端与风水引射器的入水口连接并固定。

其工作原理是利用ϕ25 mm的高压软管将风水引射器入风口与高压风管连接，用ϕ10 mm高压软管将风水引射器的入水管与静压水管连接，通过进入引射器的高压风将引射器的水流雾化喷射到工作面上隅角，搅乱上隅角及其后采空区的风流涡流现象，在上隅角空间与工作面回风巷形成比较稳定的紊流状态的通道，将综合放顶煤上隅角的瓦斯带入工作面的回风巷。

风水引射器的安设技术要求：风水引射器吊挂在采煤工作面的上隅角，其出口必须在距采空区切顶柱至少100~150 mm距离，离顶板高度不大于300 mm，离上隅角煤帮不大于300 mm。随着工作面的回采，逐渐人工外移。

（四）吊挂便携式瓦检仪

通过在采煤工作面的上隅角吊挂便携式瓦检仪．加强对上隅角的瓦斯监测，及时发现瓦斯的变化。

便携式瓦检仪的吊挂要求：必须吊挂在离顶板不大于300 mm，离巷道壁不小于200 mm，距切顶柱100~200 mm处；必须保证瓦检仪在风水引射器出口的上方；保证瓦

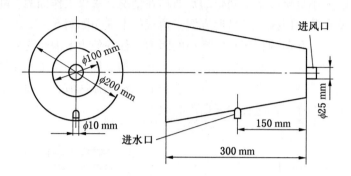

图 6-33 风水引射器示意图

检仪及时有效地监测上隅角的瓦斯情况。

三、"四位一体"瓦斯防治技术的应用效果

西山煤电股份有限公司下属的镇城底矿属低瓦斯矿井，矿井瓦斯涌出较高的南二采区的瓦斯相对涌出量为 1.39 m^3/t。南二采区的 22202 工作面、22206 工作面的煤层为近水平，采用综合放顶煤技术开采，工作面应配风量为 445 m^3/min，实际配风量为 478 m^3/min。在工作面开采初期，未使用"四位一体"瓦斯治理技术前，工作面上隅角瓦斯浓度为 2.0%～4.0%，严重影响采煤工作面的安全生产。采用"四位一体"治理技术后，风量增为 525 m^3/min，工作面回风流瓦斯浓度控制在 0.2%～0.3%，上隅角瓦斯浓度控制在 1.0% 以下，有效地保证了采煤工作面的安全生产。

第七章　瓦斯监测监控实用新技术

煤矿安全综合监控系统（俗称瓦斯监测监控系统）是一种专门针对煤矿井下环境恶劣、监控对象变化缓慢、供电形式特殊、电器防爆要求高、抗故障抗干扰能力要求超强、监控点分散、距离远等特点研制的远程监控设备。其原理与矿山采掘、机械、运输、通风等生产环节密切相关，涉及计算机、电子技术、通信、物理、化学、电工，软件编程、信息管理等多种学科的综合技术。应用工业控制计算机、智能传感技术、可编程控制器、综合组态软件、现场总线、工业以太网、多媒体和视频、光纤、网络通信、信息传输等高新技术，实现了硬件通用、软件兼容、信道信息共享、多参数、多功能化、全网络化的实时远程监测、集中控制、信息共享。

工作时，煤矿安全综合监控以工业以太网+总线的通讯方式，通过光缆、网线、双绞线、通信电缆等传输媒介，将安装在地面及井下采掘工作面、回风巷道、机电硐室、隔墙密闭、瓦斯抽放管道等有瓦斯、粉尘爆炸和火灾危险场所的数百台智能监控分站、网络交换机等设备与地面总调度室内的监控主机连接起来，运用嵌入在分站内部的微型计算机和专用软件对与之相连的监测环境参数变化的模拟量传感器（用于监测瓦斯浓度、一氧化碳浓度、硫化氢浓度等有毒有害气体变化，井下巷道内温度、压力、风速、风压、烟雾等）和工况状态的开关量传感器（用于监测井下风门开闭状况、风筒送风状态、主通风机开停、局扇开停等）进行自动控制，监测数据、实时采集信息，一旦发现瓦斯超限或其他异常现象，即刻就地发出声光报警并启动断电控制，切断井下出现异常情况区域内所有非本质安全型电气设备的动力电源，实施断电闭锁。同时，将采集到的各种实时监测数据、信息转换成数字信号，通过通讯总线和工业以太网传输平台发送给远离监测现场的地面监控中心站，经监控主机内中心站软件分析、判断、处理后，以数据、文字、曲线、表格等形式展示到用户主机屏幕上；在出现异常情况时，直接向可能波及的区域下达超限断电闭锁控制指令，及时切断该区域所有非本质安全型电气设备的动力电源。并且，提供各类监测数据调用查询、各类监测报表编制、输出打印、远程断电控制、电源远程维护、甲烷风电闭锁、网上远程实时共享等功能。

第一节　监控系统原理

工作时，监控系统通过安放在井下各被测区域的传感器，24 h 连续实时监测并就地显示各自环境中有毒有害气体浓度、工况参数及受控设备状态的变化及运行情况，实时将检测到的结果转换成标准的电信号（频率或电流）传送给与之相连的井下分站，同时以数字的形式在传感器（模拟量）上就地显示出来。分站将各传感器端口上的频率或电流信号采集下来后进行分析判断处理，然后将其转换成相应的 RS485 数字信号发送到井下工业以太网上与之相连的网络交换机，并在交换机内转换成相应的网络信号，再发送到远在地面调度室内的服务器及监控主机上交由地面中心站软件解析、处理、分类，以数据、文字、曲线、图表等形式在屏幕上显示出来。同时通过网络实现局域网不同终端及上级主管部门（集团公司或煤炭局、煤监局等）的实时共享。一旦被监测区域出现异常，与该区域瓦斯传感器相连的井下分站会即刻启动与之相关连的断电控制口，通过远程断电控制器切断该区域内所有非本质安全型电气设备的电源，实现瓦电闭锁或风电闭锁，或风电瓦斯闭锁，直至危险排除后自动解锁。

第二节 监控系统构成及性能

一、监控系统总体架构

煤矿安全监控系统以工业控制计算机为中心，采用分布式全网络，开放式传输接入平台，方便瓦斯抽放、火灾监测、电网监测、顶板动态监测、主通风机在线监测、信息管理等多种子系统接入，形成集环境安全、生产监控、信息管理、网络运用、工业电视为一体的煤矿工业综合监控系统，监控系统架构如图7-1所示。

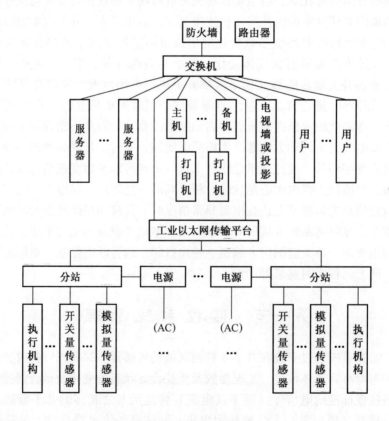

图7-1 监控系统架构

煤矿安全监控系统的总体架构包括信息管理层、控制层和现场设备层三层。

（1）管理层。通过矿井地面的局域网系统及与矿局域网相连的各台计算机，在统一的界面下根据不同的权限和等级可查看全矿的监控信息，并将本矿安全监控信息上传至上级主管部门。

（2）控制层。主要由监控主机及工业以太环网数据传输平台组成。通过监控主机的中心站软件和以太环网向设备层的控制器发送控制指令，实现对整个系统设备的远程集中控制和对所有设备及环境参数的监测。其中，地面监控主机运行的网络环境为标准的 Ethernet TCP/IP，操作系统平台为中文 Win98/NT/2000/XP/2003，支持 Internet/Intranet 模式的 Web 系统综合监控信息浏览，方便网上信息共享和网络互联。

（3）设备层。主要包括各类传感器、声光报警器、断电控制器、执行器等负责现场实时数据采集和具体控制动作执行的现场设备，是具体控制动作的执行者。

二、监控系统组成

煤矿安全监控系统由地面、地下两大部分组成。地面部分主要是以监控主机为核心的地面监控中心，包括监控主机（地面监控中心站/服务器）、监控系统软件（中心站软件）、网络终端、交换机（数据传输装置、避雷器）、UPS 不间断电源、录音电话、打印机等。地下部分则主要由井下工业以太环网、交换机、总线通信网络（通信电缆、本安分线盒）、智能监控分站和各类智能矿用传感器、断电控制器及执行器组成。

系统的地面部分采用星型拓扑结构。置于地面调度室内的监控主机到地面风井采用光纤传输，运行方式为 Ethernet 局域网。网络协议支持 TCP/IP、NETBIOS 和对等广播。其中地面交换机负责数据传送，服务器负责数据和信息处理，主机负责系统的初始化设置、控制命令操作、显示等。

系统的井下部分采用总线方式。交换机与分站、分站与分站之间采用电缆传输，树型拓扑结构如图 7-2 所示。工作时，交换机以主从巡检的方式依次采集分站发送的传感器监测结果，并向分站下发来自地面监控主机的控制命令；传感器负责实时监测井下各种环境参数和工况状态的变化，并监测结果传送给井下分站。

三、监控系统性能

（一）主要功能

（1）初始化设置：通过监控主机及中心站软件对井下设备（交换机、分站等）进行初始化定义、设置，实现系统的自动化运行。

（2）监测数据、信息实时显示：①通过连接在井下工业以太环网上的网络交换机，实时巡检，采集所有智能监控分站上传的监测数据（如有毒有害气体浓度、环境温度、巷道风速、压力、烟雾、局部通风机开停状态、风门开闭情况等）；②通过系统中心站软件实时显示安放在地面及井下各被监测场所、地点模拟量传感器、开关量传感器的监测结果；③通过系统中心站软件在主机屏幕上实时同步显示被测区域及设备异常情况；④调用显示传感器报警信息（报警浓度/超限地点/超限时间/断电状态/断电时间/复电时间/处理情况等）；⑤实时远程区分及显示传感器工作状态（正常监测/调校）；⑥调用、查看任

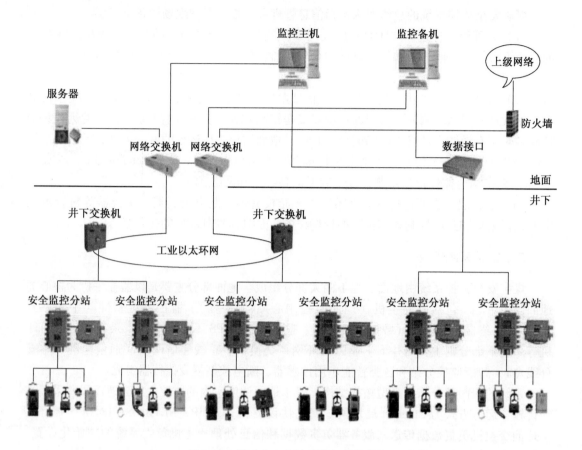

图 7-2　煤矿安全监控系统拓扑结构图

意测点的监测结果和设备运行状态；⑦显示方式采用文本、图形兼容和实时多屏。

（3）数据处理：①运用系统中心站软件对接收到的各种监测数据、信息进行解析、运算、判断、处理、存储、显示；②运用系统中心站软件将采集到的实时数据绘制成实时曲线、历史曲线，采集到的开关量信息处理成状态图、柱状图，供用户分析、预测、预判井下被测区域的安全状况和发展趋势；③将用户下达的各种控制指令处理成相应的通信信号下发到井下各指定设备；④按用户要求调取数据库内的监测数据填写、编制各类监测报表。

（4）数据信息存储：①系统具有长时间实时数据和各种统计资料的功能；②井下监控分站具有资料停电保存功能，确保监测数据信息和初始化设置信息不丢失；③通信线路断线时，分站能保存监测数据 2 h 以上，直至通信线路恢复后自动补传至地面中心站。

（5）查询功能：系统提供随时查询系统各监控设备的统计值记录、报警记录、断电记录、馈电异常记录等运行记录的功能。

（6）报表编制功能：①自动编制填写模拟量日（班）报表、报警日（班）报表、断电日（班）报表、馈电异常日（班）报表；②自动编制填写开关量报警及断电日（班）报表、馈电异常日（班）报表、状态变动日（班）报表。且报表格式可由用户编排。

③自动编制填写监控设备故障日（班）报表和模拟量统计值历史记录等。

（7）远程控制：①通过中心站软件实现一控一、一控多、多控一等断电闭锁控制；②通过中心站软件实现对井下已定义设备断电控制口的远程手动断电/复电控制和交叉控制；③通过中心站软件对井下分站实施远程复位、时钟校对；④通过中心站软件对井下配套电源实施充放电远程维护。

（8）三级断电控制及馈电：协同具有地面中心站手控、分站程控和传感器就地三级断电控制和异地交叉断电控制及断电回馈信息比较功能，出现异常立即报警。

（9）故障闭锁功能：①系统具有甲烷断电仪及甲烷风电闭锁装置的全部功能；②当与闭锁有关的设备未投入正常运行或故障时，系统能即刻切断与之有关设备的电源并闭锁。

（10）自检：系统具有对分站、传感器、电缆等设备进行诊断的自检功能。发现故障后，能即刻报警、记录并自动切断故障支路。

（11）支持多种信号制和红外遥控设置：系统置于井下的分站、传感器均可红外遥控设置、调校。传感器与具有存储实时数据能力的分站连接时，可模拟量、开关量任意互换。

（二）通信方式

我国煤矿目前在用的煤矿安全监控系统，通信方式主要有总线和工业以太环网＋总线两种。其中，总线方式为半双工通信，以通信电缆为传输媒介，树枝型结构连接。具有通信距离远，对传输介质要求较低，投资成本低、经济节约等优点。工业以太环网通信则属于多主并发的全双工网络通信，具有速度快，故障率低等优点。

（1）全双工通信：在同一个信道、同一时刻，进行双向数据传送。

（2）半双工通信：收发双方都能收发消息，但不能同时进行，否则会发生数据碰撞。站点在发送前，首先查看是否有空闲的信道。发送时，站点还会在一段时间内收听，以确保在这一时间内没有其他站点在进行同步传送，以确保发送成功。半双工通信的特点：①异步通信：收发双方设置相同频率的时钟，发送器在发送时钟下降沿将数据串行移位输出，接收器在接收时钟上升沿对数据进行采样（成本低，常用于分站与通信接口、网络交换机 RS485 电口之间）；②时分制：将一条传输线的时间资源分配给若干个对象，每个对象按一定的规则轮流使用该传输线，并在同一时间内只允许一个对象使用。传输中每路传送的时间是间断的但要传送的信息却可能是连续的（常见纯总线型监控系统如KJ90NA）。

（3）CAN 总线（Controller Area Network）：又称区域网络控制器。就单一的网络总线而言，其所有的外围器件都被挂接在该总线上。运行时，此 CAN 总线的各分系统通过其单元上的 CAN 总线接口，在串行通信总线上按 CPU 的指令，以一定的模式（控制软件）一个接一个的进行数据的发送和接收，将数据传输到指定的地址。

（4）数据总线的组成：主要由数据传输线、地址传输线、发送单元和接收单元之间的传送控制线三部分组成。主从、半双工、两线是总线通信的主要特点。

（5）模拟信号：随被测物理量变化而变化的信号。在监控系统中大多采用连续变化的电压、电流、频率等信号，且多用于传感器。

（6）数字信号：断续变化，且幅值被限制在有限个数值之内的信号（如恒定的正电压表示二进制1，负电压表示二进制0）。

（7）工业以太环网通信：利用共享的公共传输通道对分散信号进行集中控制的无线工控通信网络。使用交换机或集线器，拓扑结构为星型或分散星型。

（8）工业以太环网通信特点：传播速率高、网络资源丰富、系统功能强、安装简单和使用维护方便等。工业以太环网通信采用的传输媒介通常为单模或多模光缆、光纤、屏蔽双绞线（STP）和非屏蔽双绞线（UTP）等如 RJ－45 双绞线。较常见的 RJ－45 双绞线接头中共有两对线，一对用于发送，另一对用于接收。

（9）多路复用技术：多路信号共用一对电缆传输。即在公共的传输通道上传送多路信源提供的信息，且互不干扰。

（10）复用方式中的时分制通信技术：将一条传输线的时间资源分配给若干个对象，每个对象按一定的规则轮流使用该传输线，并在同一时间内只允许一个对象使用（传输中每路传送的时间是间断的但要传送的信息却可能是连续的，所以关键的是选择时隙的间隔即采样周期）。

（三）煤矿安全监控系统的通信连接

监控系统的通信连接大致分为工业以太环网＋总线和总线两种。

采用工业以太环网＋总线通信方式的监控系统，其置于地面调度室内的监控主机与工业以太网传输平台之间的数据交换采用网络通信，井下工业以太网传输平台与分站之间采用总线通信。即工业以太网平台上的网络交换机与井下分站之间大多采用 RS485 通信。工作时，工业以太网平台上的网络交换机以主从巡检的方式采集分站发来的监测数据，发送监控主机下达的控制指令。

采用总线方式的监控系统采用以通信电缆为传输媒介的半双工通信方式进行数据交换。此类系统地面调度室内与监控主机相连的数据交换设备为传输接口（通信接口），监控主机与传输接口之间以串口线相连，采用 RS232 半双工通信方式从传输接口采集井下上传的监控数据并下发控制指令，传输接口采用 RS485、DPSK、基带等通信方式，通过通信电缆经信号避雷器与井下分站相连，并以主从巡检的方式采集井下各分站上传的监测数据和向指定分站下发控制指令。

RS485 通信的特点：①主从；②半双工；③两线、有极性；④通信距离远，对传输介质要求较低（可选用矿用通信电缆、普通双绞线等材料，经济节约）。RS485 的通信速率有 1200 bps（波特）2400 bps、4800 bps、9600 bps 四种。为保证通信质量可靠及巡检周期 ≤30 s（秒），通常选用 2400 bps 较多。

监控分站与传感器之间通常有频率、电流、电压、RS485 等信号传输模式。

系统设备间的通信方式：

（1）地面交换机与中心站监控主机之间：网络通信（协议 TCP/IP）。

（2）分站与地面传输接口之间：总线（RS485）。

（3）分站与井下网络交换机之间：总线（RS485）或网络通信（协议 TCP/IP）。

（4）分站与传感器、执行器之间：①模拟量传感器：频率信号 200～1000 Hz（量程 4%～40% CH_4 的甲烷传感器频率信号为 1200～2000 Hz）；②电流传输：1～5 mA；③开关量传感器：0 mA/1 mA/5 mA；④智能传感器：数字信号 RS485（总线）；⑤分站与断电控制器之间：电平信号 0 V（DC）/5 V（DC）。

（四）系统主要技术参数

1. 系统参数

①传输速率：2.4 Kbps/10 Mbps/100 Mbps/1000 Mbps；②通信协议：支持 TCP/IP、UDP 等多种标准协议；③通信方式：多主并发＋主从呼叫（以太网＋总线）；主从呼叫（总线）；④巡检周期：以太网：≤5～10 s；总线：≤30 s；⑤系统容量：256 台分站（以太网＋总线）；64 台（总线）；⑥系统传输距离（中心站至分站）：40 km（以太网）；分站至数据通信接口之间：10 km（MHYVP 电缆）；分站至网络交换机：5 km（MHYVP 电缆）；分站至传感器及下级智能设备：≥2 km（MHYVP 电缆）；⑦传输媒介：以太网通信（A）光缆（单模、衰减系数≤0.4 dB/km 的 MGTSV 型）；（B）网线：10/100Base－T/TX（100 m）、100Base－FX（20 km）；⑧总线通信：4 芯通信电缆（全程采用 MHYVP 电缆）2 芯备用；（A）传感器与分站：4 芯 MHYVP 电缆（可同时接两台模拟量传感器及两线制接法的开关量传感器两台）；⑨传输信息：多媒体（以太网），数据（纯总线）；⑩网络环境：Ethernet 以态局域网（NT），软件运行环境：WIN2000/XP/2003。

2. 设备运行环境

①环境温度：0～＋50 ℃；大气压力：85～110 kPa；②相对湿度：≤98%；③电源电压：地面 220 V（AC）、50 Hz，井下 36 V、127 V、380 V（AC）、660 V（AC）、50 Hz；④动力供电电压波动范围：（220±22）V；⑤动力供电频率：（50±1）Hz；⑥波形失真率≤20%；⑦机房 UPS 电源供电≥2 h；⑧机房值班人员≤4 人，井下设备维护人员≤10 人；⑨每班监控系统最少操作人数：井下≤1 人，地面≤1 人，技术主管 1 人。

3. 系统接地要求

在距离建筑物基部不小于 3 m 的地方挖掘方圆 2 m×2 m×2 m 的土坑，底部铺上 10 cm 木炭、匀撒上 5～10 kg 非加碘食盐（工业用盐也可），再用宽度不小于 4 cm，厚度不小于 4 mm，长度约 10 m 的镀锌扁铁在接地坑底部盘成圈（或将一层预先连接好接地线的铜质丝网平铺于食用盐之上），然后取土掩埋 30～40 cm，用水浇透后再撒 5～10 kg 食盐，加 30～40 cm 土后浇水，最上方留 50～100 cm 的土壤，将系统地线与地线坑引线相连接即可（假如该建筑物留有剩余的地线装置，也可将系统地线单独连接到该装置）。同时，系统工作地接地电阻：≤4 Ω（接动力源的输出零线）；保护地要求接地电阻：≤10 Ω；通信屏蔽电源接地点接地电阻：≤0.5 Ω。

第三节　监控系统主要硬件设备及传感器布置

一、井下分站

在井下负责接收来自传感器的信号，并按预先约定的复用方式远距离传送给工业以太网传输平台上的交换机或地面与监控主机相连的传输接口。同时，接收来自网络交换机或传输接口多路复用信号，并具有线性校正，超限判别，逻辑运算等简单的数据处理能力，对传感器输入的信号和网络交换机或传输接口下发来的信号进行处理，控制执行器工作。

根据国家行业"十三五"规划煤矿安全监控系统升级改造要求，实现全数字化监控的总线型分站为新一代井下监控分站的发展趋势。这类分站实现了分站与传感器之间的数字通信，大大提高了监控系统在井下的抗干扰能力和通信质量。

（一）总线型分站

目前，这类分站以中煤科工集团重庆研究院研制的 KJ90 - F16（B）矿用本安型分站为代表，它是根据国家"十三五"规划煤矿安全监控系统升级改造方案要求，专门研发的一款全新分站。在上与工业以太网平台直至地面监控主机，在下与各类矿用传感器之间实现了全数字化通信，大大提高了监控系统在井下的抗干扰能力和通信质量。

（1）主要技术优势：①核心控制芯片采用基于 Cortex - M3 内核的 32 位嵌入式微处理器，操作频率可高达 120 MHz，与基于 ARM7 内核的微处理器相比，性能提高了一倍；②KJ90 - F16（B）型分站采用 4.3 英寸真彩色大屏幕液晶屏显示，除对各类传感器的数据及状态进行实时显示外，还可以对电源箱内的各种参数等进行显示；③内置嵌入式实时操作系统，并配置多 CPU 对传感器进行通讯采样，提高了与传感器间的通讯速度，确保断电控制及时可靠；④KJ90 - F16（B）型分站与传感器间全数字化传输，支持 RS485 及 CAN 总线传输方式，可完全避免因线路干扰及错接等导致的误报警发生；⑤KJ90 - F16（B）型分站内设计有 SD 卡存储器，使分站具备"中断续传"及"黑匣子"功能；⑥采用抗干扰设计，抗电磁干扰能力显著增强，通过了静电放电、射频电磁场辐射、电快速瞬变脉冲群、浪涌等抗扰度实验，保证分站在复杂电磁环境下工作的稳定性和可靠性。总线型分站［KJ90 - F16（B）］在系统中的拓扑结构和本地交叉断电如图 7 - 3 和图 7 - 4 所示。

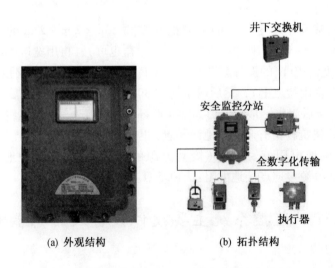

（a）外观结构　　　　　　（b）拓扑结构

图 7 - 3　总线型分站外观结构及在系统中的拓扑结构图

（2）主要功能：①KJ90 - F16（B）型分站共有 4 路 RS485/CAN 总线传输端口，每个端口可挂接 4 台数字量信号的传感器，共可挂接 16 台传感器；②有 8 路控制量输出端口，

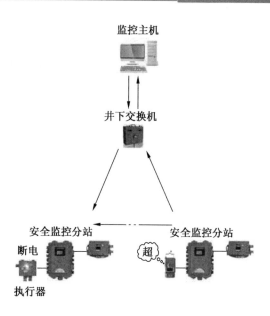

图 7-4　分站与分站间的交叉断电控制图

可挂接馈电断电控制器及声光报警器等；③提供 1 路 RS485 和 1 路 10/100 Mbps 自适应以太网接口可以与矿用网络交换机相连接；④具有甲烷浓度超限断电/复电功能和甲烷风电闭锁的全部功能，并支持多风机联锁控制；⑤可自动识别传感器的调校、故障、自检等状态，并将数据上传给中心站，对数据的分析提供可靠的依据；⑥KJ90-F16(B)型分站的从通信口可挂接 V 锥流量计等智能设备，分站可通过中心站设置自动切换为抽放用分站；⑦可通过中心站软件对分站电源箱进行远程充放电维护控制，可对电池电压、充电电流、负载电流、剩余电量等进行测试。

（二）KJ90-F8/16(D)型分站

1. 主要技术特点

①连接总线型传感器（普通总线传感器和多参数总线传感器）；②支持传感器状态的自动识别，可以识别出传感器的预热、自检、ER0 等状态，为故障分析提供更可靠的信息（图 7-5）；③支持频率型传感器调校状态的自动识别，可以识别出传感器的调校状态（需要传感器支持），现场可升级完成，在数据上传时减少了操作人员的操作等（图 7-6）；④显示方式上，数码管、液晶等方式任选。

2. 工作原理

KJ90-F8/16(D)型分站是以基于 ARM 内核的 32 位嵌入式微控制器为核心的嵌入式控制系统。主要由 32 位微控制器、看门狗自动复位电路、DC/DC 电源转换隔离电路、遥控及显示电路、通信电路、模拟量采样电路、脉冲量输入电路、控制输出电路、数据存储电路、扩展接口电路、时钟电路等组成。采用 RS485 通信方式，或者以太网通信方式与上位机监控软件进行双向通讯。工作时，首先根据分站各输入通道上所挂接的传感器、智能设备类型，分站接收地面中心站初始化数据对分站的各个通道分别进行定义、设置，并将定义参数信息保存到数据存储器中。当分站对挂接各类传感器的输入通道进行连续、不

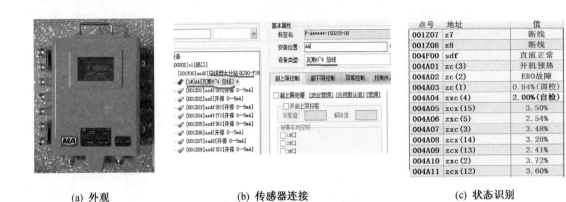

(a) 外观　　　　　　(b) 传感器连接　　　　　　(c) 状态识别

图 7 – 5　KJ90 – F16(D)分站及总线传感器连接和状态识别示意图

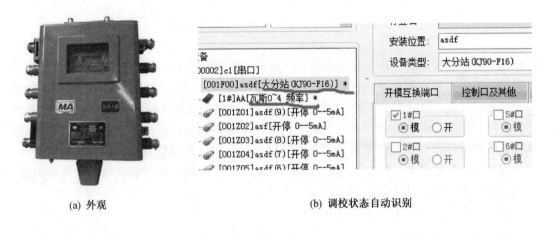

(a) 外观　　　　　　　　　(b) 调校状态自动识别

图 7 – 6　KJ90 – F8（D）分站外观及 KJ90 – F8/16(D)分站频率型传感器调校状态的自动识别

间断数据采集时，来自传感器的频率或电流信号在经过相应的变换后进入 32 位微控制器进行采集、运算、分析、判断。根据配置信息，分站可以与不同的智能设备以 RS485 方式进行双向通信，电原理框图如图 7 – 7 所示。

3. 电控原理

（1）电路原理：基于 ARM 的 32 位嵌入式微控制器，该微控制器最高处理速率可以达到 72 MIPS，每条指令执行时间最快为 13.8 ns，是普通基于 MCS – 51 内核的单片机的 72 倍。

（2）看门狗自动复位电路：看门狗自动复位电路单元在工作中的主要功能是看护分站的电源及程序运行情况，当出现电源电压过低或因意外造成分站程序跑飞时，及时向控制系统输出复位信号使之自动复位，恢复正常工作。

（3）DC/DC 电源转换隔离电路：监控分站的核心是嵌入式微控制器及各种集成块，

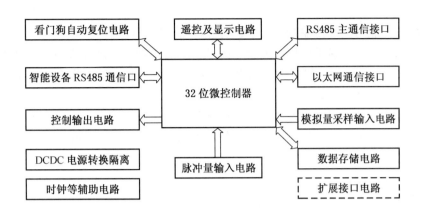

图7-7 KJ90-F8/16(D)、KJ90-F32型分站电路原理框图

对电源要求较高。为了提高分站的可靠性，在电路中设计了电源隔离变换单元。它主要由稳压和DC/DC隔离电路组成，主要功能是确保嵌入式微控制器、数字电路、模拟电路为核心的电路单元与电源间的有效隔离，提高井下分站工作时的可靠性。

（4）采样输入电路：数据采样电路最多支持16个通道。由微控制器控制对各个通道进行巡检并处理，每个通道允许的输入信号类型包括频率型模拟量200～1000 Hz、1200～2000 Hz；电流型开关量1/5 mA、4/20 mA；其中1、2通道还支持电流型模拟量1～5 mA或4～20 mA（选配）。

（5）控制输出电路：分站共有C1～C8八路控制输出。工作时，控制信号分别基于ARM的32位微控制器的I/O口并行输出，驱动外接断电器中的继电器完成对用电设备的断电/复电控制。

（6）通信单元：KJ90-F16（D）分站提供一路以太网通信接口，通过以太网交换机与地面中心站通信。同时提供一路RS485主通信接口以及一路RS485从通信接口。主通信接口通过RS485的方式连接到矿用以太网交换机或数据通信接口将数据传输到中心站，实现与中心站间的双向通信。从通信接口，通过RS485通信实现与智能设备的双向通信，借助于主通信接口，从而间接实现中心站与智能设备的双向通信（分站标配连接下级智能设备为智能开停传感器，其他智能设备为选配或用户定制功能）。

（7）遥控及显示单元：分站的初始设置通过分站主板上以HS9149为核心的遥控电路，使用红外遥控器对分站号进行就地手动设置并保存，无须打开机盖。显示采用数码管显示，显示电路负责显示所挂接的传感器的通道号、传感器的类型、工作状态及实测参数。状态显示电路以指示灯的方式显示分站各通道的控制状态、供电状态、通信状态及各路电源的工作情况。

（8）脉冲量输入电路：分站设计了一路脉冲累计量采集电路。

（9）数据存储电路：分站设计专门的数据存储电路，可以保存初始化参数配置信息。在主通信中断的情况下，分站也可以将实时数据以一定的格式存储在数据存储器内，在通信恢复的时候再将数据发送到地面中心站，从而保证监控数据的连续性。

4. 主要功能

（1）通信：能与上级传输接口及下级智能设备进行双向通信。

（2）显示：采集、显示甲烷、风速、风压、一氧化碳、温度等模拟量以及馈电状态、风筒开关、风门开关、烟雾等开关量和累计量；轮流显示下级智能设备传输给分站的数据信息、运行状态、通信状态等。

（3）挂接总线型传感器时可自动识别传感器的预热、调校、自检三种状态。

（4）支持地面中心站软件直接对井下分站中的电池进行远程充放电维护。

（5）可在不更换分站芯片及程序的情况下，切换为普通分站、抽放分站或人员分站。

（6）红外遥控设置及由分站、传感器、声光报警器、断电器组合完成的甲烷浓度超限声光报警和断电/复电控制功能（即甲烷浓度达到或超过报警浓度时自动声光报警，甲烷浓度达到或超过断电浓度时自动切断被控设备电源并闭锁，当甲烷浓度低于复电浓度时自动解锁）。

（7）故障闭锁：当与闭锁有关的设备未投入正常运行或故障时，切断该设备所监控区域的全部非本质安全型电气设备的电源并闭锁。当与闭锁控制有关的设备工作正常并稳定运行后，自动解锁。

（8）能由分站、传感器、声光、断电器组合完成甲烷风电闭锁功能。

（9）初始化参数设置和掉电保存功能：初始化参数可通过中心站软件进行输入和修改。

（10）外接备用电源功能：当电网停电后，能对甲烷、风速、风压、一氧化碳、局部通风机开停、风筒状态、下级智能设备等主要监控量继续进行监控。

（三）KJ90-32型分站

1. 主要技术特点

（1）拥有F16（D）型分站的所有功能，且技术指标与F16（D）型分站完全相同。

（2）分站容量在F16（D）型分站的基础上增加了16路开停传感器采样，使传感器的最大挂接数量达到32个。

（3）采用大屏幕液晶屏汉字显示各通道数据、控制、供电、通信状态及各路电源工作情况。使显示内容更加丰富、直观，还能通过屏幕上的指示灯显示分站的控制和通信状态。

（4）外壳采用阻燃、抗静电且其他防护性能均符合GB 4208—2008中IP54要求的双抗ABS工程塑料，大幅减轻了设备重量。

（5）运行条件：只能在KJ90监控系统最新中心站软件上才能运行，KJ90-F32外观结构如图7-8所示。

2. 基本功能、工作原理及主要技术指标

基本功能、工作原理及主要技术指标与F16D型分站相同。

3. 最大监控容量

可挂接传感器32台，其中信号采集输入口方面，模拟量信号/开关量信号输入口16路（可通过中心站软件设置互相转换）、开关量信号输入口16路、累计量信号输入口1路、断电控制输出口8路。

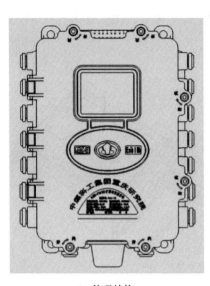

(a) 外观结构   (b) 屏显示意图

图 7 - 8 KJ90 - F32 型矿用本安型分站外观结构及屏显示意图

4. KJ90 - F8/16 型井下监控分站

KJ90 - F8/16 型井下监控分站是一种以基于 89C 系列单片机为核心的控制设备,可挂接多种传感器,多年来已在我国各大中小煤矿普遍装备使用,具体如图 7 - 9 和图 7 - 10 所示;分站航空插座面板具体如图 7 - 11 和图 7 - 12 所示;分站显示面板具体如图 7 - 13

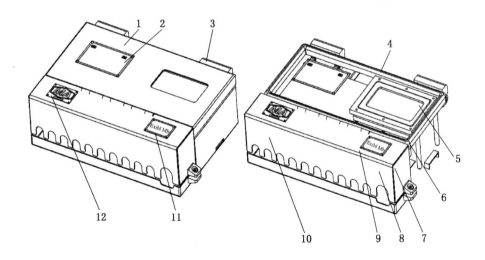

1—箱体;2—铭牌;3—铰链;4—提手;5—显示窗;6—主板;7—19 芯航插;8—4 芯航插;

9—引线板;10—网口;11—防爆标志牌;12—煤安标志牌

图 7 - 9 KJ90 - F8 型井下监控分站结构示意图

和图 7 - 14 所示；航空插座及管脚排序如图 7 - 15 所示；工作原理如图 7 - 16 所示。

主要特点：①给传感器的供电等级为 18 V/24 V 本安直流；②电路以 89CX 系列单片机为核心。

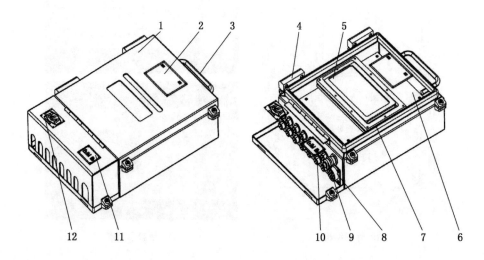

1—箱体；2—铭牌；3—提手；4—铰链；5—显示窗；6—主板；7—引线板；8—24 芯航插；
9—网口；10—4 芯航插；11—防爆标志牌；12—煤安标志牌

图 7 - 10　KJ90 - F16 型井下监控分站结构示意图

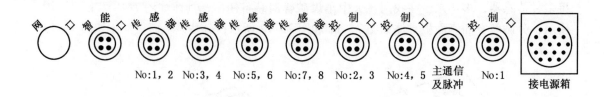

图 7 - 11　KJ90 - F8 型井下监控分站航空插座面板图

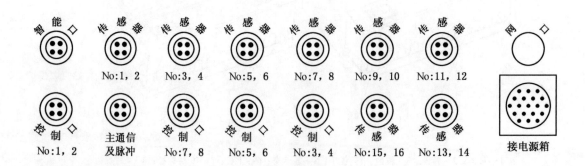

图 7 - 12　KJ90 - F16 型井下监控分站航空插座面板图

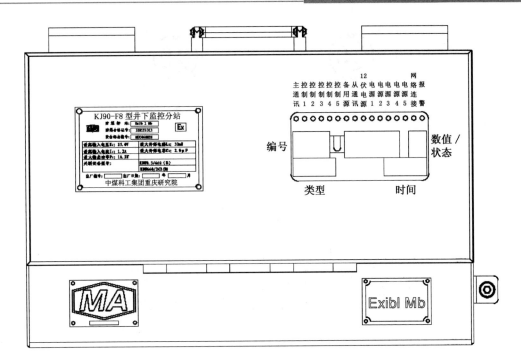

图 7 - 13　KJ90 - F8 型井下监控分站显示面板示意图

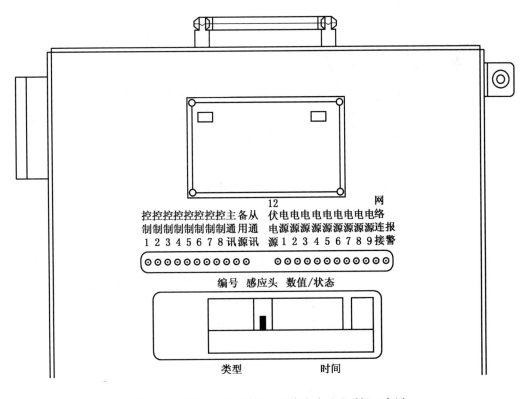

图 7 - 14　KJ90 - F16 型井下监控分站显示面板示意图

(a) 通道及控制口插座管脚排序图　　(b) 通信口及累计量插座管脚排序图

图 7-15　航空插座管脚排序

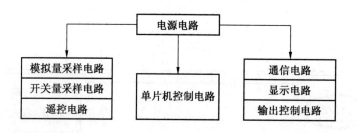

图 7-16　分站电路原理框图

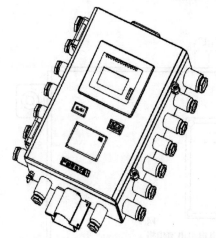

图 7-17　KJ90-F16(C)矿用本安型
分站结构示意图

（四）KJ90-F16(C)矿用本安型分站

1. 分站结构

分站结构如图 7-17 所示。

2. 分站的最大监控容量

①模拟量信号/开关量信号输入口；②16 路（可通过中心站软件设置互相转换）；③数字量信号输入口 1 路；④累计量信号输入口 1 路；⑤断电控制输出口 8 路；⑥RS-485 通信口 1 路；⑦10/100 Mbps 自适应以太网口 1 路。

二、分站配套电源

KJ90 监控系统与井下分站配套使用的矿用隔爆兼本安直流电源主要有 KDW660/24B(A/B) 两种，A 型为给 F16D/F16C/F16B/F32 配套的电源，B 型为给 F8/F8B/F8D 型分站配套的电源。均采用模块化设计，具有远程维护功能，专门为井下分站及矿用传感器等矿井本安设备提供本质安全直流电源的矿用隔爆兼本质安全型设备，防爆标志为 Exd［ib］IMb。主要应用于煤矿井下具有爆炸性危险的场所（也可应用到地面非爆炸危险场所）。

（一）主要优点

（1）中心站软件可显示输出电压和电池运行状态。

（2）每组本安电源间相互隔离。

（3）可通过中心站对电源箱电池进行远程充放电维护。

（二）主要功能

（1）具有输入、输出电源指示功能。

（2）限流、限压、短路保护。

（3）故障消除后自动恢复。

（4）备用电源指示和浮充。

（5）防止过充电和过放电功能。

（6）RS485通信及远程维护功能（即通过地面中心站软件对KDW660/24B（A）型电源箱的电池电压、充电电流、负载电流、剩余电量等进行远程监测）。

（7）电源内的每组本安电源间相互隔离，增强了抗干扰性。

（三）主要技术指标

（1）输入电源电压等级：660 V/380 V/220 V/127 V（AC）（根据现场需要选择）。

（2）本安直流电源输出特性；额定输出电压：12 V（DC）/18 V（DC）/24 V（DC）；额定输出电流：280 mA/200 mA/140 mA。

（3）输出路数：12 V（DC）、18 V（DC）、24 V（DC）16 路〔KDW660/24B（A）型 24 V（DC）〕。

（4）外形尺寸：520 mm × 330 mm × 170 mm；质量≤45 kg。

（四）结构特征

设备结构如图7-18所示。

（五）备用电源

采用 12 V/12Ah × 2 节镍氢电池并联供

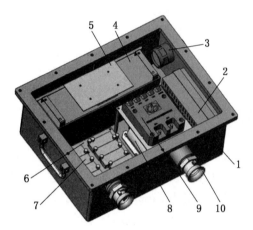

1—箱体；2—开关电源；3—拨动开关；4—电池盒；
5—充电板；6—底板；7—模块；8—变压器；
9—接线盒；10—喇叭嘴

图 7-18 KDW660/24B（A/B）

隔爆兼本安电源结构图

电，在额定负载条件下的工作时间不小于4 h，交直流转换时间不大于0.1 s。

三、甲烷传感器

传感器特指能将被测物理量转换成电信号输出的装置。近年来，随着我国煤矿生产自动化水平的日益提高，瓦斯监控系统的井下运行环境发生了很大的变化，除恶劣的环境因素外，大量自动化电气设备的装备使用对传感器的可靠性、抗干扰性能提出了越来越高的要求。新一代抗干扰新型传感器的突出技术优势有以下几个方面。

（1）设计上全部采用高性能单片微机和高集成数字化电路，具有结构简单、性能可靠、调试、维护方便等特点。

（2）具有抵御当前井下生产环境中普遍存在的静电放电干扰、射频电磁场干扰、电快速瞬变脉冲群干扰和浪涌干扰四大干扰的抗干扰能力。

（3）提高了设备的防护等级，即由 GB/T 4208—2017 中的 IP54 防护等级提高到 IP65

防护等级。

（4）按照国家煤炭行业"十三五"规划中监控系统必须进行升级改造的具体要求，在整机电路中增设了 CAN 总线和 RS485 两种总线接口，使新一代传感器具备了监测数据数字化传输的能力。

（一）低浓度甲烷传感器

低浓度甲烷传感器是一种专门用以监测煤矿井下低浓度甲烷气体浓度的本质安全兼隔爆型检测仪表，是煤矿预防瓦斯事故的最重要设备之一。采用了高稳定性、长寿命热催化元件，在整机硬件、软件设计中，采取多种抗干扰措施，满足国家相关标准规定的电磁兼容要求。具有性能稳定、测量精确、响应速度快、抗高瓦斯冲击、遥控调校、断电控制、故障自检、结构坚固、易使用易维护等特点。除能连续监测外，还能自动地将检测到的甲烷浓度转换成标准的电信号输送给井下监控系统。井下监控系统根据本传感器输出的断电信号实现必要的近、远程设备断电，本传感器还具有就地显示甲烷浓度值，超限声光报警等功能，能连续监测 $0 \sim 4.00\%$ CH$_4$ 范围内的低浓度甲烷，适用于煤矿井下的采掘工作面、机电硐室、回风巷道等具有瓦斯爆炸危险的地点和场所。以中煤科工集团重庆研究院研制的 KG9701B 型低浓度甲烷传感器为例进行介绍。

1. 技术特点

KG9701B 型传感器在传统低浓度甲烷传感器基础上进行了升级改进，增加了抗干扰电路和 CAN 总线及 RS485 通信功能，提升了防护等级、降低了功耗。具体改进：①外壳更换为不锈钢带内部注塑的外壳，防水等级由原 IP54 等级提高至 IP65 等级，可有效防止现场由于传感器外壳进水导致的误报；②传感器电路的电源转换部分更换电压转换效率更高的开关电源芯片，整机功耗降低 25%，从而延长了传感器的带载距离；传感器首次采用了抗静电、浪涌、群脉冲、射频辐射防护措施，可大幅提高现场工作可靠性；③原有频率信号传输的基础上，增加了 CAN 总线和 RS485 数字通信功能。

2. 工作原理

该传感器采用载体催化原理测量甲烷浓度。用载体催化元件和金属膜电阻、调节电位器组成传感探头。工作时，被测环境中的甲烷以扩散方式进入传感器探头气室与敏感元件发生反应并产生与甲烷浓度相应的电信号，经放大和 A/D 转换器模数转换后送往 CPU 中央处理单元进行数据处理，然后发往与之相连的井下监控分站以及地面中心站，实现井下联网监测、监控，就地数字显示和声光报警，如图 7 - 19 所示。

3. 主要技术特征

（1）本传感器在设计上采用新型单片机和高精度的数字信号处理芯片，测量准确，性能可靠，调试、维护方便。

（2）整机电路中采用了抗干扰设计，能有效抵御井下出现的静电放电干扰、射频电磁场干扰、电快速瞬变脉冲群干扰和浪涌干扰。

（3）整机电路设有 CAN 总线和 RS485 两种总线接口，可实现数字信号传输。

（4）传感器的测量敏感元件为新型载体催化元件，工作性能稳定，寿命长、调校周期长。

（5）传感器的零点、灵敏度及报警点、断电点皆采用矿用红外遥控器调节。

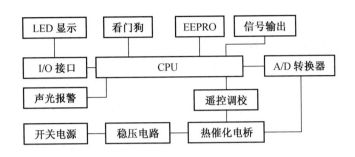

图 7 - 19 传感器电路原理框图

（6）传感器除可连续检测甲烷外，还能输出断电控制信号。控制信号的断电点可任意设定，实现了一机多用。

（7）传感器的电源部分采用了模块化设计，采用新型的开关电源芯片，整机功耗更低，有效增加了传感器的传输距离。

（8）传感器具有故障自检功能，使用、维护方便。

（9）整机外壳采用了 IP65 防护等级的高强度结构设计，防水防尘效果好，抗冲击能力强。

4. 结构特征

结构特征如图 7 - 20 所示。

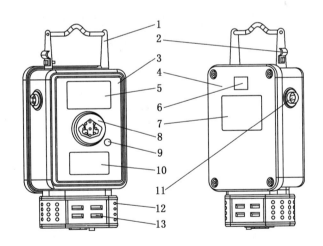

1—提手；2—压线夹；3—外壳；4—后盖；5—前铭牌；6—煤安标志牌；7—后铭牌；8—蜂鸣器；
9—遥控孔；10—显示窗；11—电源/通信；12—报警灯；13—敏感元件

图 7 - 20 传感器外形结构示意图

5. 主要技术指标

（1）工作电压：9 ~ 25 V（DC）；整机功耗：≤1 W；元件检测反应速度：≤20 s。

（2）测量范围：0～4.00% CH₄。

（3）测量精度：0～1.00% CH₄≤±0.10% CH₄；1.00%～3.00% CH₄≤真值的 10% CH₄（相对误差）；3.00%～4.00% CH₄≤±0.30% CH₄。

（4）调校周期：不小于 15 d 使用寿命：1 年；采样方式：扩散式。

（5）报警方式：二级间歇式声光报警，≥80 dB（声强），能见度>20 m（光强）。

（6）报警点范围：测量范围内连续可调最大传输距离：2 km。

（7）防爆型式：ExdiaI Mb。

（8）输出信号：①频率：200～1000 Hz；②电流：4～20 mA（DC）；③总线型：CAN 总线、RS485（传输速率 2400 bps）。

（9）显示定义：左起第一位数码管为状态显示，后三位为测量值显示（单位：% CH₄）。

（10）数码管位数码管功能显示："1"—调零；"2"—精度调节；"3"—调报警点；"4"—调断电点；"5"—自检。

（11）外形尺寸、重量及材质：外形 274 mm×127 mm×65 mm，重量不大于 1.5 kg，材质选用 304 L 不锈钢。

（二）高低浓度甲烷传感器

高低浓度甲烷传感器采用热催化及热导原理测量沼气浓度，由敏感元件与电阻、调零电位器等组成测量。工作时，被测环境中的沼气以扩散方式进入传感器探头气室与敏感元件发生反应并产生与沼气浓度相应的电信号。该信号经放大后进入 A/D 转换器进行模数转换，然后送往中央处理单元 CPU 芯片进行数据处理后发往与之相连的井下监控分站以及地面中心站，实现井下联网监测、监控及就地数字显示和声光报警。主要用于煤矿井下的采掘工作面、机电硐室、回风巷道有煤尘和瓦斯爆炸危险场所。高低浓度甲烷检测元件及原理图如图 7-21 所示，KG9001C 传感器外观结构如图 7-22 所示。

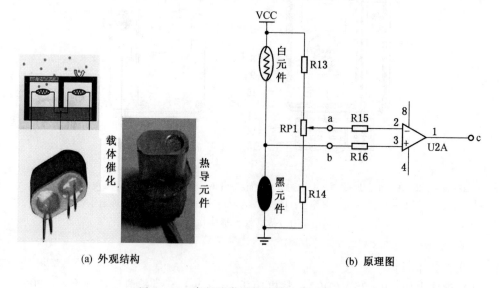

(a) 外观结构　　　　　　　　　　　　(b) 原理图

图 7-21　高低浓度甲烷检测元件及原理图

（1）整机工作电压：（9～25）V（DC）（本安电源）。

（2）整机功耗：≤2 W；采样方式：扩散式。

（3）测量范围：0～40.00% CH₄。

（4）检测响应速度：<25 s。

（5）测量原理：低浓度段（0～4.00% CH₄）采用热催化原理，高浓度段（4.00%～100.00% CH₄）采用热导原理。

（6）信号输出类型：

① 频率：200～1000 Hz（0～4.00% CH₄），1200～2000 Hz（线性对应4.00%～100.00% CH₄）；

② 电流：4～20 mA（DC）；

③ 总线型：CAN总线、RS485；信号带负载能力：0～400 Ω；传输距离：≤2 km。

图7-22　KG9001C
传感器外观结构

（三）红外甲烷传感器

红外甲烷传感器是一种运用国际先进的"非色散红外"（NDIR）气体检测技术，监测计量环境中的甲烷浓度的设备。它充分利用了"常压下，当检测气室的长度与入射光强度一定时，被测气体对光谱的吸收程度取决于被测气体分子的浓度"这一原理，实现了对甲烷气体的全量程检测。克服了传统催化原理检测的测量范围窄、标定周期短、容易中毒等缺陷，既能就地连续监测，又能将检测到的甲烷浓度转换成标准电信号输送给井下监控系统。出现异常时，向监控系统输出断电信号，及时实现近、远程设备断电。具有声光报警、断电信号输出，故障自检等功能。适用于煤矿井下的采掘工作面、机电硐室、回风巷道等具有瓦斯爆炸危险的地点、场所的高低浓度甲烷气体连续监测，属固定式、瓦斯浓度连续监测仪表。

以中煤科工集团重庆研究院研制的GJG100H(B)型红外甲烷传感器为例进行介绍，其工作原理如图7-23所示。

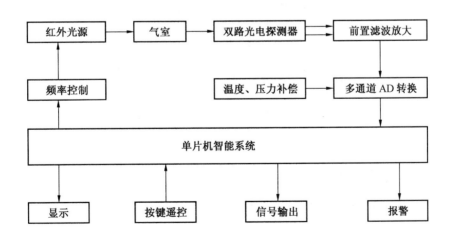

图7-23　GJG100H(B)型红外甲烷传感器工作原理图

1. 技术特点

①测量范围（0～100% CH₄）广、检测精度高、反应速度快、稳定性好、调校周期长、重复性好、不受 H₂S、SO₂、N₂、O₂ 等背景气影响、使用寿命长；②整机采用模块化设计、单片微机和高性能集成电路；内置辅热除湿器件，有效避免了传感器在井下潮湿环境中长时间停电造成的测量偏差大等问题；③设计了抗干扰电路，能有效抵御井下出现的静电放电干扰、射频电磁场干扰、电快速瞬变脉冲群干扰和浪涌干扰；④设有 CAN 总线和 RS485 两种总线接口，可实现数字信号传输；⑤具有智能信号诊断功能，避免了由于操作、损坏等导致的异常数据上传；零点、灵敏度及报警点皆采用红外遥控器调节；⑥功耗低，带载距离长，外壳采用高强度结构设计，抗冲击能力强。

2. 工作原理

GJG100H(B)型红外甲烷传感器主要根据"多原子气体分子对特定波长的红外线都具有吸收能力；不同气体都有自己的典型吸收波长，且在光程和反射系数不变的条件下，吸收的程度主要与气体自身浓度有关"这一郎伯—比尔定律。通过独特的红外敏感元件和检测气室，当井下环境中的甲烷气体以扩散的方式进入检测气室后，会吸收气室内红外光线的能量；由于不同浓度的甲烷气体吸收的能量不同，传感器内部电路会自动通过计算被吸收能量的大小而得出具体的气体分子数目，进一步推算出被测甲烷气体的浓度。

3. 结构特征

其结构特征如图 7 - 24 所示。

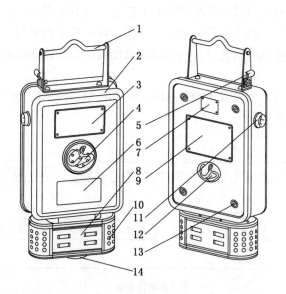

1—提手；2—外壳；3—前铭牌；4—蜂鸣器；5—压线夹；6—显示窗；7—煤安标志牌；8—探头气室；
9—后铭牌；10—报警灯；11—电源/通信；12—"CS"标志；13—后盖螺钉；14—标定盖

图 7 - 24　GJG100H(B)型红外甲烷传感器外形结构示意图

（四）激光甲烷传感器

矿用激光甲烷传感器采用国际先进的激光吸收光谱气体技术，根据每种具有极性分子结构的气体都有对应的特征吸收波长，且在光程和反射系数不变的情况下气体浓度与吸收率符合朗伯 – 比尔定律公式的对应关系这一吸收原理，测量环境中的甲烷气体浓度。下面以中煤科工集团重庆研究院研制的 GJG100J 型矿用激光甲烷传感器为例进行介绍。

1. 技术优势

（1）GJG100J 型矿用激光甲烷传感器采用激光吸收光谱检测技术连续检测甲烷气体浓度，并将检测到的甲烷浓度转换成标准的电信号输送给井下分站直至地面监控主机。

（2）测量范围 $0 \sim 100\%$ CH4，精度高，全量程检测误差＜真值的 5% CH_4，是目前检测精度最高的在线监测仪表。

（3）整机采用低功耗设计和 IP65 的高强度外壳，除可连续检测瓦斯，还具有声光报警、断电信号输出，故障自检等功能外，还具有带载距离长，抗冲击能力强等特点。

（4）相对红外技术，从原理本身克服了水、水汽、其他烷烃的影响；具有调校周期长、重复性好、测量范围宽、使用寿命长、不受环境中其他气体影响等优点。

（5）传感器内置标准气室，实时自校准。

（6）采用了抗干扰技术。

2. 工作原理

激光甲烷检测系统原理框图如图 7 – 25 所示。

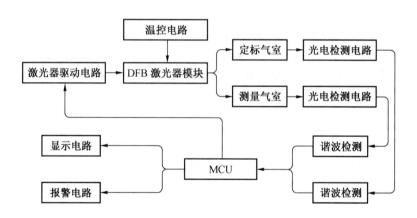

图 7 – 25　激光甲烷检测系统原理框图

3. 结构特征

GJG100J 型矿用激光甲烷传感器的外形呈长方体结构，主机的机壳由不锈钢冲压而成，前后盖的合缝处有能防尘、防水的橡胶密封围，下部为装有限制扩散式气室和参考气室。显示窗由四位七段红色数码管或 LCD 液晶屏组成。整个设计新颖美观、体小量轻、调节方便。外形结构如图 7 – 26 所示。

4. 主要技术指标

（1）电气性能：工作电压范围为 $9 \sim 25$ V（DC）；功耗≤2.5 W。

（2）测量范围：$0 \sim 100\%$ CH_4。

（3）响应时间（T_{90}）：≤25 s。

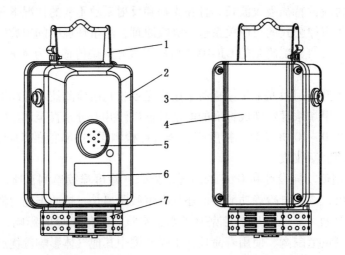

1—提手；2—外壳；3—电源/通信；4—后盖；5—蜂鸣器；6—显示窗；7—报警灯

图 7-26　GJG100J 型矿用激光甲烷传感器外形结构示意图

（4）输出信号制式：频率型为 200~2000 Hz（线性对应 0~100% CH₄），总线型：CAN 总线、RS485（传输速率 2400 bps）。

（5）最大传输距离：2 km。使用电缆的单芯截面积为 1.5 mm² 时，传感器输出到关联设备的显示值和输出信号值换算为甲烷浓度值后应不超过检测精度指标。

（6）工作稳定性：连续工作 60 d 内，传感器示值满足检测精度指标；在规定的压力范围内传感器示值满足检测精度指标。

（五）甲烷传感器的布置

1. 甲烷传感器的安装要求

甲烷传感器应垂直悬挂，距顶板不得大于 300 mm，距巷道侧壁不得小于 200 mm，并应安装维护方便，不影响行人和行车。

2. 甲烷传感器报警浓度

甲烷传感器报警浓度、断电/复电浓度和断电范围设置必须符合表 7-1 的规定。

表 7-1　甲烷传感器的报警浓度、断电/复电浓度和断电范围设置

甲烷传感器或便携式甲烷检测报警仪设置地点	甲烷传感器编号	报警浓度/% CH₄	断电浓度/% CH₄	复电浓度/% CH₄	断 电 范 围
采煤工作面上隅角	T₀	≥1.0	≥1.5	<1.0	工作面及其回风巷内全部非本质安全型电气设备
采煤工作面上隅角设置的便携式甲烷检测报警仪		≥1.0			
低瓦斯和高瓦斯矿井的采煤工作面	T₁	≥1.0	≥1.5	<1.0	工作面及其回风巷内全部非本质安全型电气设备

表 7 - 1（续）

甲烷传感器或便携式甲烷检测报警仪设置地点	甲烷传感器编号	报警浓度/% CH₄	断电浓度/% CH₄	复电浓度/% CH₄	断 电 范 围
煤与瓦斯突出矿井的采煤工作面	T_1	≥1.0₄	≥1.5	<1.0	工作面及其进、回风巷内全部非本质安全型电气设备
采煤工作面回风巷	T_2	≥1.0	≥1.0	<1.0	工作面及其回风巷内全部非本质安全型电气设备
煤与瓦斯突出矿井采煤工作面进风巷	T_3	≥0.5	≥0.5	<0.5	进风巷内全部非本质安全型电气设备
采用串联通风的被串采煤工作面进风巷	T_4	≥0.5	≥0.5	<0.5	被串采煤工作面及其进回风巷内全部非本质安全型电气设备
采用两条以上巷道回风的采煤工作面第二、第三条回风巷	T_5	≥1.0	≥1.5	<1.0	工作面及其回风巷内全部非本质安全型电气设备
	T_6	≥1.0	≥1.0	<1.0	
专用排瓦斯巷	T_7	≥2.5	≥2.5	<2.5	工作面及其回风巷内全部非本质安全型电气设备
有专用排瓦斯巷的采煤工作面混合回风流处	T_8	≥1.0	≥1.0	<1.0	工作面内及其回风巷内全部非本质安全型电气设备
高瓦斯、煤与瓦斯突出矿井采煤工作面回风巷中部		≥1.0	≥1.0	<1.0	工作面及其回风巷内全部非本质安全型电气设备
采煤机		≥1.0	≥1.5	<1.0	采煤机及工作面刮板输送机电源
采煤机设置的便携式甲烷检测报警仪		≥1.0			
煤巷、半煤岩巷和有瓦斯涌出岩巷的掘进工作面	T_1	≥1.0	≥1.5	<1.0	掘进巷道内全部非本质安全型电气设备
煤巷、半煤岩巷和有瓦斯涌出岩巷的掘进工作面回风流中	T_2	≥1.0	≥1.0	<1.0	掘进巷道内全部非本质安全型电气设备
突出矿井的煤巷、半煤岩巷和有瓦斯涌出岩巷的掘进工作面的进风分风口处		≥0.5	≥0.5	<0.5	掘进巷道内全部非本质安全型电气设备
采用串联通风的被串掘进工作面局部通风机前	T_3	≥0.5	≥0.5	<0.5	被串掘进巷道内全部非本质安全型电气设备
		≥0.5	≥1.5	<0.5	包括局部通风机在内的被串掘进巷道内全部非本质安全型电气设备
高瓦斯矿井双巷掘进工作面混合回风流处	T_3	≥1.5	≥1.5	<1.0	包括局部通风机在内的全部非本质安全电源

表7-1（续）

甲烷传感器或便携式甲烷检测报警仪设置地点	甲烷传感器编号	报警浓度/% CH₄	断电浓度/% CH₄	复电浓度/% CH₄	断 电 范 围
高瓦斯和煤与瓦斯突出矿井掘进巷道中部		≥1.0	≥1.0	<1.0	掘进巷道内全部非本质安全型电气设备
掘进机、连续采煤机、锚杆钻车、梭车		≥1.0	≥1.5	<1.0	掘进机、连续采煤机、锚杆钻车、梭车电源
掘进机设置的便携式甲烷检测报警仪		≥1.0			
采区回风巷		≥1.0	≥1.0	<1.0	采区回风巷内全部非本质安全型电气设备
一翼回风巷及总回风巷		≥0.70			新《煤矿安全规程》规定≥0.75% CH₄
回风流中的机电硐室的进风侧		≥0.5	≥0.5	<0.5	机电硐室内全部非本质安全型电气设备
使用架线电机车的主要运输巷道内装煤点处		≥0.5	≥0.5	<0.5	装煤点处上风流100 m内及其下风流的架空线电源和全部非本质安全型电气设备
高瓦斯矿井进风的主要运输巷道内使用架线电机车时，瓦斯涌出巷道的下风流处		≥0.5	≥0.5	<0.5	瓦斯涌出巷道上风流100 m内及其下风流的架空线电源和全部非本质安全型电气设备
矿用防爆特殊型蓄电池电机车内		≥0.5	≥0.5	<0.5	机车电源
矿用防爆特殊型蓄电池电机车内设置的便携式甲烷检测报警仪		≥0.5			
矿用防爆特殊型柴油机车、无轨胶轮车内设置的便携式甲烷检测报警仪		≥0.5			（新煤矿安全规程规定此处断电浓度≥0.5% CH₄，复电浓度<0.5% CH₄）
兼做回风井的装有带式输送机的井筒		≥0.5	≥0.7	<0.7	井筒内全部非本质安全型电气设备
采区回风巷、一翼回风巷及总回风巷道内临时施工的电气设备上风侧		≥1.0	≥1.0	<1.0	采区回风巷、一翼回风巷及总回风巷道内全部非本质安全型电气设备
井下煤仓上方、地面选煤厂煤仓上方		≥1.5	≥1.5	<1.5	贮煤仓运煤的各类运输设备及其他非本质安全型电源
封闭的地面选煤厂内		≥1.5	≥1.5	<1.5	选煤厂内全部电气设备

表7-1（续）

甲烷传感器或便携式甲烷检测报警仪设置地点	甲烷传感器编号	报警浓度/% CH₄	断电浓度/% CH₄	复电浓度/% CH₄	断电范围
封闭的带式输送机地面走廊内，带式输送机滚筒上方		$\geq$1.5	$\geq$1.5	$<$1.5	带式输送机地面走廊内全部电气设备
地面瓦斯抽采泵房内		$\geq$0.5			
井下临时瓦斯抽采泵站内下风侧栅栏外		$\geq$0.5	$\geq$1.0	$<$0.5	瓦斯抽放泵站电源（新《煤矿安全规程》规定此处报警浓度$\geq$1.0% CH₄，断电浓度$\geq$1.0% CH₄，复电浓度$<$1.0% CH₄）
瓦斯抽放泵输入管路中		$\leq$25			
利用瓦斯时，瓦斯抽放泵站输出管路中		$\leq$30			
不利用瓦斯、采用干式抽放瓦斯设备的瓦斯抽放泵站输出管路中		$\leq$25			

3. 甲烷传感器在采煤工作面的布置

（1）甲烷传感器在 U 形采煤工作面的布置如图 7-27 所示。

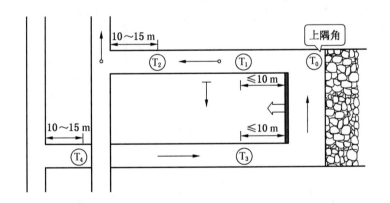

图 7-27 U 形采煤工作面传感器的布置

（2）甲烷传感器在 U+L 形采煤工作面的布置如图 7-28 所示。

（3）甲烷传感器在"两条回风巷"采煤工作面的布置如图 7-29 所示。

（4）甲烷传感器在 Z 形采煤工作面的布置如图 7-30 所示。

（5）甲烷传感器在 Y 形两进一回采煤工作面的布置如图 7-31 所示。

（6）甲烷传感器在 Y 形一进两回采煤工作面的布置如图 7-32 所示。

（7）甲烷传感器在 W 形后退式采煤工作面的布置如图 7-33 所示。

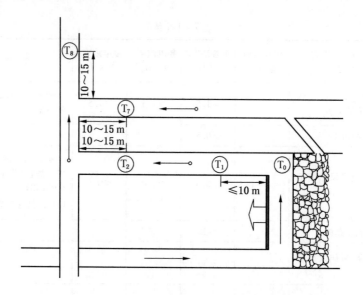

图7-28　U+L形采煤工作面传感器的布置

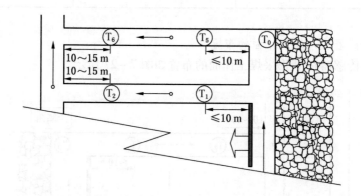

图7-29　"两条回风巷"采煤工作面传感器的布置

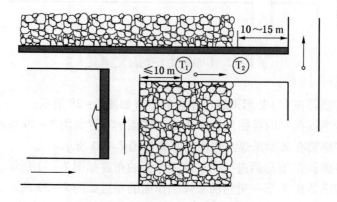

图7-30　Z形采煤工作面传感器的布置

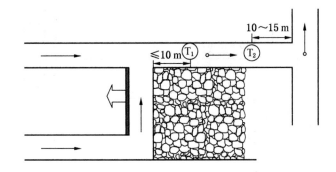

图7-31　Y形两进一回采煤工作面传感器的布置

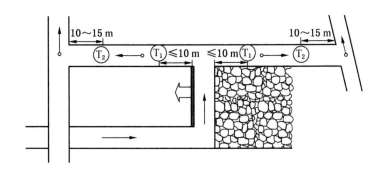

图7-32　Y形一进两回采煤工作面传感器的布置

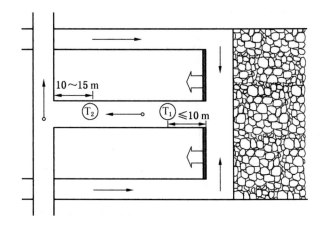

图7-33　W形后退式采煤工作面传感器的布置

4. 甲烷传感器在掘进工作面的布置

（1）甲烷传感器在单巷掘进工作面的布置如图7-34所示。

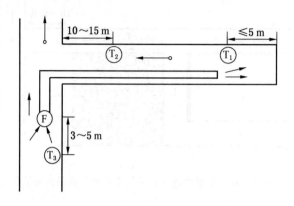

图 7 – 34　单巷掘进工作面传感器的布置

（2）甲烷传感器在双巷掘进工作面的布置如图 7 – 35 所示。

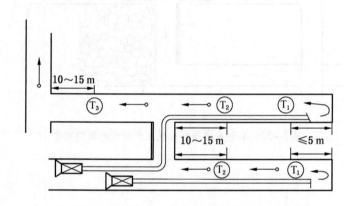

图 7 – 35　双巷掘进工作面传感器的布置

（3）甲烷传感器在回风流中的机电硐室的布置如图 7 – 36 所示。

5. 其他必须布置甲烷传感器的地方

（1）高瓦斯和煤与瓦斯突出矿井采煤工作面的回风巷长度大于 1000 m 时，必须在回风巷中部增设甲烷传感器。

（2）高瓦斯和煤与瓦斯突出矿井的掘进工作面长度大于 1000 m 时，必须在掘进巷道中部增设甲烷传感器。

（3）长壁式采煤工作面在上隅角设置便携式瓦斯检测报警仪或甲烷传感器，在工作面及其回风巷各设置 1 个甲烷传感器。

（4）采区回风巷、一翼回风巷、总回风巷测风站应

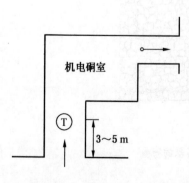

图 7 – 36　回风流中机电硐室
传感器的布置

设置甲烷传感器。

（5）封闭的地面选煤厂机房内上方应设置甲烷传感器。

（6）煤仓上方、封闭的带式输送机地面走廊上方宜设置甲烷传感器。

（7）使用架线电机车的主要运输巷道内装煤点处必须设置甲烷传感器；高瓦斯矿井进风的主要运输巷道使用架线电机车时，在瓦斯涌出巷道的下风流中必须设置甲烷传感器。

（8）地面瓦斯抽采泵房内必须在室内设置甲烷传感器。

（9）井下临时瓦斯抽采泵站下风侧栅栏外必须设置甲烷传感器。

（10）瓦斯抽采泵输入管路中应设置甲烷传感器。利用瓦斯时，应在瓦斯抽采泵输出管路中设置甲烷传感器；不利用瓦斯、采用干式抽放瓦斯设备时，瓦斯抽采泵的输出管路中也应设置甲烷传感器。

（11）《煤矿安全规程》要求的其他井巷位置。

四、环境参数传感器

（一）一氧化碳传感器

一氧化碳传感器是一种与井下监控系统配套使用，连续监测和就地显示煤矿井下巷道环境一氧化碳浓度值的模拟量传感器。采用电化学敏感元件。测量时，环境中的一氧化碳气体以扩散的方式透过传感头的滤尘罩、透气膜进入到具有恒定电位的电极上，在电极催化剂作用下与电解液中水发生阳极氧化反应。在工作电极上所释放的电子产生与一氧化碳浓度成正比的电流经检测电路温度补偿，再经模数转换器转换后进入元件头内的单片机，元件头内单片机再将此浓度数据发送给主板单片机。主板单片机将与被测一氧化碳浓度值线性一致的频率（电流）信号送往井下系统分站，同时实现本机就地一氧化碳浓度的数字显示。送达分站的一氧化碳浓度信号经专用通信接口装置和电缆送到地面控制中心站实现井下一氧化碳浓度的连续实时监控。适用于井下巷道，工作面瓦斯抽放管道等有必要进行一氧化碳监测的场所。现以中煤科工集团重庆研究院研制的 GTH1000 型一氧化碳传感器为例进行介绍。

1. 技术特征

（1）GTH1000 型一氧化碳传感器采用了新型的单片微机和高集成的数字化电路具有避免断电而影响电化学原理敏感元件工作稳定的措施。采用新型的开关电源，整机功耗低，信号带负载能力强，传输距离远，具有故障自检、红外遥控调校、就地显示及信号输出等功能，便于使用、维护。但在使用时应特别注意：①该传感器对爆破烟尘中的 N_xO 有较高反应；②对镍氢蓄电池的释放气体有反应；③对柴油车尾气有反应。传感器型号中的 GTH1000：G 代表传感器，T 代表一氧化碳，H 代表电化学式，1000 代表测量范围。

（2）量程［可内部设置，兼容 GTH500（B）型］。

（3）抗干扰及模块化设计。

（4）功耗低，带载距离长。

（5）外壳防护等级为 IP65。

2. 工作原理

电路原理框图如图 7 – 37 所示。

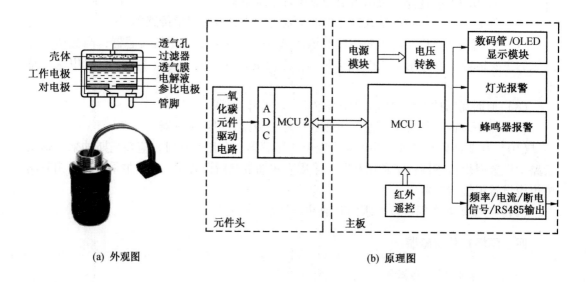

（a）外观图　　　　　　　　　　　　　（b）原理图

图 7 – 37　传感器电路原理框图

3. 结构特征

GTH1000 型传感器主机的机壳采用不锈钢冲压而成，前后盖合缝处设计有既防水又防尘的专用橡胶密封圈。仪器正面的显示窗采用四位红色数码管作为数字显示，外形如图 7 – 38 所示。

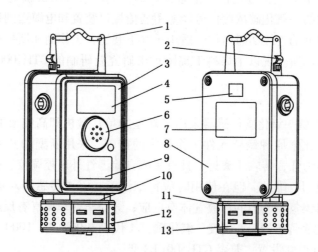

1—提手架；2—提手压线夹；3—外壳；4—前铭牌；5—煤安标志；6—蜂鸣器；7—后铭牌；
8—后盖；9—显示窗；10—底座胶垫；11—上护罩；12—报警灯罩；13—挡板

图 7 – 38　传感器外形结构示意图

4. 主要技术指标

（1）工作电压：9～25 V（DC）。

（2）工耗：≤0.4 W。

（3）防护等级：IP65。

（4）检测范围：（0～1000）×10^{-6} CO。

（5）元件检测反应速度：≤35 s。

（6）元件寿命：大于1年。

（7）测量精度：（0～1000）×10^{-6} CO，≤±4×10^{-6} CO，（0～1000）×10^{-6} CO，≤真值的±5% CO。

（8）输出信号制式：频率型，200～1000 Hz；电流型，4～20 mA（DC）；总线型，CAN总线、RS485。

（9）传输距离：≤2 km（使用电缆的单芯截面积为1.5 mm^{2}时）；响应时间：≤35 s。

5. 安装布置要求

（1）开采容易自燃、自燃煤层的采煤工作面必须至少设置一台一氧化碳传感器，地点可设置在上隅角、工作面或工作面回风巷，报警浓度为≥24 mg/m^3。

（2）带式输送机滚筒下风侧10～15 m处。

（3）为预防井下带式输送机着火，在滚筒上方要求设置一氧化碳和烟雾传感器。

（4）自然发火观测点、封闭火区防火墙栅栏外。

（5）开采容易自燃、自燃煤层的矿井，采区回风巷、一翼回风巷、总回风巷。

（6）在一个水平的回风巷应增设一氧化碳传感器。

（二）矿用氧气、温度两参数传感器

GYW25/50型矿用氧气、温度传感器采用电化学原理测量氧气、采用热电阻原理测量温度，主要用于煤矿井下巷道长时间连续同时或单独检测环境中的氧气、温度值。具有参数互补，性能稳定可靠、功耗低、抗干扰等优点，可遥控选择作为两参或单参使用。

1. 主要功能

（1）连续实时检测被测环境中氧气和温度变化。

（2）就地数字显示。

（3）输出状态指示。

（4）红外遥控设置。

（5）就地声光报警。

2. 工作原理

此传感器为连续检测氧气和温度的设备。工作时，将环境中的氧气浓度变化情况和温度变化情况转换成标准电信号，交由单片机处理后，输出检测值和对应的信号值。传感器中的温度敏感元件本身也是氧气测量补偿元件，从而保障了氧气测量稳定性。

3. 结构特征

结构特征如图7－39所示。

4. 主要技术指标

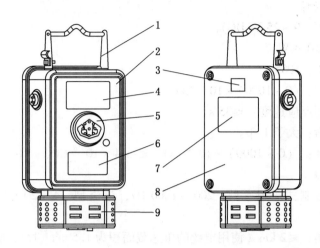

1—提手；2—外壳；3—煤安标志牌；4—前铭牌；5—蜂鸣器；6—显示窗；7—后铭牌；8—后盖；9—气室

图 7-39 GYW25/50 型矿用氧气温度传感器外形结构示意图

（1）工作电压：9~25 V（DC）。

（2）整机功耗：<0.4 W。

（3）响应时间：氧气≤60 s，温度≤10 s。

（4）信号输出制式：本传感器具有两路信号输出，且输出信号制式一致；传感器有 4 种输出信号制式，出厂时输出信号制式为四选一：①电流：4~20 mA（DC）；②频率：200~1000 Hz；③数字信号：CAN 总线、RS-485 数字通信，实现氧气和温度信号的同时输出。

（5）测量范围：氧气 0~25.0%，分辨率 0.1%；温度 0~50.0 ℃，分辨率 0.1 ℃。

5. 温度传感器的布置要求

①瓦斯抽采泵站的抽采泵吸入管路中应当设置温度传感器；②在输出管路中设置温度传感器；③使用防爆柴油动力装置的矿井及开采容易自燃、自燃煤层的矿井，应当设置温度传感器。

（三）矿用双向风速传感器

最新的矿用双向风速传感器采用差压检测原理，利用内部置的皮托管测量风速。当巷道内风流流经传感器类似于皮托管的取样管口时分别产生该位置的动压与静压，传感器内部电路利用二者间的差值与风流流速度成正比的关系测量出被测的风速的大小。现以中煤科工集团重庆研究院研制的 GFY15（B）型矿用双向风速传感器为例进行介绍。

GFY15（B）型矿用双向风速传感器采用新的防堵技术和自校准技术，无转动部件，能输出风向（正、反风）信号，同时可精确测量正、反两个方向的风速。适用于长时间连续监测矿井总回和各进、回风巷的实时风速、风向或风量，性能可靠稳定。

1. 主要技术特点

①风速、风向同时测量，并能实时自校准，无须调校，适应潮湿、多尘环境；②由传统的单向 0~15 m/s 风速测量改为 -15~15 m/s 的双向风速测量，也可对外输出风向信

号；③增加了抗干扰设计，能抵御静电放电、射频电磁场、电快速瞬变脉冲群和浪涌四大干扰；④设有 CAN 总线、RS－485 数字通信接口，能实现风速、风向、风量信号的同时输出；⑤外壳防护升级至 IP65，增强了抗冲击能力；功耗降低至 0.4 W，有效提高现场带载距离。

2. 工作原理

当传感器悬挂于巷道中心位置，取样管口垂直朝向风流流向时，巷道内的风流流经皮托管的两个取样管口并分别产生该位置的动压与静压，这二者间的差值与风流流速度成正比，以此测量出被测的风速的大小；将此压差信号转换成电信号，经单片机处理后，输出显示出来进行风速的连续监测，传感器的工作原理框图如图 7－40 所示。

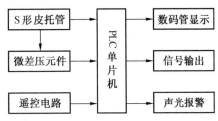

图 7－40　GFY15(B)型矿用双向风速
传感器工作原理框图

3. 结构特征

传感器外形结构示意图如图 7－41 所示。

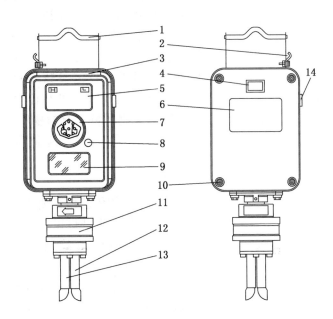

1—提手；2—压线夹；3—外壳；4—煤安标志牌；5—前铭牌；6—后铭牌；7—蜂鸣器；8—遥控孔；
9—显示窗；10—后盖螺钉；11—报警灯；12—正风口；13—反风口；14—电源/通信航空插座

图 7－41　传感器外形结构示意图

4. 主要技术参数

①工作电压：9～25 V(DC)，功耗：1.8 W；②测量范围：正向 0.4～15 m/s，反向 －0.4～－15 m/s；③基本误差：±0.2 m/s；④风量检测：根据巷道横截面积实时显示测量地点风量值，最大量程为 750 m³/s；⑤输出信号：同时输出风速信号

（模拟量）和一路风向信号（开关量）。其中频率型：正风 200 ~ 1000 Hz（对应 0 ~ 15.0 m/s）、反风 1200 ~ 2000 Hz(0 ~ -15.0 m/s)；电流型：1 mA/5 mA 分别对应正风和反风；⑥数字信号：CAN 总线、RS-485 数字通信（可实现风速、风向、风量信号的同时输出）。

5. 风速传感器的布置要求

①采区回风巷、一翼回风巷、总回风巷的测风站应设置风速传感器；②风速传感器应设置在巷径均匀、风量均匀、空气湿度不大的环境中，巷道前后 10 m 内无分支风流、无拐弯、无障碍、断面无变化、能准确计算风量的地点。当风速低于或超过《煤矿安全规程》的规定值时，应发出声、光报警信号；③突出煤层采煤工作面进风巷、掘进工作面进风的分风口必须设置风向传感器。当发生风流逆转时，发出声光报警信号；④突出煤层采煤工作面回风巷和掘进巷道回风流中必须设置风速传感器。当风速低于或者超过本规程的规定值时，应当发出声光报警信号。

（四）多参数传感器

GD7 型传感器是中煤科工集团重庆研究院研制的可同时连续检测甲烷、二氧化碳、一氧化碳、氧气、温度、湿度、差压等 7 种参数变化的多参数传感器，可设定特定参数超限报警。传感器采用 RS-485 通信模式，可与监控系统联网。适用于一切需要检测环境工况的场所，如矿井、消防、有限空间、化工、环保、应急等具备安全环境领域。

1. 结构特征

GD7 型多参数传感器主要由不锈钢机壳、液晶显示屏、蜂鸣器、报警灯以及各传感器的等组件构成，其外形结构如图 7-42 所示。

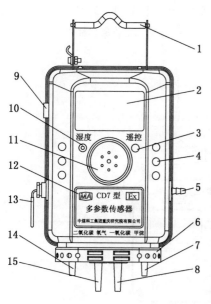

1—把手；2—显示屏；3—遥控接收窗；
4—报警灯；5—压力通气嘴；6—保护罩；
7—甲烷检测口；8—一氧化碳检测口；
9—航插；10—湿度检测口；11—蜂鸣器；
12—铭牌；13—温度检测元件；14—二氧
化碳检测口；15—氧气检测口

图 7-42　GD7 型多参数
传感器外形结构示意图

2. 主要技术性能

①采用了新型低功耗处理器和模块化电路，整机电路结构简单，性能可靠，便于维护调试；②具有故障自诊断、声光报警、自带 CAN 总线、RS-485 等数字信号输出、能与监控系统联网，实现在线监测的功能；③外壳结构采用了高强度的不锈钢材料，增强了传感器的抗冲击能力；④采用高性能、低功耗、高集成度、超低功耗微处理器，并配以高性能 OLED 液晶显示屏。

3. 工作原理

GD7 型多参数传感器工作原理框图如图 7-43 所示。

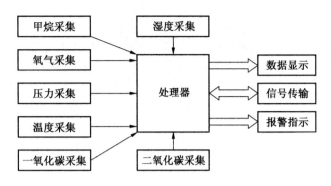

图 7-43　GD7 型多参数传感器工作原理框图

五、工况状态传感器

（一）烟雾传感器

烟雾传感器是一种主要用于煤矿井下瓦斯和煤尘爆炸危险及有火灾危险的场所，连续监测有无火灾前期烟雾的设备。要求对火灾初期各种燃烧物质在阴燃阶段产生的烟雾，煤矿井下因机械摩擦、煤层自燃等原因引起的火灾进行连续稳定、可靠的检测，一旦发现异常，即刻自动发出声光报警。下面以中煤科工集团重庆研究院研制的 GQQ5 型烟雾传感器为例进行介绍。

1. 技术特点

（1）检测元件由以前单一元件烟雾检测改进为双元件检测，通过两种烟雾检测原理元件的引入，从根本上解决现场粉尘引起的误报。

（2）传感器元件部分采用模块式设计及新型开关电源，信号传输距离长，方便现场维护。

（3）外壳满足 IP65 防护等级要求，增强了抗冲击能力，并具有有烟、无烟指示，故障自诊断、声光报警等功能。

（4）传感器增加了抗静电、浪涌、群脉冲、射频辐射防护措施，可大幅提高现场工作可靠性。

（5）既可单独用于带式输送机巷火灾监控系统，也可与各种生产安全监控系统配套使用。

2. 工作原理

通过双敏感组件监测外界烟雾浓度的变化，将检测到的烟雾转换为电信号送入后续电路放大处理。当随烟雾浓度变化的电压信号达到预先设定值时，单片机会自动进行分级判断并输出报警信号，就地发出声光报警。工作中，任何一个敏感元件出现故障，传感器上对应的红色报警指示灯都会出现常亮，并输出信号 0 mA 电流信号。

3. 结构特征

GQQ5 型烟雾传感器外观结构及敏感元件示意图如图 7-44 所示。

（二）设备开停传感器

开停传感器是一种用于连续监测煤矿井下机电设备（如风机、水泵、局部通风机、

(a) 外观结构

(b) 敏感元件

图 7-44　GQQ5 型烟雾传感器
外观结构及敏感元件示意图

采煤机、运输机、提升机等）开停状态的固定式监测仪表，适用于井下设备等有必要进行状态监测的场所。具有将检测到的设备开停状况转换成各种标准信号并传送给矿井生产安全监测系统，最终实现矿井机电设备开停状态自动监测。下面以中煤科工集团重庆研究院研制的GKT0.5L 型开停传感器为例进行介绍。

1. 主要功能

（1）能就地指示被监测设备的开停状态。

（2）能通过红外遥控设置传感器的灵敏度和放大倍数。

（3）具有抵御井下静电放电、射频电磁场、电快速瞬变脉冲群和浪涌等干扰的抗干扰能力。

（4）可就地显示电磁强度，为评估运行效果提供依据。

2. 主要技术指标

（1）工作电压：9.0～25.0 V（DC）。

（2）工作电流：≤70 mA。

（3）响应时间：≤1 s。

（4）输出信号：电流型、RS485 通信型（出厂时输出信号制式为二选一）。①电流输出型（三线制），1 mA（±0.2 mA）时，红灯亮，绿灯灭，显示"停止"表示设备停；5 mA（±1 mA）时，红灯灭，绿灯亮，显示"运行"表示设备开；②RS485 通信型（四线制），当 RS485 总线信号为停指令时，红灯亮、绿灯灭，显示"停止"表示设备停；当 RS485 总线信号为开指令时红灯灭，绿灯亮，显示"运行"表示设备开。

（5）传输距离：≤2 km（使用电缆的单芯截面积为 1.5 mm^2 时）。

3. 工作原理

传感器运用磁场感应的测试原理，采用电磁强度、电磁频率双门限判断方式，连续监测被控设备的开停状态，并随时将监测到的设备开停状况转换成标准电信号送往井下分站，工作原理示意图如图 7-45 所示。

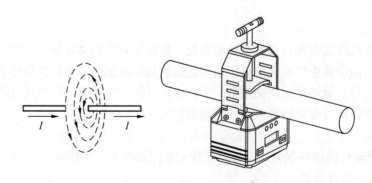

图 7-45　GKT0.5L 型开停传感器工作原理示意图

4. 结构特征

GKT0.5L 型开停传感器采用支架型结构，正面设有设备开停状态指示窗，如图 7 - 46 所示。

1—支架座；2—上盖；3—运行灯（绿色）；4—停止灯（红色）；
5—红外遥控接收头；6—液晶显示窗；7—下盖；8—航空插头

图 7 - 46　GKT0.5L 型开停传感器外形结构示意图

（三）GKD200 矿用浇封兼本安型馈电状态传感器

该传感器是中煤科工集团重庆研究院针对井下矿用馈电开关及磁力启动器的开关负荷侧的带电状态进行馈电监测而研制的一种全新的矿用本质安全型设备。适用于煤矿有瓦斯及煤尘爆炸危险的场所和必要进行馈电状态监测的井下设备及无滴水、无显著振动、冲击的场所。

1. 主要技术特点

（1）连续监测、显示被控设备的馈电状态，能输出馈电状态信号、就地状态指示和遥控调校。

（2）插入式探测，馈电电压等级 660 V（AC）及以上。

（3）通过数字信号处理算法去除工频干扰，无需额外接地处理。

2. 传感器结构特征

GKD200 型馈电传感器外观示意图如图 7 - 47 所示。

3. 工作原理

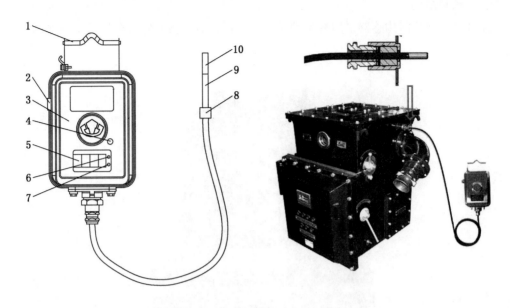

1—提手架；2—航空插头；3—外壳；4—红外遥控接收头；5—显示窗；6—有电状态指示灯；
7—无电状态指示灯；8—限位卡；9—线缆；10—传感探头

图 7-47　GKD200 型馈电传感器外观示意图

GKD200 矿用浇封兼本安型馈电状态传感器采用电场感应原理对被控设备的馈电状态进行连续监测。使用时，将传感器的传感头置入高压开关柜接线腔中，通过探头感知线缆腔体内的电场变化，并将此变化转换成电信号送往井下分站，实现对被控设备的在线馈电监测。

4. 主要技术指标

(1) 工作电压：9~25 V(DC)。

(2) 功耗：≤2 W。

(3) 馈电电压：660~10000 V(AC)。

(4) 响应时间：≤1 s。

(5) 最大传输距离：≤2 km。

(6) 传感器输出信号：电流型、RS485 总线型和 CAN 总线型。①电流型：1 mA/5 mA；电流 1 mA（±0.2 mA）表示无电，传感器红灯亮，绿灯灭；电流 5 mA（±1 mA）表示有电，传感器红灯灭，绿灯亮；②RS485 总线型：传输速率 2400 bps，信号工作电压峰峰值≤15 V；③CAN 总线型：传输速率 5 kbps，信号工作电压峰峰值≤15 V。

(四) GKD1000(A) 矿用本安型馈电状态传感器

该传感器同为中煤科工集团重庆研究院研制的矿用本质安全型设备，专门用于井下矿用馈电开关及磁力启动器的开关负荷侧带电状态的馈电监测。适用于煤矿有瓦斯及煤尘爆炸危险的场所和井下设备等有必要进行馈电状态监测的场所。

1. 结构特征

GKD1000（A）型馈电传感器外观示意图如图 7 - 48 所示。

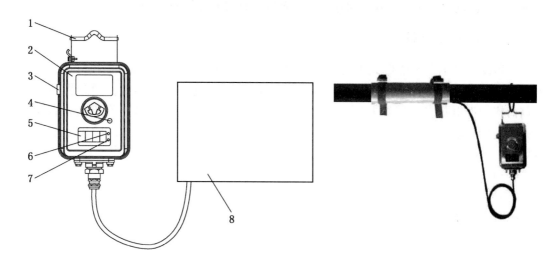

1—提手架；2—外壳；3—航空插头；4—红外遥控接收头；5—显示窗；
6—有电状态指示灯；7—无电状态指示灯；8—传感探头

图 7 - 48　GKD1000（A）型馈电传感器外观示意图

2. 技术特点

（1）传感头采用屏蔽技术，抗周边电场干扰能力强。

（2）通过数字信号处理算法去除工频干扰，无需额外接地处理。

（3）能对被控设备的馈电状态进行远程监测、显示。

（4）具有馈电状态信号输出、状态指示及遥控调校功能。

（5）最大馈电范围：660 V（AC）（包裹式、非屏蔽线缆）。

（6）不占用井下防爆开关控制口喇叭嘴。

3. 主要技术指标

（1）工作电压：9 ~ 25 V（DC）。

（2）功耗：≤2 W。

（3）防爆标志：ExibI Mb。

（4）馈电电压：127 ~ 660 V（AC）。

（5）响应时间：≤1 s。

（6）最大传输距离：≤2 km。

（7）传感器输出信号：电流型、RS485 总线型和 CAN 总线型。①电流型：1 mA/5 mA；电流 1 mA（±0.2 mA）表示无电，传感器红灯亮，绿灯灭；电流 5 mA（±1 mA）表示有电，传感器红灯灭，绿灯亮；②RS485 总线型：传输速率 2400 bps；信号工作电压峰峰值≤15 V；③CAN 总线型：传输速率 5 kbps；信号工作电压峰峰值≤15 V。

4. 使用注意事项

（1）不能用于检测铠装电缆。

（2）被检测电缆表面有水或过分潮湿时会影响检测准确性（应用棉布将传感器安装位置电缆表面的水擦干净，建议再涂一层玻璃胶，保障长期可靠）。

六、馈电断电控制器

远程馈电断电器为隔爆兼本质安全型远程高压断电执行装置，执行监控分站发出的远程断电指令，通过控制井下设备开关的控制回路实现远程断电功能，同时将被控开关负荷侧的带电状态反馈给井下分站。主要用于煤矿井下矿用馈电开关及磁力启动器开关的远程断电控制和对被控设备负荷侧供电状况的实时监测，向分站输出断电反馈信号。

（一）KDG3K 型井下远程馈电断电器

1. 结构特征

KDG3K 型井下远程馈电断电器结构示意图如图 7-49 所示。

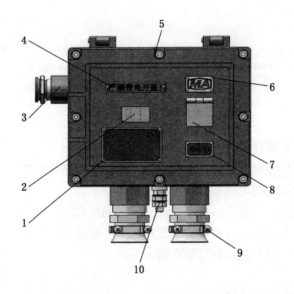

1—铭牌；2—显示窗；3—小喇叭嘴；4—警示牌；5—上盖；6—"MA" 标识牌；

7—遮光板；8—防爆标识牌；9—大喇叭嘴；10—接地柱

图 7-49　KDG3K 型井下远程馈电断电器结构示意图

2. 主要功能

（1）具有动合、动开接点输出功能（动合、动开接点均能根据输入信号输出相应的控制状态且保持）。

（2）断电器的输出能满足交流或直流控制的需要。

（3）能监测、显示和输出被控设备馈电状态。

（4）具有供电源指示、输出状态等功能。

（5）能红外遥控设置多种控制逻辑和方式。

3. 工作原理

KDG3K 型井下远程馈电断电器工作时，由分站为其提供电源，断电器接收到来自分站的断电控制电信号，内部控制电路负责按照预先设置好的逻辑执行断电控制指令；信号采集/输出电路负责被控开关负荷侧的带电信号采集及馈电信号输出，指示灯负责就地状态显示。

4. 主要技术参数

（1）工作电压：9～25 V（DC）。

（2）工作电流：≤200 mA。

（3）断电控制执行时间：≤0.5 s。

（4）断电控制信号：电平信号和接点信号。①电平信号：高电平电压不小于＋3 V（输出电流为 2 mA 时）；低电平电压不大于＋0.5 V（输出电流为 2 mA 时）；②接点信号：无源机械接点。

（5）断电控制距离：≤2 km。

（6）馈电电压等级：660 V（AC）、380 V（AC）。

（7）馈电输出信号：电流型、RS485 总线型、CAN 总线型。①电流型:（1±0.2）mA，无电信号；（5±1）mA，有电信号；②RS485 总线型：传输速率 2400 bps，信号工作电压峰峰值≤15 V；③CAN 总线型：传输速率 5 kbps，信号工作电压峰峰值≤15 V。

（8）输出控制接点容量:660 V（AC）/0.35 A、380 V（AC）/0.5 A、127 V（AC）/1.5 A、0.6 V（DC）/1 A。

（9）馈电安装布置要求：实施甲烷电闭锁或风电闭锁的被控开关负荷侧。

（二）DG0.35/660 型井下远程馈电断电控制器

1. 主要技术特点

馈电监测电压等级：660 V（AC）、1140 V（AC）。

2. 外、内部结构

DG0.35/660 型馈电断电器外部结构示意图如图 7－50 所示，DG0.35/660 型馈电断电器内部结构示意图如图 7－51 所示。

3. 工作原理

工作时，由分站为其提供电源，断电器接收到来自分站的断电控制电信号，内部控制电路负责按照预先设置好的逻辑执行断电控制指令；其信号采集/输出电路负责被控开关负荷侧的带电信号采集及馈电信号输出，指示灯负责就地状态显示。馈电断电器电路原理框图如图 7－52 所示。

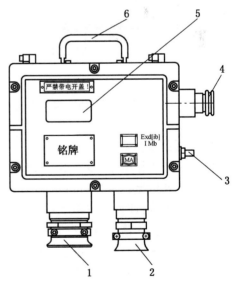

1—馈电大喇叭嘴；2—断电大喇叭嘴；
3—接地柱；4—分站小喇叭嘴；
5—显示窗；6—提手

图 7－50　DG0.35/660 型井下远程馈电断电控制器外部结构示意图

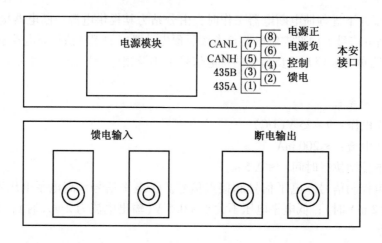

图 7-51　DG0.35/660 型井下远程馈电断电控制器内部结构

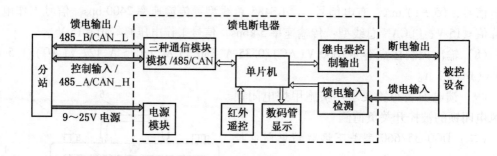

图 7-52　DG0.35/660 型井下远程馈电断电控制器电路原理框图

4. 主要技术参数

（1）额定工作电压：9~25 V（DC）。

（2）工作电流：≤200 mA。

（3）控制执行时间：≤0.5 s。

（4）本安输入输出信号：电流型、RS485 通信、CAN 通信。①电流型：(1 ± 0.2) mA，无电信号；(5 ±1) mA，有电信号；②RS485 通信：传输速率 2400 bps，信号工作电压峰峰值≤15 V；③CAN 通信：传输速率 5 kbps，信号工作电压峰峰值≤15 V。

（5）输出控制接点容量：660 V（AC）/0.35 A、380 V（AC）/0.5 A、127 V（AC）/1.5 A、36 V（AC）/5 A、60 V（DC）/1 A。

（6）馈电电源电压等级：660 V（AC）、1140 V（AC）。

（7）最大传输距离：≥2 km。

第四节　瓦斯风电、瓦电安全闭锁控制系统

一、闭锁基本概念

监控系统的闭锁功能包括故障闭锁、断电闭锁、上电闭锁。

（1）故障闭锁：与闭锁控制有关的设备未投入正常运行或发生故障时，被控设备断电，例如输入控制线路断开。即自动、及时切断该设备所监控区域的全部非本质安全型电气设备的电源并闭锁，当与闭锁控制有关的设备工作正常并稳定运行后自动解锁。

安全监控设备必须具有故障闭锁功能。当与闭锁控制有关的设备未投入正常运行或者故障时，必须切断该监控设备所监控区域的全部非本质安全型电气设备的电源并闭锁；当与闭锁控制有关的设备工作正常并稳定运行后，自动解锁。

（2）断电闭锁是指馈电断电器停止工作时，被控设备断电。

（3）上电闭锁：馈电断电器接通电源 1 min 内，被控设备断电。

二、瓦斯风电、瓦电安全闭锁控制系统

安全监控系统必须具备甲烷电闭锁和风电闭锁功能：当主机或者系统线缆发生故障时，必须保证实现甲烷电闭锁和风电闭锁的全部功能和断电、馈电状态监测及报警功能。

（一）瓦斯风电、瓦电安全闭锁控制系统组成

瓦斯监控系统中的瓦斯风电、瓦电安全闭锁控制系统主要由甲烷浓度超限声光报警和断电/复电控制功能由井下分站、传感器、声光报警器、断电器组合完成。即当甲烷浓度达到或超过报警浓度时，上述设备能自动发出声光报警。当甲烷浓度达到或超过断电浓度时，能自动切断被控设备电源并闭锁；当甲烷浓度低于复电浓度时，能自动解锁。

按照《煤矿安全规程》的规定，甲烷电闭锁和风电闭锁功能每 15 天至少测试 1 次。可能造成局部通风机停电的，每半年测试 1 次。

监控系统的甲烷、风电闭锁（瓦斯风电、瓦电安全闭锁）控制系统主要由地面监控主机、中心站软件、网络交换机、井下分站、传感器、声光报警器、断电器等组合而成。

（二）甲烷风电闭锁控制系统的主要功能

（1）掘进工作面甲烷浓度达到或超过 1.0% CH_4 时，能声光报警；掘进工作面甲烷浓度达到或超过 1.5% CH_4 时，切断掘进巷道内全部非本质安全型电气设备的电源并闭锁；当掘进工作面甲烷浓度低于 1.0% CH_4 时，能自动解锁。

（2）掘进工作面回风流中的甲烷浓度达到或超过 1.0% CH_4 时，能声光报警、切断掘进巷道内全部非本质安全型电气设备的电源并闭锁；当掘进工作面回风流中的甲烷浓度低于 1.0% CH_4 时，能自动解锁。

（3）被串掘进工作面入风流中的甲烷浓度达到或超过 0.5% CH_4 时，能声光报警、切断被串掘进巷道内全部非本质安全型电气设备的电源并闭锁；当被串掘进工作面甲烷浓度

低于 0.5% CH_4 时，能自动解锁。

（4）局部通风机停止运转或风筒风量低于规定值时，能声光报警、切断供风区域的全部非本质安全型电气设备的电源并闭锁；当局部通风机或风筒恢复正常工作时，能自动解锁。

（5）局部通风机停止运转，掘进工作面或回风流中甲烷浓度大于 3.0% CH_4，必须对局部通风机进行闭锁使之不能起动，只有通过密码操作软件或使用专用工具方可人工解锁；当掘进工作面或回风流中甲烷浓度低于 1.5% CH_4 时，能自动解锁。

（6）与闭锁控制有关的设备（含分站、甲烷传感器、设备开停传感器、电源、断电控制器、电缆、接线盒等）故障或断电时，能声光报警、切断该设备所监控区域的全部非本质安全型电气设备的电源并闭锁；与闭锁控制有关的设备接通电源 1 min 内，继续闭锁该设备所监控区域的全部非本质安全型电气设备的电源；当与闭锁控制有关的设备工作正常并稳定运行后，能自动解锁。

（7）严禁对局部通风机进行故障闭锁控制。

（三）分站断电控制口的控制逻辑

KJ90 监控系统启动风电瓦斯闭锁功能后，f8/16 系列及 F16D、F16B、F16C、F32 等分站断电控制口的控制逻辑：

（1）根据煤矿安全规程有关故障及掉电闭锁的要求，监控系统及井下分站的断电控制逻辑是高电平（+5 V）接通，低电平（0 V）断电。所以，KJ90 - F8/16(D)型分站未启用风电瓦斯闭锁功能时，F8(D)型分站的 1~5 号控制口及 F6(D)型分站的 1~8 号控制口均处在低电平断电控制逻辑下。一旦该分站的风电瓦斯闭锁功能被启用，则 F8(D)型分站的 5 号控制口（C5），F16(D)型分站的 7 号、8 号控制口（C7、C8），则改为高电平断电控制方式，即低电平（0 V）接通，高电平（+5 V）断电。

（2）设计及使用上，KJ90 - F8（D）型分站的 5 号控制口（C5），KJ90 - 16(D)型分站的 7 号、8 号控制口（C7、C8）用来控制局部通风机。因为规程要求局部通风机不能故障及掉电闭锁，所以，在分站启用风电瓦斯闭锁功能时，F8（D）型分站的 5 号控制口（C5）和 F16(D)型分站的 C7、C8 控制口在电平控制方式下均为高电平控制，接在这几个控制口上的断电器也必须设置为高电平断电。

第五节 无线通信及人员定位系统

一、WiFi 矿用无线通信系统

矿用无线通信系统将 WiFi 技术与 IP 技术相结合，利用 SIP 协议（应用层的信令控制协议）、RTP（按时传输协议）提供语音服务，通过中继网关与传统的 PSTN（公共交换电话网络）相联网，可在煤矿井下实现传输速率达到 300 Mbps 的无线语音及数据传输，在实现语音通信的同时也为煤矿搭建起了一个宽带无线传输平台。

（一）网络传输方式

系统采用光纤有线网络，以无线网络基站覆盖井下巷道，使用矿用本安手机、固定电话等终端接入设备来实现群呼、组呼等功能，从而实现井上对井下的语音调度以及井下对井上的信息反馈。本系统采用标准的工业以太网络结构，为人员位置监测与管理、数字化视频监控及各种井下传感器（瓦斯传感器、温度传感器、一氧化碳传感器等）数据的集中采集与综合处理提供了一个共用的平台，实现语音、视频、数据的"三网合一"，为生产调度、应急救援、安全监控与督察提供科学手段。

（二）系统主要设备组成

系统设备主要包括 KTW118 系列井下通信基站、KTW117 系列手机、A8 地面大功率覆盖基站及室内补盲设备 C1、KJJ103 型矿用交换机、SIP 服务器、地面数字中继网关等，其典型组网模式如图 7-53 所示。

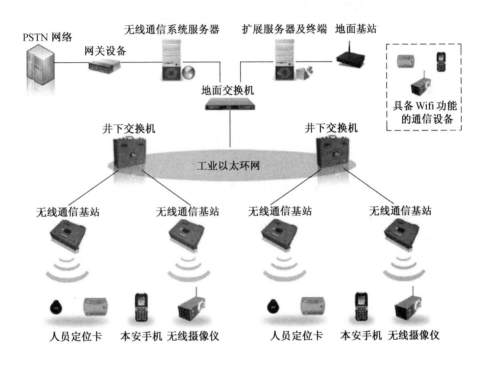

图 7-53 系统设备组网结构

1. 手机

手机主要由射频、逻辑和电源部分组成。手机采用全双工载波无线通信技术。

手机 RFID 射频电路进入读卡器或基站信号覆盖范围内，会主动发送身份识别编号，由服务器进行记录并生成相应图像或报表，如图 7-54 所示。

2. 无线基站产品

矿用无线通信基站〔配套电源为 KDY660/18B（D）〕，是矿井无线通信信号传输设备，实现了 KT106R 型矿用无线通信系统中有线信号与无线信号的转换及无线信号的覆盖，可以在具有甲烷混合物及煤尘爆炸危险的煤矿井下正常工作，无线基站面板如图 7-55 所示。

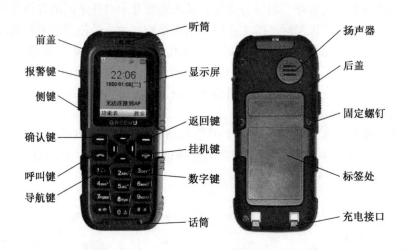

图 7 - 54　手机外形说明

3. 地面基站

　　A8 基站采用了多收发机、智能天线、先进的信号处理算法等技术来大幅提升单基站的覆盖能力，这种提升在非视距（NLOS）的环境下尤为明显。A8 基站的多根天线可根据目标区域在面积、形状、高度等方面的特点灵活配置以实现最优覆盖。覆盖相同的面积，采用 A8 基站比采用普通 AP 可节省站点和设备数量达 80%，这不但简化了网络设计，也可减小通信时延，更好的支持 VoIP 和视频流等实时业务，地面基站外形如图 7 - 56 所示。

图 7 - 55　无线基站面板　　　　　　　图 7 - 56　地面基站外形

4. 室内小基站及补盲设备 C1

C1 Super WiFi CPE 主要用于将 WiFi 无线网络覆盖从室外向室内延伸，为室内用户提供优质的宽带接入服务。C1 采用了专利的天线设计和信号处理，可显著提高 A8/A8 - Ei Super WiFi 基站覆盖区域内用户的信号强度（发送和接收）与数据吞吐量。C1 的内置高增益天线可以增加无线链路的预算高达 16 dB，所以在信号强度要求较高的地方加装 C1 可以大大增加 A8/A8 - Ei 基站的覆盖距离，从而获得比单独使用 A8/A8 - Ei 基站更大的灵活性和更高的成本节省，室内小基站及补盲设备外形如图 7 - 57 所示。

图 7 - 57　室内小基站及补盲设备外形

5. 系统服务器管理软件

地面服务器系统管理软件具有数据结构、实时处理、存储方式、软件功能、逻辑控制、网络功能、图文显示等主要部分。

地面管理软件的主要作用是对 KT106R 系统中的数据进行处理、调度和管理。

6. 数字及模拟中继网关

目前使用的数字中继网关有 ETG3008、MG3000 - T4，模拟中继网关是 MX8 - 4FXS - 4FXO，其功能是连接无线通信系统服务器与生产或调度程控交换机，实现 Wifi 手机与矿用生产电话、行政电话及移动、联通、电信的互联互通，实现煤矿井下、地面工业广场、公网电话的互通，系统服务器管理软件架构如图 7 - 58 所示。

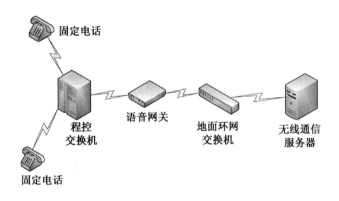

图 7 - 58　系统服务器管理软件架构

二、新型 3G 矿用无线通信系统

（一）概述

该系统将我国自主知识产权、中国的第三代移动通信标准（简称 3G）先进的 TD - SCDMA 技术引入煤炭行业，在井上井下组建无线 3G 移动专网，实现井下的移动通信 KT262R 矿用无线调度通信系统在提供传统语音业务的基础上可提供 3G 数据业务，同时通过综合调度交换机实现有线、无线的一体调度功能。

（二）矿用无线通信系统分析

目前市场上矿用无线通信系统有三种：基于 PHS 的无线通信系统（小灵通）、WiFi 无线通信系统、3G 无线通信系统（TD – SCDMA）。各矿用无线通信系统性能分析见表 7 – 2。

表 7 – 2　矿用无线通信系统性能分析

系统名称	矿用小灵通	矿用 WiFi	TD – SCDMA
覆盖方式	定向天线	定向天线	定向天线
覆盖距离	300 m	400 m	800 ~ 1000 m
使用频段	1.9 G	2.4 G	1.9 G
通话信道数	3	16	井下部署基站。单基站单载波 23 个
调度功能	支持	支持	支持
数据传输	128 k	54 M	单载波下行 2.2 Mbps，上行 144 kbps
视频功能	不支持	支持	可视电话/无线摄像头
定位功能	区域定位	区域定位	TD – SCDMA 精确定位 RFID 区域定位
安全性	隔爆型	本安型	本安型
用户体验	手机功能单一	终端待机时间较短	语音清晰，支持视频通话，可定制开发多种业务应用
产业链	即将退网	终端类型缺乏	产业链丰富，终端类型多样，终端可选余地大

经上表分析可知，小灵通通信技术产业链已经断链，后续升级维护困难。WiFi 虽可实现语音功能，但无线信号在井下衰减太快，覆盖范围较小，且目前没有形成完整产业链，缺少大型厂商的支持，终端可选类型有限，且厂家众多，水平参差不齐。TD – SCD-MA 网络除能解决语音通信功能外，还可提供数据和图像传输功能；为煤矿专门设计的井下本安型基站，充分考虑井下生产工作环境，覆盖好，语音质量好，抗干扰性强；具有业务丰富、高安全性、高可靠性、技术先进等特点，是完善、先进、统一的综合信息系统解决方案，完全符合煤矿特殊作业环境对通信的需求，是大中型煤矿企业首选的矿井无线通信解决方案。

（三）系统组成

新型矿用无线调度通信系统主要由调度交换机、综合接入控制器、矿用本安型基站、地面基站和不同种类的终端、操作维护台等组成，可以满足不同行业企业各种场景下的通信调度应用，系统连接关系如图 7 – 59 所示。

（四）系统特点

1. 采用我国自主知识产权的先进 TD – SCDMA 技术

语音编码为 12.2K 的 AMR 编码方式，数字无线信道编码和数字传输体制使系统具有

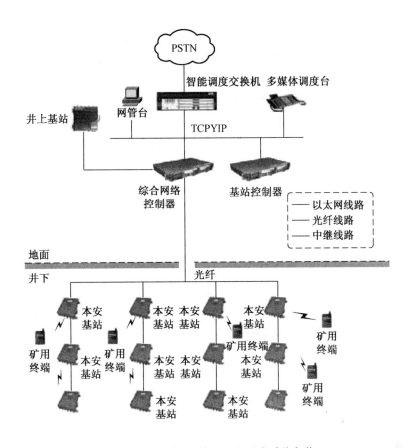

图 7-59　新型 3G 矿用无线通信系统架构

极强的抗干扰特性，提供和有线接入相同话音质量和可靠性的无线通信业务。针对矿山企业用户优化的无线资源管理算法，含动态信道分配、接力切换、分组调度、功率控制等算法软件，使得宝贵的无线频谱资源得到有效利用，保证企业环境无线覆盖良好，提高的无线通信质量。基站的功率和扇区都可根据无线覆盖的实际环境进行灵活调整，同时可以选择不同的天线和安装方式，方便灵活，可以满足不同的矿山企业无线环境的需求。

2. 支持多协议接口

提供单点最大支持 5000 用户的接入容量，支持多点组网；支持 FXO、PRI、SS7 接入传统电路交换网络；支持 SIP/MGCP 与分组交换网络的互通。在提供语音业务的基础上可提供 3G 数据业务。

3. 多点互联和自由漫游能力

KT262R 矿用无线通信系统通过调度交换机实现多点互联，所有节点采用统一编号计划，节点间呼叫可直拨分机号完成，用户感觉不出地理上的差异，主要特点：各分支之间通过 IP 网络连接，节点之间的话音支持 VoIP；终端漫游时采用基于集中注册、认证和更新机制，入局通过归属地、出局从漫游地出局；注册的移动终端用户均可在各个互连节点间移动。

4. 完善的 PBX 功能

KT262R 矿用无线通信系统提供完善的 PBX 功能以满足企业内部语音通信的需要；可以提供话务台、语音邮箱等增值业务运用。支持会议电话、号码同振等业务。

5. 定位识别功能

支持 TD - SCDMA 形式和 RFID 形式的人员定位功能，其中 TD - SCDMA 通过对手机终端定位，精度可达到 ±15 m。RFID 可实现对未配备手机的人员的定位。

6. 丰富的增值业务

集成了短消息平台，支持点对点，点对多点的短信发送，支持 SMPP 接口，可以方便实现 PC 到手机的短信。

7. 支持丢话通知业务

支持可视电话业务，实现视频通话、支持视频会议；支持高速数据业务，使得视频监控、环境监控的传感器设备具有移动性，减少安装维护费用。

8. 支持多媒体文件传送

井下、地面之间传输采用光纤传输，避免线缆穿井的防雷问题，保证网络的安全性。支持环形拓扑结构。基站与基站控制器或综合网络控制器之间可采用占用 2 个 Ir 接口的方式组成环形网络，提供提高系统鲁棒性。

9. 高可靠性

电信级的设计保证设备可靠性达到 99.99%；设备多级冗余保护，提高可靠性；特有无线资源池共享技术，满足突发情况下的设备的资源需求。在正常情况下，使设备处于负荷均衡的状态，保证设备始终处于稳定工作的状态，提高产品的可靠性和稳定性。

10. 高安全性

拥有自主知识产权的 3G 国际通信标准，通信安全、保密；针对矿山井下特殊环境，基站、终端采用本质安全型设计，设备安全。

11. 灵活的组网能力

不需要成对分配频段资源，频谱利用率高，覆盖范围广，网络规划与维护简单；小型化的设备，光纤拉远分布式基站技术，采用无源光信号传输，施工方便，组网灵活。

12. 良好的兼容性

KT262R 矿用无线通信系统可以和不同制造商生产的公网模式的 TD 终端兼容；可以和多家主流设备制造商生产的 PBX 和局用交换机互通。

13. 适应矿山企业多种运行环境

架构简洁，系统造型小巧，设备安装简单，19 英寸标准上架设计，可用于各种企业场合；地面基站根据实际情况，灵活、方便地安放在室内、屋顶、竖杆或侧墙。

（五）业务功能

1. 语音业务

系统采用 AMR 语音编码方式，速率为 AMR 编码方式的最高速率 12.2 kbit/s，高码率、高保真，具有和有线相当的语音通信质量。

2. 可视电话业务

KT262R 矿用无线通信系统支持网内用户之间的 64K 可视电话业务，企业人员利用可视电话可以互传多媒体信息。

3. 短信业务

支持系统内的点对点短信，包括手机和手机之间、手机和 PC 之间。

（六）调度交换机

调度交换机实现了语音、数据和增值业务的融合，是矿山企业用户生产调度、通信等综合业务的基础平台，外形如图 7 - 60 所示。

图 7 - 60　调度交换机外形

调度交换机支持复杂网络环境下的多点平滑组网；支持 PHS、WiFi、TD - SCDMA 等无线通信系统的接入，支持同种系统的组网、漫游；支持有线、无线终端的统一调度，实现组呼、群呼、强插、强拆、会议、录音、监听等功能；同时支持上行 PRI、SS7、SIP 等多种信令接入方式。

（七）综合网络控制器

综合网络控制器是 KT262R 矿用无线通信系统矿用无线通信系统的综合无线接入控制设备，集成了无线综合接入控制器以及分组业务核心网的功能，具体如图 7 - 61 所示。功能特性有以下几点。

图 7 - 61　综合网络控制器

（1）采用 MicroTCA 架构，小型化、高集成度、大容量。

（2）集成了核心网分组域、无线网络控制、基站控制功能，提供语音数据的统一接入、处理。无线资源池管理技术提高产品的可靠性和稳定性。

（3）独有的无线资源管理算法，使得无线频谱资源得到有效利用，保证无线覆盖良好。

（4）提供12个连接基站的 Ir 接口，最多可以连接72台基站。

（5）通过 GE/FE 接口与调度交换机连接，支持 3G 相关的 Iu、Iub（如 GMM，CM/SM/GSMS，RRC/RANAP/NBAP、IUUP/PDCP/RLC/MAC/FP）等协议。

（6）支持基站环形拓扑结构（每环占用2个 Ir 接口）。

（八）室外型基站

地面室外型基站具备多天线、自动校准的特性，用于完成地面上室外部分的无线网络覆盖，支持 TD - SCDMA 专有的智能天线、抗多径干扰等先进技术，具体如图 7 - 62 所示。

（九）矿用本安型无线基站

矿用本安型无线基站提供手机接入的无线接口，接收来自手机的射频信号和 RFID 定位识别信号，通过综合接入控制器、调度交换机提供终端用户语音/数据通信，具体如图 7 - 63 所示。

图 7 - 62　室外型基站　　　　图 7 - 63　矿用本安型无线基站

（1）覆盖距离：基站天线正向与手机或数据记录仪之间的通信距离不小于 150 m（无遮挡、无近频干扰的条件下）；基站 RFID 模块到手机或识别卡之间的最大无线定位通信距离不小于 20 m（无遮挡、无近频干扰的条件下）。

（2）定位模式：TD - SCDMA、RFID。

（十）矿用本安型手机

符合本安要求，适合矿区以及井下使用的无线通信终端设备。矿用本安手机与矿用本安型基站构成无线链路，可以用于井上与井下通信，并可在具备特殊安全要求的矿井中使用。

1. 三防矿用本安手机

采用三防设计，三防矿用本安手机防护等级到达 IP67，浸入水中仍可正常工作，具体如图 7 - 64 所示。

2. 智能矿用本安型手机

智能矿用本安型手机除拨号通话、短信等功能外，还支持脱网对讲、在线对讲等功能，具体如图 7 - 65 所示。

图7-64　三防矿用本安手机　　　　图7-65　智能矿用本安型手机

（十一）人员定位识别卡

系统通过给未配发手机的人员提配备双向识别卡的方式来实现对全体下井人员的定位识别。人员定位识别卡为本质安全型设计，发射功率低，对人体无害，外形如图7-66所示。

（十二）隔爆兼本安型稳压电源

系统使用隔爆兼本安型稳压电源作为基站的供电设备，可提供15 V本安电源输出，外形如图7-67所示。

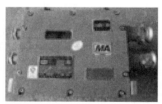

图7-66　人员定位识别卡　　图7-67　隔爆兼本安型稳压电源　　图7-68　触摸调度台

（十三）触摸调度台

触摸调度台采用全新设计的工业级触摸屏，体积轻巧、造型美观，具备坚固、防震、防潮、防尘、耐高温多插槽和易于扩充等特点，配置嵌入桌面式宽屏宽温、高亮度LCD液晶显示屏和左右手柄话机，外形如图7-68所示。

三、人员精确定位系统

（一）人员精确定位系统简介

人员精确定位管理系统属于国内领先的第四代矿用定位识别技术，既能进行区域定位，对入井人员身份及资格验证确认，又能实现井下无线信号全覆盖，进行精确定位，定位精度 5 m。系统结合煤矿井下特殊的作业环境，采用 TOF（飞行时间）精确定位技术、ZigBee 技术、生物识别及唯一性检测技术、双机热备技术、低功耗技术、后备电源技术等，有效解决了井下人员分布实时统计、位置确认、考勤、资格确认不准确，入井人员多带卡、替代卡等难题，为煤矿安全生产以及紧急救援提供第一手可靠的决策实时信息。

实现以入井人员为中心，以人员定位标识卡为轴线，将入井资格核查、人员出入井考勤、井下分布、区域与精确定位、便携仪自动收发管理、标识卡完好性及携卡唯一性自动快速检测、下井人员用餐管理、工资核定等不同业务进行了信息高度融合与共享，形成了矿用井上井下"一卡通"综合信息管理平台。

系统由监控主机、系统软件、唯一性检测装置、精确人员管理分站、读卡器、手持式检卡仪、矿用交换机等设备组成，系统架构如图 7-69 所示。

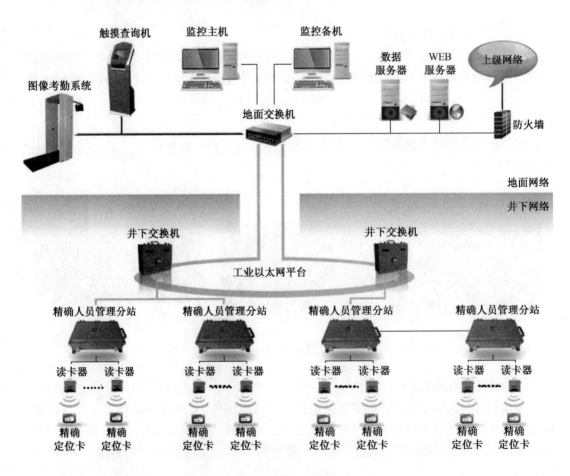

图 7-69　人员精确定位系统架构

1. 监控主机

负责整个系统设备及人员检测数据的管理、分站实时数据通信、统计存储、屏幕显示、查询打印、画面编辑、网络通信等任务。

2. 系统软件

实现管理、调度、报警、查询、数据应用等功能。

3. 人员定位分站

通过与读卡器的有线通信，实时获取人员编码数据及距离数据。

4. 读卡器

接收标识卡发出的无线人员编码信号、向信号覆盖区域内的所有标识卡进行"群呼"及向信号覆盖区域内的某张标识卡进行"寻呼"（双向通信功能）。

5. 人员标识卡

承载唯一的人员编码信息，当被无线信号激活后，将编码数据发送给读卡器。设计紧急呼叫按钮，在紧急情况上可以向地面监控中心发射紧急求救信号。

该系统主要是采用TOF（飞行时间）精确定位技术，精确标识卡周期性地测量自身发射电磁波脉冲与读卡器电磁波回波脉冲之间的时间差，因电磁波以光速传播，据此就能换算成目标的精确距离；精确定位读卡器采集到目标信息，进行通过电缆和光纤等有线网络实时上传至地面中心站，进行存储、分析、显示、统计及信息发布等。测距原理如图7-70所示。

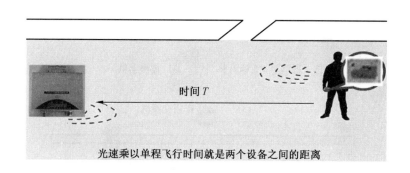

光速乘以单程飞行时间就是两个设备之间的距离

图7-70　人员标识卡测距原理

（二）人员精确定位系统组网结构

人员精确定位系统有两种组网方式即总线型和以太网平台型，总线型由数据接口作为传输平台，系统结构如图7-71所示；以太网平台型由井下交换机作为传输平台，系统结构如图7-72所示。

1. KJ251A-D2精确读卡器

KJ251A-D2矿用本安型读卡器防爆型式为矿用本质安全型，如图7-73所示，防爆标志为ExibⅠMb，配套使用天线如图7-74所示。其主要功能：具有与KJ251A-K3型标识卡双向通信和精确定位功能；具有RS485通信接口功能；具有电

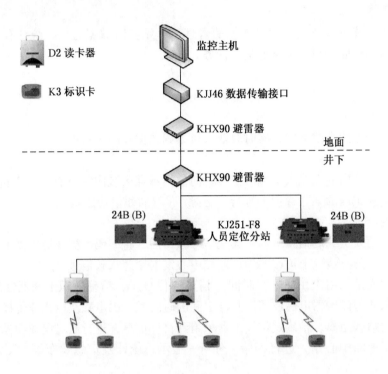

图 7 – 71　人员精确定位系统总线结构

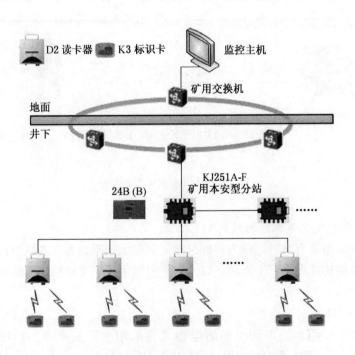

图 7 – 72　人员精确定位系统环网加总线结构

源指示、读卡指示和通信指示功能；具有通信信号中断后的数据存储和续传的功能；具有时间标记功能。

图 7 - 73 KJ251A - D2 精确读卡器

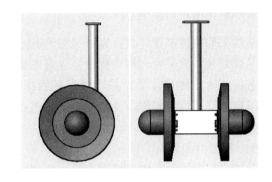

图 7 - 74 配套使用天线

2. KJ251 - F8 人员管理分站

KJ251 - F8 人员管理分站如图 7 - 75 所示，主要功能：分站采用 24 V 本安电源，自带信号避雷模块；具有 2 h 以上后备电源；具有 4000 条数据存储功能；最大传输距离：向上 10 km，向下 2 km；具有和 KJ251A - D2 精确定位读卡器通信功能。

3. KJ251A - F 矿用本安型分站

KJ251A - F 矿用本安型分站如图 7 - 76 所示，防爆形式为矿用本质安全型，防爆标志为 Exib I Mb，主要功能：LED 灯指示功能；光口通信功能；网口通信功能；RS485 通信功能；通信信号中断后的数据存储和续传功能。

图 7 - 75 KJ251 - F8 人员管理分站

图 7 - 76 KJ251A - F 矿用本安型分站

第六节　瓦斯抽采监测控制系统

一、瓦斯抽采监测控制系统介绍

瓦斯抽采监测控制系统集瓦斯抽采及利用、计量监测、数据分析、设备控制于一体，主要针对煤矿瓦斯抽采及利用中的管道工况参数、环境参数、供水参数、供电参数、供气参数等进行实时监测和计量，并可以实现根据以上参数对抽放泵、加压泵、水泵、冷却塔、排风扇、变频器和管道电动阀门等设备进行自动控制。该系统能够独立运行，也可以接入综合监控系统平台。

（一）系统构成

瓦斯抽采监测控制系统由监控主机、网络交换机、泵站全自动控制柜、井下分站、相关参数传感器、执行器以及其他相应设备组成，其构成如图7-77所示。

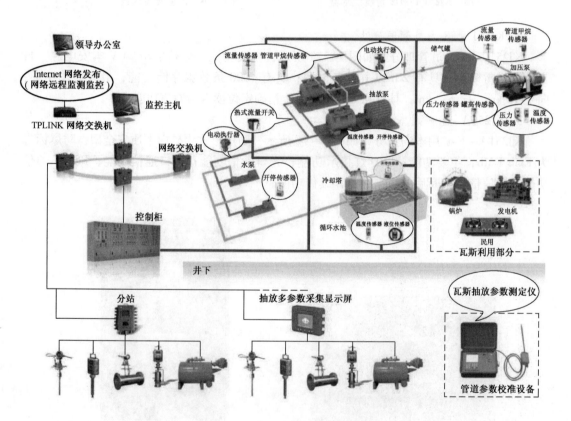

图7-77　瓦斯抽放监控系统结构

（二）系统抗干扰

系统主要设备必须通过抗干扰性能测试包括静电放电抗扰度、电快速瞬变脉冲群抗扰度、浪涌（冲击）抗扰度、射频电磁场辐射抗扰度检验，完全满足 AQ 6201 要求，完全适应现场恶劣工况，系统运行稳定性有保障。

二、系统关键设备介绍

（一）矿用瓦斯抽放多参数传感器（插入式）

1. 概述

该传感器基于均速管原型而设计开发的一种实时在线插入式流量测量装置，为管道截面线式流量测量（非点式测量）装置。通过同时检测管道截面中心线上的多个特征点平均动压而最终换算出管道的平均流速，进而测量出管道实际流量。适用于总管、干管、支管、钻场的流量在线监测，也可用于流量结算场合，矿用瓦斯抽放多参数传感器（插入式）如图7-78所示。

2. 主要功能

多参数一体化测量，可同时测量显示传输瞬时混合流量、瞬时纯流量、累计流量、介质压力、环境大气压、介质温度等参数，并可以采集传输管道浓度数据，支持485信号输出和200~1000 Hz的频率信号输出。

主要特点：①防堵长期运行稳定性好；②抗干扰性强；③自动校准，免日常调校，维护量小；④最小测量流速可低至0.3 m/s；⑤永久性压损小；⑥测量精度满足CDM计量

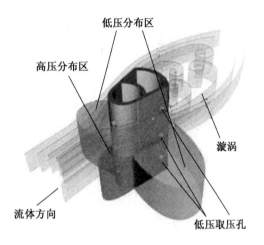

图7-78　矿用瓦斯抽放多参数传感器（插入式）

要求；⑦适用于总管、干管、支管、钻场流量在线监测；⑧全不锈钢设计，耐腐蚀性气体管道；⑨具有全插入型（分管径）和通用型（不分管径）两种类型。

安装效果图和防堵塞原理如图7-79所示。

(a) 效果图

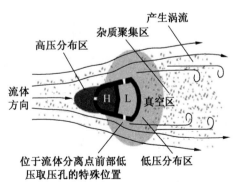

(b) 原理图

图7-79　安装效果图和防堵塞原理

（二）矿用瓦斯抽放多参数传感器（点式）

1. 概述

该气体流量计专为测量小流速流量设计，属于连续在线式监测管道气体流量参数仪表。流量测量探头采用复合防堵型皮托管，自适应校准，免日常维护；可测量低至 0.3 m/s 的气体介质，完全适用于钻场、钻孔等低流速小流量测量；具有不分管径通用性强，结构如图 7 - 80 所示。

2. 主要功能

（1）多参数一体化测量，可同时测量显示传输瞬时混合流量、瞬时纯流量、累计流量、介质压力、环境大气压、介质温度等参数，并可以采集传输管道气体浓度数据，支持 485 信号输出。

（2）抗干扰性强。

（3）自动校准，免日常调校，维护量小。

（4）流速测量范围：0.3 ~ 8 m/s。

（5）采用活动丝口卡套式接口安装拆卸方便。

（6）调校方便可在风洞上进行标校。

图 7 - 80　结构图

（7）不分管径，通用型强。

（8）可用于评价单元、钻场、钻孔参数的在线监测。

（三）管道激光甲烷传感器

1. 概述

管道激光甲烷传感器用以监测管道甲烷气体浓度的本质安全型检测仪表。具有自动校准、测量精度高、工作可靠性、稳定性和抗电磁干扰，并且不受水汽、其他气体（包括其他烷烃气体）影响，管道激光甲烷传感器如图 7 - 81 所示。

2. 主要功能与特色

（1）测量精度高、温度压力自动补偿。

（2）激光具有选择性好、完全不受水汽、其他气体（包括烷烃气体）的影响。

（3）检测元件寿命长。

（4）自动校准确保传感器良好的测量线性校准周期 60 d。

（5）抗干扰性强。

（6）防护等级 IP65。

现场应用示意图如图 7 - 82 所示。

（四）矿用本安型多参数显示屏

1. 概述

图 7 - 81　管道激光甲烷传感器

图 7-82 现场应用示意图

仪器采用大型高分辨率液晶显示屏，主要用于将井下若干测量点的瓦斯抽放参数集中显示在该显示屏上，以达到就近集中查询显示相关测量点测量数据及集中传送至上位机减少电缆布线的目的，产品外观如图 7-83 所示。

2. 主要功能

（1）集中显示、存储、查询多路管道的流量、温度、压力、甲烷浓度、一氧化碳浓度等管道参数的测量数据。

（2）就地查询多路管道参数近来一个月的运行数据和运行曲线。

图 7-83 产品外观

（3）集中上传多路管道参数的实时测量数据，减少井下布线。

（4）多路 200~1000 Hz 标准频率信号采样输出和 485 总线通信。抽放计量系统设备连接如图 7-84 所示。

3. 应用方式

（1）数据直接进入系统主通信，实现最小化抽放监测系统，节省投资。

（2）可就近分享监控系统多余电源，节省电源箱投入，也可配接最小电源。

（3）采用 ia 防爆等级设计，安全性能高。

（4）浓度传感器就近接入流量计中，节省电缆，减少布线，系统结构简单。

（五）矿用本安型瓦斯抽放控制柜（数码管型）

1. 概述

瓦斯抽放控制柜为矿用本质安全型设备，以工业 ARM 为核心处理器，实现瓦斯抽

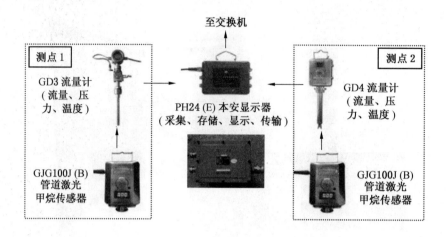

图 7 - 84 抽放计量系统设备连接

图 7 - 85 瓦斯抽放控制柜

采过程中各环境参数、气体参数及设备参数的采集处理，以及瓦斯流量采集、计算和累计的新型煤矿瓦斯抽放控制、计量、显示装置，以其技术的先进性和实用性深受用户的欢迎，瓦斯抽放控制柜如图 7 - 85 所示。

2. 主要功能

（1）模拟量开关量采集及显示功能。

（2）控制量输出功能。

（3）双向通信功能。

（4）报警及指示功能。

（5）初始化参数设置和掉电保护功能。

（6）流量累计、存储、显示和查询功能。

（7）数据备份功能，能对模拟量、开关量、控制量的数据进行 2 h 备份。

（8）最大监控容量见表 7 - 3。

（9）存储时间：＞5 年。

表 7 - 3 瓦斯抽放控制柜（数码管型）最大监控容量

名 称		控 制 柜
信号采集输入口	模拟量信号/开关量信号输入口	16 路
控制输出口	控制输出口	8 路
显示容量	数码显示窗口	13 个
	液晶显示窗口	1 个
	指示按钮	5 个
通信端口	RS - 485 通信口	2 路

（六）瓦斯抽放控制柜（触摸屏型）

1. 概述

矿用本安型瓦斯抽放控制柜对瓦斯抽采过程中各环境参数、气体参数及设备参数的采集处理，以及瓦斯流量采集、计算和累计的新型煤矿瓦斯抽放控制、计量、显示装置。控制柜可以通过触摸屏对抽放泵、水泵、电动阀、电磁阀进行控制，并可连续监测泵房的各种环境参数及设备开停或开闭状态，如瓦斯、温度、压力、水位和管道阀门等，控制柜和上位机进行通信，及时将监测到的各种环境参数、瓦斯抽放量上传给上位机，并执行上位机发送的各种命令，外观如图 7-86 所示。

2. 主要功能

（1）采集、计量、显示、存储、上传于一身。

（2）具有触摸屏操作功能。

（3）具有初始化参数设置、修改和掉电保护的功能。

（4）具有声光报警及故障指示功能。

（5）大尺寸彩色液晶屏显示自动控制系统布局及实时动态显示工艺流程图。

图 7-86　外观图

3. 主要特色

（1）减少接线，简化现场布线。

（2）可扩展性强，更改软件就可实现控制系统的扩容。

（3）标准化设计便于矿方标准化建设。

（4）最大监控容量见表 7-4。

（5）存储时间：大于 5 年。

表 7-4　瓦斯抽放控制柜（触摸屏型）最大监控容量

名　称		路　数
信号采集输入口	模拟量信号/开关量信号输入口	16 路
断电控制输出口	断电控制输出口	8 路
显示容量	触摸屏显示窗口	1 路
	按钮	1 路
通信端口	RS-485 通信口	3 路
	以太网口	1 路

（七）系列矿用隔爆兼本安型阀门电动执行器

1. 概述

KZZ 系列矿用隔爆兼本安型阀门电动执行器是阀门实现开启、关闭的驱动设备，可用

图7-87 产品外形图

于驱动闸阀、蝶阀、截止阀、隔膜阀等阀门和类似设备，适用于煤矿水泵系统、消防灭火系统、瓦斯集输系统等应用场合。该电动执行器为一体化智能型设计，阀门控制模块集成到阀体内部，无须笨重的阀门控制箱即可实现现场、远程操作控制和状态显示功能，具有智能化程度高、接线方便、维护简便等特点。按照输出扭矩的不同可以分为 KZZ15、KZZ30、KZZ60、KZZ120,有两种供电电压等级:380 V 和 660 V,产品外形如图 7 - 87 所示。

2. 主要功能与特色

（1）该电动执行器为一体化智能型阀门电动执行器，无须外接笨重的隔爆型阀门控制箱，接线少，节省占地面积，也可大大地节省安装、运输、接线、调试的费用和时间。

（2）支持多种控制信号（485 总线、电流环、触点信号等），同时也具备手动手轮操作、现场按钮操作等，可以方便地接入各种不同的主控设备。配合 KXEH12 矿用浇封兼本安型阀门控制器可以实现采用本安 485 总线信号对其控制，实现与现场本安系统的融合。

（3）具有限位保护、过力矩保护、相序自动纠正、缺相保护、过热保护、过流保护功能。多种保护功能用途及对比见表 7 - 5。

表7-5 多种保护功能用途及对比

保护类别	限位保护	过力矩保护	相序自动纠正	缺相保护	过热保护	过流保护
用途说明	转到指定位后自动停止动作	防止扭矩过大而将阀门传动轴扭断	三相电源线不分线序，电动装置开闭功能正常	缺相电机停止运转，保护电机	电机因堵转而过热停止动作	电流超限电机自动停止动作
KZZ 系列一体化电动阀门	√	√	√	√	√	√
传统分体式电动阀门	√	√	√	√	×	×

（八）矿用隔爆兼本安型可编程控制箱

1. 概述

矿用隔爆兼本质安全型 PLC 可编程控制箱采用德国西门子、美国 AB 等国际知名品牌 PLC 作为监控核心。PLC 控制箱内部的输入和输出电路具有可靠的隔离措施，从而确保控制箱的可靠运行和操作人员的人身安全。PLC 控制箱采用模块化设计，系统架构配置灵活，可根据不同的需要来设计程序，使现场复杂的逻辑控制变得简单易行，产品外形如图 7－88 所示。

2．主要功能与特色

（1）三种工作模式：自动模式、手动模式和检修模式。自动模式，根据相关工艺流程按顺序自动启动和自动停止抽放泵和相应设备的操作；手动模式，操作人员根据相关要求，手动启动或停止抽放泵和相应设备；检修模式，在设备检修和调试情况下工作。

图 7－88　产品外形图

（2）瓦斯泵、水泵、加压泵、冷却塔、电动阀门等设备启动、停止控制，设备远控、故障、运行、停止、开到位、关到位等信号的采集及信号输出指示功能。

（3）与计算机、数据采集分站、电机综合保护器、流量计等设备的通信功能。

瓦斯抽放监控系统泵站远程监测控制软件主界面图如图 7－89 所示。

（九）瓦斯抽放参数测定仪（全功能型）

1．概述

瓦斯抽放参数测定仪用于人工测量管道气体流量、甲烷浓度、一氧化碳浓度、管道压

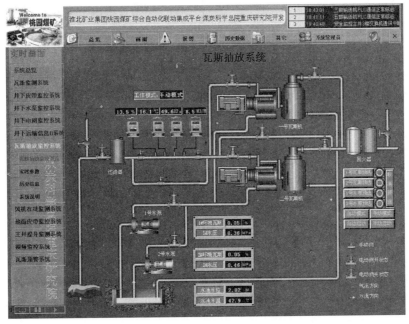

(a) 抽放系统

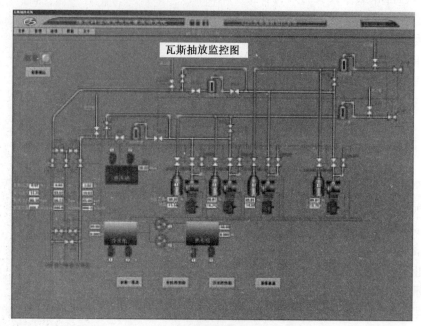

(b) 抽放监控系统

图 7 - 89　瓦斯抽放监控系统泵站远程监测控制软件截图

力、管道温度、环境大气压等参数的便携式测量工具，可测量单孔、支管、干管及总管的抽放参数。具有实时测量、显示、存储、查询、导入导出管道参数的功能，设置简单、使用方便。通用主机配不同探头的测量示意图如图 7 - 90 所示。

图 7 - 90　通用主机配不同探头的测量示意图

2. 主要功能

（1）采用皮托管测流技术，将皮托管、温度探头、压力传感器、微差压传感器集成于一体。大大降低了人为因素造成的影响，最低测量流速可低至 0.3 m/s。

（2）可不用配合任何专用测量管段（只需要管道上有一个不小于 10 mm 的孔），就可以测量单孔、支管、干管及总管的抽放参数，走到哪里就可测到哪里。

（3）可以配合专用测量管段用于管径小、数量大的钻孔参数测量。方便管径小、数量大的管路测量，维护方便，使用简单。

（4）能够同时测量管道介质的流量（瓦斯纯流量、混合流量）、甲烷、一氧化碳、温度和压力（绝对压力、相对压力、大气压等），可扩展测量氧气、二氧化碳、硫化氢浓度等。

（5）大容量数据存储、人机交互及数据导入导出功能；采用彩色液晶屏全中文显示，方便操作。

（6）数据准确可靠。基于传统的皮托管原理测量管道介质流量，经过实流标定。

（7）实时时间显示、无线数据传输功能。

瓦斯抽放参数测定仪配套软件如图 7-91 所示。

图 7-91　瓦斯抽放参数测定仪配套软件

（十）瓦斯抽放参数测定仪（部分功能型）

1. 概述

瓦斯多抽放参数测定仪是用于管道气体流量、管道压力、管道温度、环境大气压等参数的便携式测量工具。该测定仪基于皮托管原理研发设计，能够实时测量、显示、存储及查询管道气体流量、流速、介质压力、介质温度、环境大气压等参数，支持数据导入导出，正、反双向都可测量，体积小巧，携带操作简便，产品外形如图 7-92 所

图 7 - 92 产品
外形图

示。

2. 主要功能与特色

（1）测量管道内介质流量与流速，同时测量压力、温度等参数。

（2）用于钻孔、钻场、支管、干管、总管及巷道流速及流量测量。

（3）具有无线数据传输功能，可以实时保存、删除测量的数据。

（4）可与电脑连接对数据导入导出。

（5）最低流速测量下限可低至 0.3 m/s。

（6）双向测量，并具有指示流向功能，不受管路方向限制。

（7）具有 RFID 识别、定位、防作弊功能。

（8）采用电容式触摸按键，使用寿命长，防护性能好。

（9）无须安装测量管段，只需要管道上有一个直径不小于 10 mm 的孔即可完成测量工作。

第七节　瓦斯监测监控系统日常维护、故障诊断与处理

一、日常维护

（一）井下分站

（1）KJ90 - F16(D)分站主板与 F16(B)分站的主板应防止混用，因不同版本的主板与引线板可能不完全兼容。同时使用了 F16(B)、F16(D)分站的用户，要特别注意其配接电源的不同（虽然电源箱都为 24 芯插头），如果配接错，会导致出现许多问题，主板如图 7 - 93 所示。

（2）KJ90 - F8/16(D)系列分站的主通信与交换机连接时要注意正、负极对应，尤其与 2 M 口板之间的 485 通信要一致。而往往脉冲累计量功能使用较少，所以一般不使用，分站主通信接法如图 7 - 94 所示。

（3）KJ90 - F8/16(D)系列分站的从通信可以与智能设备的 485 端子相连接，而智能设备的电源既可以取自智能口专用电源也可以取自别的电源，但智能设备的类型必须要在中心站或分站上进行设置，分站智能口设备通信如图 7 - 95 所示。

（4）KJ90 - F8/16(D)系列分站的 17 - 24 通道，可显示挂接在智能口上的 1、2 号 V 锥的 4 个量，即老协议时的工况流量、标况流量、管道压力、管道温度；新协议时的标况流量、管道压力、管道温度和大气压力，显示窗如图 7 - 96 所示。

图 7 - 96 中的通道类型可显示 CF1 ~ CF8（CF：表示抽放即 V 锥流量计）。V 锥通信正常时，上排右侧的四个数码管中的前三位用于显示对应数据，通信不正常时则显示为断线。

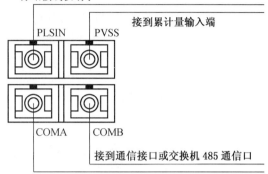

图7-93 F16(D/B)分站主板 　　图7-94 分站的主通信接法及累计量输入接法

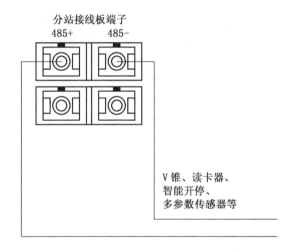

图7-95 分站智能口设备通信连接

图7-96 KJ90-F8/16(D)系列分站显示窗

（5）数码管指示灯中：控制指示灯亮表示控制，灭表示未控制；主通信指示灯闪烁表示通信正常，常亮表示未通信；从通信指示灯闪烁表示通信正常；直流指示灯亮表示直流供电，灭表示交流供电，分站显示窗指示灯如图7-97所示。

（6）设置分站号：同时按住遥控器上的"△"键和"▽"键直至前两位数码管显示"0 d"，表示分站已进入0功能状态，中间的三位数码管显示所需要的分站号。此时短按遥控器上的"△"或"▽"键，前两位数码管的数值则加减1，长按加减10，用以在1~254范围内设置分站号码。按遥控器"S"键进入下一功能，分站号设置如图7-98所示。

图7-97 分站显示窗指示灯示意图   图7-98 分站号设置示意图

（7）F16(D)型分站切换为人员定位分站的方法：用遥控器将分站显示窗内的前两位数码管（即功能位）设置成"04"即功能4，分站切换为人员定位分站如图7-99所示，此时分站进入到人员定位功能开启与关闭设置功能。设置00为人员定位功能关闭，设置01为人员定位功能开启，继续按遥控器上的"S"键则转而进入到下一功能。通常出厂时该功能设置为不开启，人员定位功能如图7-100所示。

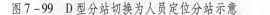

图7-99 D型分站切换为人员定位分站示意   图7-100 人员定位功能开启示意

（8）F8/16(D)型分站在连接V锥流量计时，必须要在确定V锥流量计的协议类型后并在中心站软件中进行新老协议选择，一旦选错将无法进行数据传输。连接V锥时新老协议选择如图7-101所示。

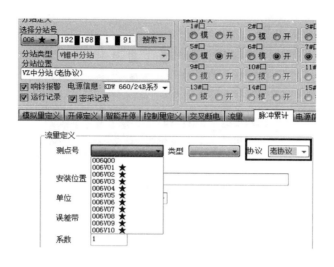

图 7 - 101　连接 V 锥时新老协议选择示意

(9) F8/16(D)型分站可同时挂接两台 V 锥，但两台 V 锥的协议必须一致。即要么同时挂接两台老协议 V 锥，要么同时挂接两台新协议 V 锥。不能同时挂接一台老协议 V 锥另一台为新协议 V 锥，具体情况如图 7 - 102 所示。

图 7 - 102　挂接两台 V 锥时的设置示意

(10) KJ90 - F8/16(D)系列分站配接的电源设备只能是 KDW 660/24B 系列，如图 7 - 103 所示，用户在中心站软件中定义时必须在界面中按照红框中的要求选择设置，否则可能导致交直流状态信息显示错误。

(11) 带网口通信功能的分站，其主板上设计有一块与交换机 2 M 口板功能类似的通信板，这类分站在使用时应先设置 IP 地址等网络参数。

(12) 与 F8/16(D)型分站配套的电源 KDW660/24B(A)电源，其内部的 12 V 电源模块和 24 V 电源模块可与 KDW660/24B(B)电源中的互换。

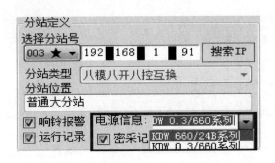

图 7 - 103　KDW 660/24B 系列设置示意

（13）KDW660/24B(A/B)电源与 KJ90 - F16(D)分站连接时，其充电板的信号输出跳线一定要连接到 485 + 、485 - 端。

（14）KJ90NB 系统运行过程中，有的分站通信灯闪烁较快，而有的分站通信灯闪烁较慢分析：

因为 KJ90NB 系统软件是同时对多条总线上的分站进行巡检，如果某条总线上所接的分站数量较少，则该条总线的巡检速度就快，所接分站的通信频率越快，分站通信指示灯闪烁快，反之，如果总线上所接分站数量较多，则分站通信指示灯闪烁慢。

（15）F8/F16 系列分站从通信指示灯常亮：表示该分站有中断数据存储，即主通信已长时间中断。该系列分站如从通信指示灯常亮则表示该分站正在运行两小时取数功能。

（16）F8/F16 系列分站一旦进入中断数据存储状态，中断期间不能关闭或重新启动分站。因如果在此期间关闭了该分站，或者对该分站进行了复位操作，那么该分站主板将会丢失掉分站复位或关闭前的数据。使中断的数据永远无法再补传到中心站。

（二）传感器

（1）维护及保养人员必经认真阅读及熟悉《GYW 25/50 型矿用氧气温度传感器使用说明书》及有关电路图，熟悉传感器的内、外结构及电路原理。传感器的维修必须由接受过生产厂家专门培训的修理人员进行，且维修时禁止改动传感器电路的任何参数。

（2）严格按煤矿安全规程定期效验传感器的各项功能。敏感元件失效时应整体更换浇封部件。

（3）使用时，传感器应固定专人使用、维护，严格按照使用说明书进行操作。使用中避免猛烈摔打、碰撞，井下严禁打开传感器机壳后盖；经常检查传感器的密封部分是否压紧、盖板螺丝是否紧固；经常擦拭仪器外部的煤尘、污垢，尤其是传感头部位，保持传感器的清洁、美观。非专职人员禁止随便拆开仪器，按动按键等。

（4）传感器与分站连接时，设备开停等开关量传感器采用两线制传输，而语音风门、烟雾等开关量传感器则采用三线制传输。

（5）模拟量传感器的输出频率值与显示数据间的关系。

以量程为 0~4 的低浓度瓦斯传感器为例，其测量范围为 0~4% CH₄，而其频率输出范围为 200~1000 Hz，也就是说当传感器显示 0.00% CH₄ 时，频率输出应为 200 Hz。当传感器显示 4.00% CH₄ 时，频率值输出应为 1000 Hz。例如，传感器显示 2.00% CH₄ 时可以通过 $\dfrac{传感器量程}{1000-200} \times (输出频率-200) = 传感器显示值$ 计算出输出频率值应为 600 Hz，其他的传感器以此类推。

（6）烟雾传感器应固定专人使用、维护。使用中应严格按照使用说明书进行操作。尽量避免让杂质进入检测室，否则将导致感烟元件损坏而不能使用；非专职人员禁止随便拆开传感器等；使用中避免猛烈摔打、碰撞；井下严禁打开传感器机壳后盖。同时应经常擦拭传感器外部的煤尘、污垢，尤其是传感头部位。保持传感器的清洁、美观。

（7）监控系统在运行过程中偶尔检测到异常数值，其原因及解决办法有以下几个方面。

①插头氧化、电缆接线盒螺栓没压紧、信号线接触不良等：目前我国普遍采用频率方式及标准来传送传感器到分站的信息，而分站的芯片则采用脉冲计数的方式工作。一旦传感器的插头氧化、电缆线盒螺栓没压紧、信号线接触不良等原因（比如一个人用手拉动接触不良的传感器电缆时），均会造成信号通路时断时续的现象，其结果是将一个宽方波信号分割成许多细碎的窄脉冲信号传送给分站，而分站的芯片又会将这些窄脉冲信号识别成检测信息，造成随机出现异常数值偏大的现象。

②井下机电设备开停时发出的电磁干扰：井下机电设备在开启和关闭的瞬间能产生极强的电磁干扰脉冲，通常分站到传感器的线路都较长，加之许多矿井的传感器线路与动力电缆平行地挂在一起，等效于形成了一个紧耦合回路。而此时，高于常规信号电平的瞬间强大电磁干扰脉冲，便能轻而易举的窜入分站中。致使分站很难分辨出是正常信号还是干扰脉冲信号。当频繁的电磁启动脉冲与信号叠加后就会造成严重的"偏大数值"干扰。对此，通常系统通过采用软件来滤除以上二种瞬间的干扰，取得一定效果，但仍不能彻底消除，有时还会造成信息采集延迟，致使系统反应速度变得迟钝。

③监控系统所接电网中有可控硅变频调速设备：井下掘进工作面装有内部安有可控硅变频调速装置的瓦斯自动引排装置等设备，如果这类设备与监控系统设备共用一个电网，那么，这类设备在工作时就会发出强烈电磁干扰，严重污染电源环境，而致使监控系统随机出现异常数值的现象。

④解决办法：经常检修传感器电缆的连接；定期更换传感器接插件；消灭接头氧化故障；杜绝使用伪劣的信号电缆；严禁传感器电缆与动力电缆挂在同一侧巷帮上；传感器电缆使用带屏蔽层的，并且屏蔽层要连接传感器外壳和本安电源公共端；在可控硅变频调速器前面加装"动力电源滤波器"；传感器改用串行数字通信，可以有效根除脉冲干扰；仅在分站到地面的信号传输线上使用屏蔽电缆，对解决瞬间异常干扰问题几乎没有任何帮助。只能从技术上提高抗干扰能力，如近两年重庆院研制的抗干扰系统就从根本上解决了干扰问题。

（8）一氧化碳传感器：一氧化碳传感器的传感头为电化学元件，有明确的有效期或称为保质期，也称为传感器的使用寿命。一旦该元件超过保质期，传感器即会变得不稳定，显示不准。

（9）老开停传感器误报（如状态无变化）：可能是传感器腔体内的传感头未接触到被测电缆。此时可松开传感器固定摇柄，调整被测电缆与传感器接触的位置使之在被测设备开时红色指示灯点亮。重庆院研制的 GKT0.5L 型抗干扰开停传感器就从根本上解决了井下变频干扰的问题。

（10）老式烟雾传感器误报问题：主要有所处位置位于煤尘大造成误报和内部煤尘积多了造成长期误报两种。而出现此类问题的传感器多为采用电离型原理的烟雾传感器，此原理的烟雾传感器目前已面临发展瓶颈，除调低整机灵敏度和经常清扫传感器检测室外无其他良策。近两年，重庆院研制出的 GQQ5 型烟雾传感器采用能有效克服传统烟雾传感器在工况条件下易受粉尘干扰影响产生误报的双元件检测技术，从根本上解决现场粉尘引起的误报问题。

（11）激光甲烷传感器。应固定专人使用、维护。使用中应严格按照使用说明书进行操作。非专职人员禁止随便拆开仪器，按动按键等。使用中避免猛烈摔打、碰撞。井下严禁打开传感器机壳后盖。传感器的零点、测试精度都需要定期调校，调校期限为 2 个月。若无超差则可继续使用。使用人则应经常擦拭仪器外部的煤尘、污垢。保持传感器的清洁、美观。

二、故障诊断与处理

（一）井下分站

（1）井下分站与交换机不通信：①井下分站对地面 RS485 的通信线没有 1.3 ~ 4.6 V 的电压信号，说明井下信号线有短路或开路；②交换机内部 2 M 口板可能有短路/开路或集成电路或其他器件损坏现象。

（2）井下分站与中心站传输接口不通信：首先检查数据接口输出端是否正常，中心站部分有无问题。然后测量由井下上来的通信线是否有 1.3 ~ 4.6 V 的电压，判断井下信号线有无短路或开路现象。

（3）单个井下分站与中心站传输接口不通信：检查该分站的通信口有无 2.5 ~ 4.6 V 电压输出，判断分站主板是否损坏。如有 2.5 ~ 4.6 V，则检查井下分站号与监控主机所设置的分站号是否一致，监控主机上该分站是否已定义；485 通信接线的红、白线是否接反或开路。

（4）避雷器故障检查排除办法：①打开避雷器后盖，检查保险管是否有明显被烧坏的迹象；检查接线柱接触是否良好；②分别测量 A 组、B 组两端接线柱之间是否有短路或断开现象，如果短路可以是压敏电阻被击穿，需要重新更换。

（5）线路故障检查方法：一般是分段进行。先在重点怀疑的地方或者接线盒处断开，分别测量两边的信号（正常时，分站端为 2.6 V 左右直流电压；地面发下的信号为 0.5 ~ 1.7 V 直流电压之间变化，用万用表通断挡测试有间断蜂鸣声），然后逐步往下检查。

（6）井下分站通信故障的检查方法：一般在正常情况下，断开主通信线，分站 RS485 通信端子应有 2.6 V 左右直流电压输出。再检查分站，若分站显示、采样都正常，通信指示灯不闪烁，说明分站主板通信部分有问题，应更换 65LBC184 芯片或分站主板恢复通信。

（7）分站时通时断原因：①井下主通信电缆老化或接线盒接触不良好；②数据传输接口带负载能力较差；③部分分站有微短现象。

（8）使用中 485 通信芯片常损坏：换带有防雷电路的 RS485 通信芯片。

（9）F8/F16 监控分站与 KDG3K 馈电断电器连接正常后，KDG3K 馈电断电器出现正常的时候断电灯亮，异常的时候断电灯灭，与正常断电逻辑相反现象：①首先确定 KF8 型分站是否使用的 5 号控制口，F16 型分站是否使用的 7 号或 8 号控制口，并查看该分站是否已设置并启用了风电瓦斯闭锁功能。如启用了该功能则控制口正常时为 0 V，断电时为 5 V，逻辑与正常的其他控制口相反，所以会出现 KDG3K 馈电断电器显示相反的情况；②如果分站未启用风电瓦斯闭锁功能或者不是使用的风电瓦斯闭锁专用控制口，则应先检查分站控制口输出是否正常（正常时为 5 V，断电时为 0 V），如果正常，则应该检查 KDG3K 馈电断电器内部跳线设置是否符合你想要的逻辑，出现逻辑相反一般为跳线设置错误。

（10）F8/F16 系列分站不能正常初始化，即在中心站软件上进行正常定义后，在通信正常的情况下该分站仍然显示通道未定义。可能是该分站主板上的 X5045、74HC373、6226 等集成电路芯片损坏，尝试更换。

（11）分站显示断线：分站显示断线，说明传感器信号未进入，可考虑断线、传感器故障或输入通道保护器件损坏等因数。

（12）分站工作时显示值不准确、出现乱断电等情况：可考虑电路主板上的芯片 6264、X5045P、74HC373 等出现故障，或传感器类型初始化设置不正确。

（13）分站控制输出不翻转：如果是近程控制，应该考虑近程控制保险管是否完好，各连接线是否正常。如果是远程控制，则直接考虑光耦、81C55 等是否有损坏。

（14）分站上某一传感器口接入传感器后显示断线：先检查对应端口的电压输出是否正常，接入的传感器是否有损坏，否则需要更换或维修分站主板。

（15）控制口不控制：中心站软件逻辑定义错误、中心站软件实施了手动复电功能、对应的电源损坏、分站主板上控制电路损坏。

（16）KJ90 – F16(D) 分站与中心站软件间不能正常通信：①交换机内 IP 模块参数设置错误；②分站号设置错误。

（17）KJ90 – F8(D)/F16(D) 型分站出现蜂鸣器报警：①分站上某传感器达到断电值控制口执行断电；②分站上某控制口执行手动断电成功；③分站上某控制口执行交叉断电成功。

（18）传感器信号无法接入，在中心站软件上一直显示“断线”：①确保中心站定义正确，特别是传感器制式；②类型设置错误；③部分传感器如老风速、液位等需要进行修改，传感器故障处理如图 7 – 104 所示。

（19）甲烷风电闭锁安装后，局部通风机全部停且其中一台瓦斯传感器超过 3% 后，已经闭锁局扇，但当该传感器已经由 3% 恢复到 1.5% 以下时，闭锁局部通风机的断电器仍然继续闭锁：检查中心站软件中设置的该掘进工作面甲烷风电闭锁关联的其他传感器是

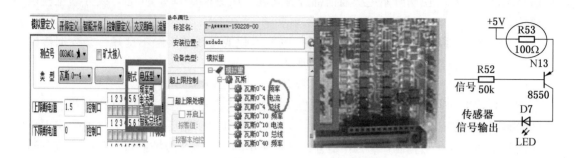

图 7 - 104 传感器信号无法接入故障处理示意图

否出现断线，因为风电瓦斯闭锁恢复的条件是所有关联的模拟量传感器正常，且都低于 1.5% 。

（20）监控分站与传感器间数据显示不一致：首先确定误差是否符合 AQ 6201 中关于模拟量输入传输处理误差的规定，如果误差超出范围则先检查中心站软件测点定义量程与该传感器实际量程是否一致，确认无误后，检查传感器输出频率是否与传感器显示数据是否一致，如果不一致则需要更换传感器维修。

（21）系统所有分站通信全部中断：①检查监控主机到地面交换机网线；②检查地面主交换机是否正常；③看能否搜索到井下 IP 模块或 PING 通交换机等；④检查光缆是否被轧断等。

（22）系统部分分站通信中断：检查是否是集中在某一台交换机（重点检查交换机或其网络）；检查是否是某总线下部分中断（重点检查该总线下的分站和其通信电缆）。

（23）井下传感器出现瞬时断线，每次断线时间在 10 s 或 60 s 左右：出现此种情况一般为线路接触不良造成瞬间线路短路或断路造成，应检查分站到传感器间的线路是否完好，接线盒内是否压线牢固等，另外还应该检查传感器的航空插头线是否抽芯等，当挪移传感器时造成传感器瞬间接触不良等，检查航空插头是否进水生锈造成接触不良等。

（24）分站出现不明原因控制口灯亮：首先通过使用中心站软件上的"控制""操作""手动控制"功能，选择到该分站后，对其进行"取消手动控制"和"恢复交叉控制"操作，确保该分站无相应的控制命令存储。同时，还可删除该分站的"甲烷风电闭锁"相关设置，如果都不能进行恢复，则需要对主板进行检修处理，不明控制口灯亮故障处理如图 7 - 105 所示。

（25）井下某一掘进工作面，不能正常断电：①检查中心站软件"测点定义"中是否已经设置了该断电逻辑，断电值及控制口等设置是否正确；②检查中心站软件中是否启用了"手动复电"等功能；③传感器达到断电值时分站对应控制灯是否亮，控制口是否动作；④分站与断电器间的接线是否正确；⑤断电器工作是否正常且连接正确，以及被控制开关是否正常。

（26）KJ90 - F8/F16(D)型分站启用甲烷风电闭锁功能后的专用控制口应注意的问

图 7-105　不明原因控制口灯亮故障处理步骤示意图

题：分站启用风电瓦斯闭锁功能后，KJ90-F8(D)和KJ90-F16(D)型分站分别用C5和C7、C8来作为局部通风机的专用控制口，因为规程要求局部通风机不能故障闭锁及掉电闭锁，所以专用控制口在电平控制方式下为高电平断电，故在现场使用的时候专用控制口所接断电控制器必须设置为高电平断电。

（27）F8/16分站上电后没有1min的延时，直接进入巡检状态：开启分站时，查看分站号后的版本是否为"2."，如果显示为"2."，则表示该协议为与老系统软件（KJ98软件）进行通信的协议，所以无开机延时。如果使用在KJ90NA或KJ90NB系统中时，必须进入遥控设置功能，将分站设置为新通信协议，即开机显示"3."才正常。

（二）分站配套电源箱故障

（1）F8/16分站的所有电源指示灯及数字显示都不亮：检查380V或660V交流输入保险管是否损坏。若没损坏则检查变压器副边输出蓝、黄线所连的两个保险管是否损坏。

（2）F8/16分站的12V电源灯不亮：检查变压器副边蓝色线上所连2A保险管是否损坏。如果没损坏说明12V电源板损坏。

（3）F8/16分站无数字显示。但12V灯亮：检查分站电源板上输入电压是否为12V，如正常则是分站主板故障。

（4）F8/16分站24V电源灯全部不亮：则检查变压器副边黄色线上所连2A保险管是否损坏。

（5）F8/16分站24V电源灯只有1个或2个不亮：取下相应的传感器口的接线插头，此时如果24V灯恢复正常变亮。则说明该口的传感器电源红、蓝线线路短路。如果24V灯依旧不亮，则说明24V电源板损坏。

（6）F8/16分站开机后显示窗及电源指示灯无任何显示：检查变压器是否有正常输出，检查变压器源边及副边保险管是否有烧坏的情况。

（7）F8/16分站开机后电源指示灯亮，但数码显示窗无显示：检查12V电源板是否是正常输出，如果无输出，需要更换或检查12V电源板，如有正常输出，则应该考虑主板上的故障。

（8）F8/16分站电源箱直流供电不能正常投入运行：①用万用表检查电池组连接线上的10A保险管看是否损坏，如正常则电池组输出端电压应该为14.4 V左右，如电压过低至18 V则需更换电池组；②检查分站开关在开通的情况下电池是否接入补电板，如是则需进一步检查分站充电板。

（9）F8/F16系列分站在直流供电情况下，但中心站始终显示交流供电：充电板在设计时交流转直流时的延时时间大约为5 min。在考虑正常延时时间后可先尝试：①485信号线是否正确连接；②24芯航插是否松动；③更换充电板。

（10）F8/16分站或者交换机电源箱中充电板继电器来回跳动：出现这种问题的原因主要是充电板未检测到电池电压，或者电池电压严重偏低。具体检查方法：①检查电池电压是否是正常范围内；②检查两电池串接间的保险管是否完好；③检查电池连接线是否有损坏，接触是否良好；④检查充电板是否有损坏。

（11）交换机电源箱直流供电不能正常投入运行：①用万用表检查电源箱内电池组连接线上的5A保险管是否损坏，正常时，电池组的输出端应为14.4 V左右，如该电压过低至10 V则需更换电池组；②检查F8/16分站开关是否损坏。如不是，则需进一步检查分站充电板。

（12）直流电源输出偏低：检查对应不同电源等级的变压器抽头连接是否正确，若正确则更换具体电池模块。

（13）KDW660/24B(A)电源箱交流电源接线排后端无输出，KDW660/24B(A)电源箱电源接线排内的交流保险管损坏；或接线排内的电源滤波器损坏：①更换保险管；②更换损坏的电源滤波器；③整体更换电源接线排。具体接线如图7-106所示。

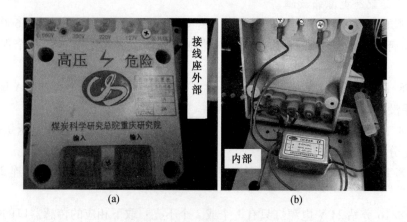

图7-106　KDW660/24B(A)电源箱交流电源接线排示意图

（14）变压器无输出：①检查变压器输入输出端保险丝是否损坏；②如未损坏，测量变压器的输出绕组电压输出是否正常，如不正常，则表明变压器已损坏需更换。

（15）交流输入正常但显示直流供电：①检查给充电板供电的交流端的保险丝是否损坏；②检查变压器等级是否与抽头一一对应；③检查AC/DC电源是否损坏，电压输出

21 V 左右为正常（图 7 – 106）。

（16）交流有电输出正常，断电时无输出：①电池保险丝损坏；②电池保护板出现故障。电源箱如图 7 – 107 所示。

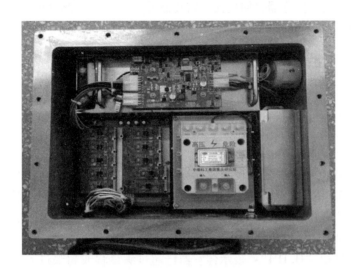

图 7 – 107　KDW660/24B(A)电源箱

（17）KDW660/24B(A)电源箱不能进行远程充放电维护：①电源箱与分站间通信中断；②充控板损坏。解决方法：①检查分站主板上的通信芯片 U21 是否损坏，如损坏更换该 184 芯片；②检查电源箱充电控制板通信芯片 U7 是否损坏，如损坏更换该通信芯片 184；③如分站与电源箱通信正常则充控板出现故障所致，更换损坏的充控板。

（三）甲烷传感器故障

（1）传感器显示数值乱跳：当传感器显示数值乱跳时，可能是传感头内部接线不正确或有松动。处理方法：将传感器断电带至地面，打开后盖查看圆形板和各接线拄接线是否松动，如无松动则寄回厂家予以维修，不可私自拆卸以免造成不可修复错误。

（2）报警时有光无声或声音嘶哑：当传感器报警时出现有光无声或声音嘶哑现象时，应检查蜂鸣器的连线有无断线，如无断线则属蜂鸣器故障。处理方法：可先用橡胶等弹性物对蜂鸣器片予以衬垫以排除嘶哑现象。如不行，则更换蜂鸣器片。

（3）报警时无声无光：如传感器显示已达报警值但传感器仍无光无声，经检查确定报警灯连线无断线时，请检查传感器电路板上的相关报警控制芯片是否损坏，必要时予以更换。

（4）传感器接受不到遥控信号：当出现传感器接受不到遥控信号现象时，应确认遥控器内的电池是否有电。如有电，则应及时将传感器带回地面，检查、更换传感器线路板上数码管旁的（SFH）红外接收头。

（5）小数码管显示的功能位数字乱跳且无法控制：当传感器显示窗内的小数码管

（功能位）出现数字乱跳且无法控制时，检查电路板上按键是否短路或更换传感器电路板上数码管旁的（SFH）红外接收头。

（6）传感器开机倒计时结束后即显示"LLL"：传感器开机即显示"LLL"，表示传感器零点过低，应首先将传感器带回地面，将传感器后盖打开，查看元件红黄后三线是否接反。若接线正确，请三键赋初值，在传感器1功能位调整电位器P1，直至显示值为"0.00"，然后对传感器进行精度调校。如传感器仍无法正常工作，请寄回厂家进行维修，不可私自拆卸以免造成不可修复错误。

（7）传感器开机倒计时结束后显示"CCC"：传感器开机倒计时结束后显示"CCC"，表示传感器零点异常，请三键赋初值，在传感器1功能位调整电位器P1，直至显示值为"0.00"，然后对传感器进行精度调校。如传感器仍无法正常工作，请寄回厂家进行维修，不可私自拆卸以免造成不可修复错误。

（8）传感器显示"8.88"或反复显示"P60"及其他不明字符：首先检查传感器供电是否异常。若问题依然不能排除，应将传感器带回地面检修。将传感器后盖打开检查传感器电路板上的各集成芯片有无脱落现象，接线是否松动等。检修方法：用专用螺丝刀打开传感器后盖，问题一经发现应及时予以排除。或寄回厂家进行维修。

（9）传感器显示"H.HH"：表示传感器已超过满量程或超限进入保护状态，可重新把探头线插头插接一次。如仍无法排除，则需将该传感器断电，使之重新初始化，待其进入正常工作状态后再重新进行调校，达到规定技术指标后再使用。

（10）传感器显示自检时显示"2.AA"或"2.bb"：说明传感器的测量桥路零点偏移过大，需对传感器进行硬件调零。

（11）传感器显示窗出现闪烁不定：可能是复位电路IC5：MAX913芯片损坏。

（12）传感器通气无反应或通气低：传感器的元件损坏或者元件老化；传感器电路板的数据采集电路出现问题。

（13）传感器显示"未连接"：可能是传感头内部接线不正确或有松动。

（14）传感器无电源；显示窗无显示：①传感器的18V电源保护模块是否损坏；②传感器电路板的芯片可能短路，导致传感器不能正常工作；③给单片机提供的5V电压是否正常。

（15）甲烷传感器误报：①采煤机旁的大电流干扰；②悬挂处潮湿，有淋水现象；③接线盒接触不良；④电源线与信号线短路（如时短时正常）。

（16）传感器显示值不稳定：热催化元件超过使用寿命，造成元件活性下降。此时，即便在调校时通过标准气样将传感器精度调准，传感器工作一段时间后仍然会不准；在环境中出现小的干扰时就有可能出现一个很高的值。

（17）传感器有数据显示但信号指示灯不亮：白色信号线开路或白色线与蓝色电源负短路。

（18）传感器无数据显示，信号灯也不亮：检查传感器端插口1、2线是否有18V电源输入。如果有则说明探头损坏。如果没有说明电源红、蓝线有开路现象或短路现象。查线路的通断。

（19）传感器断线：①传感器及线路故障；②分站采样电路问题。排除方法：①首先判断是传感器、分站、还是传输线路的问题；②观察传感器显示是否正常，若无显示，用万用表测量 18 V 电源，当没有 18 V 电源，应检查传输线路及分站电源箱内 18 V 电源板等；反之，当有 18 V 电源，说明传输线路及分站电源箱内 18 V 电源板正常，应更换新的传感器；③在传感器的显示、频率输出都正常的情况下，说明分站引线板或主电路有故障，应予以更换。

（20）传感器信号灯指示正常且有数值显示，但分站上显示不出探头所测数值：检查分站到探头连线中是否将电源红线与传感器白色信号线短接。

（四）激光甲烷传感器

（1）传感器显示数值乱跳：可能是传感器内部光电转换板与主板连接线松动。将传感器断电带至地面，打开后盖查看连接排线是否松动或断线，若松动或断线则将连接排线插接可靠或更换连接排线。若未找到原因则寄回厂家进行维修，不可私自拆卸以免造成不可修复错误。

（2）警时有光无声或声音嘶哑：首先检查蜂鸣器的连线有无断线，如无断线则属蜂鸣器故障。此时可先用橡胶等弹性物衬垫蜂鸣器片排除嘶哑现象。如不行，则更换蜂鸣器片。

（3）传感器开机即闪烁显示"0"：应首先将传感器带回地面，将传感器后盖打开查看光纤盘纤盒内光纤是否有断纤或连接接头是否松动或气室座有无明显形变。若发现断纤，可用光纤熔接机熔接光纤；若还闪烁显示"0"则寄回厂家维修，不可私自拆卸以免造成不可修复错误。

（4）传感器通入甲烷标气时，显示值无变化：应将传感器带回地面，打开传感器后盖检查传感器电路板上的 AD 采样芯片通道信号有无气体吸收峰，若有，将传感器重新上电后，再通气。若无吸收峰，则可能是激光器温控中心值被改变，需调节电位器来设置温控中心，将吸收峰设置到信号的中心位置。

（五）一氧化碳传感器

（1）传感器显示特殊字符：当传感器显示"Er0"时，表示主板输出接口配置电路异常，应首先将传感器带回地面，将传感器后盖打开查看元件排线插头是否有松动。如无异常，请寄回厂家进行维修，不可私自拆卸以免造成不可修复错误。

（2）传感器显示"Er1"：可能是元件插头与主板插座接触不良。处理办法是：打开传感器后盖，确保元件插头与主板插座可靠连接。在检查确定不是接触不良问题后，更换新元件组件。

（3）传感器显示"Er2"或"Er3"：表示元件内部状态异常，元件需要更换。

（4）传感器显示"HHH"：可能是外部一氧化碳浓度超过了传感器的量程。

（5）小数码管显示的功能位数字乱跳且无法控制：可考虑更换传感器线路板上数码管旁的（SFH）红外接收头。

（六）GFK30 风筒风量传感器

（1）传感器上电初始化时所有示灯不亮：传感器上电后立即进入初始化阶段，初始化过程耗时约 8 s，此过程中传感器开关状态指示灯为绿色闪烁，通信指示灯熄灭，无电流信号输出。如果这两个灯都不亮，则检查：①检查电源接线端接线是否正确或有松动；

②检查该指示灯是否损坏。如仍不能解决，则寄回厂家维修，不可私自拆卸修理以免造成不可修复错误。

（2）初始化完成后开关状态指示灯为红色闪烁：上电初始化完成后，开关状态指示灯由绿色闪烁变为红色闪烁。此时要做以下工作：①检查传感器是否按照本说明正确安装，确保正确安装；②如果不能解决，请调整传感器灵敏度；③如果仍不能解决，请将传感器至风筒鼓起明显的位置安装。④如还不能解决，则寄回厂家维修，不可私自拆卸修理以免造成不可修复错误。

（3）传感器正常工作一段时间后，指示灯都不亮，将主表头开盖：①查看主板上标注"错误指示"的贴片发光二极管是否亮起；②如果没有，则检查电源接线端接线是否松动；③如果贴片发光二极管亮起，则主副表头间线缆连接出现松动，需要将副表头也开盖，重新拧紧；④如不能解决，则寄回厂家予以维修，不可私自拆卸修理以免造成不可修复错误。

（七）传输接口故障

（1）电源供电部分。交流输入保护电路故障：变压器出现一路或多路无交流电压输出。原因：可能是交流输入保护电路中对应的压敏电阻中被烧毁或整流桥器件 LB 损坏。

（2）通信故障。即地面主机接收不到井下分站上传的数据，井下分站也接收不到主机下发的指令：①通信芯片 U6、U11 无 +5 V 电压或损坏；②MAX232 芯片、光耦、反相器无 +5 V 电压或损坏。用万用表直流电压挡检测三端稳压器 U2、U5 有无 +5 V 电压输出，如没有则说明该器件损坏需更换；③如有 +5 V 电压输出但达不到 +5 V，则分别检查该两组电源的整流桥堆 B2、B3 及电解电容 DC2、DC3 有无损坏或击穿；④若上述器件正常，则检查 MAX232 芯片、光耦、反相器及通信芯片是否损坏。

（3）单片机故障。通信接口只能下发指令而不能接收井下上传的数据，或只能接收井下上传的数据而不能下发指令：①单片机死机造成通信芯片收发方向控制端电平状态不能切换；②看门狗 IC6 的工作电压不正常或损坏；③单片机 IC5 工作电压不正常或损坏。

（4）单片机故障现象。无法实现双机热备切换：①单片机、看门狗工作正常，继电器 K1、K2 故障；②继电器 K1、K2 正常，单片机、看门狗的工作电压不正常无法正常工作；③单片机或看门狗故障致使不能自动检测主机工作状态或无法发出切换指令。

（5）安全栅故障。在遇到雷击或浪涌电压的强力冲击时，KJJ46 型数据通信接口电路中的安全栅损坏：①检测安全栅处的两路电阻的阻值是否各为 10 Ω，如果不是或电阻呈开路状态，则损坏需更换该电阻（第一路的电阻为 R11、R12、R27、R28；第二路的电阻为 R37、R38、R39、R40）；②检测安全栅处的两路二极管，看其各自是否有短路或开路现象，若有，则更换相应二极管（第一路为 D3、D4、D5、D6；第二路为 D7、D8、D9、D10）。

（八）GKD200 型及 GKD1000 型馈电状态传感器故障

（1）传感器无任何显示或如图 7 - 108 所示界面：电源故障或接线故障，检查电源输入及接线。

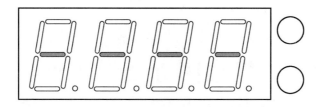

图 7 - 108 馈电状态传感器显示窗示意图

（2）状态指示灯常亮或常灭：安装位置不当或传感器参数设置不当，调整安装位置，重新设置参数。

第八章　晋煤集团寺河煤矿通风系统及瓦斯井上下抽采典型案例

第一节　矿井基本情况

一、概况

寺河煤矿隶属山西晋城无烟煤矿业集团有限责任公司，由东井、西井两个独立矿井组成，东井、西井均为煤与瓦斯突出矿井。矿井原设计生产能力为 4.0 Mt/a，于 1996 年 12 月开始建井，到 2002 年 11 月建成投产。后经矿井改扩建，矿井设计生产能力增至 9.0 Mt/a，其中东井 5.0 Mt/a，西井 4.0 Mt/a。

二、位置与交通

寺河煤矿位于山西省晋城市西偏北，地跨阳城、沁水、泽州三县，行政区划属山西省晋城市管辖。地理坐标：东经 112°27′07″ ~ 112°40′54″，北纬 35°30′51″ ~ 35°36′11″。所在场地处在沁水县嘉峰镇嘉峰村与殷庄村之间，大约距沁水县城 54 km，距晋城市区 70 km。

寺河煤矿工业场地紧邻侯（马）月（山）铁路嘉峰车站，其铁路专用线位于嘉峰车站站场内。侯月铁路纵贯井田西井东部，西起南同蒲铁路侯马站，南至焦枝铁路月山站，接入全国铁路网，东至晋城市有太焦铁路。寺河煤矿工业场地沿公路向北 10 km 出端氏镇有曲（沃）辉（县）公路，东至高平市接国道 207 线，西达侯马市与国道 108 线以及大（同）运（城）高速公路相连；向南 10 km 至润城镇可上晋（城）阳（城）高速公路直达晋城市，接晋（城）焦（作）高速公路。

三、井田范围和煤炭储量

寺河井田范围由东井（原寺河东区范围及潘庄一号井田范围）、西井组成。合并后井田南北走向长平均 12 km，东西倾斜宽平均 14.4 km，面积 173.2 km²，寺河矿井田范围及井区划分如图 8 – 1 所示。

至 2009 年末，矿井保有储量 1528 Mt，可采储量 843 Mt，其中 3 号煤层保有储量 1213 Mt。

四、煤层赋存情况

寺河井田含煤地层主要有石炭系上统太原组和二叠系下统山西组，共含煤层 11 ~ 21

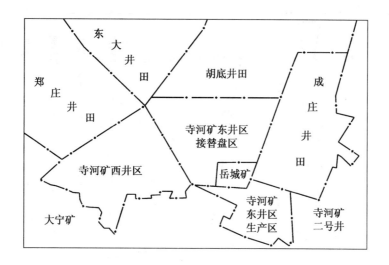

图 8-1　寺河矿井田范围及井区划分图

层。平均总厚度为 11.49~13.87 m，其中 3 号和 15 号为可采层，5 号、6 号、9 号、16 号煤层为局部可采煤层。目前开采的是 3 号煤层，煤层倾角 2°~10°，平均 5°，井田中部可采煤层特征见表 8-1。

表 8-1　井田中部可采煤层特征表

煤层	煤层厚度/m 最小~最大 平均	煤层间距/m 最小~最大 平均	煤层结构	稳定性	可采情况	顶底板岩性	
						顶板	底板
3	$\dfrac{5.04~7.16}{6.11}$		简单	稳定	可采	泥岩，粉砂岩，粉砂质泥岩	粉砂岩，泥岩
		$\dfrac{3.57~27.06}{13.18}$					
5	$\dfrac{0.00~1.30}{0.63}$		较复杂	不稳定	局部见可采点	粉砂岩，泥岩，石灰岩	粉砂岩，泥岩
		$\dfrac{19.24~52.94}{35.77}$					
9	$\dfrac{0.32~1.90}{1.0}$		简单	较稳定	大部分可采	泥岩，粉砂岩，粉砂质泥岩	泥岩、粉砂岩
		$\dfrac{30.45~53.28}{40.04}$					
15	$\dfrac{0.30~6.17}{3.21}$		简单	较稳定	可采	泥岩，含钙泥岩	泥岩

五、地质构造

井田受新华夏构造太行山隆起带、断裂带、晋东南山字形构造的影响，构造形态以近似南北和北东向的褶曲为主，断裂次之，为一倾向西北的单斜构造。井田的构造形态与地层倾角 3°~5°，一般在 10°以内。褶曲一般为幅度不大，两翼平缓开阔的背、向斜。断层以高角度正断层为主，落差一般不大于 20 m。纵观全井田，构造属简单类型，寺河矿井田地质构造如图 8-2 所示。

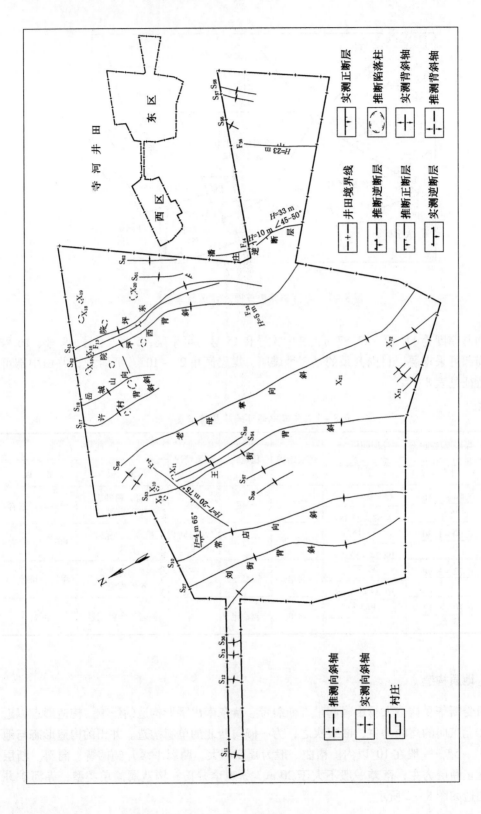

图 8 - 2　寺河矿井地质构造纲要图

六、矿井开拓与开采

（一）开拓方式

寺河煤矿东井采用立井和斜井相结合的开拓方式，有 7 个进风井（主斜井、副斜井、东进风井、上庄进风井、小东山一号进风井、小东山二号进风井、潘庄进风井）和 6 个回风井（东回风立井、上庄回风立井、小东山一号回风井、小东山二号回风井、胡家掌回风井、潘庄回风井）。采用一个水平开拓 3 号煤层，该水平标高为 +350 m，井底车场建有水仓、中央变电所、调度站、换装站、中央水泵房、保健站、爆炸材料发放硐室、人车候车硐室等。主、副斜井落底后，向东开拓东轨、东胶两条大巷，延伸到东井区后，分别向南向北延伸盘区集中大巷，工作面巷道垂直集中大巷布置。

寺河煤矿西井采用立井和斜井相结合的开拓方式，有 3 个进风井（西主斜井、西副斜井、三水沟进风井）和 2 个回风井（西回风井、三水沟回风井）。主工业场地开凿有西主斜井和西副斜井，分别担负西井区的煤炭和大件物料提升兼进风；西主、副斜井在西井区东边界进入 3 号煤层后落底，然后向西基本沿煤层底板岩石布置有运输巷道、辅助运输及回风大巷，井底布置有换装硐室、煤仓、排水泵房等硐室；设计采用中央分列式通风，西风井位于西大巷北侧西区东边界（秦庄东），西风井与西斜井见煤后，西风井总回风巷与西大巷沟通。

（二）盘区布置与开采顺序

根据井田的构造及地面条件，东井划分为七个盘区，西井划分为 5 个盘区。

煤层开采顺序：先采上组煤（3 号煤），下组煤的开采后期视情况而定。

盘区接替顺序：按先近后远，先低瓦斯区后高瓦斯区和高产高效的原则安排。同时，在巷道开拓时，应为高瓦斯区留出足够的预抽瓦斯时间。

具体盘区接替顺序依次为西一→西二→西三→西四或西井下组煤，东五→东六→东七→东八，东井→东井下组煤。

（三）采煤方法与顶板控制

矿井首先开采 3 号煤层，采用一次采全高采煤法，顶板控制为全面冒落法控制顶板。

（四）工作面布置

全矿井共布置 2 个大采高综采工作面，即西井、东井各一个。设计工作面长度为 225～300 m，推进长度：西井 2000～2500 m，东井 3000～4000 m。工作面采用两进两回。

七、矿井通风与瓦斯

（一）通风方式及供风量

本矿井采用抽出式分区通风方式，目前建成并使用的有 12 个进风井和 7 个回风井，共计 19 个井筒。

东井有东回风立井、小东山一号回风立井、小东山二号回风井、上庄回风立井和潘庄回风井，总回风量能达到 1270 m³/s；西井有三水沟回风立井、西回风立井，总回风量能达到 670 m³/s，目前全矿井总回风量为 1930 m³/s。

（二）矿井瓦斯赋存及瓦斯涌出情况

根据 2006 年 12 月河南理工大学提交的寺河煤矿 3 号煤层瓦斯地质图，结合中煤科工集团重庆研究院有限公司多年来在现场对 3 号煤层的实测结果，西井区 3 号煤层平均瓦斯含量为 20.56 m^3/t，瓦斯压力为 1.05～1.83 MPa；东井区 3 号煤层平均瓦斯含量为 12.98 m^3/t，瓦斯压力为 0.29～0.52 MPa。

寺河煤矿近几年瓦斯等级鉴定结果见表 8-2。从表中可以看出，近几年瓦斯涌出量在不断增加，全矿井绝对瓦斯涌出量高达 1200 m^3/min 以上。2007 年 5 月 20 日，西井区西回风大巷 6 号联络巷发生了一次煤与瓦斯突出事故，西井区被定为煤与瓦斯突出矿井。根据山西省煤炭工业厅《关于晋煤集团寺河矿东井变更矿井瓦斯等级的通知》（晋煤瓦发〔2014〕1249 号），认定寺河煤矿东井为煤与瓦斯突出矿井。

（三）瓦斯抽采系统现状

矿井实行煤层预抽和采空区抽采双系统分源抽采，目前建有 6 座抽采泵站，分别为西风井地面抽采泵站、东风井井下抽采泵站、小东山井下抽采泵站、三水沟地面抽采泵站和潘庄地面抽采泵站等。

表 8-2 近几年寺河矿井瓦斯等级鉴定表

年份	鉴定范围	瓦斯涌出量		二氧化碳涌出量		鉴定结果
		绝对涌出量/ ($m^3 \cdot min^{-1}$)	相对涌出量/ ($m^3 \cdot t^{-1}$)	绝对涌出量/ ($m^3 \cdot min^{-1}$)	相对涌出量/ ($m^3 \cdot t^{-1}$)	
2005	全矿井	479.72	22.3			高瓦斯矿井
2006	全矿井	337.8	27.88	21.99	1.82	高瓦斯矿井
2007	东井区	346.85	21.63	26.81	1.67	高瓦斯矿井
	西井区	195.6		6.39		煤与瓦斯突出矿井
2008	东井区	360.19	14.67	24.42	0.99	高瓦斯矿井
	西井区	186.45		3.87		煤与瓦斯突出矿井
2009	东井区	473.6	21.39	23.573	1.065	高瓦斯矿井
	西井区	474.27		8.48		煤与瓦斯突出矿井
2010	东井	497.8	20.56	23.64	0.98	高瓦斯矿井
	西井	630.64		8.96		煤与瓦斯突出矿井
2011	东井	496.6	20.89	24.53	1.03	高瓦斯矿井
	西井	670.48		12.58		煤与瓦斯突出矿井
2012	东井	341.09	15.44	25.03	1.13	高瓦斯矿井
	西井	631.65		15.38		煤与瓦斯突出矿井
2013	东井	494.24	29.57	24.31	1.45	高瓦斯矿井
	西井	757.63	71.42	14.68	1.38	煤与瓦斯突出矿井
2014	东井	529.17	31.81	31.7	1.99	煤与瓦斯突出矿井
	西井	741.96	47.79	17.06	2.03	煤与瓦斯突出矿井

西风井地面抽采泵站内共安装 6 台 CBF-710A 水环式真空泵，目前运行工况为 4 开 2

备，全部用于预抽煤层瓦斯，服务于西井的煤层瓦斯预抽。

东风井井下抽采泵站共安装 5 台 2BE1 – 705 水环式真空泵，目前 2 开 3 备，其中 2 台联合运行用于东井预抽，2 台联合运行用于采空区抽采，1 台备用。

小东山井下抽采泵站共安装 4 台 CBF – 710A 水环式真空泵，目前 2 开 2 备，运行的 2 台泵，1 台用于东井预抽，1 台用于采空区抽采。

三水沟地面抽采泵站共安装 7 台 2BEC – 87 型水环式真空泵，目前 3 开 4 备，其中 2 台泵用于西井预抽，1 台泵用于采空区抽采。

潘庄地面抽采泵站共安装 8 台 2BEC – 100 型水环式真空泵，目前 4 开 4 备，其中 2 台泵用于预抽，1 台用于采空区抽采，1 台用于抽排系统。

目前矿井实际抽采瓦斯纯量为 1583 m^3/min，日抽采纯瓦斯量达 2.28×10^6 m^3，抽采瓦斯浓度在 40% 左右，矿井瓦斯抽采率达到 80% 左右。

西井井下抽采采用 DN1000 螺旋卷焊钢主管路，东井井下采用 PE600、PE500、DN1000 螺旋卷焊钢管进行抽采，工作面顺槽抽采管路多为 DN400 螺旋卷焊钢管，现抽采管路总长度达到 1.2×10^5 m 左右。

第二节　瓦斯灾害综合防治技术的应用情况

寺河煤矿属于煤与瓦斯突出矿井，矿井正处于煤层气开发的重点区块。近年来，随着煤炭产量的大幅度增加，随之而来的是采煤过程中的大量瓦斯涌出和煤与瓦斯突出危险增加，给矿井安全生产造成了严重威胁。为了保证矿井安全高效开采，寺河煤矿坚持"以通风为基础，以抽采为根本，以监控为保障"的瓦斯灾害治理方针，通过多年来的瓦斯治理工作实践，逐步形成了具有晋城特色的"大采高工作面三进两回偏 Y 形通风 + 瓦斯抽采的瓦斯涌出综合治理模式""三区联动井上下立体抽采的煤层气开发与安全高效开采一体化开发模式"和"井下递进式水平定向长钻孔超前预抽瓦斯的区域防突模式"，先采气，后采煤，"以采气促采煤，以采煤促采气"，在瓦斯灾害治理方面取得了非常显著的成效，近 9 年没有发生过煤与瓦斯突出事故，瓦斯超限次数也大幅度降低，矿井产量由最初的 4.0 Mt/a 提到 9.0 Mt/a 左右，建成了世界上最大的煤矿瓦斯抽采系统和全球最大的瓦斯发电站，成为"瓦斯涌出量最大、瓦斯抽采量最大、瓦斯利用量最大"，在全国最具影响力的煤层气开发与安全高效开采示范矿井。

一、大采高工作面三进两回偏 Y 形通风瓦斯治理技术

（一）问题的提出

采煤工作面通风瓦斯管理的重点是上隅角，解决了上隅角的瓦斯问题，就能充分发挥设备的效能，实现高产高效。寺河矿是煤与瓦斯突出矿井，采煤工作面采用走向长壁一次采全高自然冒落后退式综合机械采煤方法，装备德国艾柯夫公司生产的 SL500 电牵引采煤机、DBT 公司生产的二柱式掩护支架 + 刮板运输机、澳大利亚 ACE 公司的顺槽皮带等国外一流的先进采煤设备，生产能力为 2500 t/h。为了充分发挥设备的先进性能，上隅角的瓦斯治理压力就更为突出。

在国内其他高瓦斯矿井普遍采用放顶煤回采工艺，通常采用 U + L、U + I 形通风系统和预抽 + 高抽巷手段综合治理瓦斯，将工作面产量提高到 2.0 Mt/a 左右。寺河煤矿要建成千万吨矿井，采煤工作面产量要提高到 4.0 Mt/a，急需探索新的通风方式，以解决产量提高后上隅角瓦斯超限问题。

（二）三进两回偏 Y 形通风方式

在工作面采用五巷布置，其中三条进风巷，两条回风巷。具体布置是：工作面进风侧布置两条主进风巷，在回风侧紧靠工作面布置一条辅助进风巷、两条回风巷，辅助进风巷与回风巷之间存在一个开路横川，是工作面的回风横川。另外，在工作面切眼后部存在一个与回风巷相通的尾部开路横川。主进风巷的风流经工作面切眼稀释瓦斯后一部分从横川进入回风巷，另一部分从上隅角经尾部开路横川进入回风巷，稀释上隅角瓦斯，辅助进风巷的风流通过回风横川进入回风巷，一方面稀释回风巷瓦斯浓度在 1.0% 以下，另一方面给上隅角施加正压，使上隅角部分风流从尾部横川回出，三进两回通风系统如图 8-3 所示。

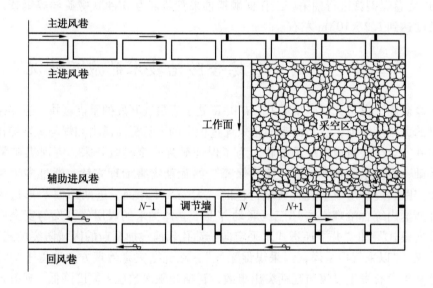

图 8-3　寺河矿三进两回偏 Y 形通风系统

（三）三进两回偏 Y 形通风方式在 3301 工作面的应用

1. 基本情况

3301 工作面布置于上庄风井以东附近的东三盘区，走向长度 2856 m，倾斜长度 221 m，煤层平均厚度为 6.88 m，采高设计为 5.5 m，煤层倾角 1°~9°，煤层无爆炸性，无自然发火倾向性，煤层瓦斯含量 9.03 m³/t，工业储量 6.3418 Mt、可采储量 5.8979 Mt。

工作面北侧为进风侧，布置两条进风巷道，即 33011 巷、33015 巷，33011 巷兼作运输巷，工作面西侧为回风侧，布置一条进风巷道 33013 巷、两条回风巷道 33012 巷、33014 巷。工作面回采时，进风侧风流大部分沿工作面流动，然后进入回风侧，一部分进入采空区，携带采空区瓦斯经尾巷横川排出，33013 巷为辅助进风巷，其风流负责冲淡稀释回风巷瓦斯浓度到 1% 以下，3301 工作面通风系统如图 8-4 所示。

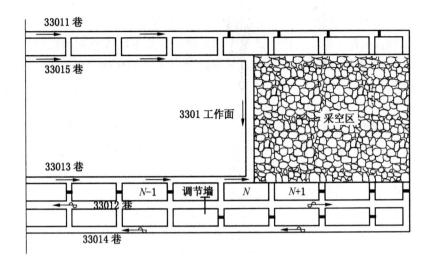

图 8-4 寺河矿 3301 工作面通风系统图

在 33015 巷侧和 33013 巷侧布置顺层瓦斯抽采钻孔,抽采工作面煤体瓦斯。工作面外段 1675 m 在 33015 巷侧布置抽采钻孔 462 个,间距 6 m,工作面里段 1199 m 在 33013 巷侧布置抽采钻孔 110 个,间距 3 m。钻孔覆盖整个工作面,钻孔平均长度 180 m,钻孔直径 94 mm,瓦斯抽采率 25%;在 33012 巷布置一趟 DN350 采空区抽采管路,抽采采空区瓦斯。

2. 工作面配风量和瓦斯浓度变化

工作面总配风量约 10000 m³/min,其中 33011 巷和 33015 巷进风约 5500 m³/min,33013 巷进风约 4500 m³/min。工作面风排瓦斯量在 90~60 m³/min,配风量、风排瓦斯量、工作面风流瓦斯浓度和上隅角瓦斯浓度的测定数据见表 8-3。

表 8-3 配风量、风排瓦斯量、工作面风流瓦斯浓度和上隅角瓦斯浓度的测定数据

测定时间	6月15日	6月27日	7月7日	7月19日	7月31日	8月7日	8月21日	8月27日	9月5日
工作面配风量/ (m³·min⁻¹)	10450	10512	10452	10495	10298	10412	10400	10164	10169
风排瓦斯量/ (m³·min⁻¹)	90	81.79	81.9	82.8	80.62	85.93	78.86	72.62	75.28
工作面风流瓦斯浓度	0.48	0.34	0.34	0.36	0.32	0.40	0.26	0.30	0.44
上隅角瓦斯浓度	0.45	0.38	0.50	0.42	0.36	0.62	0.32	0.32	0.46

从表中可以看出,工作面上隅角瓦斯浓度与工作面风流瓦斯浓度相近,工作面上隅角瓦斯浓度、工作面风流中瓦斯浓度随工作面风排瓦斯量的变化不大,工作面上隅角瓦斯浓度与工作面风流瓦斯浓度始终处于较低受控状态。

3. 系统管理中应注意的问题

(1) 回采时要超前工作面开切眼封闭外侧主进风巷正巷,具体位置是当工作面支架立柱正对两进风横川外帮时,要在超前工作面开切眼并距离开切眼最近的横川、两主进风

巷间里侧 $1\sim2$ m 范围内建密闭墙，封闭外侧主进风巷正巷。

（2）当工作面机尾支架支柱推进第 N 个回风横川，并于第 N 个回风横川外帮对齐，要打开第 $N+1$ 个回风横川。当机尾支架尾梁末端超过第 N 个回风横川里帮 2 m 时，立即封闭第 $N+1$ 个横川——尾部通风横川。工作面仅允许存在一个尾部通风横川。如果存在两个或两个以上尾部通风横川，整个工作面区域瓦斯涌出量将难以控制，回风瓦斯浓度可能超限。

（3）当工作面机尾支架支柱推进第 N 个回风横川，并与第 N 个回风横川外帮对齐，在打开第 $N+1$ 个横川前，要在紧靠工作面的回风巷正巷建调节墙，具体位置在第 $N+1$ 个横川向外 5 m 处，保证该回风巷风流向里流动并经最里边两回风巷间横川回到另一回风巷，解决回风横川以里段回风巷道的通风瓦斯问题。

（4）工作面上隅角必须打木垛，保证上隅角回风通道通畅。

（5）辅助进风巷与回风巷间横川挡风墙必须可靠，尽量减少漏风。

（6）必要时可在辅助进风巷内设置调节设施,调整主进风巷与辅助进风巷间的风量分配。

（7）在工作面进风、上隅角、工作面回风、回风巷风流中必须安设瓦斯传感器，在瓦斯超限的情况下报警断电。

（8）工作面回风侧辅助进风巷与回风巷间每隔 50 m 贯通一个横川，在回采时随着采面的推进逐渐打开横川挡风墙，作为回风横川用。如横川间距大于 50 m，上隅角回风通道就难以维护。

4. 系统应用效果

寺河煤矿 2301、3302、3301 工作面均应用了三进两回偏 Y 形通风方式，取得良好效果，上隅角瓦斯始终处于受控状态，瓦斯浓度通常控制在 0.4% ～ 0.8% 之间，最高日产量达到 2.8×10^5 t。

5. 经验与教训

（1）三进两回偏 Y 形通风方式是高瓦斯矿井大采高工作面通风的最佳方式，但必须将上隅角回风通道维护好，保证风流顺畅。

（2）在高瓦斯条件下布置大采高工作面，必须进行充分的预抽，以减小风排瓦斯的压力，该通风方式应在大风量情况下应用。

（3）在工作面推进过程中，对尾部开路横川及时封闭，并采用抽采采空区瓦斯等手段综合治理瓦斯。

（4）辅助进风巷与回风巷间横川间距不能大于 50 m，否则上隅角回风通道就难以维护。

（5）机头下隅角采空区悬顶面积不能超过 8 m^2，否则必须采取强制放顶措施。

（6）必须随时注意采面推进度，防止进、回风侧推进错过封闭时间，造成工作面区域瓦斯超限。

（7）工作面仅允许存在一个尾部开路横川，如果超过一个就会造成回风巷瓦斯超限。

二、三区联动井上下立体抽采瓦斯技术

（一）问题的提出

长期以来，我国高瓦斯矿井均是通过井下抽采瓦斯来保证安全生产的。进入 21 世纪，利用石油天然气开发技术将煤层中的瓦斯提前预抽出来并加以综合利用的煤层气地面抽采技术在我国初步获得成功，使得煤矿区煤炭与煤层气两种资源安全高效协调开发成为可能。突破井下抽采和煤层气地面抽采两个独立产业模式的局限性，有机协调煤矿安全高效生产与煤层气资源开发利用，实现煤层气产业安全、能源、环保三重效益所必须解决的重大技术瓶颈。基于煤炭开发时空接替规律，将煤矿区划分为煤炭生产规划区（简称规划区）、煤炭开拓准备区（简称准备区）与煤炭生产区（简称生产区）3 个区间。生产区即煤炭生产矿井现有生产区域，准备区是煤炭生产矿井近期（一般为 3～5 年）内即将进行回采的区域，而规划区的煤炭资源一般要在 5～10 年甚至更长时间以后才进行采煤作业，留有充分的煤层气预抽时间。晋城煤业集团自 20 世纪 90 年代开始在潘庄井田（现寺河矿井田范围）引进美国先进的煤层气地面预抽技术，结合晋城矿区地质情况研发出了"清水钻进、活性水压裂、定压排采、低压集输"一系列关键技术，使得沁水盆地南部地区的煤层气开发在我国煤层气产业一直占据着举足轻重的地位。沁南地区煤层气地面开发的成功，也为煤矿区三区联动、分区采用不同技术措施实施煤炭与煤层气两种资源安全高效协调开发奠定了基础。

通过多年的实践和探索，晋煤集团在充分论证了规划区、准备区、生产区之间的技术衔接要求的基础上，创立了煤矿区煤层气三区联动立体抽采模式，并实现了三区煤层气抽采关键技术及配套工艺的创新。进一步突出了煤炭开采和煤层气开发统筹规划、瓦斯地面抽采与井下抽采在时间和空间上必须与煤矿生产相结合，通过抽采为煤炭开采创造出安全开采的条件，真正做到"以采气促采煤，以采煤促采气"，三区联动立体抽采模式如 图 8-5 所示。

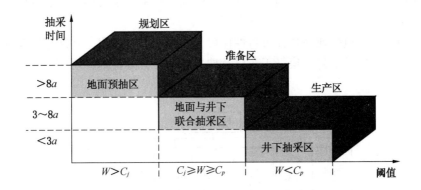

W—煤层瓦斯含量，m^3/t；C_p—工作面回采允许的瓦斯含量，m^3/t；C_j—矿井开拓掘进允许的瓦斯含量，m^3/t

图 8-5　煤矿区瓦斯三区联动立体抽采模式

三区联动立体化瓦斯抽采模式的内涵体主要现在以下三个方面：

（1）采煤采气统筹规划，先抽气后采煤，实现了瓦斯抽采、矿井建设和煤矿生产的有序衔接。

（2）按照矿井衔接规划，按区域选择瓦斯抽采方式，并实现各区域之间的有序递进。

（3）地面预抽与井下抽采相结合，实现高效快速抽采。

（二）三区联动立体抽采模式的特点及技术关键

三区联动立体抽采模式的特点：在空间上体现为井、上下结合，即地面与井下抽采相结合，与煤矿开采衔接完全一致；在时间上体现为煤矿规划区实施地面预抽、煤矿准备区实施井上、下联合抽采、煤矿生产区实施井下瓦斯抽采；在方式上体现多种抽采方式相结合，即地面井抽采、井下长钻孔抽采和顺层钻孔抽采方式相结合。

实施"三区联动立体化抽采"的关键在于三个区域的确定及实现地面、井下抽采的联动。从地面抽采钻井布置密度方面：一要考虑单井的抽采效果；二要考虑允许抽采时间；三要考虑使煤层瓦斯含量均匀地降低，不留下局部瓦斯含量仍大、压力仍高的区域，避免有突出危险隐患。从给煤炭开采创造安全条件方面：一要考虑避让井下采掘巷道和井筒硐室；二要考虑使地面抽采效果达到最佳；三要考虑在抽采全过程真正能够做到"一井多用"。

经过不断探索、实践和总结，晋煤集团在寺河矿已形成了三区联动立体抽采模式：煤体瓦斯含量超过 16 m³/t 时，提前 8 ~ 10 年或更长时间，实施地面钻井预抽采；在 8 ~ 16 m³/t 时，提前 3 ~ 8 年实施井上下联合抽采；低于 8 m³/t 时，采取井下区域递进式抽采。

（三）地面井预抽

地面井预抽是实现高瓦斯煤层向低瓦斯煤层转变的根本之路，即只有采取地面预抽的措施，才能实现瓦斯治理与安全生产的良好衔接，实现由开采前的高瓦斯向开采时的低瓦斯转变。

地面井预抽是在煤层开采前进行预抽，以降低煤层瓦斯含量，为矿井建设和生产消除瓦斯隐患。它的优点是不受空间约束，不受时间限制，可以提前 8 ~ 10 年或更长时间在地面布置大规模井群，进行大面积抽采，既可提高抽采效果，又可形成产业规模，而且钻孔还可替代地质勘探钻孔，真正实现一井多用。

地面井预抽主要包括地面预抽可行性评价、井型选择及优化、井网布置及优化、钻井工艺、压裂工艺、排采工艺、集气工艺以及抽采效果评价等技术，地面预抽技术体系如图 8 - 6 所示。

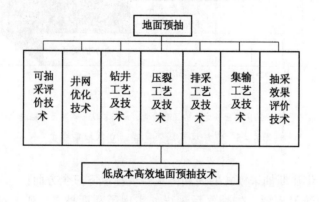

图 8 - 6 地面井预抽技术体系

对煤层气开采而言，压裂裂缝的主要作用是贯通煤层的天然裂隙，提高煤层气产量。因此，通常将矩形井网的长边方向与天然裂隙主要方向平行或与人工压裂裂缝方向平行，以实现尽可能地提高煤层气产量。煤矿区地面煤层气开发还应充分考虑地面开发对后期煤炭开采的影响，避免人为造成的种种弊端和不利情况。因此，井网设计中还应考虑工作面大小、方位和井下煤柱的情况，同时井网布置应尽量避免地面钻孔及其施工对煤炭回采的不利影响。

近年来，晋煤集团在煤层气地面预抽领域进行了大胆的探索和技术创新，开发出一套适宜于本地区的具有自主知识产权的"清水钻进、活性水压裂、低压集输、定压排采"等一系列成套的煤层气地面抽采技术。截至 2010 年底，共施工地面井 2501 口，抽采煤层气量 $9.08 \times 10^8 \ m^3$，占全国的 57.94%，利用率达 64.4%。

（四）井上下联动抽采

随着矿井的开采，当地面规划区逐渐转变为开拓准备区时，按照矿井生产衔接规划，井下已开始准备巷道的掘进，这时要及时调整瓦斯抽采方式，充分利用地面抽采井在煤层中形成的裂隙和井下施工的定向长钻孔，实现井上下联合抽采，快速降低煤层瓦斯含量。

1. 先地面后井下联动抽采

在煤矿规划区地面预抽的基础上，当该区转为开拓准备区时，在煤矿井下施工顺层水平长钻孔，贯通已有的地面抽采井压裂裂缝及其影响带，形成直井压裂裂缝与顺层水平长钻孔构成的立体抽采网络。贯通后停止地面抽采，转为井下区域卸压抽采，抽采效率可大大提高，缩短抽采达标所需的时间，井上下联动抽采如图 8-7 所示。

2. 条带式井上下联和抽采

在未进行地面预抽的开拓准备区，

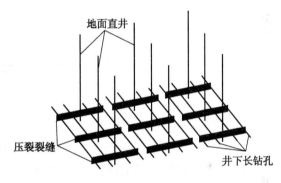

图 8-7　井上下联动抽采示意图

按照条带式抽采模式，在盘区大巷两旁施工地面工程井，并进行压裂；压裂后在大巷两边施工顺层水平长钻孔，贯通地面工程井压裂裂缝及其影响带；封堵地面工程井，通过井下钻孔和抽采系统对压裂影响区快速抽采瓦斯，条带式井上下抽采如图 8-8 所示。

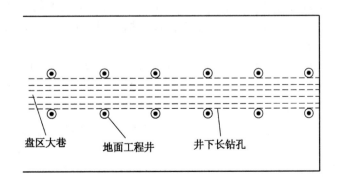

图 8-8　条带式井上下联动抽采示意图

对于瓦斯含量在 $8 \sim 16 \, m^3/t$ 的开采区域，应根据煤层的赋存特性，提前 $3 \sim 8$ 年实施井上下联动抽采。为提高顺层钻孔预抽效果，应改进钻孔布置方式，优化选择钻孔密度、孔径、孔深等参数。钻孔密度应通过测定有效抽采半径，合理布置钻孔间距，防止因钻孔间距过小抽采效应重叠，降低瓦斯抽采量。完善抽采系统，使抽采泵能力、管网布置、孔口抽采负压、抽采时间等匹配合理，井上下联动抽采技术体系如图 8-9 所示。

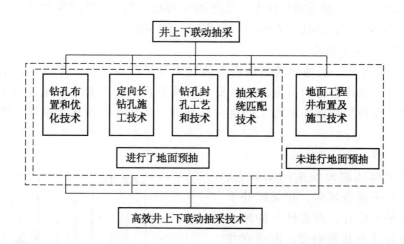

图 8-9　井上下联动抽采技术体系

因为这个阶段的抽采是在实施过压裂的区域进行，煤层裂隙发育，煤体相对破碎，因此如何搞好破碎煤体中的钻孔施工就成为重点。松软煤层打钻遇到的问题是喷孔、垮孔、堵孔和卡钻。实现松软煤层中打深孔，必须解决钻孔设计、打钻设备和打钻工艺等方面的技术问题。

3. 井下区域递进式抽采

递进式瓦斯抽采技术是在掘进多条巷道布置的回采工作面时，在外侧巷道内提前向下一个邻近工作面施工长钻孔，其长度能覆盖下一个工作面两侧的巷道条带，在掘进本工作面期间就提前对下一个工作面的掘、采区域进行抽采，保证下一个工作面有 $1 \sim 3$ 年的抽采时间；下一个工作面的巷道掘进是在已抽采 $1 \sim 3$ 年的条带内进行，回采工作面瓦斯含量已降到了较低水平，如此递进式向前推进，保证抽、掘、采的正常接替，井下区域递进式抽采钻孔布置如图 8-10 所示。

为保证递进式模块抽采的顺利实施，还要加强长钻孔抽采特性研究，对模块抽采的效果要有科学准确的预测，模块抽采的参数要选择合理。长钻孔要做到严封孔、长封孔，切实保证钻孔长时间抽采，提高模块抽采效果。

递进式瓦斯抽采技术，主要在时间上和空间上提前解决回采工作面的瓦斯问题，提高回采效率，在透气性较好的硬煤层中，具有较大的推广价值和应用前景，井下区域递进式抽采技术体系如图 8-11 所示。

三区联动井上下立体抽采模式除在晋城矿区推广应用外，还在阳泉、潞安、西山、华晋焦煤等矿区推广应用。截至 2010 年底，已在上述矿区施工地面抽采井 473 口，抽采能

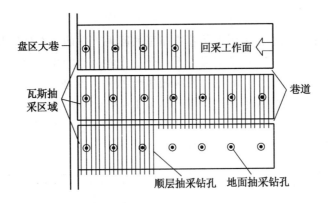

图 8-10　井下区域递进式抽采钻孔布置示意图

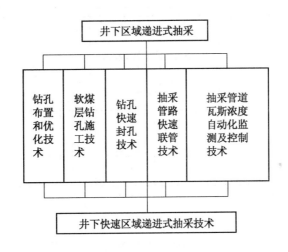

图 8-11　井下区域递进式抽采技术体系

力达 $1.17 \times 10^8 \text{ m}^3$，为这些矿区煤矿瓦斯灾害的治理奠定了基础，取得了良好的经济和社会效益。

三、递进式水平定向长钻孔抽采瓦斯区域防突技术

(一) 问题的提出

在高瓦斯突出矿井，瓦斯是威胁矿井安全的主要因素，"先抽后采"已经成为煤矿治理瓦斯灾害的共识。在实际生产过程中，需要根据地质条件、瓦斯赋存状况、井巷布置方式等因素选择不同的瓦斯抽采技术，而且需要较长的抽采时间来保证抽采效果。抽采瓦斯与高效快速开采形成了一对相互制约的矛盾，特别是在掘进工作面采用边掘边抽方式时，抽采瓦斯不能保证快速掘进，也就不能保证正常的采掘衔接。通过多年的探索和实践，试验成功了递进式瓦斯抽采区域防突技术，可以解决抽、掘、采的矛盾，保证抽掘采的正常

接替。

（二）技术简介

递进式瓦斯抽采技术是在采用多条巷道布置的回采工作面，在外侧巷道内提前向下一个邻近工作面施工长钻孔，其长度能覆盖下一个工作面两侧的煤层巷道条带，在掘进本工作面期间就提前对下一个工作面的掘、采区域进行抽采，保证下一个工作面有 1～3 年的抽采时间。下一个工作面的巷道掘进是在已抽采 1～3 年的条带内进行，煤层瓦斯含量已降到了较低水平，基本消除了突出危险。如此递进式抽采，保证抽、掘、采的正常衔接，井下递进式模块抽采示意图如图 8－12 所示。

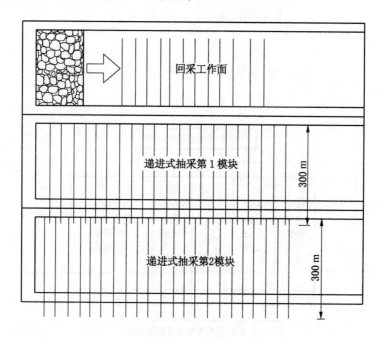

图 8－12　井下递进式模块抽采示意图

根据钻机的类型，可使用以下两种方法进行递进式模块抽采。

1. 大功率钻机递进式模块抽采

在采面的外侧巷道掘进期间，每隔 5～10 m，使用国产大功率钻机向相邻工作面施工长钻孔，钻孔基本垂直巷道布置，长度不小于 300 m，抽采范围覆盖相邻采面及其巷道条带。经过长时间的预抽，可使抽采区域内的煤层瓦斯含量降低到可控范围，从而进行掘进和回采。

2. 千米钻机递进式模块抽采

千米钻机采用孔底马达定向钻进技术，可实现钻孔定向钻进，能保证钻孔打到指定位置，并探明地质构造，做到长距离钻进。通过钻孔分支能增加抽采钻孔有效抽采长度，提高抽采效果。钻孔的精确定位可以使钻孔轨迹沿巷道掘进方向前进，提高钻孔的针对性，大幅度减少钻孔工程量。千米钻机的使用可以大大提高递进式模块抽采的效率，递进式抽采模块覆盖范围可达到 500～600 m，包含 2 个回采工作面，从而为大范围区域消突和快速掘进创造条件。长钻孔抽采减少了封联孔环节，可提高抽采瓦斯浓度和抽采系统效率。千米钻机递进式模块抽采如图 8 – 13 所示。

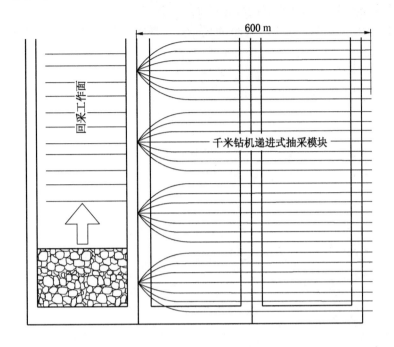

图 8 – 13 千米钻机递进式模块抽采示意图

（三）适用条件和关键技术

递进式瓦斯抽采模式适用于煤层稳定、倾角较小、透气性较好的能施工长钻孔的硬煤层，回采工作面采用多巷布置通风方式，施工钻孔和采掘工作互不干涉，可确保模块抽采的时间和空间。在巷道掘进期间，向相邻采面布置区域施工长钻孔，进行长时间抽采，从而为巷道快速掘进和工作面安全回采创造条件，并在此基础上实现回采面、预抽模块的循环、递进式推进以及回采煤量与抽采煤量的良性接替。抽采模块的布置、盘区巷道的延伸和工作面设计应充分考虑千米钻机的使用条件，实现盘区巷道四巷或五巷布置，使抽采区域能够稳定长期地发挥作用。以后随着盘区巷道延伸要逐步延伸抽采区域，待煤层瓦斯含量降至安全范围小于 8 m³/t 时，在抽采有效的区域内布置工作面进行回采。

在布置递进式抽采时应注意以下几点：

（1）采用千米钻机在钻场施工扇形定向钻孔与普通钻机施工平行钻孔相结合的方式布置抽采模块，每个钻场根据工作面不同情况及地质条件施工，钻孔方向尽量与煤层主裂隙方向垂直或斜交，钻孔终孔位置距下一个工作面最边界巷道外 30 m，在千米钻机定向钻孔不能覆盖的空白处，施工普通钻孔作为补充，达到超前均匀抽采瓦斯效果。

（2）钻孔应尽量在硬煤层中施工，开孔高度大于 1.5 m，钻孔设计偏角率每 6 m 不大于 1.5°，开孔方位角与终孔方位角夹角小于 30°。

（3）定向钻孔根据抽采时间长短和煤体透气性等情况施工不同的长距离短孔分支，

一般每个钻孔施工的主分支数量为 1~3 个，钻孔孔底间距 8~15 m。

（4）定向钻孔在施工中每 80~100 m 施工一个探顶分支，每 100 m 施工一个探底分支，使其充分覆盖煤层，达到更好的抽采效果。

（5）巷道在掘进过程中可能会掘断抽采钻孔，割断钻孔后应立即进行现场封堵或重新封联孔抽采，钻孔呈负压且无瓦斯涌出的要进行封堵，否则必须重新封孔联入抽采，防止孔内瓦斯瞬间涌出造成掘进工作面瓦斯超限。

（6）递进式抽采模块应尽可能形成自下而上的接替顺序，使钻孔保持上行孔施工和抽采。

（四）递进式瓦斯抽采模块的应用

寺河煤矿从 2007 年起开始实施递进式瓦斯抽采模式，大大提高了掘进效率。4302 工作面递进式瓦斯抽采钻孔布置如图 8 - 14 所示。

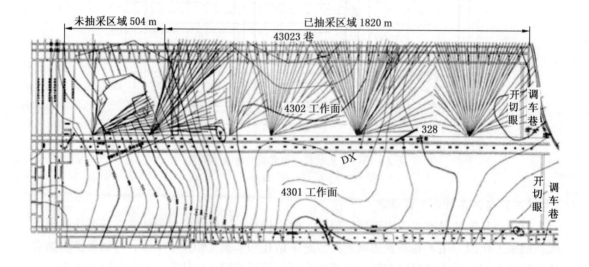

图 8 - 14　4302 工作面递进式瓦斯抽采示意图

该矿在 4301 工作面回采过程中利用工作面外侧巷道 43014 巷向相邻的 4302 工作面施工千米钻场 5 个、钻孔总工程量 73921 m，在 4302 工作面 43023 巷道一侧分支孔间距为 12~15 m，钻孔终孔长度超出 4302 工作面巷道 20~30 m，抽采 1 年，抽采纯瓦斯量 1.231×10^7 m³，瓦斯抽采率达到 40%。

实施效果：工作面煤层瓦斯含量大幅降低，瓦斯超限次数明显下降。根据寺河煤矿东井区 3 号煤层瓦斯地质图显示，4302 工作面煤层原始瓦斯含量为 9~13 m³/t，掘进过程中实测抽采后煤层瓦斯含量为 7~8 m³/t，煤层瓦斯含量大大降低，满足抽采指标要求。43023 巷在未抽采区域掘进时曾造成 5 次瓦斯超限现象，而在抽采区域掘进时没有出现 1 次瓦斯超限现象。在未进行递进式抽采的 504 m 巷道掘进时，预测防突指标 K_1 值超标 5 次，而在递进式抽采 1 年后的 1800 m 巷道掘进时未出现 K_1 值超标现象。连采三队在未抽采区域掘进时平均月进度仅为 300 m，在抽采 1 年后的 43023 巷道掘进时平均月进度达到

620 m，单进水平翻了一番。

四、采动区瓦斯地面井抽采技术

（一）问题的提出

我国含煤地层普遍经历了多次地质构造运动的影响，煤层埋藏地质条件非常复杂和特殊，含煤地层地应力分布不均、地质构造丛生现象严重。地面钻井抽采技术在我国的发展遇到了其他国家没有遇到的困难，同时我国开采煤层多为低透气性煤层，以采前预抽为主的地面井抽采技术及装备不能满足我国煤层气开发的需要，急需发明一种新的工艺技术解决井下煤炭开采过程中的工作面或回风巷的瓦斯压力。采动活跃区地面井抽采瓦斯是通过在地表施工钻井到煤层回采形成的覆岩裂隙带或煤层内，充分利用采动影响卸压增透效应，将瓦斯能够尽可能多的经由煤岩体裂隙网络通道和地面井直接抽采到地表，以达到降低回采工作面瓦斯涌出量，缓解瓦斯超限压力和开发煤层气的目的。

由于地层地质条件的复杂性及不可透视性，如何明确煤层覆岩运动应力对钻井的具体破坏机制、岩层移动最小的区域从而确定钻井合理布孔位置，如何准确定位因覆岩破坏剧烈而需要加强保护的钻井区段以及具有一定抗破坏性能的地面钻井防护结构的研究都是地面钻井抽采技术在我国进一步发展需要解决的问题和技术瓶颈。例如淮南、淮北矿区在地面钻井抽采试验过程中遇到的最大难题就是采动过程中钻井失效过早。

（二）技术应用情况

1. 地面直井抽采采动活跃区卸压瓦斯

1）工作面基本情况

寺河煤矿西区 W2301 工作面上方为方山，标高 +1019.11 m，最大相对高差 610.4 m，一般相对高差 200～400 m。山上植被茂密，主要为灌木树林，树木一般高 2 m 左右，有部分为台梯形耕地，耕地内夏季种植玉米较多。W2301 工作面走向长约 2000 m，由于地质条件复杂，分两次采，第一次采长约 1250 m，倾斜长约 221.5 m，煤层平均厚度为 6 m，煤层倾角 0°～7°，平均 2°。工作面开采深度平均约 420 m。煤的容重 1.46 t/m³，煤质普氏硬度 f 为 1～2，地压 9.00～13.00 MPa。

2）地面井基本情况

SHCD-06 地面钻井在工作面的相对位置如图 8-15 所示，具体的布井坐标见表 8-4。

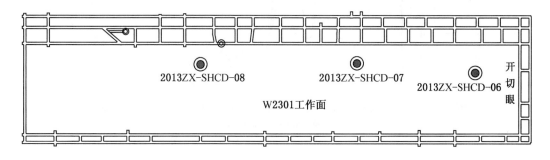

图 8-15 SHCD-06 井在 W2301 工作面的位置

表 8 – 4　SHCD – 06 钻井坐标

井号	井别	矿井	工作面	X 坐标	Y 坐标	高程	3 号煤层埋深/m
SHCD – 06	采动井	寺河煤矿	W2301	3940728	500970	667	394

3）地面井抽采系统

采动区煤层气抽采的主要设备包括水环真空泵、泄爆器、防回火器、气水分离器、喷粉抑爆装置、放空器、循环水箱、循环水泵、发电机、分流管路系统等。SHCD – 06 地面井场设备安设布置如图 8 – 16 所示，抽放泵监测室设备安设如图 8 – 17 所示。

图 8 – 16　地面煤层气抽放现场布置图　　　图 8 – 17　抽放泵监测室设备安设

4）地面井抽采效果分析

（1）地面井抽采效果。寺河煤矿 SHCD – 06 井于 2013 年 8 月 5 日进行开始进行煤层气抽采，抽采数据如图 8 – 18 所示。

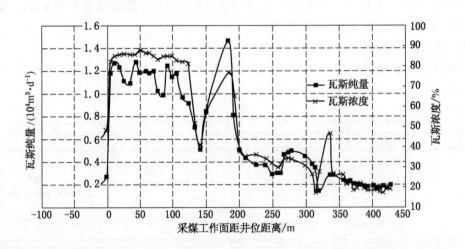

图 8 – 18　瓦斯纯量、瓦斯浓度与采煤工作面距井位距离的关系

从图中可以看出，在工作面距井位 30 m 开始，随着工作面的推进，在工作面推过井位 3 m 左右，抽放瓦斯纯量、瓦斯浓度逐步趋于稳定，瓦斯纯量达 1.2×10^4 m³/d，瓦斯浓度 85% 左右；图 8 - 19 可以看出，在工作面快到井位时，由于超前支承压力的作用，出现短时间抽采负压极速增高的现象，此时的瓦斯浓度、瓦斯纯量也较低，工作面过井位后，抽采负压降至 27 kPa 左右，瓦斯纯量维持在 1.2×10^4 m³/d 左右，瓦斯浓度维持在 85% 左右。

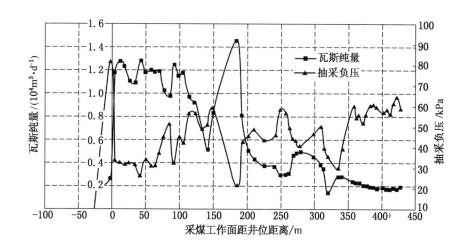

图 8 - 19　瓦斯纯量、抽采负压与采煤工作面距井位距离的关系

（2）地面井抽采对工作面瓦斯治理的效果。

图 8 - 20 所示为地面井抽采对工作面瓦斯的影响，可看出在采煤工作面距地面井还有 100 m 距离，采动影响区地面井还未抽采时，工作面的平均瓦斯浓度出现了几次较高的瓦斯浓度情况，工作面最大平均瓦斯浓度为 0.76%；在采煤工作面距井位 60 m，地面井开始进行抽采工作面平均瓦斯浓度降至 0.41% 以下，平均降至 0.27%，工作面瓦斯浓度平均降低幅度为 26.5%，工作面平均风排瓦斯量降到 16.4 m³/min 以下，工作面安全性得到显著提高，显示出采动区地面井能够有效治理工作面瓦斯涌出。

2. 地面 L 形煤层顶板井抽采采动活跃区卸压瓦斯

针对寺河煤矿 3313 工作面不具备地面直井施工条件的问题，为解决该工作面井下瓦斯涌出大的难题，基于已有的采动区地面直井优化设计技术开发了新型的井身结构、固井工艺、完井工艺和抽采控制工艺，设计了一口采动区顶板定向 L 形水平抽采井，现场应用效果良好，彻底解决了井下工作面通风压力大的难题。

1）工作面基本情况

3313 工作面位于寺河煤矿东三盘区，工作面底板等高线 394～466 m，地面标高 800～960 m，煤层总厚平均 6.13 m，煤层倾角平均 5°，黑色，似金属光泽，条带状结构，半亮型煤，含夹矸。工作面回采时的瓦斯绝对涌出量为 29.73 m³/min。

2）地面井设计

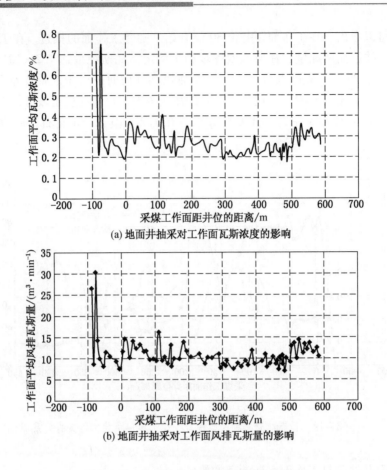

(a) 地面井抽采对工作面瓦斯浓度的影响

(b) 地面井抽采对工作面风排瓦斯量的影响

图 8-20　地面井抽采对工作面瓦斯的影响

对上覆岩层进行研究分析，结合覆岩"三带"分布规律，即垮落带、裂隙带和弯曲下沉带建立垮落高度计算模型，确定关键层，修正垮落高度，对 3313 工作面原分布的地面煤层气井汇制"勾连剖面图"，准确定位目的层位。

对 3313 工作面原分布的地面煤层气井"勾连剖面图"分析 3 号煤层上方 50~70 m 范围内的岩层分布和岩性特征，确定 3313 工作面关键层为 3 号煤层上方粉砂岩，厚 6 m，岩性深灰黑色粉砂岩，确定 L 形井水平段施工层位采取 8 倍采高以上岩层，并定于 3 号煤层以上 50~70 m 范围内。3313 工作面巷道剖面图如图 8-21 所示。

3）地面井抽采效果分析

寺河煤矿 3313 工作面地面 L 形顶板井钻井实际进尺 1271.67 m，水平段 808.58 m，孔径 220 mm，布置在煤层上方 40~50 m。抽采现场布置如图 8-22 所示，L 形井布置如图 8-23 所示。

地面 L 形顶板井抽采浓度高达 93%，平均 80%；抽采纯量高达 3.11×10^4 m³/d，平均 2.2×10^4 m³/d，累计抽采 4×10^6 m³；实现本煤层采动影响区、采空区连续抽采，钻井结构完好；有效缓解 3313 工作面瓦斯治理压力，为煤矿安全生产提供了保障。地面 L 形顶板井抽采情况如图 8-24 所示。

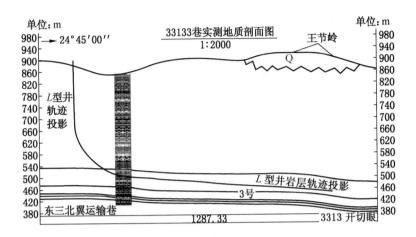

图 8 – 21　3313 工作面巷道剖面图

图 8 – 22　采动区地面 L 形顶板井抽采现场

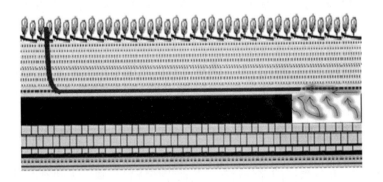

图 8 – 23　采动区地面 L 形顶板井技术剖面图

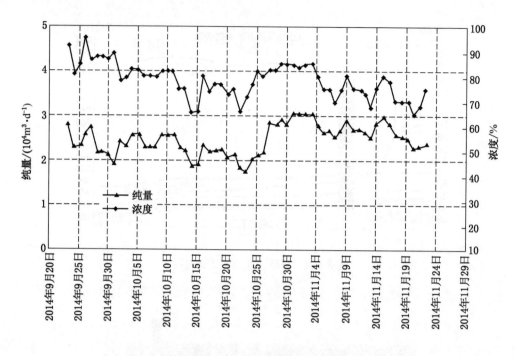

图 8 - 24　地面 L 形顶板井抽采数据

3. 地面井抽采采动稳定区瓦斯

1) 工作面概况

地面井抽采区域对应的工作面位于成庄煤矿 4102 巷以南，4305 综放工作面以西，4307 综放工作面以东，其中 4305、4307 综放工作面已回采完毕，为孤岛工作面。工作面煤层底板标高为 605.9 ~ 640.8 m，开采 3 号煤层，煤层厚度 6.47 m，煤层倾角 3° ~ 8°，平均 6°，煤体重力密度 1.45 t/m³，硬度 $f = 2 \sim 4$。工作面开采程序为放顶煤一次采全高，机采采高 3.0 m，放顶煤厚度为 3.47 m，作业方式多循环作业。工作面通风方式采用 U + L 形系统布置方式，4211 巷为工作面进风巷兼作皮带和设备运输巷，4212 巷为回风巷兼作辅助运输巷，4212 副巷为专用排瓦斯巷，总风量为 2306 m³/min，回风巷为 820 m³/min，尾巷为 1468 m³/min。

2) 采动稳定区煤层气资源量评估

成庄煤矿井田内主要含煤地层为二叠系下统山西组和石炭系上统太原组，累计含煤 11 层。其中，山西组含煤 1 ~ 3 层，自上而下编号为 1 号、2 号、3 号，煤层总厚 6.98 m，1 ~ 2 号层煤层薄而不可采，3 号煤层为可采煤层，厚 6.44 m。

太原组含煤 10 层，自上而下编号为 5 号、6 号、7 号、8 号、9 号、11 号、13 号、14 号、15 号、16 号，煤层总厚 7.79 m。其中 9 号、15 号煤为主要可采煤层，厚 4.82 m。查阅资料仅发现 5 号、6 号煤层的部分资料，其他煤层资料空缺，无法判断其与 3 号煤层位置关系。3 号煤层邻近层信息见表 8 - 5。

根据取芯钻孔岩芯参数分析结果，3 号煤层顶底板围岩多为砂质泥岩、细粒砂岩，根据其硬度判断为中硬围岩层。可以算得 3 号煤层上覆岩层的裂隙发育高度为 41.6~52.8 m；下伏岩层的裂隙发育深度（最大破坏深度）为 31.87 m。

表 8-5　3 号煤层邻近层信息表

煤层名称	煤层厚度/m	到 3 号煤层距离/m	与 3 号煤层关系
5 号煤层	0.26	14.05	下邻近层
6 号煤层	0.25	23.12	下邻近层
9 号煤层	1.25	46.05	下邻近层
15 号煤层	4.25	87.61	下邻近层

从表 8-5 可知，3 号煤层采动稳定区的有效邻近层只有 5 号、6 号煤层，其煤层瓦斯排放率分别约为 51.41% 以及 31.4%；而 3 号煤层采动稳定区的有效卸压围岩高度范围为顶板 41.6~52.8 m，底板 31.87 m 区域的围岩层。

利用 FLAC3D 模拟软件完成对 3 号煤层开采后围岩渗透率变化的模拟，结果表明，3 号煤层开采后其顶板岩层的有效卸压角度约为 71°，底板岩层的有效卸压角度约为 90°。模拟结果如图 8-25 所示。

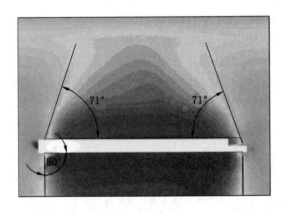

图 8-25　沿走向推进 10 次后采场围岩渗透率变化云图

结合 4306 工作面的回采数据以及围岩岩性分析资料，可以算出其有效卸压区域内围岩空隙为 1.14×10^6 m³。成庄煤矿采动稳定区内部裂隙空间瓦斯浓度取 30%，遗留煤炭残余瓦斯含量取值 4 m³/t，利用单一煤层评估计算模型，算得 4306 工作面采动稳定区内的残留地质瓦斯总量约为 2.5×10^6 m³，游离瓦斯总量约为 3.2×10^5 m³。

3）地面井方案设计

由于 4306 工作面周围的 4305 工作面也是采空区，并且"十一五"期间在 4306 工作面靠近 4212 巷附近施工过一个采动区地面抽采井，为了避免受到前期施工的地面井的影响，将 CZCK-01 井布置在 4306 工作面采空区内侧距离 4211 巷 15 m，距离 4306 工作面开切眼 500 m 左右，地面高程约为 970 m，对应煤层底板标高约 642 m。CZCK-01 井井位如图 8-26 所示。

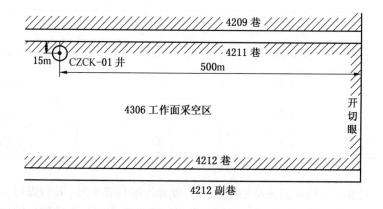

图 8-26　CZCK-01 地面井井位示意图

4）抽采数据分析

CZCK-01 井抽采系统于 2014 年 11 月开始铺设，2015 年 3 月 12 日正式建成，2015 年 5 月 4 日开始试验抽采。截至 2015 年 10 月 31 日，累计正常试验抽采 67 d，抽采煤层气量 2.095×10^5 m³，日均抽采流量 3120 m³。

图 8-27、图 8-28 所示分别为 CZCK-01 地面井采出气浓度及日产量走势图和 CZCK-01 地面井采出气混量及纯量走势图。地面井抽采负压基本保持在 60 kPa 上下，与同地区采动区地面井真空泵正常运行压力相当，表明地面井密闭性较好；同时采出气浓度

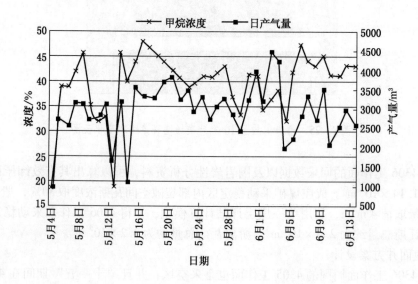

图 8-27　CZCK-01 井采出气浓度及日产量走势图

基本在40%上下波动，表明试验工作面采空区瓦斯浓度约在40%。CZCK-01井日均产气量在3120 m^3，但是由于试验工作面走向长度和倾向长度较短，采空区内煤层气储存空间较少，随着抽采持续进行，日产气量有逐渐下降趋势，表明采空区内可抽采气量的多少会直接影响采动稳定区地面井的产能显现。

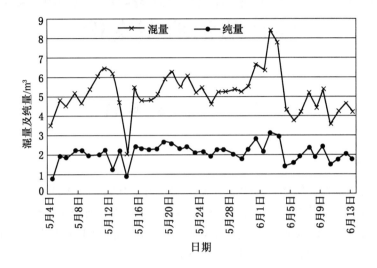

图 8-28　CZCK-01 井采出气混量及纯量走势图

第九章 阳煤集团新景矿瓦斯灾害综合防治典型案例

第一节 矿井基本情况

一、矿井概况

新景矿隶属阳泉煤业集团，为煤与瓦斯突出矿井。1998 年 10 月 1 日正式成立，2009 年 9 月改制为山西新景矿煤业有限责任公司。2015 年矿井核定生产能力为 5 Mt/a。新景矿井田东西走向长约 12.0 km，南北倾斜宽约 7.5 km，面积 64.7477 km^2。至 2014 年末，矿井保有储量 9.18×10^8 t、可采储量 5.63×10^8 t。

二、位置与交通

新景矿井田位于阳泉市西郊，距离阳泉市中心 11 km，行政区划隶属山西省阳泉市管辖。地理坐标：东经 113°21′10″~113°31′17″，北纬 37°51′07″~37°56′31″。有石太线铁路沿桃河南岸横穿矿区往西直达太原，与南北同蒲线接轨，往东至石家庄，与京广线接轨。矿内有专用铁路线，经赛鱼编组站，与石太线接轨。有 307 国道沿桃河北岸横穿矿区往西至太原，往东至石家庄。太旧高速公路横穿矿区南部，工业广场西 1 km 有太旧高速公路入口。四周均有公路通往各村镇，交通十分便利。

三、煤层赋存情况

新景矿井田含煤地层为石炭系上统太原组和二叠系下统山西组，含煤 15 层，其中 3 号、15 号煤层（包括合并层）为稳定可采煤层，8 号、9 号煤层为较稳定大部可采煤层，6 号为不稳定局部可采煤层，其余均为不稳定零星可采或不可采煤层，可采煤层特征见表 9－1。目前正在开采的煤层有 3 号、8 号、15 号煤层。

四、地质构造

新景矿位于阳泉矿区大单斜构造西部，在大单斜面上次一级的褶曲构造比较发育，平面上它们多呈北北东~北东向展布，以波状起伏的褶曲为主，呈向背斜相间、斜列式、平列式组合。在剖面上多以上部比较开阔平缓，下部比较紧闭的平列褶曲为主。但在一些局部地区也出现一些不协调的层间褶曲。这些不同形态、不同组合的褶曲群，构成了区构造的主体。

表9-1　可采煤层特征表

煤层编号	煤层厚度/m 最小~最大 平均	煤层间距/m 最小~最大 平均	夹矸层数	稳定性可采性	煤层结构	顶底板岩性 顶板	底板
3	$\dfrac{0.75 \sim 4.80}{2.26}$	—	0~2	稳定 大部可采	简单~较简单	砂质泥岩、细砂岩、中砂岩	泥岩、砂质泥岩、细砂岩
6	$\dfrac{0.00 \sim 3.11}{1.30}$	$\dfrac{15.23 \sim 35.12}{22.50}$	0	不稳定 局部可采	简单	砂质泥岩、中细砂岩	砂质泥岩、粉砂岩
8	$\dfrac{0.00 \sim 3.90}{1.65}$	$\dfrac{10.00 \sim 19.00}{15.00}$	0~3	较稳定 大部可采	简单~复杂	泥岩、中细砂岩	中细砂岩、泥岩
9	$\dfrac{0.00 \sim 4.10}{1.99}$	$\dfrac{2.32 \sim 25.10}{13.27}$	0~3	较稳定 大部可采	简单~复杂	中细砂岩、泥岩	中粗砂岩、粉砂岩
12	$\dfrac{0.00 \sim 2.60}{1.09}$	$\dfrac{17.23 \sim 40.41}{30.47}$	0~2	不稳定 局部可采	简单~较简单	泥岩、细砂岩	泥岩、中细砂岩
13	$\dfrac{0.00 \sim 1.80}{0.80}$	$\dfrac{4.17 \sim 14.07}{10.00}$	0	不稳定 局部可采	简单	石灰岩、泥岩、粉砂岩	中细砂岩、砂质泥岩
15	$\dfrac{3.80 \sim 9.50}{6.30}$	$\dfrac{14.92 \sim 41.19}{29.50}$	1~4	稳定 井田可采	简单~复杂	泥岩、石灰岩	泥岩、砂质泥岩、细砂岩
15下	$\dfrac{0.60 \sim 3.85}{2.04}$	$\dfrac{0.00 \sim 5.50}{2.50}$	0~2	较稳定 大部可采	简单~较简单	泥岩、砂质泥岩、细砂岩	泥岩、砂质泥岩、粉砂岩

五、矿井开拓与开采

新景矿为主斜井—副立井混合开拓方式；目前有两个水平，其中 +525 m 为生产水平，+420 m 为准备水平。布置7个采区，采区准备巷道共布置四条，轨道运输巷、皮带巷各一条，回风巷两条。轨道运输巷、皮带巷作为采区的主要进风巷，各采区两翼分别布置两条主要回风巷。矿井现有2个回采工作面，11个掘进工作面。3 号、8 号煤层采用走向长壁后退式综合机械化开采，15 号煤层采用走向长壁后退式综合机械化放顶煤开采，全部垮落法控制顶板；煤巷采用综合机械化掘进，岩巷采用爆破掘进。

六、矿井通风与瓦斯

（一）通风方式及供风量

新景矿采用抽出式分区通风方式，有7个进风井（主斜井、副立井、芦湖南进风立井、芦湖北进风立井、佛洼进风立井、保安进风立井和张家岩进风立井）和4个回风井（芦湖南回风立井、芦湖北回风立井、佛洼回风立井和保安回风立井），共计11个井筒。

3 号、8 号煤层工作面采用 U + L 形或 Y 形通风系统。15 号煤层工作面采用 U + I 形通风系统。

矿井总进风量 52122 m³/min，矿井总回风量 52501 m³/min，矿井有效风量率为 91.02%。

（二）矿井瓦斯赋存及瓦斯涌出情况

矿井绝对瓦斯涌出量为 331.65 m³/min，相对瓦斯涌出量为 32.52 m³/t，矿井绝对二氧化碳涌出量为 8.16 m³/min，相对二氧化碳涌出量为 0.8 m³/min。3 号、8 号、15 号煤层均无煤尘爆炸危险性，3 号、8 号煤层属不易自燃煤层，15 号煤层属 Ⅱ 类自燃煤层，其中 3 号煤层为突出煤层，3 号煤层瓦斯含量 18.17 m³/t，瓦斯压力 1.3 MPa，透气性系数 0.01575 m²/(MPa²·d)。建矿以来先后发生煤与瓦斯突出 3 次，新景矿近几年瓦斯等级鉴定结果见表 9 - 2。

表 9 - 2　新景矿近几年瓦斯等级鉴定结果

年度	掘进工作面绝对瓦斯涌出量/(m³·min⁻¹)	回采工作面绝对瓦斯涌出量/(m³·min⁻¹)	矿井绝对瓦斯涌出量/(m³·min⁻¹)	矿井相对瓦斯涌出量/(m³·t⁻¹)	鉴定等级
2012	0.91	67.24	331.65	32.52	突出
2013	1.31	91.07	341.21	28.33	突出
2014	2.42	69.74	332.32	35.67	突出

（三）瓦斯抽采系统现状

新景矿瓦斯抽采系统现有 2 个地面永久抽放泵站，分别为神堂嘴抽放泵站和佛洼抽放泵站。矿井瓦斯抽采量 206.97 m³/min，瓦斯抽采率 60.19%。

矿井瓦斯涌出量由本煤层瓦斯及上、下邻近层瓦斯组成，邻近层瓦斯涌出量占 60%。

邻近层瓦斯抽采方式：3 号、8 号煤主要采用在专用瓦斯治理巷向工作面上方布置大直径顶板穿层钻孔、边采边抽的方式；15 号煤采用在工作面上方布置顶板走向抽采巷及伪斜高抽巷解决综放面瓦斯，为边采边抽的方式。

本煤层瓦斯抽采方式：本煤层实行强制预抽，预抽方式有千米钻机深孔预抽、递进抽采预抽、底抽巷穿层钻孔预抽、顺层条带钻孔预抽等。

第二节　瓦斯灾害综合防治技术的应用情况

阳煤集团是全国最难进行瓦斯抽采的矿区之一。新景矿作为阳煤集团主力矿井，具有多煤层同时开采、煤层瓦斯含量高、瓦斯压力大、煤层透气性低、南北瓦斯地质差异等特点。近年来，矿井安全生产系统越来越复杂，地质构造对生产的影响日趋严重，开采环境不断恶化，瓦斯灾害日趋严重，给矿井安全生产造成了严重威胁。为了保证安全高效开采，新景矿严格落实各项瓦斯治理管理规定，坚持"以抽为主、以排为辅"的理念，按照"应抽尽抽"和"只有打不到位的钻孔，没有卸不掉压的瓦斯"的思路，努力实现高瓦斯矿井低瓦斯开采，采取了多项适合新景矿的瓦斯灾害防治措施。自 2012 年以来新景矿没有发生煤与瓦斯突出事故，瓦斯超限次数大幅度降低，形成了具有阳煤集团典型示范意义的瓦斯治理矿井。

一、3 号煤层地质构造区域地面水砂压裂瓦斯抽采技术

（一）问题的提出

煤与瓦斯突出是新景矿瓦斯治理的难点，严重制约矿井安全生产，同时矿井内部分区域受地质构造影响，煤层发生瓦斯事故、煤与瓦斯突出事故的危险性增大，严重制约新景矿的安全生产，急需在煤层增透等方面采取措施，加强预抽，以达到消突的目的。

地面钻井抽采为近年来瓦斯抽采新技术，具有较高的技术经济效益，安全性比较好，克服了井下瓦斯抽采时事故的发生。地面钻井抽采不需要专门的抽采巷道，与井下施工互不影响，而且可以一井三用，可进行保护层预抽、被保护层卸压瓦斯抽采以及采空区抽采。

为了改变瓦斯治理现状，降低煤层瓦斯含量，保证安全生产，在突出煤层构造带达到"增透、卸压、达标"的作用，新景矿决定在保安、佛洼采区瓦斯地质构造带施工地面钻孔进行水砂压裂，抽采 3 号、15 号煤层瓦斯地质构造带瓦斯。

（二）技术简介

地质构造区是瓦斯比较聚集的区域，在地面施工垂直钻井到目标煤层地质构造区域，抽采效果会较明显。地面瓦斯抽采钻井一般压裂影响半径约 150 m，钻孔间距控制在 300 m 左右。

根据新景矿瓦斯地质大区域等级划分，在充分考虑新景矿开拓开采和防突措施等影响范围的前提下，初步设计地面压裂钻井 72 个，其中 3 号煤层 51 个（一类钻井 33 个，二类钻井 18 个），15 号煤层 21 个（一类钻井 20 个，二类钻井 1 个）。

依据以往抽采经验，地面钻井抽采初期排水阶段，为保证液面缓慢下降，抽采设备的冲程在 3 m 左右，冲次约为 3 m/min，当进入产气阶段后冲程在 1 m 左右，冲次约为 1 m/min，设备的调整是根据产气及液面的实际情况进行相应的调整。

（三）地面水砂压裂瓦斯抽采技术应用

新景矿于 2015 年 3 月 28 日施工 XJ－1 号地面水砂压裂钻井，对佛洼分区 3 号煤层瓦斯地质构造带进行预抽。XJ－1 号井位于阳泉市郊区旧街乡佛洼村，坐标为 $X = 102222$，$Y = 84628$，$H = 990$。煤层埋深为 464.75～467.40 m，完钻井深 532.11 m，完钻方式为套管完井，套管规格 139.7 mm×7.72 mm，水泥返高 193.00 m，射孔枪弹为 102 枪 127 弹，整筒泵深度 451.90 m，压裂共使用支撑剂 40 m³，压裂液 650 m³。

XJ－1 号井 2015 年 4 月 9 日完工，5 月 12 日开始压裂，5 月 28 日开始排水洗井，6 月 20 日成功采气，截至 2015 年 10 月 16 日数据，累计产气量为 22 万 m³，瓦斯浓度 97.7%，日最大抽采量为 5000 m³/d，平均抽采量 1848.7 m³/d，预抽效果达到较高水平。通过排采作业，将 3 号煤层中的瓦斯回收再利用，既降低了新景矿 3 号煤层瓦斯含量，达到消除瓦斯地质构造能量的目的，抽采的高浓度瓦斯又产生新的经济效益，又为突出煤层复杂构造带地面直井压裂消突技术研究提供依据。

下一步新景矿计划在保安区西区、佛洼西区开展"地面水砂压裂井预抽瓦斯"试验，开展"一井三用"预抽瓦斯试验；对佛洼东区、保安东区瓦斯地质构造带施工水砂压裂

钻孔，对井下 3#煤层构造区域压裂增透，实现立体抽采。

二、低透煤层深封孔、下放筛管技术

（一）问题的提出

封孔质量的优劣、钻孔抽采时间（使用寿命）的长短，直接决定着井下瓦斯的抽采效果。新景矿原采用聚氨酯封孔工艺，封孔段在 0～8 m，抽采工艺无法满足瓦斯治理的需要。从 2014 年 7 月开始，新景矿先后引进多种深封孔工艺，在 3 号、8 号煤层工作面进行本煤层抽采钻孔封孔工艺对比试验，封孔段长度 2.5 m 左右。2015 年 12 月 20 日，为进一步提高钻孔瓦斯抽采效果，分别对联安、鸿亿达和安泰华三个厂家的水泥封孔材料进行了地面模拟试验，最终选定鸿亿达封孔材料，并将封孔工艺改为"两堵一注"深封孔工艺，封孔段在 9～17 m。

现有的钻孔瓦斯抽采工艺主要有两种：一是裸孔瓦斯抽采工艺；二是下放筛管瓦斯抽采工艺。裸眼瓦斯抽采工艺为成孔后退出钻杆，直接进行瓦斯抽采，当煤层成孔性好、透气性高时，该工艺获得较好的瓦斯抽采效果。但对于松软突出煤层，煤质松软、破碎，易发生塌孔，堵塞了后期的瓦斯抽放通道。目前一些科研单位、局、矿研发了下放筛管工艺，通过成孔后退钻下放筛管来保证钻孔瓦斯通道的畅通，以此避免钻孔垮塌对瓦斯排放通道的影响。该工艺与裸孔退钻瓦斯抽采工艺相比，当孔内筛管下入深度有保证时，其瓦斯抽采效果表现突出。

（二）深封孔、下筛管工艺

将封孔材料浆体带压注入钻孔周围裂隙中，对钻孔周围煤岩体施加主动支护，待材料有效渗入到煤体裂隙中，膨胀硬化反应后完成封孔，其原理示意图如图 9-1 所示。

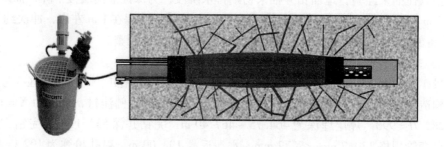

图 9-1　封孔材料封孔原理示意图

下筛管工艺为成孔后退钻快速下放筛管，以此来保证钻孔瓦斯通道的畅通，为钻孔后期的长期抽采提供保障。

（三）应用

新景矿所有本煤层钻孔积极推广"两堵一注"封孔工艺，封孔深度 17 m，封孔段 9～17 m，且实现预抽钻孔下筛管抽放。根据佛洼分区 3 号煤 3216 工作面现场试验测试数据，采取深封孔、下筛管工艺后钻孔平均抽采浓度提高至 59.3%，为原封孔深度 17 m，封孔段长度 2.5 m 钻孔的 4.33 倍以上，抽采纯量为 0.05 m³/min，提高了 2 倍。

三、水力冲孔卸压增透技术

(一) 问题的提出

新景公司 3 号煤层透气性系数为 $0.0188 \sim 0.1377\ \mathrm{m^2/(MPa^2 \cdot d)}$，钻孔百米流量衰减系数为 $0.0687 \sim 1.5942\ \mathrm{d^{-1}}$，为较难抽放煤层，煤层平均瓦斯含量为 $18.17\ \mathrm{m^3/t}$，瓦斯压力为 $1.3 \sim 2.26\ \mathrm{MPa}$，不利于瓦斯抽采。尽管采取了一系列的瓦斯治理措施，但都没能改变矿井掘进难、钻探工程量大、抽采效率低等现状。为实现新景矿安全高效回采，探索适合新景矿井下瓦斯高效抽采的新工艺就显得尤为迫切和重要。

(二) 水力冲孔卸压增透原理

通过水力冲孔，冲出一定量的煤体，在钻孔周围形成一个孔洞，这为煤体膨胀变形提供了充分的空间，钻孔周围煤体在地应力的作用下发生膨胀变形，使地应力向四周移动；同时钻孔周围煤体向孔道方向发生大幅度的移动，造成煤体顶底板间的相向位移，引起在钻孔影响范围内地应力降低、煤层充分卸压、裂隙增加，使煤层透气性大幅度增高，促进瓦斯解吸和排放，大幅度释放煤层和围岩中的弹性潜能和瓦斯膨胀能，提高了抽采效果，冲孔造穴增透技术如图 9 - 2 所示。

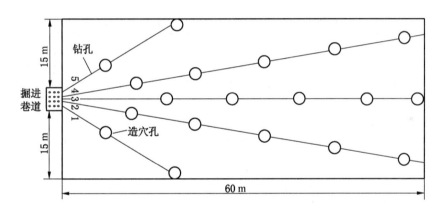

图 9 - 2　水力冲孔造穴增透技术示意图

水力冲孔系统主要由水力冲孔钻机、钻杆、钻头、水力冲孔接头、气渣分离器、高压注水泵、水箱、高压管路、水力冲孔钻头及气渣分离器（防喷装置随钻机附带）等组成，水力冲孔系统如图 9 - 3 所示。

(三) 水力冲孔卸压增透技术在新景矿的应用

水力冲孔卸压增透技术在新景矿保安分区 3 号煤 3107 辅助进风巷掘进工作面进行试验。3107 辅助进风巷沿 3 号煤层顶底板掘进，试验区域为 3107 辅助进风巷煤头前方 60 m。试验区域煤体破坏类型为 Ⅲ ~ Ⅳ 类，煤层透气性系数平均 $0.01575\ \mathrm{m^2/(MPa^2 \cdot d)}$，瓦斯流量衰减系数平均 $0.069\ \mathrm{d^{-1}}$，瓦斯放散初速度 10.2。

2015 年 11—12 月，在 3107 辅助进风巷共进行了两个循环的试验。

首循环共施工造穴钻孔 4 个，造穴 15 次。冲孔半径按照出煤量推算平均达到 0.68 m，造穴出煤量最少 0.7 t，最多 3.22 t，四个钻孔累计造穴煤粉 31.78 t，平均每个位置造穴煤

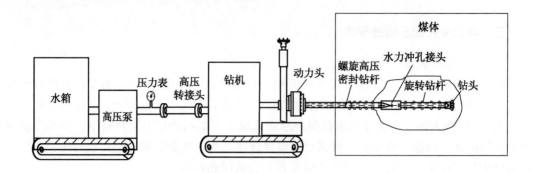

图 9 - 3　水力冲孔系统

粉 1.986 t。第二个循环，共施工造穴钻孔 5 个，造穴 27 次。冲孔半径按照出煤量推算平均达到 0.57 m，造穴出煤量最少 0.7 t，最多 2.38 t，5 个钻孔累计造穴煤粉 39.3 t，平均每个位置造穴煤粉 1.4 t。3107 辅助进风巷水力冲孔造穴试验解放掘进后的生产情况对比见表 9 - 3。

表 9 - 3　造穴试验解放掘进后生产情况对比表

对 比 参 数	第 一 循 环	第 二 循 环
试验开始时间	11 月 8 日 8 点班	12 月 3 日 0 点班
完钻时间	11 月 14 日 4 点班	12 月 10 日 4 点班
造穴钻孔个数/个	4	5
造穴次数/次	15	27
单次造穴时间	30 ~ 60 min	30 ~ 60 min
预抽时间/d	9	9
解放掘进时间	11 月 19 日	12 月 13 日
工期/d	8	15
日推进度/(m·d^{-1})	4.7	2.7
最大 K_1 值	0.38	0.38
抽放量/m^3	7009.79	2268.14

　　3107 辅助进风巷冲孔造穴钻孔较未进行水力冲孔造穴掘进本煤层钻孔抽采浓度提高 4.37 倍，瓦斯抽采纯量提高 9.47 倍，瓦斯抽采混合量提高 2.24 倍。通过掘进生产情况可知，掘进速度明显提高，水力冲孔卸压增透效果明显，抽采达标时间缩短，掘进期间瓦斯涌出量减小。

　　新景矿现正在佛洼区南九、北九、保安区南六等掘进工作面进行扩大试验。

四、穿层钻孔气相压裂卸压增透技术

（一）问题的提出

新景矿为高瓦斯突出矿井，煤层瓦斯含量高、压力大，瓦斯治理难度大，依靠常规的技术无法解决，急需一种新的技术来解决巷道掘进中的瓦斯抽采问题。

（二）气相压裂卸压增透技术原理

气相压裂技术是利用 CO_2 在 31 ℃以下、7.2 MPa 压力时以液态存在，当超过 31 ℃，液体 CO_2 瞬间膨胀为气体，体积极速膨胀对周围物体进行爆破。在压裂管内用专用高压泵充装液态 CO_2，使用时通过化学加热，使液态 CO_2 在 20~40 ms 内迅速转化为气态，其体积瞬间膨胀 600 多倍，压力剧增至设定压力，将爆破片冲破，高能 CO_2 气体瞬间从压裂管喷气孔孔内爆发，对煤体作用，从而达到物理爆破增透的目的，预裂高压管如图 9-4 所示。

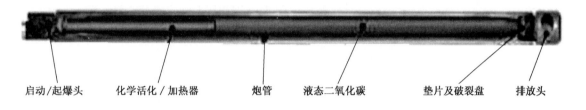

启动/起爆头　　化学活化/加热器　　炮管　　液态二氧化碳　　垫片及破裂盘　　排放头

图 9-4　高压管结构示意图

（三）气相压裂卸压增透技术在新景矿的应用

新景矿在保安分区 3 号煤层 3107 底抽巷（南五底抽巷）进行气相压裂卸压增透技术

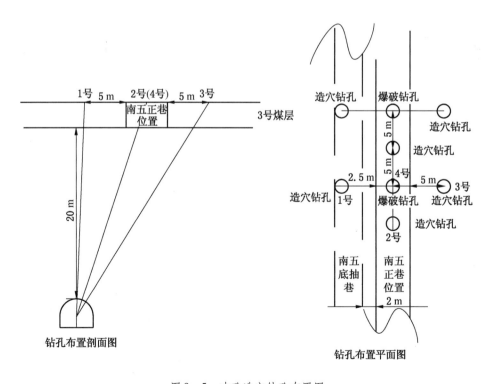

图 9-5　冲孔造穴钻孔布置图

试验。施工穿层钻孔对 3107 辅助进风巷（南五正巷）掘进工作面前方煤体进行卸压增透，钻孔布置如图 9 – 5 所示。

根据气相压裂卸压增透试验后抽采数据，瓦斯抽出浓度由原来的 2% ~ 3% 升至 10% ~ 30%，增大了煤层渗透性和瓦斯解析率，提高瓦斯抽采浓度和抽采率。

第十章　淮南矿业集团丁集煤矿井下瓦斯抽采及综合防突典型案例

第一节　矿井基本情况

一、矿井基本情况

淮南矿业集团丁集煤矿位于安徽省淮南市西北部，距淮南市洞山约 50 km，行政区划隶属淮南市潘集区和凤台县内，矿井设计生产能力为 5.0 Mt/a，矿井东西走向长 12 ~ 15 km、南北倾向宽 11 km 左右、面积为 107.09 km^2。

二、煤层赋存条件

丁集井田含煤地层主要为二叠系上统上石盒子组和下统下石盒子组、山西组，总厚 742.72 m，含煤段的可采煤层集中分布在煤系下段 350 m 内，即可采煤层集中分布在二叠系下部，13 - 1 煤层至太原组一灰之间的层段中，含定名煤层 29 层，总厚约 27.0 m，含煤系数为 3.6%，其中可采煤层 9 层，平均可采总厚 20.78 m，占煤层总厚的 77%。井田自下而上可采煤层特征见表 10 - 1。

三、地质构造

丁集矿区位于淮南复向斜中部，井田东段为潘集背斜西缘，井田西段为陈桥背斜东翼与潘集背斜西缘的衔接带。潘集背斜轴及地层走向近东西展布。井田北部为宽缓背斜，形态较为完整，两翼地层倾角 10° ~ 15°；背斜南翼为井田主体部分，总体为一单斜构造。地层走向呈波状曲线变化，断层发育，以走向逆断层为主，井田东段边界有岩浆岩侵入；井田西段位于陈桥背斜东翼与潘集背斜西部的衔接带，总体构造形态为走向南北，向东倾斜的单斜构造，地层倾斜平缓，倾角 5° ~ 15°，并有发育不均的次级宽缓褶曲和断层。

根据构造形态，地层产状和断层发育特征的差异，本区可分为四个构造分区，井田东部大致以 F40 ~ F83、F103 ~ F47 两条界线划分出北部潘集背斜构造区，中部丁集盆状构造区，南部平缓区，三十一线西为西部宽缓褶曲挤压区。本区构造复杂程度属中等。

表10-1 井田可采煤层特征表

煤层编号	煤层厚度/m	煤层间距/m	含夹矸情况	煤层结构	可采范围	稳定性	顶底板岩性	
							顶板	底板
1	$\dfrac{0 \sim 2.13}{0.93}$	1.5	一般不含	简单	局部可采	不稳定	泥岩、砂质泥岩	细砂岩、粉砂岩
3	$\dfrac{0 \sim 6.43}{2.88}$	75.24	一般不含	简单	局部可采	不稳定	泥岩	泥岩、砂质泥岩
4-1	$\dfrac{0.33 \sim 11.87}{3.34}$	5.18	一般不含	简单	全区可采	稳定	砂岩、粉砂岩	泥岩
4-2	$\dfrac{0 \sim 4.13}{1.56}$	10.95	一般不含	简单	全区基本可采	较稳定	粉砂岩	泥岩、砂质泥岩
5-1	$\dfrac{0.83 \sim 6.15}{3.08}$	35.12	1~2	较简单	全区可采	稳定	砂质泥岩	泥岩、砂质泥岩
7-2	$\dfrac{0 \sim 2.87}{0.87}$	11.69	一般不含	简单	局部可采	不稳定	泥岩	泥岩、砂质泥岩
8	$\dfrac{0.25 \sim 4.84}{2.23}$	80.13	1~2	较简单	全区可采	较稳定	泥岩	泥岩、砂质泥岩
11-2	$\dfrac{0.36 \sim 6.05}{2.19}$	75.76	1~2	较简单	全区基本可采	稳定	砂质泥岩	泥岩、砂质泥岩
13-1	$\dfrac{0.5 \sim 10.68}{3.7}$		1~2	较简单	全区可采	稳定	黏土岩	泥岩、砂质泥岩

四、矿井开拓与开采

丁集煤矿采用立井、集中大巷、分层大巷、分区通风和集中出煤的开拓方式，矿井暂无水平延伸。矿井划分2个水平，一水平标高 -826 m，二水平标高暂定 -1000 m，现在开采的是第一水平，有六个生产采区、两个准备采区。矿井先期开采11-2、13-1煤层，设计首先开采11-2下保护层，保护上覆13-1被保护层，采用一次采全高采煤法、全面冒落法管理顶板。矿井保持2个综采工作面连续回采，其中一个11-2煤保护层工作面、一个13-1煤层工作面。矿井生产布局、采掘接替做到了合理集中生产，保证了矿井瓦斯抽采能力与采掘布局协调平衡。

五、煤层瓦斯情况

13－1、11－2、8、4－1 煤层最大瓦斯含量分别为 17.33 $m^3/(t \cdot r)$、12.95 $m^3/(t \cdot r)$、13.6747 $m^3/(t \cdot r)$、9.91 $m^3/(t \cdot r)$；同一煤层瓦斯含量随着埋深增加而增大；同一水平深度下，瓦斯含量值 13－1 煤层较高，11－2 煤层较低，瓦斯分布不均匀，但有明显的分区分带特征。

丁集煤矿目前主采 13－1、11－2 煤层均为突出煤层，矿井为突出矿井。13－1 煤层瓦斯含量 1.78～6.50 m^3/t、最大瓦斯压力为 1.82 MPa；11－2 煤层瓦斯含量 5.49～8.46 m^3/t、最大瓦斯压力为 1.75 MPa。

2015 年度丁集煤矿平均绝对瓦斯涌出量为 136.19 m^3/min，平均相对瓦斯涌出量为 10.43 m^3/t；全矿平均绝对 CO_2 涌出量为 17.61 m^3/min，平均相对 CO_2 涌出量为 1.35 m^3/t；采掘工作面最大绝对瓦斯涌出量分别为 39.27 m^3/min、10.28 m^3/min。

六、矿井煤与瓦斯动力灾害

丁集煤矿自投产以来，首采 11－2 煤层先后发生了 3 次煤与瓦斯动力现象，其特点有以下几点。

（1）均发生在煤巷综掘工作面，分别在前方、帮形成空洞，抛出煤呈块状，无分选现象。

（2）小型突出，分别抛出 9 t、5 t、35 t，涌出瓦斯 335 m^3、225 m^3、235 m^3，吨煤瓦斯涌出量分别为 40.5 m^3/t、45 m^3/t、6.7 m^3/t。

（3）巷道内煤体有一定数量的整体位移，但位移和抛出的距离都较小，在煤层与顶板之间的裂隙中，留有细煤粉，整体位移的煤体上有裂隙；巷道瓦斯涌出量增大，瓦斯浓度高达 4%～10%。

（4）瓦斯动力现象类型为压出和冲击地压，其中压出 2 次，冲击地压 1 次。

（5）突出发生在地质构造带附近，煤岩层节理、裂隙发育，煤层与顶底板或煤层内出现层间滑动，煤体内水平应力及剪应力发育。

（6）突出前无明显动力现象预兆，且突出前钻屑法预测指标测试值远小于《防治煤与瓦斯突出规定》提供的参考指标临界值。

综上所述，丁集煤矿 11－2 煤层煤与瓦斯动力灾害主要表现为应力主导型突出特征。

第二节　瓦斯灾害综合防治技术的应用情况

淮南矿区 13－1 煤层为严重突出煤层，其中新区普遍采用首采下保护层 11－2 煤层对上覆被保护 13－1 煤层进行区域瓦斯治理，同时结合地面井、11－2 煤层高抽巷穿层钻孔卸压抽采区域防突措施。丁集煤矿 11－2 煤层为突出煤层，采用预先布置底板岩巷，通过底板岩巷穿层钻孔进行煤巷条带消突、两巷道顺层钻孔进行工作面消突区域防突措施。丁集煤矿 11－2、13－1 煤层区域综合防突措施如图 10－1 所示。

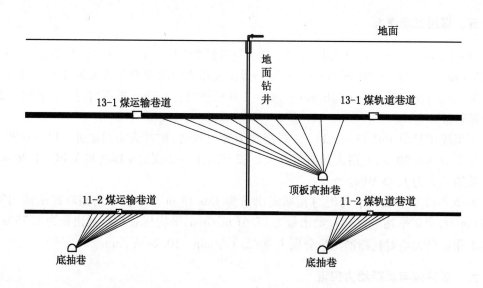

图 10-1　丁集煤矿 11-2、13-1 煤层区域综合防突措施示意图

而丁集煤矿煤层埋藏深、地应力大，11-2 煤层具有应力主导型突出危险，矿井针对首采突出层 11-2 煤层及其远距离被保护层 13-1 煤层的防突工作进行了大量研究，保证了矿井的安全高效生产，逐步形成了丁集煤矿深井首采突出煤层"煤巷条带底板穿层钻孔预抽、工作面顺层钻孔预抽瓦斯""低透气性煤层机械掏穴控制预裂爆破、高压水力割缝卸压增透技术""工作面地应力主导型突出危险钻孔法预测及煤巷掘进动力灾害声发射监测预警技术"及"远距离下保护层开采卸压抽采上覆被保护层瓦斯技术"等瓦斯专项治理技术。

一、首采突出层 11-2 煤层区域防突技术

（一）11222(1) 轨顺条带区域防突措施

1. 基本情况

丁集煤矿 1222(1) 工作面煤层底板标高为 -850～-900 m，煤层倾角 0°～6°；工作面走向长 2571 m、倾斜宽 230 m；轨道巷道采用综掘，净宽 5.5 m、净高 3.4 m；轨道巷道底板巷与其掩护待掘轨道巷道平面距离 25 m，其距 11-2 煤层底板法距 20 m。轨道巷道底板巷实测最大瓦斯压力 0.76 MPa、最大瓦斯含量 5.87 m³/t，采用底板巷穿层钻孔预抽消突措施。1222(1) 轨道巷道底抽巷钻场间距 40 m，每个钻场施工 4 组钻孔，每组 10 个钻孔，断层处加密钻孔；钻孔终孔控制到 1222(1) 轨道巷道待掘煤巷两侧各 15 m 范围，终孔间距 5 m，每组钻孔间距 10 m；钻孔参数根据实际探测以 11-2 煤层顶板设计计算，若 11-2 煤层与 11-3 煤层法距小于 5 m，实际钻孔穿透 11-3 煤层顶板不少于 2 m 为准，若 11-2 煤层与 11-3 煤层法距大于 5 m，实际钻孔穿透 11-2 煤层顶板不少于 2 m 为准。每组钻孔优先选择 10 号孔和 6 号孔施工，并进行测斜、反演，控制层位。轨道巷道、运输巷道底抽巷钻场穿层钻孔施工如图 10-2、图 10-3 所示。

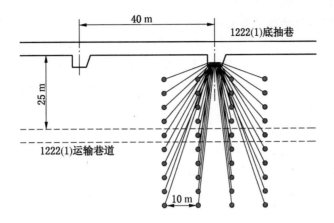

图 10 - 2　1222(1)轨道巷道底抽巷穿层钻孔施工平面图

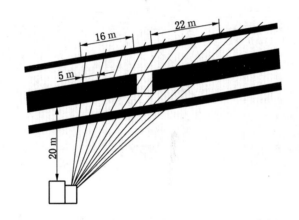

图 10 - 3　1222(1)轨道巷道底抽巷穿层钻孔施工剖面图

2. 穿层钻孔预抽效果分析

钻孔施工完毕合茬抽采后分单元进行效果评价，淮南矿业集团规定采取底板巷道条带式穿层钻孔掩护煤巷掘进瓦斯预抽率不低于 35%，即每个评价单元内瓦斯预抽率≥35%后，方可进行措施效果检验，且单元长度原则上不小于 100 m，区域措施效果检验采用残余瓦斯含量和残余瓦斯压力。

1222(1)轨道巷道底抽巷共计划分为 11 个评价单元进行瓦斯抽采率评价，11 个评价单元瓦斯预抽率范围为 35.9% ~51.9%，均超过 35%，瓦斯预抽达标，可进行区域效果检验。

在煤巷条带每间隔 30 ~50 m 至少布置 1 个检验测试点，1222(1)轨道巷道 11 个评价单元最大残余瓦斯压力为 0.20 MPa，最大残余瓦斯含量为 3.94 m³/t，满足残余瓦斯压力小于 0.74 MPa 及残余瓦斯含量小于 8 m³/t 的要求，1222(1)工作面轨道巷道评价单元

11-2煤层区域防突措施效果有效。

（二）1341(1)工作面区域防突措施

1. 基本情况

1341(1)工作面走向长度平均为1337.8 m，倾斜长度206.5 m，工标高-801.5～-857.1 m，瓦斯含量4.88～5.79 m^3/t，回采区域11-2煤层瓦斯储量为413.4817万 m^3，原始瓦斯压力0.8 MPa。

1341(1)工作面回采前主要采取顺层钻孔区域预抽煤层瓦斯进行消突，在运输巷、轨道巷布置煤层顺层钻孔进行工作面瓦斯抽采，钻孔沿巷道每10 m布置1个，孔径108 mm，孔深以两侧钻孔相接为准，覆盖整个回采范围。每个钻孔施工完毕，立即封孔合茬抽采，工作面回采前进行预抽效果评价。轨道巷、运输巷共施工顺层钻孔389个，钻孔工程量42563 m，通过钻孔反演，达到设计要求，未出现空白带，钻孔成果图如图10-4所示。

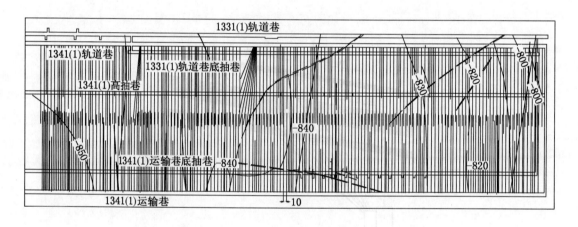

图10-4 1341(1)轨道巷、运输巷顺层钻孔施工成果图

2. 顺层钻孔预抽效果分析

顺层钻孔施工完毕后需进行区域措施效果检验，淮南矿业集团规定采取顺层钻孔区域预抽措施，预抽率达到30%后，方可采用直接法测定残余瓦斯含量及残余瓦斯压力进行区域防突措施效果检验，测定钻孔沿轨道巷、运输巷由开切眼向东每50 m布置一个，钻孔垂直轨道巷道、运输巷，孔深70 m，钻孔达到设计深度时先采用DGC瓦斯含量直接测定装置测定残余瓦斯含量，然后封孔进行残余瓦斯压力测定。

工作面共分两个单元进行预抽效果评价，第一单元自开切眼向西200 m，预抽率37.1%，最大残余瓦斯含量3.46 m^3/t，最大残余瓦斯压力0.1 MPa，区域防突措施有效。第二单元为自开切眼向西200 m至停采线位置，长度1207 m，预抽率31.4%，最大残余瓦斯含量3.89 m^3/t，最大残余瓦斯压力0.32 MPa，区域防突措施有效。

丁集煤矿严格执行区域、局部两个四位一体的综合防突措施，对首采突出层11-2煤层采用煤巷条带底板穿层钻孔预抽、工作面顺层钻孔预抽区域防突措施，杜绝了煤与瓦斯突出事故；但钻孔工程较大，抽、掘、采接替较为紧张。为此，矿井进一步试验了预裂控制爆破卸压增透、高压水割缝抽采钻孔强化卸压增透区域防突技术。

二、低透气性煤层卸压增透技术

（一）1222（1）掘进工作面预裂爆破卸压增透技术

1. 基本情况

1222（1）运输巷道底板巷深孔预裂爆破钻孔布置平剖面如图10-5所示，图中1~6号为爆破钻孔，T1、T2、T3为掏穴钻孔；掏穴钻孔利用机械掏槽扩大钻孔直径以增大空孔控制导向作用，掏穴钻孔、爆破钻孔后组织施工穿层钻孔进行钻孔抽采。爆破孔与掏穴钻孔在走向间距为20 m，倾向间距为10 m，采用直径113 mm的钻头施工钻孔，施工至11-2煤2 m处停钻。

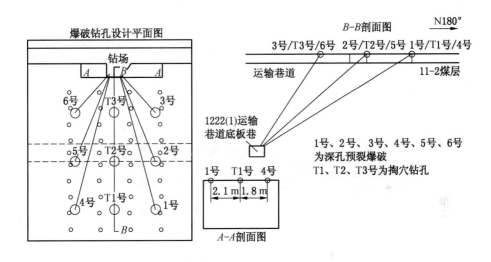

图10-5 运输巷道底板巷深孔预裂爆破、爆破钻孔布置图

2. 钻孔掏穴增透工艺简介

主要设备：钻机（普遍采用ZDY-3200S型煤矿用全液压坑道钻机），钻具（采用直径73.5 mm的肋骨钻杆，施工时使用直径133 mm的复合片钻头，扩孔时使用直径130 mm的双翼扩孔钻头，展开后直径260 mm）。

工艺技术包括以下几个步骤：

（1）更换钻头，钻孔均采用风排渣钻进（移动空压机供风，风压为1~1.2 MPa）。先使用直径133 mm钻头穿过煤层进入顶底板0.5~1 m，准确记录见止煤位置；起钻后在孔外更换扩孔钻头，并确保扩孔钻头在压风作用下能正常打开钻头侧翼，待确认正常后方可下入孔内。

（2）扩孔钻进，施工前，应测定孔口风排瓦斯浓度，待压风全部打开，孔口瓦斯浓度小于0.5%时，方可开始旋转钻进施工。开始扩孔钻进前，先把扩孔钻头不带风送入孔内见煤处100 mm以上，然后缓慢开启压力风，钻杆只旋转不给进，待扩孔钻头双翼完全打开后，方可正常扩孔钻进，扩孔期间应轻压慢转钻进，控制给进压力（压力控制范围为 0 ~ 6 MPa），确保煤屑充分排至孔外和扩孔段施工质量，每扩孔钻进 1 ~ 2 m，需用瓦斯便携仪检查孔口风排瓦斯浓度。

（3）撤钻，掏穴钻头钻至煤层止煤位置时，掏穴钻头不给进，钻孔保持孔内压风 2 min 以上，待孔内煤屑排净孔内无遗煤后方可撤钻。撤钻工序：停止旋转—关闭压风—双翼钻头复位—缓慢撤钻。

3. 深孔预裂爆破卸压增透工艺简介

技术原理：在底板岩巷布置空孔及爆破孔，通过向预裂区域施工爆破孔，将炸药药柱装入炮孔中封闭爆破，受爆炸应力波和高温高压爆生气体产物的冲击压缩作用，使得炮孔周围一定范围内的煤体依次形成"压缩粉碎区""裂隙区""震动区"，提高煤体的透气性，加速煤体内卸压瓦斯排放。

主要设备：水胶炸药（普通炸药卷难装入炮孔中）、特制传爆体（保证不耦合装药的可靠传爆性）。

工艺技术：深孔预裂爆破增透选用煤矿瓦斯抽采水胶炸药，直径 75 mm，长度 1 m/根，重量 5 kg/m，1 号、4 号两个深孔装 6 根炸药，其余钻孔均装 5 根炸药，爆破孔剖面布置如图 10 - 6 所示。

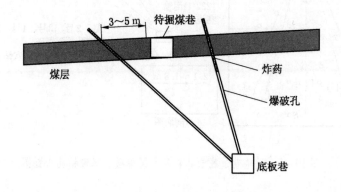

图 10 - 6　深孔控制预裂爆破钻孔布置剖面图

装药前采用用 1.5 寸 PVC 探管进行探孔并验证孔深，确定装药长度；由于药柱较重，为防止炸药送到位后下滑，在每根药柱前端留有直径 6 mm 孔洞，安装 6 ~ 9 根防滑钢丝，钢丝与孔壁形成倒刺卡在孔壁上，起到固定药柱的作用，炸药药柱装置如图 10 - 7 所示。每次送药 2 根，最后将返浆管装入爆破孔内。

药柱装完，立即进行封孔。采用注水泥浆封孔方式，封孔长度不小于 12 m。封孔步骤：①下注浆管 4 m，孔口 2 m 范围内采用聚氨酯封孔；②将 PVC 返浆管下至炸药处；③注浆水灰比 0.7∶1，采用风动注浆泵进行注浆，当返浆管返浆时立即停止注浆，并将返浆管扭结；④待浆液凝固时间大于 24 h 后，方可进行爆破作业。注浆封孔示意图如图 10 - 8 所示。

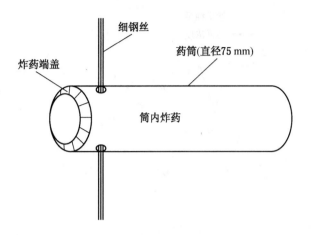

图 10-7 水胶炸药药柱装置示意图

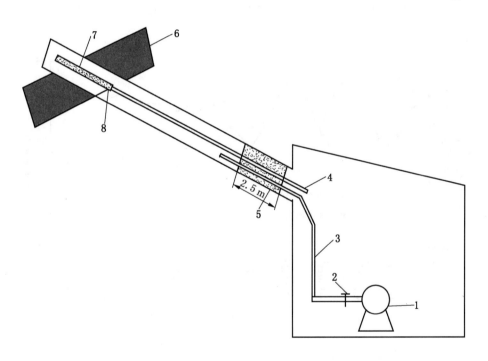

1—注浆泵；2—闸阀；3—注浆软管；4—返浆管；5—聚氨酯封孔段；6—煤层；7—药卷；8—托盘

图 10-8 注浆封孔示意图

4. 深孔控制预裂爆破、掏穴联合增透瓦斯预抽效果分析

深孔控制预裂爆破增透措施施工钻场预抽效果通过考察钻孔抽采瓦斯浓度及纯量等进行分析，图 10-9、图 10-10 分别为进行联合增透及未增透钻场钻孔预抽效果。

对 1222(1)运输巷道底板巷 1 号（未采取增透措施）、6 号钻场（采取增透措施）30 d

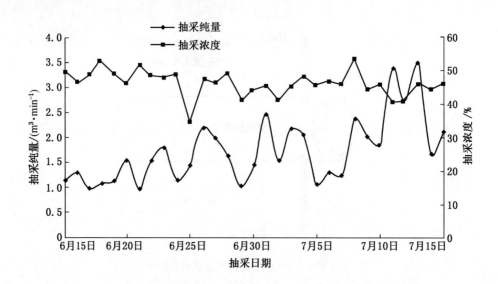

图 10-9　6 号钻场（采取增透措施）抽采纯量、抽采浓度变化图

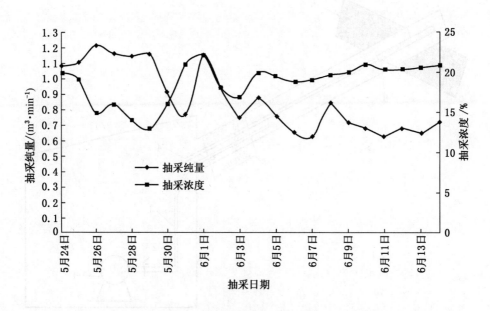

图 10-10　1 号钻场（未采取增透措施）抽采纯量、抽采浓度变化图

的瓦斯抽采浓度、纯量进行对比分析可知：

（1）1 号钻场抽采瓦斯浓度最大值为 22.4%，最小值为 13.6%，平均值为 18.45%；6 号钻场抽采瓦斯浓度最大值为 53.5%，最小值为 35.2%，平均值为 46.5%；6 号钻场通过掏穴、深孔控制预裂爆破联合增透后平均瓦斯抽采浓度增大 2.52 倍。

（2）1 号钻场抽采瓦斯流量最大值为 1.21 m³/min，最小值为 0.62 m³/min，平均值为 0.87 m³/min；6 号钻场抽采瓦斯流量最大值为 3.45 m³/min，最小值为 0.98 m³/min，平均值为 1.75 m³/min；6 号钻场通过掏穴、深孔控制预裂爆破联合增透后平均瓦斯抽采流量增大 2.01 倍。

（3）1222(1)运输巷道底板巷第一、二评价单元分别为未采取、采取掏穴、深孔控制预裂爆破联合增透措施评价单元。第一评价单元预抽煤巷条带长度 256 m，预抽量 132191 m³/min；第二评价单元预抽煤巷条带长度 283 m，预抽量 134578 m³/min。第一评价单元预抽时间为 101 d，第二评价单元预抽时间为 80 d。第二评价单元预抽量比第一评价单元多 2387 m³/min，但预抽时间缩短 21 d。

通过对 1222(1)运输巷道底抽巷实施深孔控制预裂爆破增透措施，进行条带预抽煤层瓦斯，抽采浓度、纯量均有所提高，实现了高负压、高浓度连续抽采，抽采效果大幅提升、预抽时间减少 1/5。

（二）1351(1)掘进工作面超高压水力割缝卸压增透技术

1. 基本情况

在 1351(1)轨顺底板巷对 11 – 2 煤层煤巷条带间隔进行超高压水力割缝卸压增透技术，割缝走向间距为 20 m，倾向间距为 10 m，采用直径 113 mm 钻头施工钻孔，施工至 11 – 2 煤 2 m 处停钻。

2. 超高压水力割缝卸压增透工艺简介

技术原理：在高压水射流的切割作用下，使钻孔煤孔段人为再造裂隙，增大煤体的暴露面积，有效改善了煤层中的瓦斯流动状态，为瓦斯排放创造有利条件，改变了煤体的原应力，煤体在一定范围得到均匀、充分卸压，提高了煤层的透气性和瓦斯释放能力，消除或降低突出、冲击地压危险。

主要设备：水力割缝装置主要由金刚石水力割缝钻头、水力割缝浅螺旋钻杆、超高压旋转接头、超高压清水泵、高低压转换器、超高压橡胶管、超高压软管、矿用钻机等组成。

工艺技术：①采用直径 113 mm 金刚石复合片钻头，利用静压水按割缝钻孔设计参数施工至设计深度，根据煤孔段长度，按 1.5 m 割一刀，计算该钻孔需割缝刀数；②关闭静压水，撤出一根钻杆，连接上高压水管路，开启高压水泵，控制截水阀，泵压由低到高，10、20、30、40、50、60、70、80、90、100 MPa，水经过高压水管进入钻杆内，最后从高低压转换器上的喷嘴射出，然后钻机旋转，通过钻头对煤层周边煤体进行切割，最终泵压可根据现场割缝情况进行调整，每刀割缝时间在 3～5 min 之间；③时刻关注孔口返水、返渣情况，待孔口返水由黑变清，关闭超高压清水泵，控制截止阀，待管路卸压后撤卸 2 根钻杆，并重新接上高压管路；④重复上述②、③步骤，完成预计割缝刀数；⑤割缝完成后，及时关闭超高压清水泵，待充分卸压后，撤卸钻杆并堆放整齐。

3. 超高压水力割缝卸压增透瓦斯预抽效果分析

割缝钻孔与未割缝钻孔抽采效果对比分析如图 10 – 11、图 10 – 12、图 10 – 13 所示。

对 1351(1)轨道巷道底板巷割缝钻孔与未割缝钻孔瓦斯抽采浓度、纯量进行对比分析可知：

（1）采用超高压水力割缝措施后，割缝钻孔的钻孔瓦斯涌出初速度平均为 2.98 L/min，未割缝钻孔的钻孔瓦斯涌出初速度平均为 1.29 L/min，割缝后钻孔瓦斯涌出初速度是未割缝的 2.3 倍。

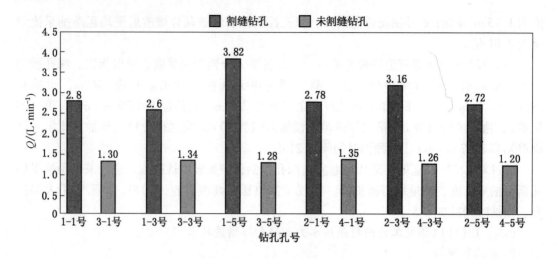

图 10 - 11　钻孔瓦斯流量对比图

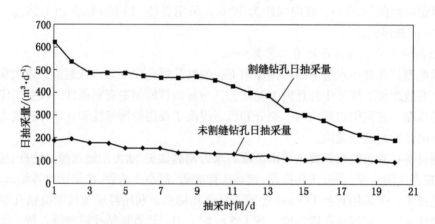

图 10 - 12　割缝钻孔与未割缝钻孔日抽采量对比图

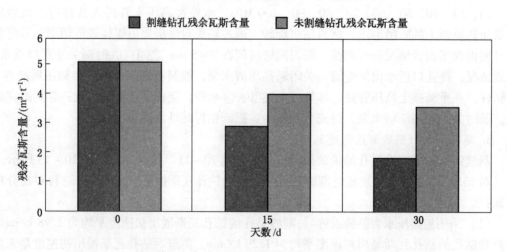

图 10 - 13　割缝钻孔与未割缝钻孔相同抽采条件的残余瓦斯含量对比图

（2）采用超高压水力割缝措施后，煤体得到充分卸压，割缝钻孔 20 d 的瓦斯抽采量为 7936 m^3，未割缝钻孔 20 d 的瓦斯抽采总量为 2645 m^3，割缝钻孔的瓦斯抽采量总量是未割缝钻孔的 3 倍，割缝后钻孔瓦斯抽采半径是未割缝的 2.8 倍，有效减少了抽采钻孔施工数量，对矿井抽采钻孔施工具有指导意义。

（3）采用超高压水力割缝措施后，抽采 15 d，割缝钻孔瓦斯含量下降约 38%，未割缝钻孔瓦斯含量下降约 21%。抽采 30 d，割缝钻孔瓦斯含量下降约 53%，未割缝钻孔瓦斯含量下降约 30%。相同抽采条件下，割缝钻孔瓦斯含量下降的幅度是未割缝钻孔的 1.8 倍，缩短了钻孔预抽时间。

通过对 1351（1）轨道巷道底抽巷实施超高压水力割缝卸压增透措施，有效增加了煤巷条带 11－2 煤层裂隙，增大了煤体暴露面积，促进了瓦斯解吸和流动，缩短了煤巷条带预抽时间 1/3。同时，水力割缝使煤体得到了均匀卸压，改变了煤体的应力条件，消除了高地应力危害，煤巷掘进过程未出现瓦斯动力现象。

三、深井应力主导型突出局部预测技术

丁集煤矿属于深部开采，煤岩体在高地应力、高瓦斯压力、高温等环境下其力学特征不同于浅部煤岩体的力学特征；另外，采用集约化高强度开采技术，推进快、割煤深，外界诱导能量显著增加，在一定程度上增加了瓦斯动力灾害的危险性；同时，在传统钻屑法预测指标测试值小于《防治煤与瓦斯突出规定》提供的参考指标临界值时，也发生了多次应力主导型动力灾害。因此，丁集煤矿通过 1262（1）工作面的考察和 1311（1）工作面的验证，研究选取了对深井高地应力更为敏感的局部预测指标。

（一）基本情况

1262（1）工作面为矿井西一采区首采面，走向长 2650 m，可采走向长 1850 m，工作面煤层底板标高 －840 ～ －895 m，工作面面长 253 m，工作面煤厚平均 3.0 m，煤层倾角 0° ～ 6°，计划日产量为 14100 t。工作面范围 11－2 煤主要为黑色，煤的构造以粉末状、块状为主，部分为片状、粒状。结构多条带状，玻璃光泽，油脂光泽。以暗煤为主，属暗淡 ～ 半亮型。工作面 11－2 煤层瓦斯含量为 5.61 ～ 6.65 m^3/t，平均 6.13 m^3/t。

（二）工作面预测敏感指标及其临界值确定

在采掘工作面试验考察初期，对钻屑量 S、钻屑瓦斯解吸指标 K_1、钻孔瓦斯涌出初速度 q 及其衰减 C_q（$C_q = q_5/q_1$，q_1、q_5 分别为第 1 min、5 min 的瓦斯涌出量）进行规范考察，并结合实验室对煤样瓦斯力学特性参数等的研究，初步确定敏感指标及其临界值，并进行验证试验，以指导矿井下一步防突工作。

1. 钻孔布置

掘进工作面布置 3 ~ 5 个预测孔，钻孔的深度为巷高的 2 ~ 3 倍，一般为 8 ~ 10 m。钻孔尽量布置在软分层，其中一个钻孔位于巷道中部与掘进方向一致，其他钻孔终孔位于巷底轮廓线下方 2 m、两帮及巷顶终孔位于巷道轮廓线外 3 ~ 4 m。

采煤工作面原则上每隔 10 ~ 15 m 布置一个预测孔，但在煤层节理紊乱、光泽暗淡、断层等地质构造附近 5 m 内必须布置钻孔，钻孔应尽量布置在软分层，其方位与回采方向一致，钻孔的深度一般为 8 ~ 10 m。

2. 钻孔施工

所有预测钻孔直径为 42 mm，采用 1.5 kW 电煤钻或风煤钻带动直径 42 mm 钻头、麻花钻杆施工，施工速度尽量控制在 1 m/min。

3. 指标测定

钻孔从第 2 m 开始，每进 1 m 测定一次 S，每进 2 m 测定一次 K_1、q 及 C_q。打钻到规定位置后，退出钻杆用专用封孔器封孔，测定 q 的测量室长度为 0.5 m，打完钻到开始测定 q 的时间不超过 2 min。

通过 1262(1) 采掘工作面跟踪考察及 1311(1) 工作面的扩大验证，丁集煤矿深井开采应力主导型 11-2 煤层在试验区瓦斯地质、开采技术条件下敏感指标及其临界值。

（1）钻屑量 S 及其梯度 S'（钻孔最大钻屑量与所在孔深位置长度的比值）是主要敏感指标，钻孔瓦斯涌出初速度 q_m 及其衰减 C_q 指标是次要敏感指标；钻屑瓦斯解吸指标 K_1 及 Δh_2 不敏感。

（2）钻屑量 S 及其梯度 S'、钻孔瓦斯涌出初速度 q_m 及其衰减 C_q 指标临界值：

$S_0 = 6.0$ kg/m；

$S'_0 = 0.9$ kg/m/m；

$q_0 < 2.5$ L/min，无突出危险；

$\{2.5 \text{ L/min} \leqslant q_0 < 5 \text{ L/min}\} \cap \{C_q > 0.65\}$，无突出危险；

$\{2.5 \text{ L/min} \leqslant q_0 < 5 \text{ L/min}\} \cap \{C_q \leqslant 0.65\}$，有突出危险；

$q_0 \geqslant 5$ L/min，有突出危险。

（3）工作面任意预测钻孔、任意指标预测有突出危险时，工作面预测即有突出危险，可采用如下判断：

当 $\{S_0 \geqslant 6.0 \text{ kg/m}\} \cup \{S'_{max} = \dfrac{S_{max}}{L} \geqslant 0.9 \text{ kg/m/m}\} \cup \{q_0 \geqslant 5 \text{ L/min}\} \cup \{2.5 \text{ L/min} \leqslant q_0 < 5 \text{ L/min}\} \cap \{C_q \leqslant 0.65\}\}$ 时，工作面预测有突出危险；

当 $\{S_0 < 6.0 \text{ kg/m}\} \cap \{S'_{max} = \dfrac{S_{max}}{L} < 0.9 \text{ kg/m/m}\} \cap \{\{q_0 < 2.5 \text{ L/min}\} \cup \{2.5 \text{ L/min} \leqslant q_0 < 5 \text{ L/min}\} \cap \{C_q > 0.65\}\}\}$ 时，工作面预测无突出危险。

11-2 煤层 1311(1) 工作面扩大验证期间，预测不突出危险率、突出危险率分别为 94.6%、5.4%，预测不突出准确率达 100%，月最高进度 215 m，月平均 131.1 m，和试验前相比提高了 27.9%，集成创新了高地应力、高温、低瓦斯含量区域综掘面地应力主导型动力灾害危险预测方法与指标，保证了 11-2 煤层安全高效掘进。

四、深井煤巷掘进动力灾害声发射监测预警技术

丁集煤矿西翼 -910 m 水平西二轨道大巷与胶带巷 2 号联络巷内地应力测试结果：最大主应力为 44.91~47.89 MPa，中间应力及最小主应力也较高，在 32.36~37.32 MPa 之间，侧压系数 1.3，R_c/σ_{max} 小于 4。测试结果表明该区域的地应力以水平构造应力为主，测试区域为极高地应力区。同时，丁集煤矿 1222(1) 工作面 11-2 煤层煤样单轴抗压强度为 13.47 MPa，冲击能指数为 3.07，动态破坏时间为 348 ms，弹性能指数为 3.21，顶板弯

曲能指数为 133.3 kJ。根据煤样冲击倾向性各个指标的测定结果，确定丁集煤矿 1222(1)工作面 11 - 2 煤层及其顶板岩层的具有高地应力突然释放能力，1222(1)采掘工作面具有潜在煤岩瓦斯动力灾害危害。为了防止煤巷掘进高地应力突然释放诱发的动力灾害，在 1222(1)运输掘进工作面进行声发射动力灾害连续监测。

根据丁集煤矿 1222(1)工作面的实际情况，为了获取掘进面前方煤岩体采动影响下产生的声发射信号，采用底板岩巷穿层安装传感器的方式进行煤巷掘进的动力灾害监测预警（与传统的声发射安设方式相比，有利于监测设备避开工作面掘进设备的电磁干扰及人员作业干扰，有利于获取信噪比较高的声发射信号）。

（一）基本情况

在 1222(1)运输底板巷瓦斯抽采钻场分别安设 1 个声发射传感器探头，为避免打钻作业时钻头与传感器接触、损坏传感器，将传感器布置在距煤层 2 ~ 5 m 的底板岩层，现场声发射传感器布置情况如图 10 - 14 所示。

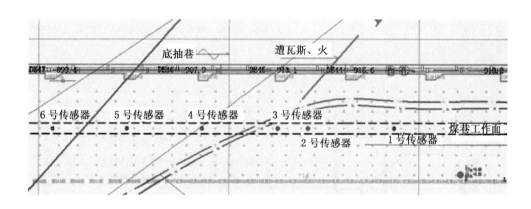

图 10 - 14　传感器安装位置平面图

（二）声发射动力灾害监测效果

声发射振铃参数与钻屑量的变化曲线对比如图 10 - 15 所示，振铃变化与工作面的位置关系如图 10 - 16 所示。

分析传感器的参数统计变化曲线与钻屑量、工作面位置变化曲线，可以发现以下特征：

（1）大多数情况下声发射振铃统计曲线随采掘作业而发生变化，并且声发射振铃的脉冲式变化多发生在巷道掘进期间，一般停掘期间声发射活动也趋于平静。

（2）声发射参数指标与钻屑量指标有较好的对应关系，并且声发射参数指标具有一定的超前性。

（3）随着工作面的推进，当工作面临近断层高应力区域时，声发射振铃参数急剧增大，当远离断层处于地应力区域时，振铃参数在较低水平波动。

1222(1)运输巷道掘进过程采用声发射连续监测，能够对高地应力危害实现提前预警，并在随后的指标预测过程得到印证；同时，煤巷条带掘进底板巷声发射连续监测技

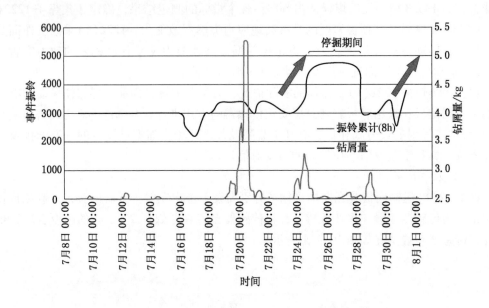

图 10-15　3 号传感器参数统计变化曲线与钻屑量变化曲线

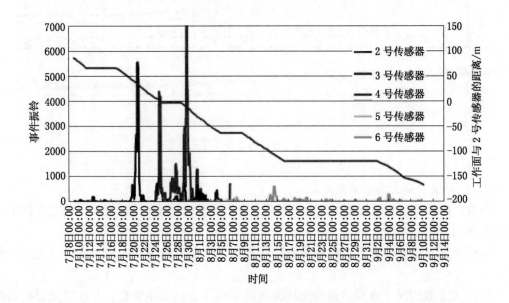

图 10-16　2-6 号传感器振铃变化与工作面距离图

术，有效地避免了工作面掘进设备及人员的干扰，实现了煤巷掘进声发射连续预警，保证了 1222(1) 运输巷道的安全高效掘进。

五、远距离下保护层开采卸压抽采技术

丁集煤矿先采瓦斯含量较小、煤与瓦斯突出危险性较小的 11-2 煤层，通过其采动影

响造成上覆 13 - 1 煤层卸压，同时利用保护层工作面高抽巷向 13 - 1 煤层施工网格式上向穿层钻孔（走向间距 40 m、倾向间距 20 ~ 30 m）结合地面钻井（走向间距 300 m 左右）对 13 - 1 煤层进行卸压瓦斯抽采，实现一面保一面的远距离下保护层开采卸压抽采技术，保证了煤与瓦斯矿井生产的安全高产高效。

开采保护层使岩体向采空区移动，煤体卸压加速了煤层中的瓦斯流动，在释放应力的同时引起煤层透气性大幅增大，瓦斯得到释放，瓦斯压力梯度大幅下降，消除了激发突出的应力和瓦斯条件，增大了煤体抑制突出的阻力，也提高了抽放效率。但保护层开采，尤其是远距离保护层开采受多种因素影响，主要有以下 3 个方面：①层间岩石性质，保护层开采中，若存在硬岩层将对保护效果有一定的屏障影响，但其影响较小；被保护层卸压瓦斯抽采后突出的瓦斯潜能释放时不可逆的；②保护作用的时间，开采远距离保护层配合人工抽采瓦斯时，其保护作用也是不可逆的过程，保护作用不会随时间延长而消失，但随着时间的推移被保护层承受的地应力有所增加；③相对层间距离，相对层间距越小，保护作用越充分，反之亦然。

现以 1331(1) 保护层工作面为例，介绍丁集煤矿远距离下保护层开采卸压瓦斯抽采技术。

1. 基本情况

1331(1) 工作面位于东一采区，上阶段 11 - 2 煤的 1321(1) 工作面已回采完毕，两工作面留设 7 m 小煤柱，保证了保护层工作面回采连续性。工作面设计走向长度约 1400 m，倾斜宽度约 215 m；标高 - 770 ~ - 840 m，煤层厚度平均 2 m；煤层倾角 0° ~ 12°，平均 4°。

1331(1) 高抽巷平面位置内错 1331(1) 轨道巷道 45. 5 m，距 11 - 2 煤层顶板法距 20 m。高抽巷内施工穿过 13 - 1 煤上向穿层钻孔，每 40 m 一组，每组 9 个钻孔，钻孔控制到 1331(1) 轨道巷道向上对应 13 - 1 煤层位置，终孔间距为 20 m。同时，在工作面中部沿走向方向每 300 m 布置一个地面钻井，控制到 11 - 2 煤层顶板。通过 11 - 2 煤层高抽巷上向穿层网格钻孔结合地面井，对 1331(1) 工作面上覆 13 - 1 煤层进行瓦斯预测和卸压抽采。1331(1) 高抽巷上向穿层抽采钻孔施工完毕后，从高抽巷外口封闭，埋两路抽采管路进行抽采。

2. 1331(1) 工作面卸压抽采效果分析

下保护层 11 - 2 煤层开采结合被保护层穿层钻孔、地面井卸压瓦斯抽采后，在运顺、轨顺、切眼和停采线垂直 90° 线切割的上部被保护范围内的 13 - 1 煤层瓦斯压力下降至小于 0. 5 MPa，卸压瓦斯抽采效果明显。

另外，1331(1) 工作面上区段 1321(1) 工作面高抽巷内未施工上向穿层钻孔，其高抽巷抽采瓦斯全部来源于 11 - 2 煤层瓦斯涌出，抽采混合量平均为 36. 41 m^3/min，抽采纯量平均为 7. 4 m^3/min；1331(1) 高抽巷抽采混合量平均为 170. 96 m^3/min，抽采纯量平均为 21. 8 m^3/min。

对比分析可知，1331(1) 高抽巷每分钟比 1321(1) 高抽巷多抽 14. 4 m^3 瓦斯，至 1331(1) 工作面回采结束时，经计算多抽 590. 9 万 m^3 瓦斯，统计数据表明高抽巷施工上向穿层钻孔抽采被保护层卸压瓦斯作用更加显著，保证了远距离下保护层开采卸压抽采效果。

第十一章　重庆能投集团渝阳煤矿突出预测预警典型案例

第一节　矿井基本情况

一、概况

渝阳煤矿隶属重庆能投（集团）渝新能源有限公司，于 1966 年开始建设，1971 投产，1983 年达产。矿井原设计生产能力 45×10^4 t/a，1990 年进行 $(45 \sim 90) \times 10^4$ t/a 扩建，2004 年矿井核定生产能力 90×10^4 t/a。井田内地质构造复杂、开采煤层多、瓦斯压力大、煤层松软，瓦斯灾害严重，是我国严重煤与瓦斯突出灾害矿井的典型代表。

二、位置与交通

渝阳煤矿地处重庆市綦江区安稳镇罗天村，北距重庆市区 174 km，距綦江城区 83 km，地理坐标为东经 $106°40' \sim 106°46'$、北纬 $28°34' \sim 28°40'$。井田东以两河口向斜轴线与逢春煤矿和同华煤矿分界，南以 9 号勘探线和羊叉河与逢春煤矿和石壕煤矿分界，西以羊叉河分界，北以 -250 m 标高为开采技术边界，面积为 25.8 km^2。矿井紧邻渝黔铁路、国道 210 线渝黔公路、渝黔高速公路等铁路、公路交通干线，矿区范围有铁路、公路与交通干线相接，交通十分方便。

三、矿井开拓与开采

矿井设计分为三个水平开采，即 $+355$ m 水平、$+150$ m 水平和 -250 m 水平，目前已进入 $+355$ m 水平的北三盘区开采。已形成的主干开拓巷道有金鸡岩主副斜井一对、金鸡岩回风平硐、阳地湾副斜井、阳地湾架空人车斜井、安稳运煤斜井和阳地湾回风斜井；开采布置采用盘区石门、溜煤眼布置，采煤方法为倾斜长壁、仰斜开采。

矿井可采煤层自上而下有 6 号、7 号、8 号和 11 号煤层，平均间距分别为 9.9 m、9.5 m、24.1 m。6 号煤层局部可采、7 号和 11 号煤层绝大部分可采，6 号、7 号和 11 号煤层为薄煤层，作为保护层首先开采，8 号煤层为中厚煤层，作为被保护层开采。除 8 号煤层外，其他煤层的平均煤厚不超过 1 m，由于煤层薄化不可采和复杂的地质构造，6 号、7 号和 11 号煤层存在大量不可采丢煤区和保护煤柱区，使得煤层间的采动影响关系复杂，采掘应力集中和相互叠加现象明显，给本就突出灾害严重的矿井的生产和防突工作带来更大困难。

四、矿井地质构造

矿井位于娄山褶皱带的西北边缘，在箭头垭背斜西北翼，由东向西有两河口向斜、羊叉滩背斜、大木树向斜、鱼跳背斜，构成向北西突出的"鼓包"型构造。其中羊叉滩背斜、大木树向斜、鱼跳背斜为主要褶皱，大木树向斜和鱼跳背斜在井田内 +355 m 水平已收敛或倾没，羊叉滩背斜从南向北沿北东方向发育延伸至井田 +0 m 标高边缘倾没，这些褶皱轴均近于立直。羊叉滩背斜轴西部煤层倾角小于10°，东部煤层倾角大于10°，该背斜对井田内煤层的破坏较严重。井田内破坏可采煤层的断层有166条，其中落差 20~30 m 的有 2 条、10~20 m 的有 10 条、3~10 m 的有 29 条，小于 3 m 的有 125 条。断层密度为 6.8 条/km²，其中断层落差大于 3.0 m 的有 41 条，密度为 1.7 条/km²，这些断层对采区的正常合理划分和采区中巷道及工作面的合理部署有一定的影响。

地质构造带是煤与瓦斯突出发生的多发地点，历年发生的突出中，构造带突出占突出总数的86%，煤与瓦斯突出具有地质构造分级控制的特点，突出点主要分部在大木树向斜、鱼跳背斜、F_{103} 收敛区及附近，与地质构造的关系十分密切。

五、矿井通风与瓦斯

矿井采用抽出式混合通风方式，金鸡岩主斜井、金鸡岩副斜井、阳地湾提升井、阳地湾人行斜井和安稳电厂运煤斜井进风，金鸡岩和阳地湾风井回风。金鸡岩风井装有 BD－Ⅱ－8－No.24 通风机 2 台，一用一备，每台风机均配置有同步电机，风机排风量 5759 m³/min；阳地湾风井装有 2K58No24 通风机 2 台，一用一备，每台风机配有同步电机，风机排风量 5944 m³/min。

矿井属煤与瓦斯突出矿井，煤层瓦斯含量为 15.08~29.4 m³/t、煤层瓦斯压力为 2.24~4.87 MPa、煤层透气性 0.013 mD、绝对瓦斯涌出量 124.22 m³/min 以上，相对瓦斯涌出量 88.31 m³/t 以上。矿井煤与瓦斯突出灾害极为严重，从建矿以来共计发生煤与瓦斯突出 64 次，其中，最大一次突出（发生在 8 号煤层）喷出煤量 695 t、瓦斯量 4.1×10⁴ m³。随着矿井采掘生产进入北二盘区后，煤层埋深增加，瓦斯含量增大，突出危险性增大。

第二节　瓦斯灾害综合防治技术的应用情况

一、概述

针对渝阳煤矿煤与瓦斯突出灾害严重的特征和煤层群开采的采掘部署特点，从影响煤与瓦斯突出的多种因素出发，从防突管理的各环节入手，工艺研究与平台建设并行，建立了集技术与管理于一体的煤与瓦斯突出综合预警系统平台。平台实现了瓦斯灾害防治地质与瓦斯赋存、采掘部署、灾害防治措施的设计与施工、措施监督与效果评价、预测预报与监测监控等工作全过程控制，达到瓦斯灾害防治过程控制及规范化管理的目的，变煤与瓦斯突出危险的事后被动处理为事前主动防御，提升了渝阳矿防突技术及管理水平。平台已在渝阳煤矿广泛、深入应用，并已推广到渝新能源公司其他矿井和重庆市的部分矿井，为矿井瓦斯防治提供了有力支撑和保障，同时也带动、促进了我国矿井瓦斯灾害预警技术的应用与推广普及。

二、预警系统平台建设

根据煤与瓦斯突出综合技术及体系结构，在渝阳煤矿研究、构建了多因素综合预警指标体系及模型、组件式综合预警平台和运行管理机制等关键技术和内容，形成了渝阳煤矿适用的煤与瓦斯突出综合预警系统平台。

（一）多因素综合预警指标体系及模型构建

根据综合预警技术和指标体系框架，针对渝阳煤矿煤与瓦斯突出灾害及采掘部署特点、生产管理和防突模式，从客观危险性和措施缺陷两大方面分析了渝阳煤矿煤与瓦斯突出灾害特征、规律、影响因素，结合渝阳煤矿和松藻矿区的防突技术、经验和管理方法，确定了约 20 个预警指标，构建了多因素综合预警指标体系，具体如图 11 - 1 所示。其中，客观危险性主要包含评价实际瓦斯、煤层、构造赋存及变化特征的日常预测、瓦斯地质、瓦斯涌出和评价煤层群开采特征的采掘应力集中及采掘活动影响等，措施缺陷主要包括措施控制范围、有效性、超掘等。

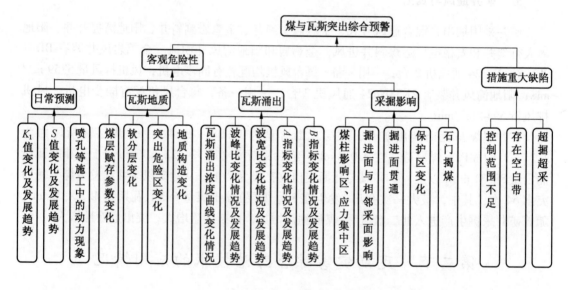

图 11 - 1　指标体系

根据上述预警指标体系与突出危险之间的关系，从日常预测、瓦斯地质、瓦斯涌出、采掘影响、防突措施缺陷五大方面建立了预警规则库模型，包含了约 50 条预警规则，从状态预警和趋势预警两方面，对工作面进入突出危险区、地质构造影响区、采掘应力集中区和存在日常预测指标超标和变化趋势异常、瓦斯涌出特征异常、防突措施不到位等情况，将给出状态和趋势预警结果。进而实现突出灾害全过程监控及预警，使传统的以点带面、定时预测方法升级为 24 h 连续、全面监测监控。

（二）组件式综合预警平台构建

1. 软件平台

采用组件式结构,以我国煤矿的生产、管理制度和方法为基础,根据渝阳矿各部门的管理技术、方法、习惯和综合预警系统运行需求定制,开发形成了由地质测量管理子系统、瓦斯地质分析子系统、防突动态管理及分析子系统、瓦斯涌出分析子系统和突出预警管理及发布平台等五大功能软件组成的预警软件平台。各子系统可单独、灵活运行,实现以下相关的专业资料管理、辅助分析和设计功能。

(1) 地质钻孔、井巷工程、地质构造等要素和巷道剖面素描图的专业符号化绘制和数字化管理。

(2) 巷道测量导线成果台账自动计算,测量收尺的报表化管理和自动形成施工动态图。

(3) 具有标准的瓦斯地质符号库,煤层瓦斯参数(如压力、含量)等值线的动态绘制和预测。

(4) 自动生成煤层标准地质图,以及执行区域防突措施(保护层开采、预抽煤层瓦斯)后瓦斯地质图的动态更新。

(5) 根据用户需要,智能设计防突措施钻孔(穿层钻孔、顺层钻孔、石门揭煤钻孔等)以及预测钻孔的施工参数,并形成三维成果图。

(6) 防突数据规范管理,措施施工效果智能分析,多循环多类型钻孔施工效果图的动态绘制。

(7) 深度挖掘瓦斯监控信息,从瓦斯含量大小、瓦斯解吸性能、瓦斯波动特征和瓦斯发展趋势等方面分析监测工作面瓦斯涌出特征和异常现象,实现瓦斯涌出连续、非接触式预警。

通过与各子系统的无缝连接,突出预警管理及发布平台实时采集各种安全信息,及时分析工作面安全状态和发展趋势,并以专用网页、手机短信、客户端等方式发布预警信息。渝阳煤矿各预警子系统建设及应用效果如图 11-2、图 11-3 所示。

(a) 地质测量管理系统

 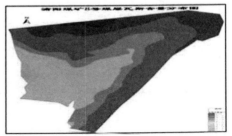

(b) 瓦斯地质分析系统

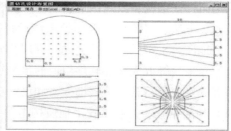

(c) 防突动态管理分析系统

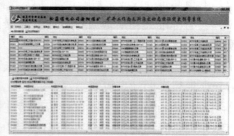

(d) 瓦斯涌出分析系统

(e) 突出预警管理平台

图 11-2　预警子系统应用效果

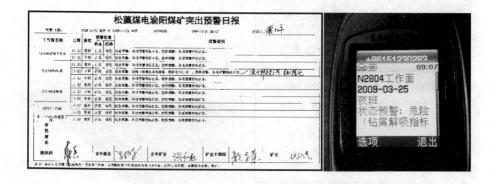

图 11-3　预警结果及信息发布效果

2. 硬件平台

硬件平台包括预警服务器、客户端等计算硬件和网络平台。渝阳煤矿预警服务器为惠普工业级企业服务器，安置在渝阳煤矿安全监控中心机房，与 KJ90 瓦斯监控系统相连接，直接单向采集瓦斯实时监控数据。客户端计算机为联想品牌机，分布在调度中心和各个用户科室。预警平台运行的网络环境利用矿方办公网构建，其结构、软件及安装部门如图 11－4 所示。另外，为真正实现各种安全信息的共享、查询，综合预警平台与渝阳矿人员定位系统和综合控制平台有机结合，预警平台可从人员定位系统提取人员定位信息，并向综合控制平台传输预警信息。

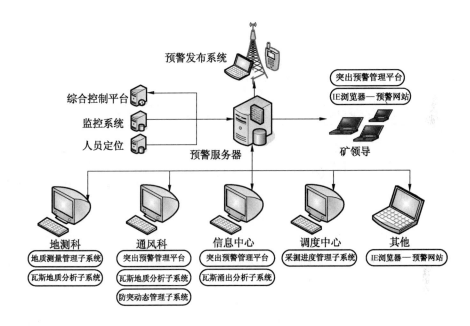

图 11－4　渝阳煤矿预警平台结构

（三）管理机制建设

为规范预警系统的维护，保证预警的实时、准确和真正发挥作用，结合矿井相关部门职责，组成了预警系统运行领导和工作小组，明确了领导和工作小组的职责，保障了预警系统的长期、可靠运行。预警系统运行领导小组、工作小组分别如图 11－5、图 11－6 所示。

同时，渝阳煤矿制定了《渝阳煤矿瓦斯灾害预警系统管理办法》《渝阳煤矿突出预警数据采集与分析制度》《渝阳煤矿预警系统岗位责任制》等各项规章制度，明确了相关部门的数据维护内容和要求，细化了各岗位的工作面职责，确定了奖罚规定，进一步保障了预警系统在渝阳矿的稳定有效运行和预警失效的发挥。

三、应用效果及实例

目前预警系统已纳入渝阳煤矿日常防突管理中，矿井防突工作面在开始施工以前，均

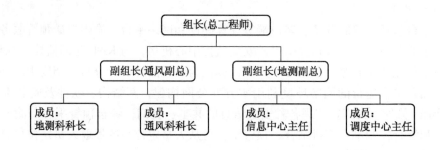

图 11 - 5　预警系统运行领导小组

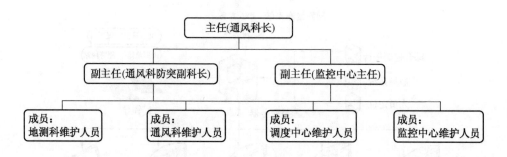

图 11 - 6　预警系统运行工作小组

需建立预警档案，通过预警系统确定没有突出危险性后方可施工。为使防突工作更有针对性，在工作面施工过程中，每日打印预警日报，经过领导审批和签字认可，掌握工作面当前突出危险性和未来发展趋势，也可通过局域网上实时查阅预警结果、最新图件和各种报表等。同时，工作面突出危险预测报告单、瓦斯地质图等一些报表和图形直接通过预警系统直接打印，供领导审批、查询和分析，减少了手工填绘资料的工作量和错误率。

通过对典型防突工作面的分析，各工作面的单项预警指标准确率在 93% 以上（有些工作面考察阶段的单项预警指标准确率达到 100% ）、综合预警准确率在 92% 以上。渝阳煤矿应用预警系统以来，已准确捕捉潜在危险重大信息近百次，保障了万余米工作面的安全掘进，使矿井近些年杜绝了煤与瓦斯事故的发生，降低了瓦斯超限次数。下面以事例说明预警系统应用效果。

1. N2709 西回风巷进入突出危险区

根据日常预测指标和钻孔施工动力现象的情况，N2709 西回风巷有两次从正常区进入危险区，分别是 2009 年 4 月 6 日（巷道施工长度 309.1 m）和 2009 年 4 月 19 日（巷道施工长度 351 m）。预警系统根据日常预测和瓦斯涌出等指标的分析情况，分别于 4 月 2 日（巷道施工至 295.1 m）和 4 月 16 日（巷道施工至 344 m）就提前给出趋势预警"橙色"的预警信息，进入突出危险区时，及时给出了状态预警"危险"的预警信息。渝阳煤矿根据预警结果和实际情况，采取了在突出危险区内补充排放钻孔的增强措施，保证了工作面安全施工。N2709 西回风巷进入危险区前后的预警信息如图 11 - 7 所示。

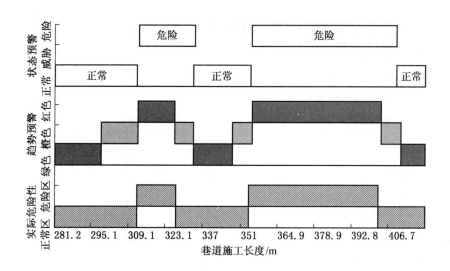

图 11-7　N2709 西回风巷进入危险区前后的预警信息

2. N2709 东回风巷（下）过断层

N2709 东回风巷（下）施工至 89 m 长度时，将过落差为 1.3 m 正断层，在巷道施工至距断层约 11 m 距离时，出现预测指标偏高，软分层厚度和煤层厚度变化量较大等现象。预警系统在巷道施工 73 m 时，根据地质异常情况发布趋势预警"橙色"的预警信息，随后预警等级逐步提高，根据打钻信息、软煤和煤厚变化信息、巷道距断层距离，分别从日常预测和瓦斯地质异常等方面发布预警信息。过断层后，预警等级逐渐下降，于过断层10 m 后解除预警警报。矿方根据预警信息和实际情况，在距断层 10 m 位置处，采取过断层措施，按照浅掘浅进的原则慢慢施工前进，过断层 6 m 后，根据探测情况解除过断层措施，保证了巷道过断层期间的施工安全。N2709 东回风巷（下）过断层如图 11-8所示。

3. N2804 工作面位于邻近层煤柱区内

N2804 工作面于 2008 年 7 月进入邻近层（7 号煤层）煤柱影响区，预警系统应用期间该工作面一直在邻近层煤柱影响区内作业，预警系统根据采集的推进信息和分析的距煤柱影响区边界线的距离，采掘影响的状态预警结果总是"威胁"，实时提醒相关部门，预警结果与实际情况比较吻合。现场根据预警结果和实际情况，严格按局部"四位一体"综合防突措施，在煤柱影响区增强了防突措施，保证了工作面在煤柱影响区内的安全回采。N2804 工作面位于邻近层煤柱影响区内示意图如图 11-9 所示。

4. N3702 运输巷瓦斯涌出异常

N3702 运输巷掘进过程主要有以下几件特殊实例。

（1）N3702 运输巷 2010 年 8 月 11 日，瓦斯涌出指标分析该工作面前方突出危险性增大，煤体瓦斯含量、煤体结构等都存在显著变化。井下现场预测结果也证实了瓦斯涌出分析系统预警结果的准确性：井下工作面软分层于 8 月 12 日出现显著的增加，软煤厚度从

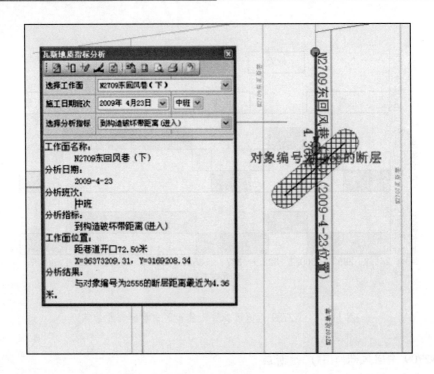

图 11-8　N2709 东回风巷（下）过断层

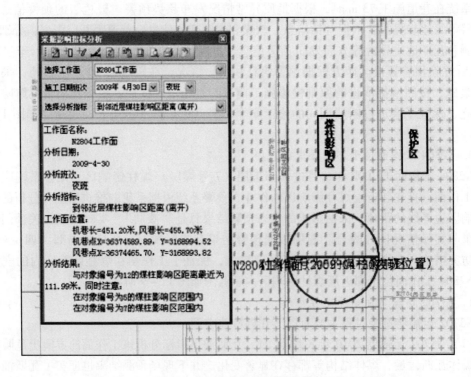

图 11-9　N2804 工作面位于邻近层煤柱影响区内示意图

0 m 增加到 0.23 m，N3702 运输巷道预警结果如图 11–10 所示。

（2）2010 年 9 月 2 日早班，工作面前方施工钻孔异常。并通过勘测发现，工作面前方西帮编尺为 70.5 m、东帮编尺为 77.2 m 有一条 7 号煤层原生沉积正断层，产状为 302°∠44°，$H = 0.6 \sim 1.4$ m，造成 7 号煤层下部非常破碎及 7 号煤层明显增厚，断层下盘 7 号煤层煤厚为 0.8 m，断层上盘 7 号煤层煤厚为 1.4～2.2 m；同时，工作面施工预测兼排放钻孔时，实测最大预测指标值明显偏高，工作面突出危险性大。根据分析的瓦斯涌出指标，预警系统于 2010 年 8 月 30 日早班开始给出异常值的预警结果，并逐渐升级，提前给出了预警信息。

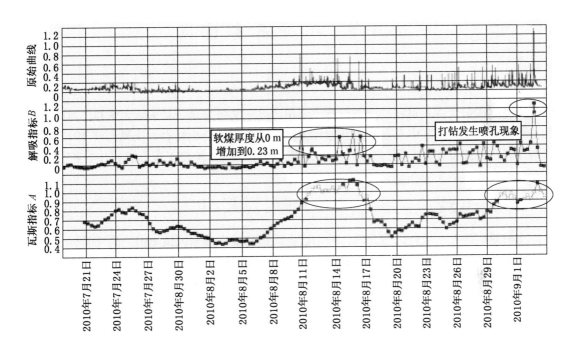

图 11–10　N3702 运输巷道预警结果

预警系统在渝阳煤矿应用过程中，分析捕捉的与现场情况相符的突出异常事例还很多，限于篇幅，仅以上述事例作为代表。通过上述事例，可以看出，预警系统从总体上大大提升矿井的防突管理能力和事故预警能力，为事故隐患的超前发现、及时采取措施消除突出危险性，有效减少突出事故的发生和人员伤亡提供了全新的事故预防手段和防治模式。为保障矿工生命安全和维护矿区社会和谐稳定起到重要的支撑作用。

第十二章 水矿集团大湾矿矿井下瓦斯灾害综合防治典型案例

第一节 矿井基本情况

一、概况

大湾煤矿隶属贵州水城矿业股份有限公司,以三岔河为界,北东区为东井,西区为西井,南西翼为中井,其中东井和中井相邻,三个矿井均为突出矿井。大湾煤矿1997年12月竣工投产,原设计生产能力9×10^5 t/a,服务年限99 a。扩建工程在进行中,扩建后矿井生产能力将达到3 Mt/a。

二、位置与交通

大湾煤矿地处水城矿区西北端,钟山区大湾镇和威宁县东风镇境内,地理坐标为:东经104°36′、北纬26°44′30″。大湾井田位于二塘向斜的中、深部,是二塘向斜的主体部分,与盛远煤矿和顶拉煤矿相邻,平均走向长约7.78 km,平均倾斜宽约2.53 km,面积约为19.689 km²。

三、煤层赋存情况

大湾井田范围内出露的地层有:上二叠统的峨眉山玄武岩组、上二叠统宣威组、三叠系下统飞仙关组、三叠系中统嘉陵江灰岩及第四系表土层。

大湾井田含煤地层为上二叠统宣威组,系以陆相为主的海陆交互相含煤建造,平均厚度234.32 m,含煤20~29层,一般23~25层,厚14.50~22.00 m,平均厚17 m,含煤系数为7.3%。含可采及局部可采煤层9层,即2、3、4、5、7、8、9、11、12号煤层,总厚9.60~13.15 m,平均厚11.99 m。可采煤层多集中在宣威煤组上段。

大湾井田范围内主采煤层为9煤层和11煤层,2、7煤层大部可采,4、5煤层局部可采,3煤层不可采,8、12煤层绝大部分不可采。

(一) 2号煤层

黑色,条痕色为褐黑色、粉状或少见块状,线理状或细条带状结构玻璃光泽,半暗型煤。位于宣威组上段顶部,井田范围内煤厚0.63~2.62 m,平均1.71 m;纯煤厚0.63~2.24 m,平均1.51 m,煤层结构较简单,含夹石0~3层,常为1层,厚0.10~0.20 m,岩性为棕灰色或褐灰色高岭石泥岩,顶板为灰黑色泥岩或深灰色砂质泥岩,含黄铁矿结核；底板通常为深灰色砂质泥岩或浅灰色泥岩。平均灰分为 25.99% ，硫分为 1.56% 。

（二）3 号煤层

黑色、粉状，少见块状。油脂光泽，线理或细条带结构，半暗型煤。位于宣威组上段顶部，距 2 号煤层 0.60 ~ 7.40 m，平均 3.07 m，煤厚 0 ~ 2.02 m，平均 0.73 m；纯煤厚 0 ~ 1.41 m，平均 0.63 m。结构简单，一般含夹石 1 层，厚 0.05 ~ 0.15 m，岩性为棕灰色高岭石泥岩或泥岩。顶板为深灰色砂质泥岩或浅灰色泥岩；底板为浅灰色泥岩、深灰色砂质泥岩或浅灰色粉砂岩。平均灰分 37.03% ，硫分 3.51% ，煤层薄，可采程度低，10 线以东不可采，系局部可采煤层。

（三）4 号煤层

黑色、块状或粉状，油脂光泽，半暗型煤。位于宣威组上段上部，距 3 号煤层 0.40 ~ 14.50 m，平均厚 5.30 m，煤厚 0 ~ 3.87 m，平均厚 1.25 m：纯煤厚 0 ~ 2.91 m，平均厚 0.99 m，一般含 1 ~ 2 层夹石，厚 0.10 ~ 0.15 m，岩性为灰色泥岩、棕灰色高岭石泥岩，顶板一般为深灰色薄层状粉砂岩或少见灰色细砂岩，底板为灰色泥岩或浅灰色粉砂岩，平均灰分 33.29% ，硫分 1.36% 。层位不稳定，煤厚变化大，在 6 ~ 11 线 +1600 m 水平以下至向斜轴部分出现较大面积不可采区，煤厚有向北西渐薄之势，为不稳定煤层。

（四）5 号煤层

褐黑色，块状或粉状，抽脂光泽或玻璃光泽，细条带或线理状结构，半暗型煤。位于宣威组上段中上部，距 4 号煤层 0.40 ~ 12.90 m，平均 3.56 m，煤厚 0 ~ 2.31 m；平均 0.71 m；纯煤厚 0 ~ 1.97 m，平均 0.64 m。结构简单，一般含 1 层夹石，厚 0.05 ~ 0.10 m，岩性为褐灰色高岭石泥岩或灰色泥岩。顶板为灰色泥岩或粉砂岩；底板为灰或浅灰色泥岩或灰色粉砂岩，有时为炭质泥岩。

平均灰分 29.49% ，硫分 0.61% 。层位不稳定，煤层薄，501 及 507 号孔附近尖灭 20 ~ 7 线大部、3 线以东基本不可采，系局部可采煤层。

（五）7 号煤层

黑色或褐黑色，块状或粉状，断口不平整，线理或细条带状结构半暗至半亮型煤。位于宣威组上段中部，距 5 号煤层 4.40 ~ 18 m，平均 9.60 m，煤厚 0 ~ 3.25 m，平均 1.20 m，纯煤厚 0 ~ 2.35 m，平均 1.02 m，结构较简单，一般含 1 层夹石，厚 0.05 ~ 0.10 m，岩性为灰色泥岩或黑色炭质泥岩。顶板常为深灰色薄层状粉砂岩或砂质泥岩，常含钙质结核，少见泥岩或细砂岩；底板为灰色泥岩或砂质泥岩。

平均灰分 31.69% ，硫分 0.72% 。煤层位较稳定，煤厚变化不大，在 17 ~ 20 线的向斜轴附近出现尖灭和不可采点，属大部可采煤层。

（六）8 号煤层

黑色、块状、油脂光泽或玻璃光泽，断口不平整，线理或细条带结构，半暗型煤。位于宣威组上段中部，距 7 号煤层 0.80 ~ 18 m，平均 6.39 m，煤厚 0 ~ 2.70 m，平均 1.06 m；纯煤厚 0 ~ 2.45 m，平均 0.90 m。结构较简单，一般含 1 层夹石，厚 0.05 ~ 0.20 m，岩性为灰色泥岩，顶板为灰色泥岩或细砂岩，底板为浅灰色细砂岩或泥岩。平均灰分 30.91% ；硫分 0.93 m，属低硫煤。层位不稳定；煤厚变化较大，系局部可采煤层。

（七）9 号煤层

黑色、粉状或块状，线理或条带结构，油脂光泽，断口不平整为半暗型煤。位于宣威组上段下部，距 8 号煤层 1.40～17.90 m，平均 7.72 m，煤厚 0～4.65 m，平均 1.39 m；纯煤 0～4.10 m，平均 1.16 m，结构复杂，常含 1～2 层夹石，厚 0.05～0.15 m，岩性为灰黑色泥岩，顶板深灰色～黑灰色砂质泥岩或粉砂岩，含菱铁质结核；底板灰～浅灰色泥岩，含菱铁质结核，产植物化石碎片。灰分 29.09%，硫分 3.93%，层位不稳定，厚度变化大，系局部可采煤层。

（八）11 号煤层

黑色或褐黑色，块状或粉状，线理至细条带结构，断口不平整，半亮至半暗型，以半亮型为主。位于宣威组上段底部，距 9 号煤层 0.80～33.70 m，平均 16.54 m。煤厚 0.98～6.44 m，平均 3.16 m；纯煤厚 0.94～5.65 m，平均 2.97 m，结构复杂，常含夹石 1～3 层，厚 0.05～0.20 m，岩性为深灰色泥岩或黑灰色炭质泥岩。顶板大多为深灰色砂质泥岩、泥岩或粉砂岩，含菱铁质结核或菱铁矿薄层，产大羽羊齿等植物化石；底板灰色或深灰色泥岩少见粉砂岩，含菱铁质结核或鲕粒。

平均灰分 18.91%，硫分 1.90%，层位稳定可靠、煤厚变化不大，全井田可采，系本井田最主要可采煤层。

（九）12 号煤层

黑色、粉状、少见块状，线理或细条带结构，油脂光泽为半暗型煤。断口阶梯状宣威组下段顶部、距 11 号煤层 0.40～9.80 m，平均 3.93 m，煤厚 0～1.81 m，平均 0.78 m；纯煤厚 0～1.74 m，平均 0.71 m，结构简单，通常不含夹石或偶含 1 层夹石，厚 0.05～0.10 m，岩性为灰色泥岩，顶板为灰色泥岩或粉砂岩，含煤铁质鲕粒：底板为灰色泥岩或砂质泥岩。

平均灰分 28.26%，硫分 0.86%，属低硫煤。层位稳定比较可靠，厚度薄，可采程度低，系局部可采煤层。

四、地质构造

大湾井田位于二塘向斜的中、深部，是二塘向斜的主体部分。二塘向斜为一不对称的短轴向斜，NE 翼宽缓，倾角 10°左右，SW 翼陡狭，倾角 45°左右，轴面倾向 SW、倾角约 85°。轴向 N10°～W70°，一般为 N50°～W65°，呈似"S"形展布。在井田范围内 NE 翼倾角一般为 8°～10°，平均宽度 2.11 km；SW 翼倾角一般为 3°～5°。东部 NE 翼浅部及转折端一带倾角变陡，一般为 20°～35°。次一级褶曲不发育，局部有波状起伏但波幅一般不超过 10 m。

勘探区断裂构造以 NW－SE、NE－SW 向断层为主，间或发育 E－W 向断层。其中 NW－SE 向断层具有规模大、沿地层走向延展、分支断层发育的特点，为控制探区的主要构造因素。井田内经补勘共发现大小断层 41 条。断层落差大于 30 m 的有 6 条，20～30 m 的 2 条，20 m 以下的 33 条。落差大于 30 m 的有 F1、F2、F10、F11、F17、F20 号断层；20～30 m 有 F7、F8 号断层；余下断层落差均为 20 m 以下，一般为 5～15 m。延展长度大于 1000 m 的断层有 F2、F5、F5－1、F5－2、FB23、FB25、FB4、F11、F17 9 条断层，余下均小于 1000 m。井田内断层除 F2、F20、F17 为走向正断层外，余者绝大多数为 NNE 向高角度横向和斜交正断层。一般为 N5°～E20°。与向斜轴交角 60°～70°。倾角 60°～70°，落差多数为 5～15 m，多分布在向斜 NE 翼浅部及中深部，逆断层少见，仅有 2 条且延展不长。落差大于 30 m 断层均分布在井田边缘。区内大多数正断层切割煤组，对煤层开采有一定破坏作用，给建井、开发均带来不利因素。

五、矿井开拓与开采

大湾煤矿分为东井、中井和西井，其中东井和西井为生产矿井，中井正处于建设准备期。

（一）大湾东井

大湾煤矿东井采用主立井、副斜井和回风斜井综合开拓方式，主立井井口标高 +1792.00 m，副斜井井口标高 +1786.00 m，回风斜井井口标高 +1799.20 m。

大湾煤矿东井划分为两个水平开采，一水平标高为 +1500 m，二水平标高为 +1360 m。目前，开采一水平煤层，二水平正在延深过程中。采区内同一煤层的开采顺序为由中间向两翼开采，不同煤层开采顺序为由上而下进行开采，先回采上部煤层后回采下部煤。

（二）大湾中井

大湾中井目前正在建井阶段，工作面还没有完成布置。

（三）大湾西井

大湾煤矿西井采用主立井、副斜井和回风斜井综合开拓方式，主立井井口标高 +1801.00 m，副斜井井口标高 +1800.50 m，回风斜井井口标高 +1798.00 m。

由于井田开采范围较小，本矿井仅有一个盘区，两个水平，区段用石门连接各采煤工作面。第一水平为 +1504 m 水平，第二水平为 +1450 m 水平。

大湾东井和西井采煤方法均为走向长壁综合机械化采煤法，全部垮落法顶板控制方式，岩石巷道采用综合机械化掘进，煤层巷道采用爆破掘进。

六、矿井通风与瓦斯

（一）矿井通风

大湾东井采用的是分区抽出式的通风方式，其通风系统为主立井、副斜井和东翼风井进风，回风斜井回风。主要通风机型号为 BDK54-8-No.30，电机功率 2×560 kW，每台风机配两台同步电动机，一台开启，一台备用。东井各采煤工作面均利用矿井主要通风机全负压通风，回采工作面采用 U 形通风和 Y 形通风方式，掘进工作面采用对旋式局扇压入式通风。局部通风机型号为 FD-1 型，共有 2×30 kW 和 2×45 kW，其中煤巷及半煤巷工作面一般采用 FD-1 型 2×45 kW 局部通风机通风。

大湾西井采用中央并列式通风方式，其中主、副斜井进风，经盘区轨道石门、运输巷道、回风巷道、回风上山、总回风巷和回风斜井排出地面。采煤工作面采用 U 形通风，掘进工作面采用局部通风机压入式通风。

大湾西井地面主扇型号为 FBCDZ-8No.29，一台工作，一台备用，电机功率 2×

90 kW，额定风量 6600 ~ 14700 m³/min，风压 1300 ~ 4500Pa；掘进工作面配型号 FBD - No. 6. 0 型对旋轴流式风机，电机功率 2 × 30 kW，各掘进工作面均安装有两台同等能力的局部通风机，局部通风机均实现三专两闭锁和双风机双电源供电。

（二）瓦斯治理情况

根据中煤科工集团重庆研究院有限公司 2013 年 1 月提供的《大湾煤矿东井西翼 2、4、7、11 号煤层瓦斯基本参数测定及突出危险性鉴定报告》，大湾煤矿东井 2、4、7、11 号煤层均为突出煤层；根据中煤科工集团重庆研究院有限公司 2009 年 11 月提供的《大湾煤矿西井 2 号、9 号煤层瓦斯基本参数测定及煤与瓦斯突出危险性鉴定报告》以及 2012 年 8 月提供的《大湾煤矿西井 4 号、7 号、11 号煤层瓦斯基本参数测定及煤与瓦斯突出危险性鉴定报告》，大湾煤矿西井 2 号、4 号、7 号、9 号、11 号煤层均为突出煤层。

大湾煤矿东井按煤与瓦斯突出矿井进行设计和管理，矿井开采开拓过程中严格执行两个"四位一体"的综合防突措施。东井已分别建成一套高负压和一套低负压瓦斯抽放系统，高负压瓦斯抽放系统抽放泵 2 台，型号为 SKW - 120 和 2BEC - 52 型，配套电机功率 400 kW，低负压瓦斯抽放系统抽放泵 2 台，型号为 SKW - 60 和 2BEC - 42 型，配套电机功率 400 kW；高负压抽放系统主要用于采掘工作面瓦斯抽放，低负压抽放系统主要用于采空区抽放。矿井采取的区域防突措施为开采保护层，在首采煤层掘进工作面和采煤工作面采用区域预抽为主的防突措施。局部防突措施主要采用排放钻孔防突措施，预测（或）防突效果检验指标采用钻屑瓦斯解吸指标 K_1 值和钻屑量 S 值。

大湾西井按突出矿井进行管理，在开采开拓过程中严格执行两个"四位一体"防突措施，矿井采取的区域防突措施为开采保护层，首先开采 9 号煤层作为保护层，然后开采保护范围内的 11 号煤层，再开采 2 号及其他可采煤层，由于 9 号煤层为突出煤层，因此首采 9 号煤层过程中其煤巷掘进工作面和采煤工作面采用区域预抽为主的防突措施。局部防突措施主要采用排放钻孔防突措施，预测（或）防突效果检验指标采用钻屑瓦斯解吸指标 K_1 值和钻屑量 S 值。西井已分别建成一套高负压和一套低负压瓦斯抽采系统，高负压瓦斯抽采系统抽采泵 2 台，型号为 2BEC - 62 型，配套电机功率 400 kW，低负压瓦斯抽采系统抽采泵 2 台，型号为 2BEC - 67 型，配套电机功率 400 kW；高负压抽采系统主要用于采掘工作面瓦斯抽采，低负压抽采系统主要用于采空区抽采。

第二节　瓦斯灾害综合防治技术的应用情况

一、瓦斯灾害综合防治技术体系

大湾煤矿的特点为煤层群开采、瓦斯含量高、瓦斯压力大、煤层透气性差、地质构造复杂。煤与瓦斯突出灾害是该矿的主要灾害类型。自大湾煤矿东井建矿至今，有历史统计的煤与瓦斯突出事故为 17 次，据统计，所有瓦斯动力现象为爆破诱发，其他作业时未发生过，发生地点绝大多数分布在地质构造带或应力集中区，强度以次大型为主，占总次数的 52.9%，最大强度 703 t、平均强度 187.3 t。据中煤科工集团重庆研究院有限公司煤与瓦斯突出危险性鉴定结果，大湾煤矿东井 2、4、7、11 号煤层均为突出煤层，西井 2 号、

4号、7号、9号、11号煤层均为突出煤层。为有效防治煤与瓦斯突出事故的发生，大湾煤矿自"十二五"开始，形成并完善了"以区域四位一体为主、局部四位一体为辅"的两个四位一体技术及监控预警防突技术相辅相成的技术体系，如图12-1所示。

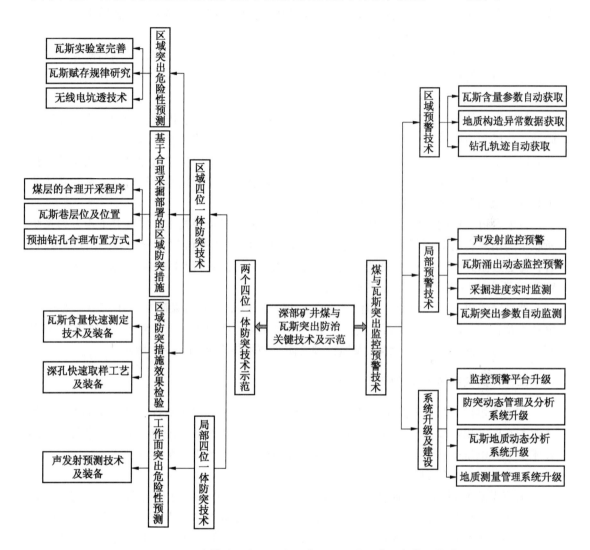

图 12-1　大湾煤矿两个"四位一体"及监控预警防突技术体系

该技术体系具体包括以下几方面内容。

（一）区域四位一体防突技术

1. 区域突出危险性预测技术

采用国内最先进的设备，建设有完善的瓦斯基本参数测定实验室，并培养了一批专业技术人员；矿井新建区域和正常生产区域通过煤层瓦斯赋存规律的研究，实时更新矿井瓦斯地质图，为矿井开拓和生产进行瓦斯灾害重点区域防治进行指导；采用无线电坑透技术对生产或开拓区域进行地质构造探测，根据探测结果对可能导致煤与瓦斯突出灾害事故的异常地质构造进行标识并分级判别。

2. 区域防突措施技术

根据煤层瓦斯赋存规律的研究成果，并结合矿井的实际开采技术条件及矿井总体目标规划，提出合理的采掘部署优化方案，并提出基于合理采掘部署的区域防突措施。

（二）局部四位一体防突技术

利用声发射煤与瓦斯突出预警系统对矿井采掘过程进行实时监测，采用与矿井实际情况相符的声发射预测指标及临界值对采掘工作面的煤与瓦斯突出危险性进行提前预警。

（三）监控预警技术

打造先进的煤与瓦斯突出预警平台，实现对矿井的防突动态进行管理和分析、瓦斯地质动态分析和地质测量管理等功能。该平台可实现的区域监控预警技术有：①瓦斯含量自动获取技术，可实现煤层瓦斯含量测定数据的自动上传；②地质构造探测异常数据获取技术，实现地质构造探测结果的自动上传；③钻孔轨迹地面监测技术，通过井下钻孔轨迹测定装置获取钻孔轨迹参数并自动上传。

该平台可实现的局部监控预警技术有：①声发射监控预警技术，实现井下声发射系统所收集的信息自动上传至监控预警系统，并通过专用软件进行数据分析和突出危险性预警；②通过激光测距仪对采掘进度实施监测技术；③瓦斯突出参数自动获取技术，实现 WTC 瓦斯突出参数仪测定数据的自动上传功能。

通过完善以上矿井两个"四位一体"防突技术体系，大湾煤矿在"十二五"期间防突技术及管理自动化水平显著提高，采掘工作面煤与瓦斯灾害事故得到了有效的预测和遏制，大湾煤矿两个"四位一体"及监控预警防突技术体系如图 12 - 1 所示。

二、瓦斯灾害防治技术应用

在大湾煤矿煤与瓦斯防突防治综合技术体系的基础上，以大湾煤矿区域及局部非接触式煤与瓦斯突出危险性预测技术作为案例进行介绍。大湾煤矿区域突出危险性非接触预测技术为无线电坑透技术，局部突出危险性非接触预测技术为声发射预测技术。

（一）应用工作面概况

大湾煤矿 111113 工作面位于大湾煤矿东井东翼，所采煤层为 11 号煤层，煤层厚度最大 3.2 m、最小 2.6 m、平均厚度 2.94 m。11 号煤层结构复杂、黑色块状、以亮煤为主、条带结构为半亮煤、内生裂隙发育、含矸 2 ~ 5 层，平均倾角 10°，11 号煤层与地面垂深平均 376 m，煤层内瓦斯赋存量大，相对瓦斯涌出量 14.5 m^3/t。2003 年 9 月，重庆研究院对大湾煤矿 11 号煤层鉴定结论表明：大湾煤矿 11 号煤层是突出煤层，煤层原始吨煤瓦斯含量为 17.59 m^3/t，原始瓦斯压力为 2.58 MPa，且 11 号煤层有自然发火趋势和煤尘爆炸危险，煤尘爆炸指数为 26% ~ 35%，其自然发火期 7 ~ 10 个月。

111113 工作面设计走向长 412.3 m，倾向长 163 m。111113 运输巷沿煤层走向布置，沿煤层顶板掘进，长 365 m，断面规格为 4.8 m×2.7 m，采用锚网、锚索及锚杆支护，担任原煤运输、进风等任务。111113 轨道巷道沿煤层走向布置，沿煤层顶板掘进，长 497 m，断面规格为 4.8 m×2.7 m，采用锚网、锚索及锚杆支护。111113 工作面开切眼规格为 6 m×2.7 m，长 163 m，采用锚网、锚索及锚杆支护。

根据 111113 工作面相邻巷道和工作面的采掘情况，该工作面内存在大断层延伸及可能存在的小断层等地质构造影响，且地质构造附近应力较为集中、瓦斯压力较大。根据该矿开采经验，发生煤与瓦斯突出灾害事故的地点绝大多数为地质构造和应力集中区域，因此，在 111113 工作面开采前，应首先对面内突出危险区域进行探测，并根据探测结果提前采取措施，降低隐蔽地质构造诱发工作面采掘过程中发生煤与瓦斯突出事故的概率。

（二）无线电坑透技术应用

针对 111113 工作面可能存在的瓦斯地质异常区，采用无线电坑透的技术手段对地质异常区进行探测标识及分级辨别。

1. 测点布置

根据无线电坑透技术的原理，使用中煤科工集团重庆研究院有限公司研发的 WKT-E 电磁波透视仪对 111113 工作面进行面内隐藏地质构造进行勘探，现场布点在工作面相邻巷道内，布点方法为定点法，即发射机相对固定，接收机在一定范围内逐点观测其场强值，具体如图 12-2 所示。

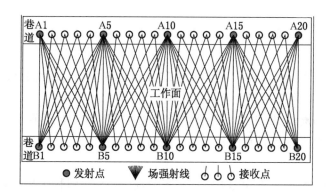

图 12-2　111113 工作面电磁波坑道透视布点示意图

2. 电磁波探测数据分析及成果

将电磁波探测信号经过计算机数据处理，把场强衰减异常取为 -15 dB，圈定了四处较为集中的电磁波衰减异常区，分别编号为一号、二号、三号和四号，上部边界为 111113 工作面设计机巷，下部边界为 111113 工作面设计轨道巷，工作面电磁波 CT 成果图如图 12-3 所示。

1 号异常电磁波衰减最大为 -15 dB，推测为一般的隐伏小断层，属于煤与瓦斯突出威胁区。2 号异常最大衰减为 -20 dB，推测为巷道施工钻孔影响。3 号异常最大衰减为 -20 dB，推测受 FB19 断层在工作面内延伸的影响，煤体破碎，瓦斯较为集中，需特别注意。4 号异常衰减为 -30 dB，最大为 -35 dB，推测受 FB19 断层在工作面内延伸的影响，煤体破碎，瓦斯较为集中，属于煤与瓦斯突出危险区。

在工作面形成和回采过程中，异常区域地质构造情况逐渐揭露，电磁波探测结果得到了有效的验证。三号和四号异常为 FB19 大断层，二号异常为钻孔干扰导致的假象，而一

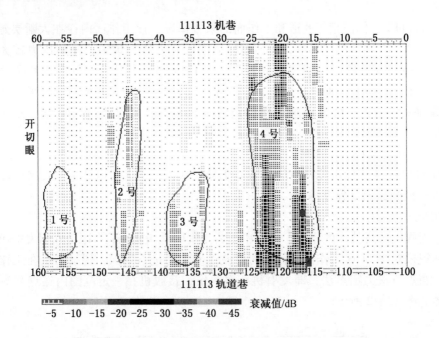

图 12 - 3　大湾煤矿 111113 工作面电磁波 CT 成果图

号异常区则是一条断距为 0.2 m 左右、延深 27 m 的小断层，与透视分析结果吻合。

（三）工作面突出危险性声发射预测技术

针对 111113 工作面已探明的瓦斯地质异常区，采用声发射超前预测技术手段对工作面采掘过程中经过瓦斯地质异常区时可能发生的瓦斯灾害进行预警。

1. 测点布置

根据声发射超前预测煤岩动力灾害的技术原理，使用中煤科工集团重庆研究院有限公司研发的 YSFS（A）声发射监测系统对 111113 工作面采掘过程中的煤岩动力灾害进行实时监测。以 111113 工作面回采过程的监测情况为例，根据工作面的回采情况、工作面突出危险性分段评价报告、两顺槽掘进期间工作面校检指标及实际发生的动力现象、工作面物探等具体情况，将监测工作面区域范围选在工作面距离原始开切眼 100 ~ 355 m 的范围内，工作面发射监测范围如图 12 - 4 所示。

测点布置如图 12 - 5 所示，在 111113 采面机巷距离工作面前方 50 m 左右位置处布置 1 个声发射传感器，后退 10 m 另布置第 2 个传感器。随着工作面的回采，每 30 m（波导器）或者 60 m（埋式传感器）作为一个循环将传感器后退安装。

2. 声发射监测数据分析及成果

图 12 - 6 所示为 2014 年 6 月 20 日至 10 月 31 日监测期间的 111113 回采工作面声发射信号的振铃计数、能量 2 个特征参数指标的变化规律及异常现象等对应的变化曲线。

由 111113 工作面坑透物探结果可知，该工作面存在 4 个物探异常区域，分别为 1 ~ 4 号物探异常区，对应于距离回采工作面初始开切眼 60 ~ 80 m、120 ~ 135 m、160 ~ 190 m 以及 230 ~ 280 m 的范围内。

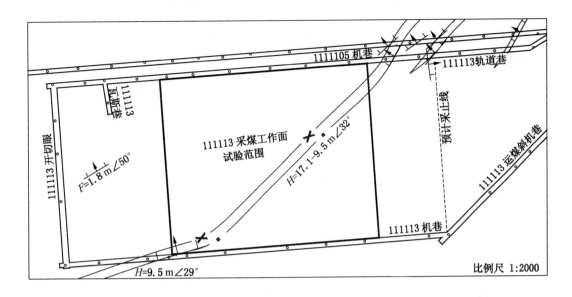

图 12 - 4　大湾煤矿 111113 工作面声发射监测范围示意图

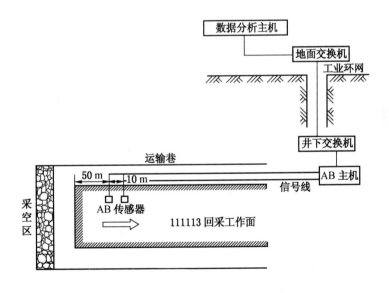

图 12 - 5　111113 回采工作面声发射监测示意图

111113 工作面的回采进尺的情况见表 12 - 1。结合回采时间，对应表 12 - 1 及图 12 - 6 可知，自声发射监测系统运行以来，回采工作面回采区域包含了 3 号物探异常区和 4 号物探异常区，且在物探异常区的回采过程中，声发射特征参数曲线有着明显的变化，处于高值范围内波动，且较为持续的波动，与其他回采区域的声发射信号曲线有着明显的差异，同时声发射特征信号曲线与异常区域有着良好的对应关系，由此可以说明声发射信号能够有效地捕捉到回采工作面异常区段的异常信息。

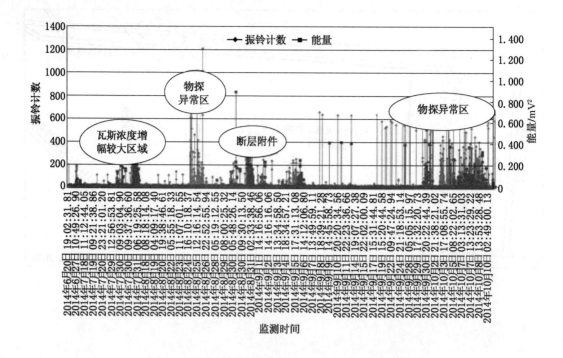

图 12 - 6　111113 工作面声发射信号的特征参数指标

表 12 - 1　大湾煤矿 111113 工作面物探异常区域回采情况表

异常区域编号	距初始开切眼位置/m	回采时间
1	60 ~ 80	5 月中旬
2	120 ~ 135	6 月中旬
3	160 ~ 190	7 月末至 8 月下旬
4	230 ~ 280	9 月下旬至 10 月末

针对 111113 工作面在回采期间的声发射特征参数，选取 2 次异常情况进行声发射特征参数规律的进一步分析。

（1）以图 12 - 8 中的 2014 年 7 月 29—31 日期间声发射特征参数异常情况为例进行分析，异常前后的声发射指标变化如图 12 - 7 所示。

通过图 12 - 7 可以看出，此段时间内的声发射指标整体上呈现指标逐渐升高的趋势，在 30 日中班出现了大量的信号，并伴随着较大的能量释放。对用于该时间段内，以班次为单位的 111113 工作面进、回风巷瓦斯浓度如图 12 - 8 所示。

由图 12 - 8 可知，从 2014 年 7 月 29—31 日，111113 工作面回风巷瓦斯有着明显的增幅，说明采面在回采过程中瓦斯涌出量增大，并且在 2014 年 7 月 31 日夜班出现了较大的瓦斯浓度值，达到 0.66%，对比该时间段内的声发射特征参数曲线，如图 12 - 7 中箭头所指声发射特征参数曲线峰值均有不同程度的瓦斯浓度升高，与现场实际作业记录较吻合。因此，声发射指标的变化总体上是超前于工作面的瓦斯涌出量增加的，整体上具有明显的前兆信息特征。

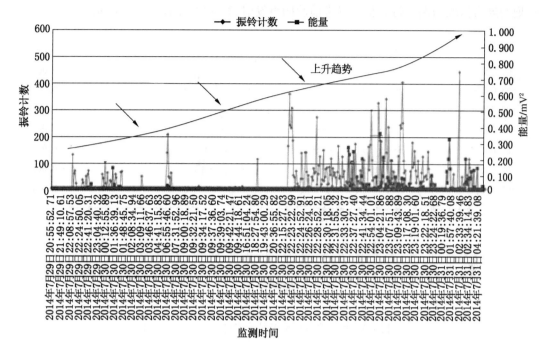

图 12 - 7　2014 年 7 月 29—31 日期间 111113 工作面声发射特征参数曲线

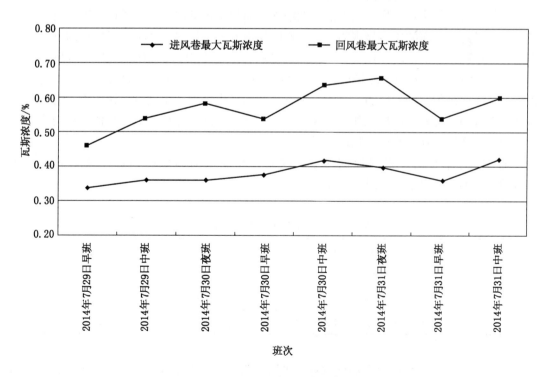

图 12 - 8　111113 工作面瓦斯浓度曲线图

（2）以图 12 - 6 中的 2014 年 9 月 8 日中班发生的采面压力大，小型顶板断裂声、响煤炮的异常情况为例进行分析，异常前后的声发射指标变化如图 12 - 9 所示。

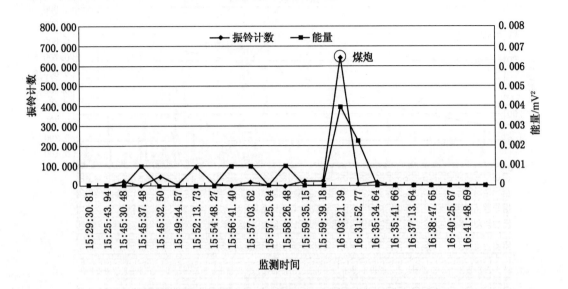

图 12 - 9 响煤炮异常情况时的声发射前后指标变化

从图 12 - 9 可以看出，指标一直在持续的波动，且不断伴随着有能量的释放，反映出工作面的应力变化比较剧烈，顶板活动性增强。而根据现场作业工人描述，2014 年 9 月 8 日中班割煤时，采面的压力显现明显，出现响煤炮的异常情况。从声发射指标的整体上可看出，工作面顶板的活动性比较持续，从能量指标可以看出，初期能量很小，存在波动，到 2014 年 9 月 8 日 16：03 能量得到突然释放，听到"煤炮"响声的情况，之后能量水平很低，工作面顶板活动性减弱，同时，振铃计数水平也降低。由此可以说明声发射特征参数能够有效地捕捉并反映出工作面回采过程中的异常情况，特征参数的数值大小与变化趋势，对应于实际作业过程中的情况，较为吻合。

通过将近半年的声发射监测考察，以振铃和能量值为敏感指标，确定了两者在111113 工作面的临界值，见表 12 - 2。

表 12 - 2 声发射预测敏感指标临界值

声发射敏感指标值区间	工作面突出危险性
振铃计数≥300	有突出危险
能量≥0.1 mV^2	有突出危险
振铃计数<300 且能量<0.1 mV^2	无突出危险

由声发射信号特征以及现场监测效果可以发现，当采面出现异常，如煤炮、瓦斯涌出量增大，声发射特征参数会出现上升的趋势，并在一定的高值区域范围内变化，比较有效

的反映出了采面的工作活动。

根据声发射在大湾煤矿111113工作面的现场应用情况及取得的效果，对于采面声发射特征参数异常信息的辅助判识方法主要根据两个方面进行确定：趋势判识及状态判识，即特征参数信号的上升趋势以及特征参数的信号大小值。

趋势判识规则：当特征参数值的变化趋势有上升趋势时，说明采面应力活动增强，存在着异常，有突出危险，见表12-3。

表12-3 声发射特征参数趋势判识规则

声发射敏感指标曲线趋势情况	工作面突出危险性
持续上升趋势	有突出危险
总体较为平稳偶尔出现高值	无突出危险
总体平稳	无突出危险

状态判识规则：当所有指标均小于，声发射敏感指标的临界值时，并且未发现其他异常情况，则该工作面为无突出危险工作面；否则，为有突出危险工作面，见表12-3。

综上所述，并结合在大湾煤矿111113工作面应用期间的声发射特征参数信号及采面出现的实际情况，得到111113工作面声发射特征参数辅助判识规则，见表12-4。

表12-4 声发射特征参数异常辅助判识规则

趋 势 判 识	状 态 判 识	声发射综合判识有无突出危险
异常	有突出危险	有突出危险
异常	无突出危险	有突出危险
无异常	有突出危险	有突出危险
无异常	无突出危险	无突出危险

注：趋势判识是否存在异常根据声发射特征参数指标曲线是否存在着持续上升趋势判断，见表12-3；状态判识则是根据表12-2中临界值的判识规则进行判断。

第十三章　神宁集团乌兰煤矿采掘部署优化及井上下瓦斯抽采典型案例

第一节　矿井基本情况

一、矿井概况

乌兰煤矿是神华宁煤集团焦、精煤主力生产矿井，是典型突出煤层群开采的矿井。矿井始建于 1966 年，1975 年正式建成投产，设计生产能力 2.4 Mt/a，核定生产能力 1.5 Mt/a。井田呈单斜构造、南北走向，走向长 5 km，倾斜宽 3 km，面积 16.15 km²（含备用区）。煤种为肥煤和 1/3 焦煤。

乌兰井田位于内蒙古自治区阿拉善左旗的呼鲁斯太矿区的北段，矿井工业场地离呼鲁斯太镇北约 2 km。东距石嘴山市大武口区 64 km，北至乌海市 77 km，西至阿拉善左旗（巴彦浩特）86 km。

二、地质特征

根据《乌兰矿井二水平延深地质报告》及《乌兰煤矿三水平三维地震勘探报告》，该井田位于呼鲁斯太向斜的东翼及北部转折端，基本上为一单斜构造，露头明显，走向为北 20°~30°，在井田北翼走向折转成近似东西向。由于剧烈的地质构造使北端地层突起，倾角达 60°~80°，形成急倾斜地层。井田南翼地层倾角为 15°~21°，形成缓倾斜地层。井田内有局部褶皱起伏地段，但其变化幅度不大。除井田北部的急倾斜区域（规划为备用区）外，井田其他区域内地质构造均属简单类型。

（一）褶曲

井田内主要褶曲有呼鲁斯太向斜和宗别立向斜。

呼鲁斯太向斜位于井田北部 3 号勘探线附近，轴向 SW25°，向 SW 倾伏，向斜西北翼地层倾角大，在 70°~80°之间，局部地段岩层发生倒转，构造较复杂，该区域属于井田的备用区。向斜东翼倾角较缓，一般在 20°~30°之间，向斜转折端附近煤岩层走向呈弧形，走向变化大，转折端向南由 NE 向右转为 NW 向，逐渐过渡为井田煤层总体走向。

宗别立向斜位于井田深部 11 勘探线的 59 号孔与 60 号孔之间，主要是由于 SF_{10} 逆断层作用的结果。向斜轴的位置与 SF_{10} 逆断层基本重合，轴向 SW45°，向 SW 倾伏，倾斜角 20°左右。

（二）断层

本区断裂总体维系着 NW 向的构造格局，多数为正断层，与区域构造规律一致。断层主要分布在井田二、三水平的东部和西北部，中部相对较少。在呼鲁斯太逆断层附近，由于应力的强力作用，地层走向发生了急剧变化，断层相互交叉、切割，构造变得相对复杂，不排除遗漏个别落差较小的断层。区内落差大于 5 m 的断层共有 40 条，其中正断层 32 条、逆断层 8 条；落差大于 100 m 的断层 1 条，落差在 20～50 m 之间的断层 2 条，落差在 10～20 m 之间的断层 8 条，落差小于 10 m 的断层 29 条；控制程度可靠的断层 31 条、较可靠的断层 9 条。从地质资料和实际生产揭露的地质构造分布位置来看，井田内大部分断层由于发育在井田东南部和呼鲁斯太向斜轴以西备用区内，在留设断层保护煤柱后，对沿走向推进回采的工作面影响较小。但发育在井田中深部的个别断层，尤其是二水平 4、5、6 块段地质构造尤为复杂，对采煤工作面布置及回采具有较大影响。

三、煤层与煤质

本井田共含煤 20 余层，其中可采及局部可采煤层 14 层，煤层总厚度 30.74 m，其中山西组含煤 2 层，太原组含煤 12 层。《乌兰矿井二水平延深地质报告》中提交煤层共 8 层，其编号从上到下依次是 2、3、5、6、7、8、10、12 号，煤层总厚度为 23.37 m，2、3、7、8 号为主采煤层，各可采煤层特征见表 13 - 1。

表 13 - 1　可采煤层特征表

煤层	层厚/m 最小～最大/平均	与上一煤层 层间距/m	煤层 结构	煤层 稳定性	顶底板岩性 顶　板	底　板
2 号	0.7～8.2/3.675		复杂	不稳定	砂质泥岩、粉砂岩	砂岩
3 号	2.91～23.53/9.08	27.83	复杂	稳定	砂质泥岩、粉砂岩	砂岩
5 号	0.7～1.63/1.26	22.34	复杂	稳定	砂质泥岩、粉砂岩	砂质泥岩、泥质粉砂岩
6 号	0.72～1.83/1.22	12.3	简单	稳定	灰岩	砂岩
7 号	1.12～2.36/1.76	37.73	简单	稳定	灰岩	砂质泥岩、泥质粉砂岩
8 号	1.21～3.9/2.53	5.95	复杂	不稳定	泥岩、砂质泥岩	砂质泥岩、泥质粉砂岩
10 号	0.85～1.55/1.17	25.37	复杂	较稳定	灰岩	砂质泥岩、泥质粉砂岩
12 号	0.88～1.53/1.28	29.46	简单	不稳定	泥岩、砂质泥岩	砂质泥岩、泥质粉砂岩

（一）2 号煤

本井田内主要为中厚煤层，煤厚 0.7～8.2 m，平均 3.675 m，煤层容重 1.40 t/m³，倾角 19°～35°、平均 23°，全区可采。煤厚变化较大且无明显规律。根据实际资料证实层滑构造比较明显，局部有底凸变薄现象。煤层结构复杂，一般含夹矸 3～5 层，夹矸厚度变化大，从 0.05 m 到 1.13 m，顶部较中下部结构复杂。煤层可采指数为 1.0，煤层变异系数为 0.67，为不稳定煤层。

（二）3 号煤

本井田内的一个厚煤层，煤厚 2.91～23.53 m，平均 9.08 m，仅在 12 号勘探线 125 号孔附近局部变薄为 2.91 m，煤层容重 1.45 t/m³，倾角 19°~34°，平均 21.5°，全区可采。上距 2 号煤层 27.83 m。该煤层结构复杂，含夹矸 2~18 层，一般含 5~10 层，对比困难。距顶板 1 m 左右有一层高岭石泥岩，厚度在 0.8 m 左右，分布范围广，沉积稳定。中部结构较简单，下部夹矸甚少。煤层可采指数为 1.0，煤层变异系数为 0.42，为较稳定煤层。

（三）7 号煤

上距 6 号煤 37.73 m，煤厚 1.12~2.36 m，平均 1.76 m，赋存稳定，重力密度为 1.30 t/m³，倾角 18°~32°，平均 20°，结构简单，为井田内唯一不含夹矸的煤层，除 F₇₃ 断失区域外，全区可采，煤层可采指数为 1.0，煤层变异系数为 0.25，为稳定煤层。

（四）8 号煤

上距 7 号煤 5.95 m，深部平均间距 4.5 m，煤厚 1.21~3.9 m，平均 2.53 m，为本井田的主要可采煤层之一，重力密度 1.35 t/m³，倾角 17°~34°，平均 20.5°。煤层中含有一层厚达 0.5 m 左右的泥岩夹矸，使煤层分为上下两个分层。除 F₇₃ 断失区域外，全区可采。煤层可采指数为 0.93，煤层变异系数为 0.45，为不稳定煤层。

四、矿井生产概况

乌兰煤矿采用斜井开拓方式，全井田划分为 +1350 m、+1150 m、+910 m 三个水平，水平垂高分别为 200 m、200 m 和 240 m，每水平分三个阶段开采。其中一水平（+1350 m）已经开采结束，正在开采二水平（+1150 m），并计划向三水平（+910 m）延深。

矿井自 +1215 m 阶段以下由斜井多阶段石门联合开采改为斜井片盘开采，取消了阶段集中巷和各采区石门，以主斜井井筒为界分为南、北两个单翼采区进行开采，采区走向长度为 1600~2200 m。

五、矿井通风瓦斯概况

（一）瓦斯涌出

矿井通风方式为两翼对角式，通风方法为抽出式通风。主井、副井、南一轨上井筒和中部井为进风井；北翼井筒、南二回风井筒为回风井筒。北翼风井安装两台 BD-Ⅱ-10-No.29 型通风机，额定风量 5400~10800 m³/min；南翼风井安装两台 BD-Ⅱ-10-No.32 型通风机，额定风量 9000~15300 m³/min。矿井实际总进风量 16138 m³/min，总排风量为 15055 m³/min。矿井负压，南翼 1645 Pa、北翼 1635 Pa，矿井有效风量率 95.76%，等积孔 7.38 m²。2013 年瓦斯等级鉴定矿井绝对瓦斯涌出量为 195.06 m³/min。

（二）煤层瓦斯

2 号煤层：在埋深在 163~370 m 范围内的瓦斯压力为 0.69~1.45 MPa，瓦斯含量为 6.50~9.35 m³/t，百米煤孔瓦斯流量为 1.043~1.513 m³/min，钻孔瓦斯流量衰减系数为 0.0586~0.2757 d⁻¹，透气性系数为 0.759~2.582 m²/(MPa²·d)。

3 号煤层：在埋深在 185~385 m 范围内的瓦斯压力为 0.55~1.60 MPa，瓦斯含量为 4.61~7.75 m³/t，百米煤孔瓦斯流量为 0.092~1.784 m³/min，钻孔瓦斯流量衰减系数为 0.0483~0.0847 d⁻¹，透气性系数为 0.938~2.684 m²/(MPa²·d)。

7 号煤层：在埋深在 359~472 m 范围内的瓦斯压力为 1.08~2.13 MPa，瓦斯含量为

$9.66 \sim 12.22 \ m^3/t$，在北翼 1100 瓦斯治理巷回风上山（1070 标高，埋深为 385 m）测得百米煤孔瓦斯流量为 $1.783 \ m^3/min$，钻孔瓦斯流量衰减系数为 $0.0861 \ d^{-1}$，透气性系数为 $2.754 \ m^2/(MPa^2 \cdot d)$。

8 号煤层：在埋深在 $315 \sim 486 \ m$ 范围内的瓦斯压力为 $1.22 \sim 4.60 \ MPa$，瓦斯含量为 $8.78 \sim 13.51 \ m^3/t$，百米煤孔瓦斯流量为 $0.859 \sim 1.829 \ m^3/min$，钻孔瓦斯流量衰减系数为 $0.0472 \sim 1.0538 \ d^{-1}$，透气性系数为 $0.583 \sim 1.054 \ m^2/(MPa^2 \cdot d)$。

（三）煤与瓦斯突出

乌兰煤矿自从 1987 年 1 月 11 日在北一采区 1350 二石门揭 2 号煤层时发生煤与瓦斯突出，突出煤 90 t，瓦斯 15000 m^3，2 号煤层被定为突出煤层，矿井被鉴定为突出矿井，随后在 5232 运输巷、5233 运输巷掘进中，先后发生倾出，此后 2 号煤层一直再未开采。8 号煤层在 5867 回风巷、运输巷掘进过程中（二水平三阶段）曾多次出现瓦斯突出预兆，并在 2007 年 8 月 14 日发生动力现象，后经鉴定为煤与瓦斯倾出，倾出煤量 3 ~ 5 t、瓦斯 1600 m^3，8 号煤层鉴定为突出煤层。在南翼 1100 瓦斯治理巷运输下山掘进过程中爆破揭 10 号煤层时，发生煤与瓦斯倾出，倾出煤 6 ~ 7 t、瓦斯 380 m^3，后经中国矿业大学鉴定为煤与瓦斯倾出，各煤层具体鉴定情况见表 13 - 2。

表 13 - 2　乌兰煤矿煤层突出危险性鉴定情况表

名　称	煤的破坏类型	瓦斯放散初速度 Δp	煤的坚固性系数 f	相对瓦斯压力/MPa	鉴定结论
临界值	Ⅲ、Ⅳ、Ⅴ	≥10	≤0.5	≥0.74	
2 号煤层	1987 年 1 月 11 日北一石门揭煤期间发生突出事故，事故专家组直接将 2 号煤层鉴定为突出煤层				突出煤层
3 号煤层	Ⅰ - Ⅴ	12	0.27	1.6	突出煤层
5 号煤层	Ⅱ	5	0.69	0.5	无突出危险
6 号煤层	Ⅲ - Ⅳ	6	0.41	1.3	无突出危险
7 号煤层	Ⅰ - Ⅴ	13	0.18	2.1	突出煤层
8 号煤层	Ⅳ	7.7025	0.3220	2.5	突出煤层
10 号煤层	Ⅳ	9.857	0.2697	2.1	突出煤层
11 号煤层	Ⅲ	3	0.39	2.5	无突出危险
12 号煤层	Ⅳ	7	0.3	1.2	无突出危险
13 号煤层	Ⅳ	3	0.35	1.2	无突出危险
14 号煤层	Ⅳ	4	0.5	1.6	无突出危险
15 号煤层	Ⅲ - Ⅳ	7	0.35	2.0	无突出危险

第二节　瓦斯灾害综合防治技术的应用情况

一、概述

神华宁煤集团乌兰煤矿是典型的近距离突出煤层群开采矿井，前期首先开采 7 号煤层保护下伏的 8 号煤层（两个煤层层间距平均 4.5 m），再开采 8 号煤层保护上覆远距离的 2 号和 3 号突出煤层。随着采深的增加，7 号煤层升级为突出煤层，针对这一情况，矿井拟调整生产系统：开采赋存不稳定、煤质较差的 6 号非突煤层，但由于资金投入太大，可能导致矿井停产或关闭，因此，对于乌兰煤矿来说，解决近距离突出联合保护层开采的突出防治问题才是矿井的唯一出路。另外，首采层工作面瓦斯涌出量预测值远远小于实际涌出量，如 II030703 工作面瓦斯涌出量预测值为 30.2 m³/min，实际最大达到 110 m³/min，造成回采期间瓦斯治理的极大被动，且大量瓦斯涌出也要求矿井进一步提升瓦斯治理措施能力。

乌兰煤矿面临的这些问题也是很多突出煤层群开采的矿区或地区（如内蒙古桌子山、乌达矿区、宁夏呼鲁斯太矿区、石嘴山矿区、贵州、云南、湖南等）亟须解决的问题。乌兰煤矿与中煤科工集团重庆研究院、中国矿业大学等多家科研院所合作，形成了以近距离突出煤层群联合消突、煤层群开采井上下联合抽采等一系列关键技术，成功解决了突出煤层群近距离联合保护层开采瓦斯治理技术难题，确保了乌兰煤矿的安全生产，同时，也为类似矿井提供示范和借鉴，意义重大。

二、具有突出危险性联合保护层开采综合防突技术

（一）防突总体方案

乌兰煤矿 7 号和 8 号煤层均为突出煤层，且实测煤层瓦斯压力均超过了 2 MPa（8 号煤层实测瓦斯压力已达 4.6 MPa），具有较强的突出危险性，防突工作难度大。另外，为防止掘进、回采 7 号煤层过程中误穿 8 号煤层引起突出事故，开采 7 号煤层之前必须对 7 号、8 号煤层进行同时消突，进一步加大了防突工作的难度。依据乌兰煤矿实际情况以及《防治煤与瓦斯突出规定》（简称《规定》）的相关要求，制定 7 号首采保护层工作面防突总体方案如图 13-1 所示，本方案的实施实现了 7 号、8 号煤层同时消突，并在 7 号煤层掘进期间，实现了近距离突出煤层群联合区域验证。

（二）区域防突措施

首采 7 号煤层区域防突措施，在无保护层开采的条件下，选择区域预抽防突，7 号和 8 号煤层属较为松软煤层，且赋存不太稳定，起伏较大，采用顺层钻孔，施工往往存在喷孔、垮孔、卡钻等现象，钻孔的成孔深度和钻孔成孔率不高，容易存在防突措施控制空白区。而采用穿层钻孔预抽煤层瓦斯是技术难度小、效果较为可靠的方式，因此，预抽煤层瓦斯区域防突措施，优先采用底板穿层钻孔预抽。

乌兰煤矿底板瓦斯治理巷的层位优化选择布置在 12 号煤层中。一个区段布置 2 条底板巷，其中一条底板巷布置在靠近工作面风巷位置，主要预抽工作面风巷及工作面中上部

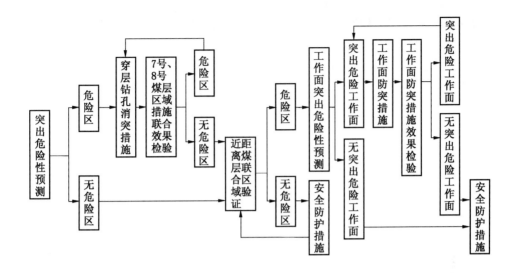

图 13-1　联合防突总体方案

煤层瓦斯；一条底板巷布置在靠近工作面机巷位置，主要预抽工作面机巷及工作面中下部煤层瓦斯，并预抽下一区段工作面风巷及中上部煤层瓦斯，这样除第一个区段布置 2 条底板巷外，其余区段均布置一条底板巷。第一个区段靠近工作面风巷的底板巷内的措施钻孔控制到 7 号煤层风巷及 8 号煤层风巷上部轮廓线外 20 m，如图 13-2 所示。

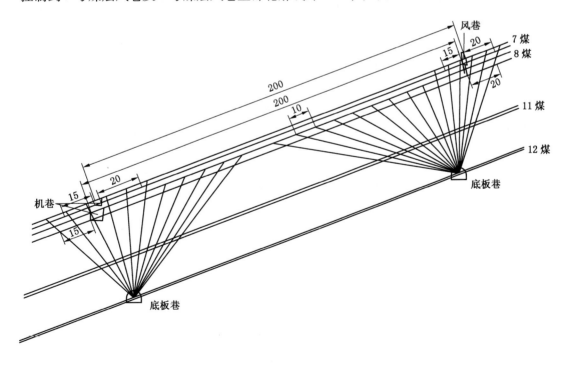

图 13-2　底板穿层钻孔布置图（底板巷位于 12 号煤层中）

（三）掘进工作面联合区域验证

在 7 号和 8 号煤层采掘期间，严格执行区域验证程序，验证钻孔的布置和验证方法均按照《规定》的要求实施，但 7 号煤层掘进期间，由于距下方的 8 号煤层距离平均只有 4.5 m。因此，考虑到掘进的安全，结合两层煤之间的岩石为较致密的粉砂岩的具体情况，7 号煤层煤巷掘进期间区域验证分为两种情况执行：当 7 号和 8 号煤层层间距小于 2 m 时，对 7 号煤层和 8 号煤层共同进行区域验证；当 7 号和 8 号煤层层间距等于大于 2 m 时，只对 7 号煤层进行区域验证。具体 7 号煤层煤巷区域验证设计有以下几个方面。

1. 区域验证的方法及指标选取

根据《乌兰煤矿瓦斯赋存规律与突出综合防治技术研究》结论，采取钻屑指标法进行区域验证，指标临界值按照《规定》第七十五条执行，见表 13 - 3。

表 13 - 3　钻屑指标法预测指标参考临界值

钻屑瓦斯解吸指标 K_1/ $(mL \cdot g^{-1} \cdot min^{-\frac{1}{2}})$	钻 屑 量 S	
	kg/m	L/m
0.5	6	5.4

2. 区域验证布孔设计

1）7 号和 8 号煤层层间距小于 2 m 时，7 号煤层煤巷区域验证

7 号煤层采用顺层钻孔进行区域验证，从掘进工作面迎头向工作面前方煤体施工 3 个直径为 42 mm、孔深为 10 ~ 10.5 m 的钻孔，测定瓦斯解吸指标和钻屑量，钻孔编号为 1 ~ 3 号。其中，一个钻孔位于掘进巷道断面中部，并平行于掘进方向，另外两个钻孔的终孔点位于巷道断面两侧轮廓线外 2 m。钻孔每钻进 1 m 测定该 1 m 段的全部钻屑量 S，每钻进 2 m 测定一次钻屑瓦斯解吸指标 K_1 值。

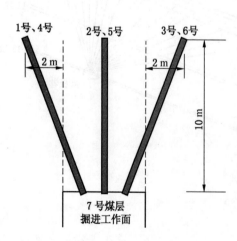

图 13 - 3　7 号煤层掘进时区域
验证钻孔布置平面图

8 号煤层采用穿层钻孔进行区域验证，从 7 号煤层掘进工作面迎头向下施工 3 个直径为 42 mm、孔深为 11.2 ~ 12.5 m 的穿层钻孔，测定瓦斯解吸指标和钻屑量，钻孔编号为 4 ~ 6 号。其中，一个钻孔位于掘进巷道断面中部，方位平行于掘进方向，另外两个钻孔的终孔点位于 7 号煤层巷道断面两侧轮廓线外 2 m 对应的 8 号煤层中。由于钻孔都是下行孔，无法测定钻屑量 S，但可以测定钻屑解吸指标 K_1 值，也能确定 8 号煤层是否具有突出危险性。

如果测得的 S 和 K_1 值均小于临界值，并且未发现其他异常情况，则该工作面可认定为无突出危险。7 号、8 号煤层的区域验证钻孔布置如图 13 - 3、图 13 - 4 所示。

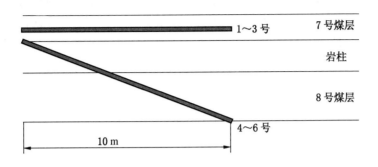

图 13 - 4　7 号煤层掘进时区域验证钻孔布置剖面图

2) 7 号和 8 号煤层层间距等于大于 2 m 时，7 号煤层煤巷区域验证

层间距大于 2 m 时，只对 7 号煤层进行区域验证。从掘进工作面迎头向工作面前方煤体施工 3 个直径为 42 mm、孔深为 10 ~ 10.5 m 的钻孔，测定瓦斯解吸指标和钻屑量，钻孔编号为 1~3 号。其中，一个钻孔位于掘进巷道断面中部，并平行于掘进方向，另外两个钻孔的终孔点位于巷道断面两侧轮廓线外 2 m。钻孔每钻进 1 m 测定该 1 m 段的全部钻屑量 S，每钻进 2 m 测定一次钻屑瓦斯解吸指标 K_1 值，7 号煤层的区域验证钻孔布置如图 13 - 5 所示。

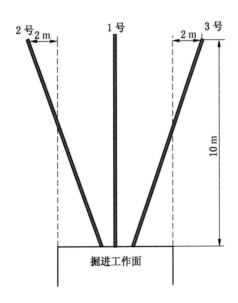

图 13 - 5　区域验证钻孔布置平面图

三、基于下伏远距离保护层工作面瓦斯涌出量预测方法

针对乌兰煤矿突出煤层群开采条件下的首采保护层工作面瓦斯涌出量预测结果与实际

回采过程中瓦斯涌出不符的情况，提出了新的预测方法，并得到了成功应用，为乌兰煤矿首采保护层工作面瓦斯治理提供依据。另外，随着矿井的延深，工作面瓦斯涌出已明显增加，部分工作面瓦斯涌出量已超过 100 m³/min，乌兰煤矿现有的瓦斯治理措施已难以解决更深部矿井保护层工作面瓦斯涌出问题。因此，对联合保护层工作面开采，尤其首采保护层工作面瓦斯综合治理技术体系进行了研究，为类似工作面回采期间瓦斯治理提供依据和支撑。

（一）存在的问题

随着采深的不断增大，乌兰煤矿煤层瓦斯含量也随之增大。保护层Ⅱ030703工作面瓦斯涌出量预测结果为 30.2 m³/min，但在该工作面回采的过程中，统计瓦斯涌出量最大达到 110 m³/min，远远超过根据《矿井瓦斯涌出量预测方法》（AQ 1018—2006）中瓦斯涌出量预测的结果，给该工作面回采期间瓦斯治理带来了极大的被动，乌兰煤矿急需找到一种适合该矿近距离联合保护层工作面瓦斯涌出量预测方法，为首采保护层工作面瓦斯涌出量预测和回采期间治理提供依据和支撑。

（二）基于下伏远距离保护层工作面瓦斯涌出量预测方法

在传统分源预测法的基础上，根据瓦斯流动理论并结合综合机械化采煤的特点，将回采工作面瓦斯涌出来源分为煤壁瓦斯涌出、落煤瓦斯涌出、采空区遗煤瓦斯涌出以及邻近层瓦斯涌出四个部分，分别对各瓦斯涌出源的瓦斯涌出量进行预测，并引入针对卸压抽采瓦斯对邻近层瓦斯涌出量影响的修正系数，从而建立下伏远距离保护层开采条件下的瓦斯涌出量预测数学模型，适应乌兰煤矿保护层回采工作面瓦斯涌出量预测。

1. 煤壁瓦斯涌出量

$$Q_1 = \frac{q_1 S}{G} = \frac{V_0(L - 2L_H)}{\delta CL}\left[\frac{\left(1 + \dfrac{1}{u}\right)^{1-\beta}}{1-\beta} - \frac{1}{1-\beta}\right] \tag{13-1}$$

式中　Q_1——回采工作面煤壁瓦斯相对涌出量，m³/t；

　　　q_1——煤壁经过 t_1 时刻后，单位面积煤壁累计瓦斯绝对涌出量，m³/m²；

　　　L——工作面长度，m；

　　　L_H——瓦斯排放带宽度，m，

　　　β——煤壁瓦斯涌出衰减系数，min⁻¹；

　　　C——工作面回采率；

　　　δ——煤的密度，t/m³。

2. 采落煤的瓦斯涌出量

$$Q_2 = \frac{V_1'}{nL}\left[(L - 2L_H) - \frac{V_2}{n}\left(e^{-n\frac{L_H}{V_2}} - e^{-n\frac{L-L_H}{V_2}}\right)\right] \tag{13-2}$$

式中　Q_2——采落煤炭相对瓦斯涌出量，m³/t；

　　　V_2——采煤机平均牵引速度，m/min；

　　　V_1'——采落煤炭的初始瓦斯涌出强度，m³/(t·min)。

3. 采空区遗煤的瓦斯涌出量

采空区遗煤的相对瓦斯涌出量为

$$Q_3 = \frac{V_1'(1-C)(L-2L_H)}{CnL}(1 - e^{-\frac{l_1+l_2}{u}n}) \tag{13-3}$$

式中 Q_3——采空区遗煤相对瓦斯涌出量，m^3/t；

l_1——工作面煤壁到后方液压支架的距离，m；

l_2——采空区沿工作面推进方向上的瓦斯浓度非稳定区域的宽度（一般取 30 m），m；

n——采空区遗煤瓦斯涌出衰减系数，min^{-1}。

4. 邻近层瓦斯涌出量

在《矿井瓦斯涌出量预测方法》（AQ 1018—2006）中的分源预测法基础上，对回采工作面邻近层瓦斯涌出量进行修正，由于乌兰煤矿上覆被保护的 2 号和 3 号煤层与 7 号和 8 号煤层联合保护层距离大，联合保护层属下伏远距离保护，综合考虑，提出下伏远距离保护层开采卸压影响系数 K_v，并用其对邻近层瓦斯涌出量计算公式进行修正。

$$Q_4 = K_v \cdot \sum_{i=1}^{n}(W_{0i} - W_{ci}) \cdot \frac{m_i}{M} \cdot \eta_i \tag{13-4}$$

式中 Q_4——邻近层相对瓦斯涌出量，m^3/t；

m_i——第 i 个邻近层煤层厚度，m；

M——工作面采高，m；

η_i——第 i 个邻近层瓦斯排放率，%；

W_{0i}——第 i 个邻近层煤层原始瓦斯含量，m^3/t；

W_{ci}——第 i 个邻近层煤层残存瓦斯含量，m^3/t。

下伏远距离保护层开采卸压影响系数 K_v 可以通过现场统计采煤工作面回采过程中邻近层卸压瓦斯抽放量和回采工作面瓦斯涌出量与工作面产量的关系来确定。

根据现场实测结果，Ⅱ030703 工作面正常回采期间平均瓦斯涌出量 43.32 m^3/min，平均日产量 1357 t，因此可以计算得出平均相对瓦斯涌出量为 44.91 m^3/t。其中，邻近层瓦斯涌出 29.6 m^3/t，本煤层瓦斯涌出量为 15.31 m^3/t。采用传统分源法预测计算邻近层瓦斯涌出量为 13.58 m^3/t，则可以反算出下伏远距离保护层开采卸压影响系数为 $K_v = 29.6/13.58 = 2.18$。

5. 回采工作面瓦斯涌出量

根据回采工作面瓦斯涌出量构成，将式（13-1）、式（13-2）、式（13-3）、式（13-4）相加得到综采工作面瓦斯相对涌出量为

$$Q = Q_1 + Q_2 + Q_3 + Q_4 \tag{13-5}$$

四、井上下协调抽采技术

（一）存在的问题

乌兰煤矿工作面回采期间主要采用顶板走向高位钻孔、上隅角埋管或者插管和边采边抽相结合的综合瓦斯治理措施，据乌兰煤矿有关资料显示，考虑到工作面回风稀释的 5 m^3/min 瓦斯，采用上述措施后一般至少能整体解决工作面瓦斯涌出 40 m^3/min 的瓦斯，其中高位钻孔一般抽采量为 15 m^3/min，上隅角埋管或者伸缩风筒插管抽采量为 10 $m^3/$

min，边采边抽为 20 m³/min。Ⅱ020703 工作面瓦斯涌出量大，超出了乌兰煤矿现有常规瓦斯治理措施能解决的最大瓦斯涌出量，需要找到一种瓦斯治理能力更强的瓦斯综合治理技术，以彻底解决Ⅱ020703 工作面回采期间涌出的瓦斯。

（二）地面钻井抽采技术

由于乌兰煤矿高位钻孔、上隅角埋管等措施已经过多次考察优化，相关措施参数应比较合理，通过优化乌兰煤矿现有的瓦斯治理措施来提高瓦斯治理能力应有限，因此，需要引进其他瓦斯治理措施，考虑到乌兰煤矿抽采设计中采用地面钻井抽采 2 号、3 号煤层卸压瓦斯，设计将地面钻井施工到 3 号煤层底板，参考国内相关成功工程实践的经验，决定将原设计只施工到 3 号煤层底板用来抽采 2 号、3 号煤层卸压瓦斯的地面钻井延深至 7 号煤层顶板，抽采 7 号煤层采空区瓦斯。这样在回风稀释 5 m³/min 瓦斯的基础上，采取顶板走向高位钻孔、上隅角伸缩风筒插管、底板穿层钻孔拦截卸压瓦斯和地面钻井相结合的综合瓦斯治理措施应能解决 7 号煤层工作面回采期间瓦斯涌出治理问题，瓦斯涌出治理总体方案如图 13-6 所示。

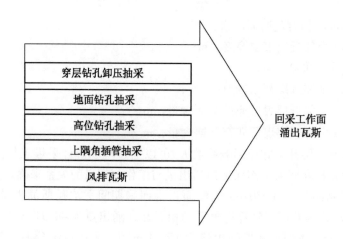

图 13-6　乌兰煤矿 7 号煤层工作面瓦斯涌出治理方案

地面瓦斯抽采钻井抽采卸压瓦斯原理如图 13-7 所示。

（三）地面钻井设计

1. 地面钻井布孔设计

在工作面开采前地表施工直径 219 mm 的钻孔，终孔位置在 7 号煤层顶板以上 10 m，通过采动煤岩层产生裂隙，抽采煤层卸压瓦斯。沿工作面走向每隔 100 m 布置一组地面钻孔，一组 2 个钻孔，内错回风巷、运输巷 50 m，共 18 个地面钻孔。当工作面采至距地面钻孔 5~10 m 时开始抽采。

2. 井身结构设计

根据对地面钻井井身稳定性的研究，针对当前国内地面垂直钻井存在的问题，在现有井身结构的基础上设计了井身稳定性强、可大幅度延长地面钻井有效抽采时间的井身结构，井身结构如图 13-8 所示。

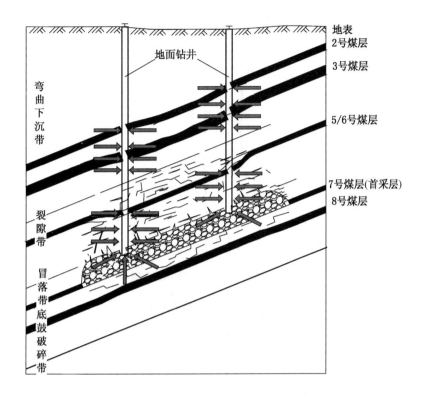

图 13-7 地面瓦斯抽采钻井抽采卸压瓦斯原理图

（四）地面钻井抽采瓦斯总体效果

Ⅱ020703 工作面于 2012 年 12 月开始回采，截至 2014 年 1 月回采结束。地面钻井在 Ⅱ020703 工作面推进期间共抽采瓦斯 1747.68 × 10⁴ m³，抽采 7 号煤层采空区瓦斯 349.54 × 10⁴ m³，单井最大瓦斯抽采量达到 296.09 × 10⁴ m³，最大抽采浓度为 90%，平均抽采浓度 61.5%，总体抽采量维持在 50 m³/min 左右，7 号煤层采空区瓦斯抽采量维持在 10 m³/min 左右，个别瓦斯涌出量大的区域，如在 2013 年 8 月至 9 月，工作面瓦斯涌出量统计总体超过 100 m³/min 时，地面钻井抽采量均超过了 60 m³/min，很好地分担了 Ⅱ020703 工作面回采期间的瓦斯涌出治理工作。

（五）地面钻井瓦斯抽采规律研究

为进一步研究地面钻井在 Ⅱ020703 工作面回采期间的抽采情况，掌握地面钻井抽采规律，选取 35 号、36 号地面钻井进行了单井抽采规律研究，以确定地面钻井在乌兰煤矿首采保护层开采期间地面钻井抽采与工作面推进的时空关系，为地面钻井布孔优化奠定基础。

35 号地面钻井从 Ⅱ020703 工作面距推过 4.4 m 时开始抽出瓦斯，在工作面推过该钻井 250 m 时，停止抽采。钻井工作 78 d，抽采负压在 30 kPa 左右，共抽采瓦斯 147.17 × 10⁴ m³，其中 7 号煤层采空区 29.43 × 10⁴ m³。最大瓦斯抽采浓度 90%，平均抽采瓦斯浓度 61.7%。工作面回采期间，35 号地面钻井抽采瓦斯浓度和流量变化如图 13-9 所示。

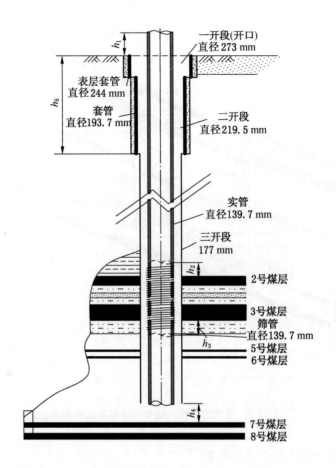

图 13 - 8　井身结构图

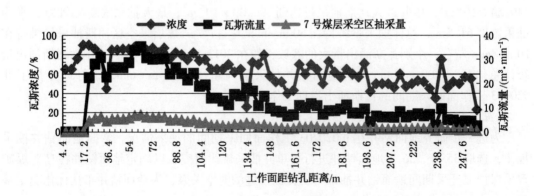

图 13 - 9　35 号地面钻井瓦斯抽采流量和浓度随工作面推进的变化关系

进一步分析图 13 - 9 可知，在 Ⅱ020703 工作面在推过 50 m 左右的位置时，抽采量达到最大，此时，前面 33 号钻井已抽采超过 150 m。随着工作面的继续推进，抽采量虽然有逐渐减小的趋势，但维持在 15～25 m³/min，随着工作面进一步推进，35 号钻井距工作面推过 150 m 位置后，抽采量也进一步逐渐减小，降到 15 m³/min 以下。最后，随着工作面再次继续推进，35 号钻井一直到工作面推进超过 250 m 后，才衰减到基本抽不出瓦斯。

36 号地面钻井从工作面距该井 9.8 m 时开始考察瓦斯抽采情况，在工作面推过该钻井 262 m 时，停止抽采。36 号钻井工作 73 d，抽采负压在 30 kPa 左右，共抽采瓦斯 1.2×10^6 m³，其中 7 号煤层采空区 2.4×10^5 m³。最大瓦斯抽采浓度 90%，平均抽采瓦斯浓度 64.5%。工作面回采期间，36 号地面钻井抽采瓦斯浓度和流量变化如图 13-10 所示。

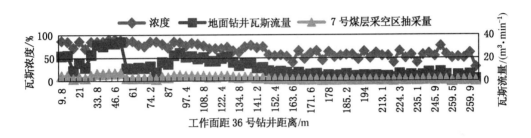

图 13-10　36 号地面钻井瓦斯抽采流量和浓度随工作面推进的变化关系

由图 13-10 可知，工作面在推过钻孔 9.8 m 时，钻井内抽采瓦斯量已达 22 m³/min。在工作面推过 50 m 左右位置时，抽采量达到最大，此时，前面 34 号钻井已抽采超过 150 m。随着工作面的继续推进，抽采量虽然有逐渐减小的趋势，但维持在 15～25 m³/min，随着工作面进一步推进，36 号钻井距工作面推过 150 m 位置后，抽采量也进一步逐渐减小，降到 15 m³/min。最后，随着工作面再次继续推进，36 号钻井一直到工作面推进超过 250 m 后，才衰减到基本抽不出瓦斯。

通过对 35 号和 36 号地面钻井的抽采考察，可知乌兰煤矿地面钻井运行期间存在以下规律：

（1）无论是距回风巷近的地面抽采钻井还是距进风巷较近的地面抽采钻井在投入使用期间均能较稳定地对卸压瓦斯进行抽采。

（2）各钻井在工作面推进超过 50 m 后，抽采效果达到最佳，然后抽采瓦斯量有个逐渐下降的趋势，但维持在 15～25 m³/min。

（3）倾向上每排两个地面钻井在工作面推过 50～150 m 范围内，总体抽采量维持在 50 m³/min 左右，解决 7 号煤层采空区瓦斯 10 m³/min 左右。

（4）到工作面推过 150 m 左右处后，抽采量下降到 15 m³/min 以下，最后随着工作面继续推进，地面钻井抽采量在工作面推过 250 m 处后衰减到基本抽不出瓦斯，地面钻井此时停止工作。

（六）瓦斯涌出治理效果

采用高位钻孔、上隅角插管、底板穿层钻孔卸压拦截抽采以及地面钻井抽采等为一体的井上下联合抽采技术，较好地解决了乌兰煤矿突出煤层群联合保护层开采首采层瓦斯涌出治理问题，为矿井的安全生产提供了支撑。Ⅱ020703 试验工作面回采期间，回风侧最大瓦斯浓度为 0.36% , 上隅角最大瓦斯浓度 0.5% , 确保了该工作面的顺利回采, Ⅱ020703 工作面瓦斯治理措施抽采情况见表 13 - 4。

表 13 - 4 Ⅱ020703 工作面瓦斯治理措施抽采情况

治 理 方 式	抽采混合量/(m³·min⁻¹)	平均抽采浓度/%	抽采纯量/(m³·min⁻¹)
穿层钻孔卸压抽采	33~60	42	18~32
地面钻孔抽采	23~33	50	8~15
上隅角插管抽采	180~245	5	9~12.25
高位钻孔抽采	44~70	32	13.6~20
风排瓦斯	风量 1000	0.5	5
合计			72.4~105.8

参 考 文 献

［1］国家安全生产监督管理总局，国家煤矿安全监察局．防治煤与瓦斯突出规定［M］．北京：煤炭工业出版社，2009．

［2］赵兴旗．焦西矿 42081 回风巷掘进工作面煤与瓦斯滞后压出事故原因分析［J］．中州煤炭，1993：37－39．

［3］于不凡，王佑安．煤矿瓦斯灾害防治及利用技术手册（修订版）［M］．北京：煤炭工业出版社，2005．

［4］四川矿业学院．国外煤和瓦斯突出机理综述［J］．川煤科技，1976（S1）：1－19．

［5］于不凡．煤和瓦斯突出机理［M］．北京：煤炭工业出版社，1985．

［6］编委会．煤矿瓦斯综合治理技术手册［M］．吉林：吉林音像出版社，2003．

［7］胡千庭，文光才．煤与瓦斯突出的力学作用机理［M］．北京：科学出版社，2013．

［8］周世宁，何学秋．煤和瓦斯突出机理的流变假说［J］．中国矿业大学学报，1990，19（2）：1－8．

［9］蒋承林，俞启香．煤与瓦斯突出机理的球壳失稳假说［J］．煤矿安全，1995（2）：17－25．

［10］李希建，林柏泉．煤与瓦斯突出机理研究现状及分析［J］．煤田地质与勘探，2010，38（1）：7－13．

［11］刘松涛，乔茂普，赵喜海，等．矿井地质探测仪在构造超前探测中的应用分析［J］．中州煤炭，2013（6）：28－30．

图书在版编目（CIP）数据

煤矿瓦斯灾害防治实用新技术及应用实例／孙东玲主编.
－－北京：煤炭工业出版社，2020

ISBN 978－7－5020－6909－4

Ⅰ.①煤⋯　Ⅱ.①孙⋯　Ⅲ.①煤矿—瓦斯爆炸—防治—中国
Ⅳ.①TD712

中国版本图书馆 CIP 数据核字（2018）第 226992 号

煤矿瓦斯灾害防治实用新技术及应用实例

主　　编	孙东玲
责任编辑	尹忠昌　唐小磊
编　　辑	李世丰
责任校对	赵　盼
封面设计	罗针盘

出版发行　煤炭工业出版社（北京市朝阳区芍药居 35 号　100029）
电　　话　010－84657898（总编室）　010－84657880（读者服务部）
网　　址　www.cciph.com.cn
印　　刷　北京玥实印刷有限公司
经　　销　全国新华书店

开　　本　787mm×1092mm $\frac{1}{16}$　印张　$26\frac{3}{4}$　字数　633 千字
版　　次　2020 年 1 月第 1 版　2020 年 1 月第 1 次印刷
社内编号　20181425　　　　　　定价　98.00 元